Michael Veits
Salzburgs Seen

Michael Veits

SALZBURGS SEEN

NATUR – GESCHICHTE – KULTUR

Salzburg 2015

Salzburg Studien
Forschungen zu Geschichte, Kunst und Kultur

Band 15

Gedruckt mit Unterstützung des Landes Salzburg
und der Landeshauptstadt Salzburg

KULTUR
STADT : SALZBURG

Herausgegeben mit Unterstützung des Stadtarchivs Salzburg

Bibliografische Information der Deutschen Bibliothek
Die Deutsche Bibliothek verzeichnet diese Publikation in der Deutschen Nationalbibliografie;
detaillierte bibliografische Daten sind im Internet über http://dnb.ddb.de abrufbar.

ISBN 978-3-902582-09-6

Im Eigenverlag des Vereines
A-5020 Salzburg, Augustinergasse 4
Postanschrift: A-5026 Salzburg, Postfach 1
Tel.: +43/(0)662 / 62 15 99, Fax: 62 15 99-15
E-mail: freunde@salzburger-geschichte.at
www.salzburger-geschichte.at

Lektorat: Silvia Moherndl, Karl Witzmann
Satz und Layout: Ulrich Höllhuber

Bildnachweis: Alle nicht ausgewiesenen Fotos stammen vom Autor
und wurden im Zeitraum von 2005 bis 2015 aufgenommen.
Umschlagbild: „Kleiner Wildsee" im Znachtal, Landkarte von Odilo Guetrat 1716.

Druck: Neumarkter Druckerei Gesellschaft m. b. H.

Inhaltsverzeichnis

Vorwort

Zum 35-jährigen Bestehen machen sich die Freunde der Salzburger Geschichte mit diesem vorliegenden 15. Band seiner monografischen Reihe „Salzburg Studien" ein doppeltes Geschenk: Sie legen ein von Inhalt und grafischer Gestaltung hochwertiges und ansprechendes Buch vor, eines der schönsten und aufwendigsten aller bisherigen Publikationen. Und sie besinnen sich damit auch auf die alten Vereinsziele, die in den vergangenen Dezennien den Aufstieg zu einem der großen historischen Vereine eingeleitet haben. Die Freunde der Salzburger Geschichte waren 1980 mit dem Ziel angetreten, Wissenschafter/innen und historisch interessierte Laien zusammenzuführen und Salzburg-Begeisterte anzuregen, sich selbst vertieft mit Themen der Salzburger Geschichte zu beschäftigen, zu forschen und die Ergebnisse dann auch zu publizieren.
So hat der Autor, Mag. Michael Veits, den die Erforschung der Salzburger Seen schon früh in den Bann gezogen hat, bereits im Jahr 2012 einen vielbeachteten Vortrag über Salzburgs Seen gehalten, der zunächst als Aufsatz erscheinen sollte. Die Vorarbeiten machten aber rasch deutlich, dass sich das weitgespannte Thema, das auch eine entsprechend großzügige Illustrierung benötigt, für eine Monografie anbietet. Ein neues Buchprojekt war geboren, das Ergebnis liegt nunmehr vor.
Bei der Realisierung, noch dazu in relativ kurzer Zeit, kamen erneut die positiven Merkmale der Freunde der Salzburger Geschichte zum Tragen, die sie von vielen herkömmlichen Vereinigungen unterscheiden. Es ist dies das freundschaftliche Miteinander aller Funktionsträger und die Überzeugung, den Verein ausschließlich ehrenamtlich zu führen und auch seine Projekte nach Möglichkeit nach diesem Grundsatz zu realisieren. Bei diesem Buch umfasste die Ehrenamtlichkeit nicht nur die redaktionellen Tätigkeiten, sondern auch die Erstellung eines professionellen Satzes und ansprechenden Layouts, wodurch erst ein derart gut ausgestattetes, durchgehend farbig bebildertes Buch als Jahresgabe für alle Mitglieder möglich wurde.
Der Vorstand übernahm die Redaktion und profitierte auch hier von den verschiedenen, in ihm vertretenen Fachgebieten. Die Obmannstellvertreterin und Gattin des Autors, die Historikerin Dr. Sabine Veits-Falk, war dabei verständlicher Weise besonders gefordert.

Vorstandsmitglied Mag. Karl Witzmann brachte sich als Geograph in die Redaktion des Buches ein und Peter Matern unterstützte den Autor gemeinsam mit Obmann-Stellvertreter Mag. Peter Husty bei der Bildbeschaffung und war als Fachmann für Stiche und historische Ansichten in die Erstellung der Bildtexte eingebunden. Vorstandsmitglied und Grafiker Werner Hölzl machte sich erste Gedanken über das Aussehen des geplanten Buches, dessen Umsetzung dann hinsichtlich Layout und Satz in den bewährten Händen des Vorstandsmitgliedes und SNG-Leiters Mag. Ulrich Höllhuber lag. Vor allem die vielen grafischen Details des Seen-Lexikons und das umfangreiche Bildmaterial stellten an ihn sehr große Herausforderungen, die er bestens meisterte und ein auch optisch sehr ansprechendes Buch schuf.

Der besondere Dank gilt dem Autor des Buches, der in den vergangenen Jahren neben seiner beruflichen Tätigkeit als Ausstattungsleiter bei den Salzburger Festspielen seine Freizeit in den Dienst des Projekts stellte und nunmehr mit „Salzburgs Seen" sein erstes Buch vorlegt. Der Autor ist weder Bio- oder Geowissenschafter noch Limnologe, also Erforscher der Binnengewässer, was man angesichts dieses Buches vermuten würde. Mit großer Leidenschaft hat er sich seinem Lieblingsthema gewidmet und ein Werk über Salzburgs Seen geschaffen, das Interesse an ihrer Geschichte weckt und zugleich den Ist-Stand der Seenlandschaft an der Wende zum dritten Jahrtausend dokumentiert. Damit bietet das vorliegende Buch nicht nur einen ausgezeichneten Überblick für die Leserinnen und Leser, sondern hat auch bleibenden Wert für die Erforschung von Salzburgs Binnengewässern.

Dr. Peter F. Kramml
Leiter Stadtarchiv und Statistik Salzburg
Obmann der Freunde der Salzburger Geschichte

Vorbemerkungen und Dank

Als ich im Jahr 2006 in einem Prospekt las, in Salzburg gäbe es 154 Seen, wollte ich Näheres über diese Anzahl wissen. Laut Referat Gewässerschutz (Land Salzburg) existieren 615 stehende Gewässer, die neben natürlichen und künstlichen Seen auch größere Tümpel, Weiher, Teiche sowie Flussstaue umfassen. Die Frage, wie viele Seen es in Salzburg gibt, wird man – so weiß ich jetzt – im wissenschaftlichen Sinn nicht exakt beantworten können. Es gibt weder eine eindeutige Definition eines Sees, noch sind von allen stehenden Gewässern Messdaten vorhanden.

Aus meiner Suche nach Informationen über Salzburger Seen entwickelte sich ein Hobby, das auch einen „historischen Hintergrund" hat. Mein Vater nahm mich als Kind oft auf Bergwanderungen mit. Als besondere Motivation schlug er vor, Seen zu „sammeln", indem wir sie mit mindestens fünf Schwimmtempi „bebadeten". Mein erster See war 1966 – noch mit Schwimmreifen – der Grabensee, wo meine Familie jahrelang den Sommerurlaub auf einem Bauernhof bei Perwang verbrachte.

Meine in den letzten zehn Jahren durchgeführten Recherchen in Büchern, Salisburgensien, Reiseliteratur, Quellen und alten Landkarten bildeten die Grundlage für eine umfangreiche Dokumentation der Salzburger Seen sowie eine Foto- und Bildersammlung.

Dr. Peter F. Kramml, Obmann des Vereins „Freunde der Salzburger Geschichte", habe ich die Idee zu verdanken, das gesammelte Material als Basis für eine Publikation heranzuziehen. Er hat das „Projekt Seenbuch" von Anfang mitentwickelt und in jeder Hinsicht unterstützt. Tatkräftiges Engagement zeigte auch der Vereinsvorstand: Mag. Karl Witzmann stand mir als Berater mit seinem Fachwissen als Geograph zur Seite und fungierte auch als Lektor des gesamten Manuskripts. Peter Matern stellte neben seinem profunden Wissen seine kunsthistorischen Schätze „bedingungslos" als Abbildungen zur Verfügung. Mag. Peter Husty half mir bei der Bildauswahl aus den Beständen des Salzburg Museum. Werner Hölzl gab wertvolle Hinweise zur graphischen Gestaltung. Den größten Anteil der ehrenamtlichen Arbeit übernahm aber Mag. Ulrich Höllhuber. In unzähligen Stunden wurde von ihm das Layout mit all meinen Sonderwünschen professionell, kreativ und akkurat verwirklicht. Neben dem Vorstand danke ich Silvia Moherndl für ihr sorgfältiges Lekto-

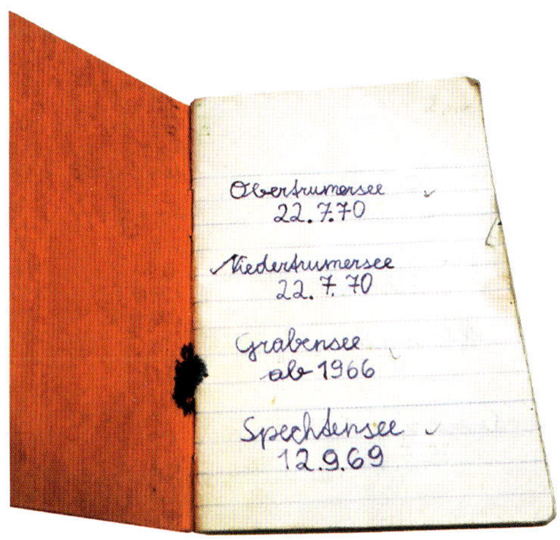

Mit acht Jahren wurde vom Autor mit der „Buchführung für bebadete Seen" begonnen. Bei Redaktionsschluss dieser Publikation sind 332 – davon 170 Salzburger – Seeeinträge verzeichnet.

rat, das sie als Mitglied der „Sektion der Freunde des Stadtarchivs" in ihrer Freizeit übernommen hat.
Fachliche Unterstützung auf dem Gebiet der Limnologie erhielt ich von Univ.-Prof. Dr. Ulrike Berninger und Assoc. Prof. Dr. Stephen Wickham sowie Mario Lindlbauer MSc., der mir seine unveröffentlichte Masterarbeit zugänglich machte. Der Salzburger Gletscherforscher Univ.-Prof. Dr. Heinz Slupetzky stellte neben Fotos auch sein Wissen über die Entstehung einiger Gletscherseen zu Verfügung. Wertvolle Hinweise in Gesprächen erhielt ich von Univ.-Prof. Dr. Guido Müller, Mag. Gabriel Seitlinger (Land Salzburg, Referat Raumplanung), Dr. Peter Schaber (Referat Gewässerschutz) und Dipl.-Ing. Hans Wiesenegger (Hydrographischer Landesdienst). Mein Dank gilt weiters den kontaktierten Archiven und Museen für ihre Unterstützung. Stellvertretend genannt seien Dir. Dr. Oskar Dohle und Dr. Hubert Schopf (Salzburger Landesarchiv), Magdalena Granigg und Mag. Thomas Weidenholzer (Stadtarchiv Salzburg), Mag. Werner Friepesz und Dr. Nikolaus Schaffer (Salzburg Museum), Dr. Christoph Braumann, Mag. Michaela Rinnerberger und v. a. Andreas Schierhuber (Land Salzburg, Referat für Landesplanung und SAGIS), Mag. Beatrix Koll und das unermüdliche Team der Leihstelle (Universitätsbibliothek Salzburg) sowie Ing. Mag. Ulrich Mühlthaler (Archiv des Alpenvereins Salzburg).
Eine gesonderte Zeile möchte ich meinem Freund Alois Ellmauer widmen, der mich bis in die entlegensten Winkel Salzburgs begleitete.
In mein Hobby, Seen zu erforschen, zu erwandern und zu „bebaden", war und ist auch meine Familie eingebunden. Für die Durchsicht des Manuskripts danke ich meiner Mutter und meinem Schwiegervater sowie meinen Kindern Stefan und Katharina für ihr Verständnis und die Unterstützung beim Finalisieren dieses Bandes. Es wäre mir aber unmöglich gewesen, dieses Buch ohne den Beitrag meiner Ehefrau Dr. Sabine Veits-Falk zu schreiben. Mit ihr diskutierte ich Strukturen und Inhalte, sie unterstützte mich bei den Recherchen, übernahm redaktionelle Tätigkeiten und stand mir immer verständnisvoll als Kraft gebende Partnerin zur Seite. Dafür bin ich ihr sehr dankbar.

Als „Wissen-Sammler" schließe ich mich dem Wunsch eines Reiseschriftstellers des 19. Jahrhunderts an:
„Der Verfasser, welcher nicht als Autor zu glänzen, sondern seinen Mitbürgern nützlich zu seyn, beabsichtiget, hoffet daher einer billigen Beurtheilung entgegen sehen zu dürfen." (Emil 1832, S. V.).

Mag. Michael Veits

Kurze Einführung in die Seenkunde

Kurze Einführung in die Seenkunde

Limnologie – eine junge Wissenschaft

Die Antike setzte sich bereits mit dem Element Wasser auseinander, nicht jedoch mit Seen. „Das Prinzip aller Dinge ist das Wasser, denn Wasser ist alles und ins Wasser kehrt alles zurück"[1], lehrte 624 v. Chr. der Naturphilosoph Thales von Milet. Von ihm stammt auch die Erkenntnis, dass Wasser das einzige Element ist, das in flüssiger, fester und gasförmiger Form existiert. Leonardo Da Vinci, einer der Ersten, der vor 500 Jahren versuchte, einen See zu beschreiben, differenzierte noch nicht zwischen See und stehendem Gewässer: „Strand nennt man die letzte niedrigste Stelle des Landes, die unmittelbar am Wasser liegt. Ein See ist dort, wo sich ein Fluss weit ausdehnt. Sümpfe sind tote Gewässer."[2] Er setzte sich intensiv mit Wasser auseinander, wobei vor allem militär-strategische Erfindungen und Überlegungen im Mittelpunkt seines Interesses standen.
Bis ins 16. Jahrhundert wurden Hochgebirgsregionen im Land Salzburg – abgesehen von Pässen – hauptsächlich aus wirtschaftlichen Gründen aufgesucht. Es waren Bauern, die ihr Vieh auf Hochalmen hielten, Bergknappen, die in Bergwerksstollen bis in Höhen von 2500 m ü. A. Erze und Edelmetalle abbauten sowie Holzarbeiter, die Bäume für Bergwerke und Salinenbetriebe fällten. Erst in der zweiten Hälfte des 18. Jahrhunderts begann sich die Weltanschauung zu ändern. „Die Aufklärung brachte eine völlig andere Sichtweise was die Natur allgemein und v. a. auch was die Alpen betraf."[3]

Künstler, die im 19. Jahrhundert die Natur in den Mittelpunkt ihres Schaffens stellten, hatten wesentlichen Anteil am erweckten Interesse an der Landschaft (Salzburg Museum Inv.-Nr. 1033-2007, Detail).

Was ist ein See?

Zunächst erwachte das Interesse für die Pflanzenwelt, ehe sich Wissenschaftler, Publizisten und Künstler ab dem 19. Jahrhundert allmählich auch mit Gletschern und Gewässern auseinandersetzten. In den zeitgenössischen Publikationen von Lorenz Hübner, Franz Michael Vierthaler, Raphael Kleinsorg, Benedikt Pillwein, Franz Carl Weidmann, Ignatz von Kürsinger, Franz Valentin Zillner, Carl von Sonklar, Anton E. Sauter, Heinrich Noë, Heinrich Wallmann, Eduard Richter, August Böhm, Eduard Brückner und weiteren Schriftstellern finden sich immer wieder Informationen über die Salzburger Berg- und Seenwelt. Meist beschränken sich diese aber auf namentliche Erwähnungen oder Aufzählungen von Seen. Erst der Schweizer Arzt François-Alphonse Forel legte 1901 in seinem „Handbuch der Seenkunde. Allgemeine Limnologie"[4] den Grundstein für ein neues wissenschaftliches Fachgebiet, die Limnologie.

Das griechische Wort „limne" bedeutet stehendes Gewässer[5]. „Die Limnologie, die Lehre vom Naturhaushalt der Binnengewässer, gliedert sich unter anderem in Hydrogeologie, Limnochemie, -physik, -botanik, -zoologie, -bakteriologie, angewandte Limnologie mit Arbeitsrichtungen wie Abwasserreinigung, Gewässerverunreinigung, -sanierung, -restaurierung, -pflege, -schutz, Wasseraufbereitung und (Binnen-) Fischereibiologie."[6]

Forel beschrieb den See als „eine allseitig geschlossene, in einer Bodenvertiefung befindliche, mit dem Meer nicht in direkter Ver-

Unter dem Titel „Die höchsten Gletscher im Salzburgischen von der Brantel Alpe über Sälfelden" wurde diese Radierung von gleich drei Künstlern der Romantik erstellt. Während im Vordergrund zwei Jäger abgebildet sind, steht auf der Felsspitze rechts eine Menschengruppe, ausgestattet mit Staffelei und Sonnenschirm, um die Landschaft zu betrachten und zu verewigen. Links ist der Zellersee zu sehen (Radierung, nach der Natur gezeichnet von Carl Ludwig Friedrich Viehbeck, illuminiert von Jakob Alt und geätzt von Jakob Gauermann, um 1820, Salzburg Museum Inv.-Nr. 1033-2007).

bindung stehende stagnierende [also stillstehende] Wassermasse"[7]. Eine heute gültige wissenschaftliche Bezeichnung lautet: Seen sind stehende Gewässer, in denen der tägliche Temperaturgang nicht den Gewässerboden erreicht![8]

Der Temperaturgang eines Sees ist von vielen Faktoren abhängig wie Meereshöhe, Einzugsgebiet, Größe, Tiefe, Klima, Wetter, Lufttemperatur, Geologie, geographische Lage, Zuflüsse, Abflüsse[9] usw. „Der freie Fall ist auf der Erde überall gleich, die Gesetze der Atomphysik sind generell und das Massenwirkungsgesetz gilt für alle chemischen Reaktionen. Aber trotz generalisierbarer Erkenntnisse behält jedes Gewässer seine individuellen Züge."[10]

Die moderne Limnologie definiert Seen hauptsächlich als „meist tiefe, natürliche Gewässer mit einer mittleren Tiefe über 2 m"[11] oder hält fest, „dass pragmatisch die Grenzziehung bei 3–5 m Tiefe liegt"[12].

An Hand eines Beispiels zeigt sich, dass die Frage, wie viele Seen es im Land Salzburg gibt, nicht so einfach beantwortet werden kann. Im Bezirk Zell am See befindet sich bei Neukirchen im Obersulzbachtal auf 2083 m Höhe der Seebachsee. Der Salzburger Oberrealschulprofessor Eberhard Fugger vermaß diesen See bereits am

Der Seebachsee, rechts der „Kleine Seebachsee" im Obersulzbachtal.

27. August 1894 und stellte dabei eine maximale Tiefe von 14 m fest. Mit einer Länge von 490 m und einer Breite von 340 m kommt hier wohl auch keine Diskussion über See oder nicht See auf[13]. Im Nationalpark Hohe Tauern sind nur vier weitere natürliche Seen größer als 100.000 m². Ein zweites, kleineres, etwa 5 m höher gelegenes Gewässer ist auf heutigen Landkarten aus wissenschaftlicher Sicht zu Unrecht nicht als See benannt. Fugger nahm auch hier eine Messung vor. Er kam damals auf eine Länge von 90 m und eine Breite von 56 m, also eine kleinere Fläche als ein Fußballfeld, ermittelte allerdings eine überraschend stattliche Tiefe von 12,2 m. Damit ist dieser „See" knapp 2 m seichter als der Seebachsee. Fugger nannte ihn übrigens „Kleiner Seebachsee"[14].

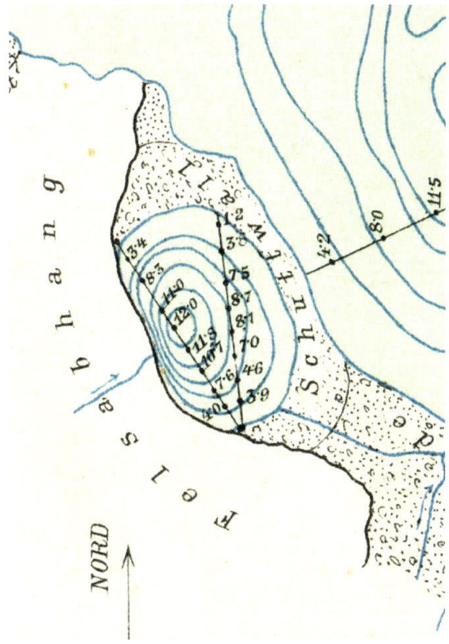

Die Vermessungslinien des „Kleinen Seebachsees", aufgenommen von Eberhard Fugger, untermauern die Bezeichnung „See" (Fugger 1895).

Seeklassifikationen

Seen sind, geologisch gesehen, fast ausnahmslos junge und kurzlebige Besonderheiten im Gelände, die mit dem Augenblick ihrer Entstehung zu sterben beginnen[15]. Jedes stehende Gewässer bildet ein in sich abgeschlossenes, scharf umgrenztes Ganzes, einen Mikrokosmos, der von einer Vielzahl von Faktoren beeinflusst wird. Neben Klima, geographischer Lage, geologischer Beschaffenheit, Meereshöhe, Größe, Tiefe, Wassereinzugsgebiet, Bodengestaltung in und um Seen sowie die Durchflutungsverhältnisse spielen auch Flora und Fauna eine Rolle[16]. Stehende Gewässer können nach Art der Entstehung, nach Biologie und Chemie des Wassers sowie nach Zirkulation eingeteilt werden.

Entstehungsarten

Geologisch und geomorphologisch werden weltweit folgende Seearten bei natürlich entstandenen Seen unterschieden:

- Glazial- oder Ausräumungsseen: entstehen durch die abtragende bzw. aufschüttende Wirkung von Gletschern bzw. von Gletscherschmelzwasser, dazu zählen die Tal- und Karseen.
- Tektonische Seen: entstehen durch Dehnung der Erdkruste und dadurch auftretende Risse und Grabenbrüche.
- Abdämmungsseen: entstehen durch Bergstürze im Gebirge, aber auch durch die Seitenmoräne eines Gletschers, welche ein Seitental vom Haupttal abriegelt und den Nebenbach zum See aufstaut.
- Karst- oder Erdfallseen: entstehen durch Nachsacken der Erdoberfläche.
- Kraterseen: entstehen durch vulkanische Aktivitäten, nach dem Erlöschen des Vulkans füllt sich der Krater mit Wasser.

- Meteoritenkraterseen: entstehen, wenn sich die nach dem Einschlag eines Meteoriten entstandenen Krater mit Wasser füllen.
- Altwasserseen bzw. Altarme: entstehen durch natürliche Verlagerung von Flussläufen. Das alte Flussbett bleibt dann als langgestreckter See zurück.
- Thermokarstseen: entstehen in Gebieten mit Dauerfrostboden, z. B. in Alaska oder Nordsibirien.

Durch eine Kombination verschiedener Ursachen haben manche Seen eine komplexe Entstehungsgeschichte, z. B. wenn sich ein See innerhalb eines Grabenbruchs bildet und das Becken vor allem von Gletschern ausgeformt wird[17].

Glazial- oder Ausräumungsseen

Schon lange beschäftigte die Menschen die Frage, wie Seen in den Alpen entstehen konnten. Davon zeugt auch folgender „sagenhafter" Erklärungsversuch:

„Einem Engel, so hat einmal ein Venedigermandl erzählt, sei beim Flug über das Reich der Dreitausender der Sack mit den frisch geputzten Sternen gerissen. Das Glitzerwerk purzelte auf die Almen und Kare der Hohen Tauern und verwandelte sich zu den vielen Seen des Hochgebirges."[18]

Erste wissenschaftliche Erkenntnisse gingen davon aus, dass Bergseen tektonische Verwerfungen und die Voralpenseen Überbleibsel alter Meere gewesen seien. 1890 zweifelte auch Eberhard Fugger noch an der damals neu aufgestellten Theorie des glazialen Ursprungs. „In der Gelehrtenwelt aber ist die Frage nach der Ursache der Entstehung der Seen eine vielbesprochene geworden und ihre Diskussion hat sehr verschiedenartige Ansichten und Theorien zu Tage gefördert. [Es] wurde ja doch sogar aus dem blosen Studium der Generalstabskarte der ziemlich allgemeine Schluss gezogen, dass alle Hochseen der Alpen innerhalb einer bestimmten Höhengrenze liegen und deshalb Gebilde alter Gletscher sind."[19]
Auch der Geograph Eduard Richter äußerte sich 1883 ähnlich skeptisch über die Theorie der Entstehung durch Gletscher: „Wie er eine Mulde ausschaufeln oder ausschleifen soll, ist mir, wie vielen Anderen, einfach unbegreiflich."[20]

Das Foto eines Eisrandsees unterhalb des Goldbergkees am Hohen Sonnblick zeigt auch die Gesteinsmengen, die von Gletschern zu Tal transportiert werden können und die Seenlandschaft maßgeblich beeinflussen.

Doch bald schon stand außer Zweifel, dass wir den Großteil unserer Seen den Eiszeiten zu verdanken haben. Zum Verständnis muss aber noch weiter ausgeholt werden.
Vor mehr als 200 Millionen Jahren bestand zwischen Eurasien (Laurasia) und Gondwana („Afrika") ein Ozean, genannt Tethys. Dieses Meer trocknete im Lauf der Millionen Jahre aus und versteinerte. Durch immense Verschiebungen der Erdkruste und unter unvorstellbarem Druck falteten sich unter anderem die Alpen aus dieser Fläche. Die oberste Kalkschicht brach durch die Aufschichtung im-

mer weiter auf und Wasser, Wind und Wetter leisteten in Millionen von Jahren ihren Beitrag zur Freilegung der darunter liegenden Gesteinsschichten aus Gneis, Granit und Schiefer und bildeten somit das „Tauernfenster".

Vor rund 600.000 Jahren führte dann eine Klimaveränderung mit einem Temperaturrückgang um ca. 10° C unter dem heutigen Mittel zu einer Reihe von Eiszeiten. Es sind vier große Eiszeiten anerkannt (Günzeiszeit vor 600.000 bis 550.000 Jahren, Mindeleiszeit vor 480.000 bis 420.000 Jahren, Risseiszeit vor 230.000 bis 180.000 Jahren, Würmeiszeit vor 120.000 bis 20.000 Jahren), deren Gletscher maßgeblich unsere heutige Landschaft mit ihren Trogtälern formten. Den „Feinschliff" besorgt seither vorwiegend das Wasser[21].

Das Bundesland Salzburg war auch in der letzten Eiszeit für viele Jahrtausende fast komplett vom ewigen Eis überdeckt. Nur die höchsten Gipfel ragten aus den Eismassen hervor. Dabei schürften

Diese Inversionswetterlage über den winterlichen Alpen zwischen Salzburg und Zürich gibt – mit Phantasie – eine Vorstellung über die Vergletscherung während der Eiszeiten. Als „Nunataks" bezeichnet man die Bergspitzen, die über das ewige Eis hinausragen.

„Ein Mensch, der den Gletschern Gesellschaft leistet, erhält allmählich das Gefühl, daß er eingermaßen unbedeutend ist."[22]

Mark Twain

die bis zu 1000 m starken Gletscher (ca. 900 t Gewicht auf 1 m²) die Talsohlen und Kare mit einer Fließgeschwindigkeit von 30–120 m pro Jahr, je nach Gefälle, immer weiter aus. Nicht selten konnte durch das nachdrängende immense Gewicht ein Gletscher auch „bergauf" über eine härtere Gesteinsschicht geschoben werden. Gleichzeitig transportierten sie durch starke Temperaturwechsel abgesprengte Felsen und Steine an ihrer Oberfläche ins Tal und legten sie als „Seiten- und Endmoränen" ab. Mit dem Ende der Eiszeit und dem Temperaturanstieg zogen sich die Gletscher langsam wieder in die Gebirgstäler zurück und hinterließen unzählige Becken und Seeböden, die sich mit Wasser füllten.

Vermutlich sind somit alle Seen Salzburgs nicht älter als 19.000 Jahre, denn alle Becken, welche schon vor der Würmeiszeit mit Wasser verfüllt waren, wurden in den Kälteperioden wiederholt von den Eismassen überfahren.

Wo sich kein Berg den Gletschern in den Weg stellte, wie im Inn- und Salzachtal, konnten sich die Gletscherzungen „ungehemmt" bis weit ins Alpenvorland ausbreiten. Felsen- und Steinmaterial wurde auf den Gletschern vom Gebirge ins Alpenvorland transportiert und dort als Seiten- und Endmoränen abgelagert.

Die Endmoräne des Salzachgletschers bildete auch den natürlichen Damm für den vielleicht ersten und wohl auch größten See des Bundeslandes, den „Salzburger See". Er hatte auch schon zwischen den ersten Eiszeiten Bestand, wurde aufgefüllt und in jeder Kälteperiode wieder überfahren. Die Länge des letzten Seebeckens betrug ungefähr 30 km und mit einer Seespiegelhöhe von 465 m ü. A. reichte es von Laufen–Oberndorf im Norden bis Golling im Süden. In einer Breite von 12 km erstreckte sich das Becken von Osten mit den Ausläufern des Gaisberges bis zum Höglberg in Bayern. Mit einer Fläche von etwa 160 km² war der Salzburger See doppelt so groß wie der Chiemsee in der bayrischen Nachbarschaft. Bei zwei Bohrungen in Maxglan wurde in einer Tiefe von 198 bzw. 262,4 m der Felsboden des ursprünglichen Seebeckens erreicht[23]. Es ist sehr wahrscheinlich, dass diese Standorte nicht die tiefsten Stellen des Sees waren[24]. Entstanden vor ca. 19.000 Jahren dürfte der See bereits bald durch Sedimentationseinträge der Gletscher verlandet gewesen sein. Da keine Pollenspuren in den Sedimenten des Seebeckens gefunden wurden, erfolgte die Verlandung somit vor der Vegetationsrückkehr vor ca. 17.000 Jahren.

Wie schnell so eine Verlandung vor sich gehen kann, zeigt das Beispiel des Sandersees, der ab 1958 am Ende der Pasterze, dem größten Gletscher Österreichs, entstanden ist. Der bis zu 125.000 m² große und ca. 15 m tiefe See in Kärnten wurde hauptsächlich durch die Sedimente des Gletschers innerhalb von 50 Jahren durch Feststoffe wieder verfüllt. Die Pasterze zog sich bereits mehr als 1000 m

Ein durch Gletschersedimente verlandeter kleiner Seeboden bietet Wollgras einen guten Nährboden in höheren Lagen.

von dieser Sanderseefläche zurück und verfrachtet jeden Sommer Einträge von bis zu 40.000 m^3 in den See, was dem Volumen eines Würfels von 34 m Seitenlänge jährlich entspricht[25].

Ein zweites Beispiel führt von Kärnten 9500 km Luftlinie nach Westen auf den nordamerikanischen Kontinent. Das heißeste und trockenste Gebiet der USA, das Death Valley in Kalifornien, war vor nur 15.000 Jahren von einem 55 m tiefen See bedeckt. Heute ist das Gebiet eine riesige Sandwüste[26].

Nicht nur Steine, Sand, Kies, Staub und Pollen, sondern vor allem die im Volksmund so genannte Gletschermilch, also feinst geriebene Gesteinspartikel, die durch das enorme Gewicht der Eismassen aus dem Gestein gekratzt und geschliffen wurden, lagern sich auf dem Grund der Becken ab, verwandeln den See allmählich in ein Schlammbecken oder einen Sumpf und füllen ihn schließlich horizontal aus. Die Seebecken wirken also als Feststofffallen. Im Schnitt sammeln sich jährlich zwischen 0,5 und 2 mm Sedimentation am Boden der Seen an. „Und in der That, wo immer man die Thäler der Alpen durchwandert, da begegnet man den unverkennbaren Spuren einstiger Seen"[27], hielt bereits August Böhm 1886 fest. Aufmerksame Beobachter finden diese Seeböden natürlich auch im ganzen Salzburger Land.

Am „Unteren Eisbodensee" im Stubachtal findet man, wie vielerorts, durch Gletscher aufwärts abgeschliffene Felsen. Beim Abschmelzen wurden vom Sonnblickkees Felsbrocken auf diesen Felskuppen abgelegt. Der „Sandstrand" am See hat sich durch Gletschersedimente gebildet und ist durch das Absinken des Wasserspiegels um 6 m sichtbar geworden.

Unwetter und schwere Regenfälle bedeuten immer einen verstärkten Feststoffeintrag und beschleunigen die Verlandungen der Seen. Die Darstellung einer Überschwemmung von Zell am See durch den Schmittenbach 1737 zeigt deren verheerende Folgen (Salzburger Landesarchiv, Marktarchiv Zell am See, Raittbuch, 1752, Vorsatzblatt).

Dieses Schicksal ist wohl all unseren Seen, manchen früher, manchen später, beschieden. Die schlechteste Lebenserwartung der großen Salzburger Seen wird dem Zellersee im Pinzgau vorhergesagt. Dies hat wohl ihre geographische Ursache in der Steilheit der Umgebung.

Eberhard Fugger berechnete 1890 für die drei Hauptzuflüsse eine jährliche Schotter- und Feststoffeinleitung von ca. 6000 m^3 in den See. Bei einem Gesamtvolumen von ca. 142 Mio. m^3 würden dem Zellersee geschätzte 23.000 Jahre bleiben, bis ihn dasselbe Schicksal ereilt wie den „Salzburger See". Fugger prognostizierte auch eine Teilung des Sees in 500–600 Jahren. Inzwischen sind 120 Jahre vergangen, aber durch effiziente Gegenmaßnahmen wie die Wildbachverbauung konnte die Auffüllung durch Steine und Festmaterialien stark reduziert werden, sodass der See von einer Abschnürung in zwei Hälften noch weit entfernt ist.

Dem Wolfgangsee werden 70.000 Jahre und dem Fuschlsee 110.000 Jahre Lebensdauer zugesprochen[28]. Hier noch ein kurzer

talersee, das sehr seltene Naturphänomen des Schwingrasens auf. Der See ist wohl insgesamt 15.000 m² groß, aber nur ein Zehntel seiner Ausdehnung ist als Wasserfläche sichtbar[44]. Eine Rasen- und Schilfgrasschicht mit einer Stärke von bis zu 2,5 m schwimmt auf der Wasseroberfläche und trägt auch kleine Bäumchen und Sträucher.
Dieser dystrophe See mit einer Tiefe von 8,9 m[45] hat das größte Schwingrasenmoor Österreichs und ist 1975 zum Naturdenkmal erklärt worden. Nur ein zweiter See im Lungau, der 6 km entfernte Dürrenecksee, und der Seewaldsee bei St. Koloman im Tennengau besitzen im Land Salzburg die gleichen Natureigenschaften.

Einer der größten Braunwasserseen ist der Prebersee bei Tamsweg im Lungau, der auch für sein Preberschießen bekannt ist. Dabei soll die vom Wasser abprallende Kugel das Ziel treffen.

Auch kleine Bäumchen trägt der bis zu 2,5 m starke Schwingrasen auf der Wasseroberfläche des dystrophen Seetalersees bei Tamsweg.

Zirkulationstypen

Für das Leben im See ist der Sauerstoffgehalt und, damit eng verbunden, die Zirkulation im Wasser überlebensnotwendig. Eine Zirkulation steht in unmittelbarem Zusammenhang mit dem spezifischen Gewicht des Wassers und dessen Veränderung durch Temperaturunterschiede. Wasser geht bei einer Temperatur vom Siedepunkt bei ca. 100° C in den gasförmigen Zustand über. Lässt man es abkühlen, verringert sich ständig sein Volumen und das kalte Wasser sinkt ab. Bei ca. 4° C tritt aber plötzlich eine Umkehrung dieses Verhaltens ein und das Wasser wird bei weiterer Abkühlung wieder leichter, bis es bei 0° C gefriert. Damit geht es in den festen Aggregatszustand über und sein Volumen dehnt sich um 1/11 aus. „Wenn sich Wasser genauso verhielte, wie andere gefrierende Flüssigkeiten, gäbe es bald kein Leben mehr auf Erden. Denn unwiderruflich würde das Wasser auf dem Grund der Meere, Seen und Flüsse als ewiges Eis festgehalten werden."[46] Diese Eigenschaften des Wassers machen es nun möglich, dass sich stehende Gewässer durchmischen können, Oberflächenwasser gelangt bis auf den Grund und umgekehrt.

Beim holomiktischen Seetyp wird das Oberflächenwasser (Epilimnion), getrennt durch die Sprungschicht (Metalimnion), mit der Tiefenschicht (Hypolimnion) zumindest einmal jährlich durchmischt. Dieser Typ wird unterteilt in: Monomiktisch (einmal jährlich), dimiktisch (zweimal jährlich), oligomiktisch (Tropenregion, Durch-

Der in Privatbesitz befindliche Krottensee versteckt unter seiner Wasseroberfläche eine limnologische Besonderheit. Bis zu einer „kritischen Tiefe" von 23 m wird der See, wie die meisten stehenden Gewässer, durchmischt. Die weiteren ca. 23 m hat sich ein sauerstofffreier Tiefenbezirk ohne Zirkulation gebildet.

mischung unregelmäßig und selten) und polymiktisch (Flachgewässer, Zirkulation häufig oder ganzjährig). Der Wallersee, die Obertrumerseen, aber auch der Fuschlsee, werden dimiktisch, einmal im Frühjahr und einmal im Herbst, durchmischt.
Der meromiktische Typ wiederum erfährt keine vollständige Durchmischung, nur Teilbereiche des Tiefenwassers werden erfasst. Dies geht, wie z. B. beim Krottensee, auf ein ungünstiges Verhältnis zwischen kleiner Oberfläche und großer Tiefe zurück. Die unterste Schicht (Monimolimnion) ist sauerstofffrei und nimmt nicht an der Zirkulation teil. Am Traun- und Hallstättersee in Oberösterreich wurde diese meromiktische Situation durch Einführung von Salzwasser im Zuge des Salzbergbaues künstlich erzeugt. Der amiktische Typ mit keinerlei Zirkulation kommt in unseren Breiten nicht vor, da er nur durch komplette Versalzung des Wasserkörpers oder durch eine permanente Eisdecke in polaren Regionen auftritt[47].

Einteilung nach Wasserführung

Perennierende Gewässer[48] bestehen das ganze Jahr hindurch, somit sind bis auf wenige Ausnahmen alle Salzburger Seen als perennierend zu bezeichnen. Periodische Gewässer[49] führen in regelmäßigem Zyklus Wasser. Dies betrifft beispielsweise Brackwasserseen, die unter dem Einfluss der Meeresgezeiten stehen.
Episodische Seen[50] besitzen die Eigenschaft, je nach Jahreszeit oder Wettersituation, Wasser zu führen. Der Vorderschlummsee am Tennengauer Hagengebirge oder der Schödersee im Pongauer Großarltal besitzen diese Eigenschaften. Zur Zeit der Schneeschmelze und bei Unwettern schwellen die Wasserbecken beachtlich an und funktionieren so als natürlicher Hochwasserregler.

Der Schödersee am Talschluss des Großarltales trocknet im Hochsommer meist vollständig aus. Im Frühjahr zur Schneeschmelze und nach Regenfällen schwillt das episodische Gewässer immer wieder kurzfristig zu beachtlicher Größe an.

Anmerkungen

1 Wasser 2006, S. 5.
2 Da Vinci 1996, S. 18.
3 Rad 1991, S. 29 f.
4 Forel 1901, S. 2–4. Den entscheidenden Schritt von der Hydrobiologie zur Limnologie tat F. A. Forel (1841–1912) in Lausanne, der den Genfer See nicht nur biologisch, sondern auch physikalisch und chemisch untersuchte und die ersten Gedanken über Seetypen äußerte. Er benannte sein Arbeitsgebiet Limnologie.
5 Schönborn 2003, S. 1.
6 Schmidt 1974, S. 11; vgl. auch Schwoerbel, Brendelberger 2005.
7 Forel 1901, S. 2–4 .
8 Dokulil, Hamm, Kohl 2001 a, S. 19.
9 Ebenda.
10 Schönborn 2003, S. 2.
11 Dokulil, Hamm, Kohl 2001 a, S. 19.
12 Schmidt 1974, S. 15.
13 Fugger 1895, S. 208–214.
14 Ebenda.
15 Leopold, Davis 1968, S. 52.
16 Forel 1901, S. 2–4; vgl. Müller 1974, S. 325 f.; Schwoerbel, Brendelberger 2005, S. 17–20.
17 Schwoerbel, Brendelberger 2005, S. 17–20; vgl. http://de.wikipedia.org/wiki/See_(Gew%C3%A4sser), (2. 11. 2008).
18 Tauernblicke, Juli 1998, S. 7.
19 Fugger 1890, S. 135.
20 Richter 1883, S. 91 f.
21 Hutter 1985; Slupetzky 1988, S. 121 f; vgl. auch http://chesiweb.swisswhosting.com/steine/geologie02.htm (3. 11. 2011).
22 So schrieb Mark Twain in den 1870er Jahren nach einer Reise zu den Schweizer Gletschern, zit. nach: Chitil 1997, S. 4.
23 Walter Del-Negro 1959, S. 27. Hier wird Martin Hell zitiert.
24 Del-Negro 1966 a, S. 159 f. Im Oichtental wurden bei einer Bohrung in Nußdorf bis 248,8 m Tone, Sande und Schotter nachgewiesen, ohne auf Felsgrund zu stoßen.
25 Lieb, Slupetzky 2011, S. 126 f.
26 Leopold, Davis 1968, S. 52.
27 Böhm 1886, S. 640.
28 Biller, Stolte 1966, S. 37 f.
29 Forel 1901, S. 2 f.
30 Schwoerbel, Brendelberger 2005, S. 15 f; vgl. http://de.wikipedia.org (1. 6. 2011).
31 Schwoerbel, Brendelberger 2005, S. 15 f.
32 Dürlinger 1865, S. 34.
33 Muchar 1834, S. 81.
34 Weidmann 1845 b, S. 82 f.
35 Buch 1802, S. 231 f.
36 Seefeldner o. J., S. 113–120.
37 Müller 1979, S. 206 f.
38 Ebenda, S. 279 f.
39 Reissenberger 1952, S. 53.
40 http://www.salzburg.gv.at/themen/nuw/wasser/gewaesserschutz/see/seebericht.htm (15. 8. 2013).
41 http://de.wikipedia.org/wiki/Trophie (19. 5. 2014), Trophie von altgriechisch „trophe", Ernährung.
42 Schwoerbel, Brendelberger 2005, S. 15 f; vgl. http://www.salzburg.gv.at/seenbericht_2013.pdf (19. 9. 2015).
43 http://de.wikipedia.org/wiki/Braunwassersee (19. 5. 2014).
44 Thuswaldner, Bluhm 1980, S. 141.
45 Limnologische Untersuchung 1987, S. 177.
46 Leopold, Davis 1968, S. 9 f.
47 Davis, Day 1961, S. 25 f.; Leopold, Davis 1968, S. 9 f.; Müller 1974, S. 325 f.; Schwoerbel, Brendelberger 2005, S. 15 f.; http://de.wikipedia.org/wiki/Wasserzirkulation (16. 11. 2014).
48 http://www.duden.de/rechtschreibung (19. 9. 2015), von lateinisch perennis, das ganze Jahr hindurch.
49 http://www.duden.de/rechtschreibung (19. 9. 2015), von lateinisch periodicus, in gleichen Abständen.
50 http://www.duden.de/rechtschreibung (19. 9. 2015), episodisch = vorübergehend, zeitweise.

Kulturgeschichtliche Annäherungen

Kulturgeschichtliche Annäherungen

„Die Sedimente von Seen stellen Archive dar, welche Informationen über vergangene Klima- und Umweltbedingungen speichern."[1] Die Paläolimnologie setzt sich mit der Untersuchung der Moor- und Seesedimente und der darin enthaltenen Wasserpflanzen-, Algen- oder Tierreste auseinander, die sich am Grund der Seen gesammelt haben. Durch den Sauerstoffmangel in den Ablagerungen ist der Blütenstaub vor Zersetzung geschützt und die äußerst widerstandsfähige Pollen- und Sporenwand bleibt über Jahrtausende erhalten[2].

Im Frühjahr 1981 wurde für den Ausbau des Bockhartseekraftwerkes der untere See komplett abgelassen. Im Juni desselben Jahres wurde ein 7 m langer Bohrkern aus dem Seeboden für pollenanalytische Untersuchungen entnommen. In diesen drei Monaten hatten sich einmündende Bäche bereits bis zu 10 m tief in die ungeschützte und weiche Seeablagerung eingegraben und quasi 10.000 Jahre Umweltgeschichte weggespült (Kral 1985).

Je tiefer man in diese Ablagerungen also eindringt, desto älter werden sie. So wurde beispielsweise im Fuschlsee in einer Wassertiefe von 6 m ein 9,4 m langer Bohrkern gezogen. In der Bohrtiefe von 9 m wurden Reste von Kiefernnadeln mittels Radiokohlenstoffdatierung (C-14 Methode) auf ein Alter von ca. 13.000 Jahren geschätzt[3]. Im Schnitt beträgt der Eintrag an Sedimenten in Seen zwischen 0,5 mm und 2 mm pro Jahr.
Die Ergebnisse aus den gezogenen Bohrkernen von Wallersee[4], Fuschlsee[5], Grabensee[6], Unterer Bockhartsee[7], Oberer Landschitzsee[8] und weiteren bilden eine wichtige Quelle für die Rekonstruktion der Umwelt- und Besiedlungsgeschichte unseres Landes seit dem Ende der letzten Eiszeit.

Frühgeschichte und erste Ansiedlungen an Seen

Vor ca. 19.000 Jahren zogen sich die Gletscher der Würm-Eiszeit aus dem Alpenvorland bis auf ca. 1000 m ü. A. in die Seitentäler zurück und die Haupttäler der Salzach und Saalach wurden eisfrei. Das Becken der heutigen Stadt Salzburg war zu diesem Zeitpunkt von einem mehr als 200 m tiefen[9] und ca. 300 km² großen See bedeckt. Der Eintrag von Gletschersedimenten und das Einschneiden der Endmoräne durch die Salzach ließen diesen „Salzburger See" innerhalb von 2000 Jahren verlanden[10]. Da die Temperaturen aber nur langsam anstiegen, dauerte es weitere 2000 Jahre, bis sich erste Vegetation auch in Form einer alpinen Zwergstrauch- und Polsterflur[11] die Stein- und Geröllwüste zurückeroberte. Dies bestätigen auch pollenanalytische Untersuchungen an Bohrkernen aus dem Wallersee[12]. Vor ca. 14.500 Jahren kehrten auch die Kaltwasserfische, die sich während der Eiszeit Richtung Donau zurückgezogen hatten, wieder in die eisfreien größeren Gewässer zurück. Gleichzeitig begannen auch vereinzelt Jäger das Gebiet nach Fisch und jagdbarem Wild als Nahrungsmittel zu durchstreifen[13].
Mittelsteinzeitliche Jäger (etwa 7000–4000 v. Chr.) schlugen ihre Sommerlager bevorzugt in bis über 2200 m Höhe gelegenen Passregionen auf[14], meistens an einer Quelle oder einem See. Hier konnten sie auch das begehrte Wild besser beobachten als in den versumpften und von Urwäldern bedeckten Tälern. Die meisten Gebirgsseen waren zu dieser Zeit fischleer, da ihnen durch Wasserfälle oder andere Barrieren eine natürliche Besiedlung verwehrt blieb. Erst im Mittelalter wurden Fische vermehrt künstlich eingesetzt.
Die so genannte neolithische Revolution, die Sesshaftwerdung des Menschen und das Aufkommen produzierender Wirtschaftsweisen, vollzog sich langsam. Pfahlbauten der Kupferzeit (4000–2000

v. Chr.) wie am Starnbergersee, am Attersee oder am Mondsee sind für Salzburg nicht belegt, werden aber beispielsweise am Mattsee vermutet[15]. Eine frühe Besiedlung lässt sich hingegen in Salzburg in der Gasteiner Bergregion der beiden Bockhartseen nachweisen. Im Rahmen von Bohrungen an zwei Mooren um den Oberen Bockhartsee (2075 m ü. A.) konnte mit Hilfe einer pollenanalytischen Untersuchung ein jungsteinzeitlicher Weidebetrieb vor bereits 6000 Jahren nachgewiesen werden.
Im Umkreis des heute baumfreien Unteren Bockhartsees (1881 m ü. A.) wurden bereits in einer Tiefe von 6,7 m Beweise für eine geschlossene Bewaldung durch Zirbe, Erle und Fichte in der Zeit von 8200–7000 v. Chr. gefunden. In rund 4 m Tiefe fand man zum Teil starke Baumstämme, die auch auf Weiderodung im Zeitraum um 1500 v. Chr. zurückzuführen sind[16]. Die frühe Anwesenheit von Menschen in dieser Höhe um die Bockhartseen ist sowohl auf das im Vergleich zu heute wärmere Klima als auch auf den Fund und Abbau von Edelmetallen zurückzuführen.
Im Alpenvorland waren hingegen neben der Schutz- und Verkehrslage vor allem die günstige Versorgungsmöglichkeit mit Nahrungsmitteln Hauptgründe für eine frühe Besiedlung an Seen.

Steinwerkzeuge aus der Jungsteinzeit fand man beim Torfstich für das Moorbad bei Mattsee (Schwanninger 1932).

Beim Torfstich für ein Moorbad bei Mattsee wurden behauene Steinwerkzeuge aus der Jungsteinzeit entdeckt. Hügelgräber der Illyrer mit ornamentierten Schalen, Eisenspießen und Lanzen als Grabbeigaben am Südhang des Buchberges bei Mattsee werden auf ca. 600 v. Chr. datiert[17]. Den nachfolgenden Kelten dürfte ein 110 m langer und 60 m breiter Ring mit Wall und Graben um 400 v. Chr. zwischen Matt- und Grabensee als Wohnstatt und Verteidigungsplatz gedient haben[18].

Was die Wohnlage betrifft, kam bei den Römern wohl noch der Aspekt des „schöner Wohnens" hinzu. Sie errichteten Gutshöfe meist in etwas erhöhter Lage mit Aussicht an landschaftlich reizvollen Plätzen, die gerne an Seen lagen. Fischtaging am Wallersee und Halberstätten bei Seekirchen seien hier unter anderen zu nennen. Darüber hinaus führte auch die Römerstraße von Juvavum nach Nordosten am Wallersee vorbei[19].

Wirpitsch, Gurpitsch, Tscheibitsch, Rupanin, Liegnitz oder Gralati sind Namen für Almen und Seen im Lungau, welche ihren Ursprung aus einer slawischen Besiedlung bis ins Frühmittelalter beziehen. Diese Flurnamen weisen darauf hin, dass die Slawen, wohl wegen der Viehwirtschaft, bereits die Hochgebirgsregionen aufgesucht und bewirtschaftet haben. Aufgrund des damals milderen Klimas lag die Waldgrenze, die heute bei 2000 m Höhe liegt, rund 200 m bis 300 m höher[20].

Slawische Seen- und Ortsnamen zeugen von einer Bewirtschaftung der Hochalmen des Lungaus bereits im Frühmittelalter.

Ab ca. 700 n. Chr. wurden im Salzburger Raum viele neue frühchristliche Zentren gegründet, die eine wichtige Rolle bei der Urbarmachung des Landes spielten. Diese wurden durch Schenkungen der Bayernherzöge ermöglicht. 696 gründete der Wormser Bischof Rupert und spätere Salzburger Landespatron in Seekirchen am Wallersee eine Kirche, bevor er sich in Salzburg niederließ. So genann-

1986 wurde am Obertrumersee unterhalb des Wartsteins 200 m vom Ufer entfernt in 38 m Tiefe bei einem Übungstauchgang der Wasserrettung Seeham ein kleiner Einbaum aus Eiche entdeckt. Zwei unabhängige Radiokarbondatierungen kamen auf unterschiedliche Datierungsergebnisse. So ist das kleine Fischerboot entweder um 900 oder um 1300 n. Chr., aber jedenfalls im Mittelalter, gefertigt worden (Foto Wasserrettung Seeham).

te Wirtschaftszellen als Vorgänger von Klöstern beschleunigten die Besiedlung an Seen. 740 wurde am Zellersee die namengebende „Cella in Bisontia" errichtet, 748 folgte Mondsee, um 770 wurde das Stift Mattsee gegründet.

Das Bistum Salzburg, das 798 unter Arn zum Erzbistum erhoben wurde, versuchte, die Fischereirechte auf den Flüssen und Seen unter seine Hand zu bekommen. Nach dem Aussterben der meisten adeligen Geschlechter, die ihre Ländereien als erzstiftische Lehen erhalten hatten, fielen diese inklusive Fischereirechte wieder an die Erzbischöfe zurück[21]. Ab dem 16. Jahrhundert eigneten sich die Landesfürsten auch immer mehr ein allgemeines Fischereiregal im ganzen Land an. So stellte Erzbischof Kardinal Matthäus Lang den Grundsatz auf, „daß Wildbann und Fischerei niemandem sonst als ihm und seinem Gotteshaus zugehöre."[22]

Eine gewestete Landkarte von Salzburg zur Zeit des Erzbischofs Johann Jakob von Kuen-Belasy zeigt in einem kleinen Detail die Wichtigkeit des Fischfangs für das Land (Setznagel 1570–1580, Lk., Universitätsbibliothek Salzburg).

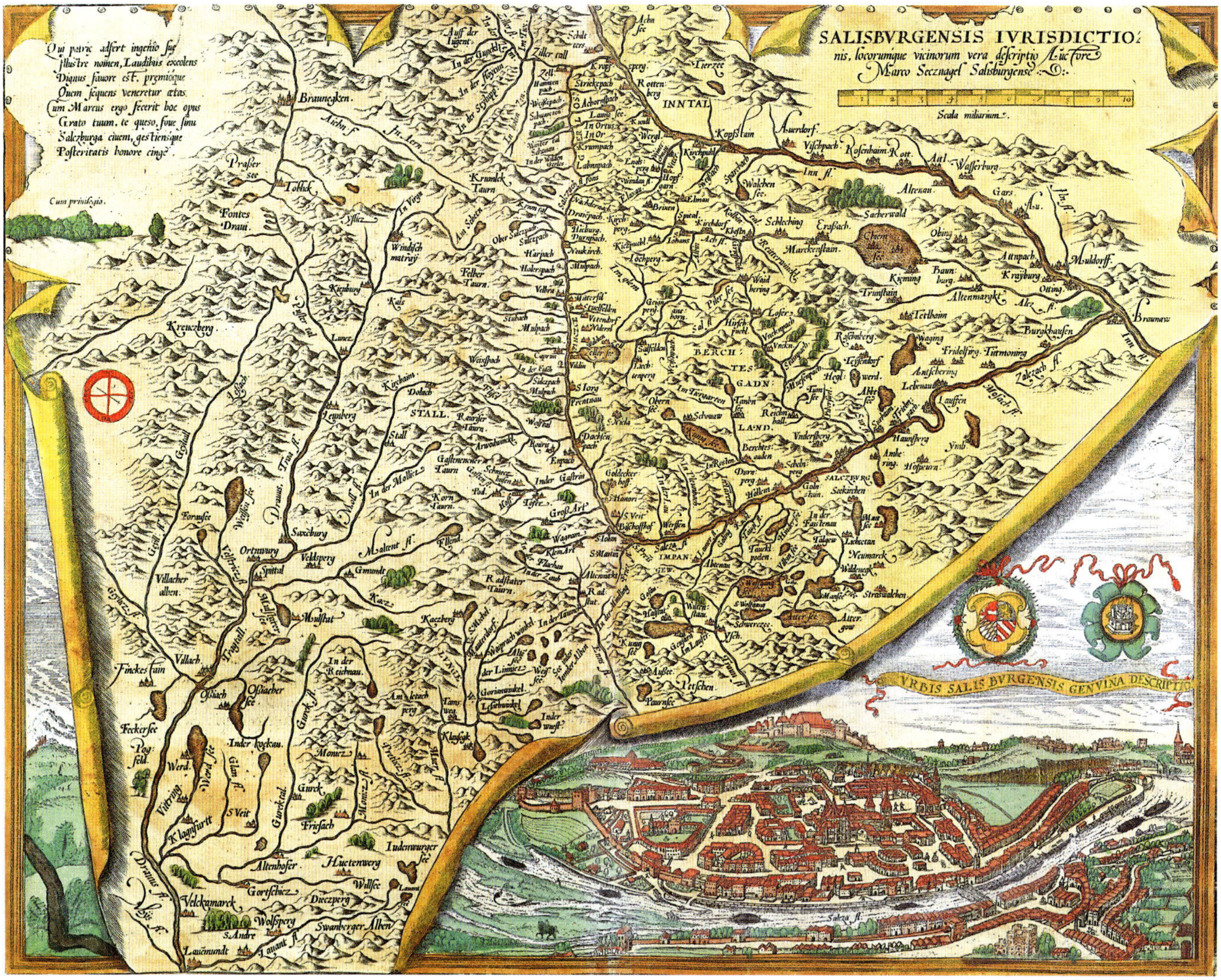

Fischerei im erzbischöflichen Salzburg

Im katholischen Erzstift Salzburg kam dem Fisch als Fastenspeise eine große Bedeutung zu. Deshalb galt die Fischerei, wie auch die Hochwildjagd, als Regalrecht, das weitgehend dem Landesfürsten vorbehalten war.

Eigen- oder auch „Hofküchenseen" befanden sich ausschließlich im Besitz der Erzbischöfe. Nur dafür angestellte Hoffischer, welche die gesamte Ausbeute gegen ein gewisses Fanggeld an die Hofküche abgeben mussten, durften hier fischen[23]. Zu den Hofküchenseen zählten der Fuschl-, Hinter- und ab 1771 auch der Eibensee im Flachgau, der Tappenkar- und Kleinarlsee (heute Jägersee) im Pongau sowie der Abtsee im heutigen Bayern.

Im Schloss Hellbrunn hängen Fischgemälde von Prachtexemplaren, die über die Jahrhunderte in den Salzburger Seen gefangen und dann wohl auch verzehrt wurden.

Bei Erbrechtsseen war das Fischereirecht hingegen oft mit einem in der Nähe des Sees gelegenen Hof verbunden oder befand sich im Besitz von Adeligen[24]. So war in Salzburg unter landesfürstlicher Hoheit der Erzbischöfe der Wallersee in sechs, der Aber- oder Wolfgangsee in elf, der Mattsee in 14 und der Zellersee in neun so genannte „Seegen" eingeteilt[25]. Das Fischereirecht für einen bestimmten Wasserbezirk wurde Seege, von sagena, lateinisch Schleppnetz, genannt, welches erbrechtlich überlassen werden konnte und darauf hinweist, dass die Fischerei in größeren Seen durchwegs mit Netzen und mindestens zwei Booten betrieben wurde.

Ohne Erlaubnis des Grundherrn durfte hier niemand fischen und die Fischer dieser Seen mussten ein bestimmtes Kontingent des Fanges an den Hof abliefern. In manchen Grundherrschaften standen auch „Freiwasserregionen" zur Verfügung, in denen jedermann fischen durfte[26].

Mit dem Ansteigen der Bevölkerung nahm auch die Bedeutung des Fischfangs zu. Die Kirche ordnete im Mittelalter strenge Gebote für die Fastenzeit an. Dabei sollte nicht nur auf den Verzehr von Fleisch, sondern auch auf tierische Produkte wie Milch, Käse und Eier verzichtet werden[27]. Salzburg war über Jahrhunderte bekannt und berühmt für immensen Fischreichtum von hervorragender Qualität und Artenvielfalt in seinen Gewässern.

Einer der vielen Brunnen, in denen man Fische frisch hielt, stand bis 1858 am Hagenauerplatz vor Mozarts Geburtshaus. Das Almkanalsystem versorgte ihn mit Frischwasser (Lithographie von Carl Alexander Czichna, um 1835, Sammlung Peter Matern).

Die zwingende und zentrale Anlaufstelle des ganzen Fischhandels, auch für die Fänge der Erbrechtsseen, war das Hoffischhaus in der Residenz. Im Innenhof der alten Residenz hat sich rechts neben dem Herkulesbrunnen ein Raum mit Fischbehältern erhalten[28]. Vor Ort wurde vom Oberstfischmeister entschieden, welcher Fisch in den Kochtöpfen und Pfannen des Erzbischofs landete, oder – zu besseren Preisen – am Markt verkauft werden durfte[29]. Um 1543 gab es in den verschiedenen Stadtteilen sieben Brunnstuben und viele Fischbehälter zum Frischhalten der Fische[30].

Verzeichnisse des obersten Fischereibeamten unter Erzbischof Johann Jakob von Kuen-Belasy um 1575 lassen erahnen, welche unglaublichen Mengen an Fisch der Hof verbrauchte. In diesem Jahr waren 260 Personen täglich zu verköstigen. Das ergab im Jahr 191.000 Mahlzeiten. An 104 Fasttagen im Jahr wurde dabei ausschließlich Fisch gespeist, aber auch sonst war er wesentlicher Bestandteil der Hofküche[31]. „Professores und Alumni, die auf Wohlgefallen zu Hof gespeist werden möchten," erhielten ebenso Fischkontingente wie Kapuziner- und Franziskanermönche, weiters der Fürstbischof von Chiemsee, der Domdechant und andere Domherren[32].

Aus der Regierungszeit von Erzbischof Hieronymus Graf Colloredo hat sich für das Jahr 1798 ein Überschlag für den täglichen Verbrauch erhalten:

- Hochfürstliche Tafel:
  4–6 Personen, 29 Pfund Fische (16,4 kg)
- Rätetafel, mittags und abends:
  3 Personen, 9 Pfund Fische (5,4 kg)
- Offizierstafel, mittags und abends:
  12 Personen, 28 Pfund Fische (15,6 kg)

Insgesamt wurden jährlich alleine für diese drei Tafeln 3,8 t Fisch verbraucht[33]. Dies entspricht in etwa der Menge, die aus den eigenen Gewässern, also den Hofküchenseen, erwirtschaftet wurde[34].

Um den Bedarf des Hofes und der Bevölkerung zu decken, mussten sowohl Süßwasserfische als auch Seefische schon ab dem 13. Jahrhundert „in ganz beträchtlichen Mengen", meist in Fässern, eingeführt werden: „Da gab es Stockfische und Schollen, Lachse und

Aale, Lampreten und Heringe und manches andere, was uns heute überrascht."[35]

Die von den Untertanen konsumierten Fischmengen können mangels darüber vorhandener Quellen nur erahnt werden. Die wiederholten Erlässe der Erzbischöfe gegen den Tafelluxus enthielten auch Aufforderungen, den Fischkonsum einzuschränken, mehr als die Hälfte der Bevölkerung konnte sich aber Fisch gar nicht leisten, denn dieser war im Erzstift Salzburg zu jeder Zeit drei bis fünf mal teurer als Fleisch[36].

In die Gewässer der alpinen Hochgebirgslagen kamen die meisten Fischpopulationen durch künstlichen Besatz. Eine natürliche Fischmigration war kaum möglich, da die wenigsten dieser Gewässer einen passierbaren Abfluss besitzen. Die auf diese Art in die hintersten Seitentäler gelangten Saiblinge und Bachforellen sollten für Bergknappen, Almpersonal, aber auch für Jagdgesellschaften, den Speisezettel aufbessern[37]. Den Saiblingen der Landschitzseen im Lungauer Lessachtal wurde beispielsweise eine Verwandtschaft mit der Saiblingspopulation aus dem Altausseer See im Salzkammergut nachgewiesen[38].

In getrockneter – oder wie hier – geräucherter Form wurde der Stockfisch aus nördlichen Ländern bereits ab dem 13. Jahrhundert nach Salzburg importiert (Kupferstich aus: Wilhelm 1799, Sammlung Peter Matern).

Wie wichtig die wirtschaftliche Bedeutung des Fischfangs in Salzburg war, bezeugen zahlreiche Fischordnungen und Fischrechte. Bereits um 850 musste Erzbischof Liupramm einen Streit um die Jagd- und Fischereigrenzen am Abersee, der zwischen dem Erzbistum und dem dort ebenfalls begüterten Kloster Mondsee ausgebrochen war, schlichten. So sollten das Kloster St. Peter, das Frauenkloster Nonnberg und das Kloster Mondsee je ein Fangschiff unterhalten dürfen, zur Laichzeit der Fang jedoch beschränkt werden. Viele dieser Verordnungen der einzelnen großen Seen stammen aus dem 13. bis 16. Jahrhundert[39].

Fisch- und Krebsdiebstahl gehörte „zu den vornehmsten unerlaubten Beschäftigungen jener Zeiten“, in wenigen Fällen trieb die Not dazu. Oftmals waren es Geistliche oder Offiziere, die diese Gesetzesübertretung als Kavaliersdelikt betrachteten. Im Gegensatz zur Schweiz, wo Fischdieben die Hand abgehackt wurde, oder in England, wo Strangulation oder Deportation warteten, gab es im Erzstift mit Schanzbußen[40] oder Strafgeldern vergleichsweise geringe Strafen. 1783 fügte beispielsweise der Mesner von Unternberg „unter Mithilfe seiner sechs Kinder“ den Lungauer Gewässern „bedeutenden Schaden“ zu. Er wurde zu sechs Monaten, sein ältester Sohn zu zwei Monaten Schanzbuße und der jüngste Sohn zu acht Tagen Bußarbeit im Pfleghaus verurteilt. Für Krebsdiebstahl wurde 1701 ein Zeller Bürger als Strafe drei Sonntage „auf die Schrägen“ (Pranger) gestellt[41]. Mit dem letzten Salzburger Erzbischof als weltlichem Regent ging auch die Bedeutung der Seen als Nahrungslieferant dem Ende zu. „In den Gewässern war einst die Fischerei berühmt; sie rückte unter Hieronymus ihrem Verfall entgegen“[42], schrieb Benedikt Pillwein etwa 1839.
Die Habsburgermonarchie war ab 1816 als Rechtsnachfolgerin neue Besitzerin vieler Salzburger Seen, doch in seiner Finanznot verkaufte der Staat um 1860 sogar Fischgewässer[43]. So besitzt das Bräurup in Mittersill beispielsweise seit dieser Zeit die Fischrechte an den meisten Flüssen und Seen des gesamten Oberpinzgaus ab Niedernsill. Dem Land Salzburg gehören die Trumerseen sowie der Wallersee und der Markt Zell erwarb 1864 den Zellersee für 2000 Gulden vom k. k. Ärar[44]. Heute befinden sich der Salzburger Teil des Wolfgangsees, der Fuschlsee und 31 weitere Seen Salzburgs im Besitz der Österreichischen Bundesforste[45].

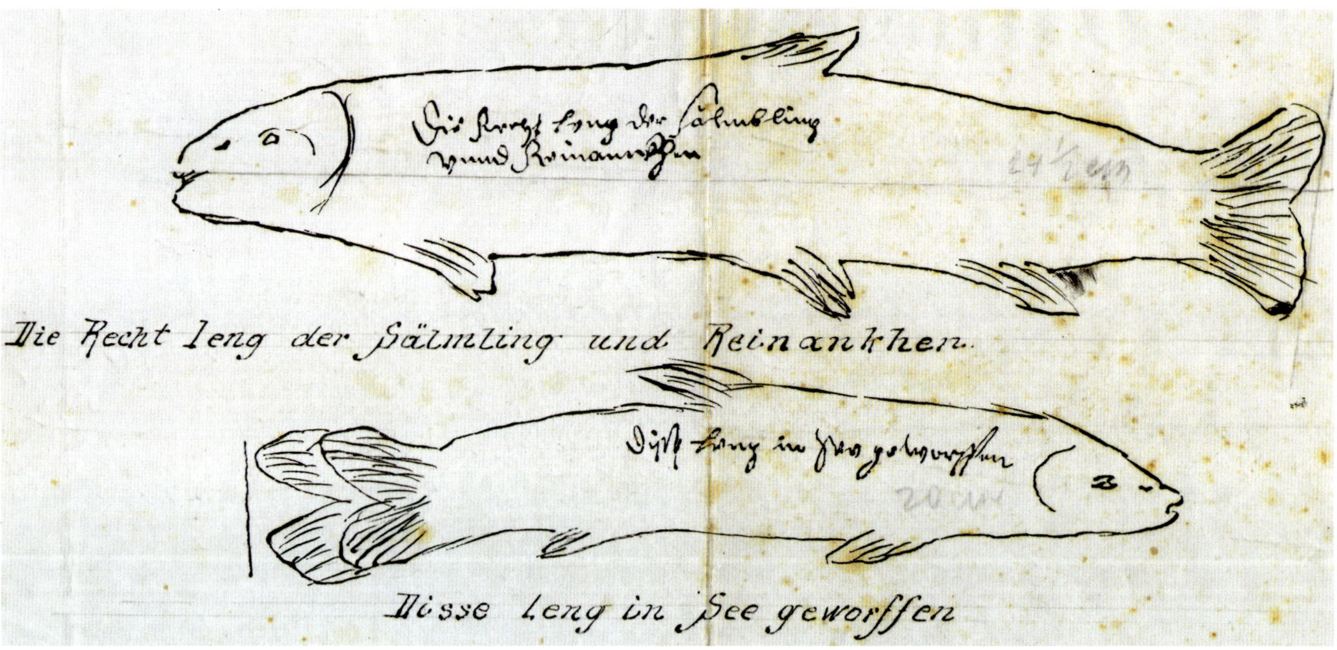

Eine Zeichnung aus dem Jahre 1580 zeigt an, welche Mindestgröße die gefangenen Fische haben mussten. „Die Recht Leng der Sälmling und Reinankhen“ galt für den oben skizzierten Fisch mit einer Länge von 24,5 cm. Für den kleineren galt: „Disse Leng in See geworffen“ (AStS, PA 1237,7).

Schicksalsort See

„Dem Gemüthe des Weibes gleich, das in der Anlage sanft, zart und ruhig, erfreut uns der stille See – aber erschreckt und beunruhigt uns auch manchmal durch seine exzentrische und launenhafte Erregbarkeit.“[46]

Seeunglücke

Was uns Heinrich Wallmann 1868 mit seinem geschlechterstereotypen Vergleich vor Augen führen wollte, hat bis heute nichts an Brisanz verloren. Im Sommer 2015 musste man, wie leider jedes Jahr, in den Medien Schlagzeilen über Ertrunkene in Salzburger Seen lesen. Im Vergleich zu den vergangenen Jahrhunderten ist die Zahl der Todesopfer durch Ertrinken aber sicherlich zurückgegangen. Von 1680 bis 1980 kamen allein im Zellersee 236 Menschen durch Einbrechen ins Eis im Winter oder Bootsunglücke um.

Im Jänner 1796 sind auf dem Zellersee vier Personen mit ihrem Schlitten im Eis eingebrochen. Laut dieser Votivtafel, die in Maria Kirchental bei Lofer hängt, konnte nur „Maria griberin“ gerettet werden (Votivtafelsammlung Maria Kirchental).

Eines der folgenschwersten Unglücke ereignete sich am 20. Jänner 1917. Bei der Überfahrt mit einem Boot von Zell nach Thumersbach fielen sieben Personen dem See zum Opfer[47]. Auch von den anderen großen Seen wird immer wieder von Unfällen und Tragödien berichtet.
Adolf Schaubach schreibt in seinem Buch „Mattsee und seine Umgebung“ von 1878: „Die Fischerinnung besitzt auch ein großes

Im Oktober 1800 konnten sieben Personen bei einem Schiffsunglück auf dem Wolfgangsee gerettet werden. In der Bildunterschrift dieses Ölgemäldes, von dem nur ein Schwarzweißfoto existiert, heißt es weiter: „13 fanden das Grab im See" (Salzburger Landesarchiv, A 17747).

Netz mit Angeln, welches zu dem traurigen Zwecke ausgeworfen wird, um die Leichen der im See Ertrunkenen aufzufinden und herauszuziehen."[48] Besonders „merkwürdig" erscheint einem heute der Streit um die Leichen Ertrunkener, der im 16. Jahrhundert am Wolfgangsee entbrannte. Nach Hüttensteinischem Recht musste jeder, der im See verunglückt war, auf dem Friedhof von St. Gilgen bestattet werden. Nach Auffassung der St. Wolfganger waren aber alle, „die innerhalb des Seidenfadens ertranken", in St. Wolfgang zu begraben. Ein bei der Einmündung des Ditlbaches bei St. Wolfgang befestigter Seidenfaden folgte der Strömung bis zum Ausfluss der Ischler Ache und markierte die Grenze zwischen Salzburg und dem Land ob der Enns.

Im Juni 1614 kam es sogar „zu einem gemeinen Aufgebot in Wehr und Waffen", als ein armes Bauernmädchen in den See fiel. Die geborgene Leiche wurde direkt an der Landesgrenze am Ufer des Sees zehn Tage liegen gelassen, von beiden Streitparteien schwer bewacht, ehe es den St. Wolfgangern gelang, sie zu „entführen" und „zur geweihten Erde" auf ihren Friedhof zu bringen[49].

Glimpflicher gingen die Fälle aus, die Bernhard von Mondsee 1753 als Beispiele Geretteter anführte. Was haben Balthasar Kuchler, Bürger zu St. Wolfgang, der im Winter 1695 im Eis einbrach[50], ebenso Johann Surauer, Bürger und Lebzelter zu Wasserburg in Bayern, der mit seiner Familie am 11. Dezember 1609 auf der Wallfahrt nach St. Wolfgang durch plötzlich aufkommenden Sturm in Seenot geriet[51], oder auch Maria Eißlin, die 1751 mit einem Buben, ebenfalls bei Sturm, mit dem Boot kenterte[52], gemeinsam? „Auf bescheidene Anruffung der Vorbitt Wolfgangi und verlobtes heil[iges] Meß-Opffer seynd alle beym Leben erhalten und der Gefahr entgangen"[53].

Aber selbst auf einer Wallfahrt konnten sich tödliche Unfälle ereignen. Die angeblich älteste Gebirgswallfahrt, die Bartholomä- oder Almer Wallfahrt, von Maria Alm nach St. Bartholomä am Königssee, ging 1688 für mehr als 70 „Bartlmä-Geher" tödlich aus, als sie bei der anschließenden Floßüberfahrt nach Königssee bei einem furchtbaren Unglück ertranken[54].

Naturkatastrophen

Die Angst der Bevölkerung vor Seeausbrüchen war ständiger Begleiter in den Gebirgsregionen. Jede Ortschaft, die unterhalb eines Sees angesiedelt war, hatte mit dieser plötzlichen Art von Katastrophe zu rechnen. Dabei ging von Seen, die schon einen längeren Zeitraum Bestand hatten, weniger Gefahr aus als von jenen, die durch Unwettermuren oder Bergstürze, resultierend aus Wetter- und Temperaturextremen, neu aufgestaut wurden.

Am 30. Mai, „in der Pfingstsonntagsnacht des Jahres 1794", ereignete sich nach lange anhaltenden Regenfällen unterhalb des Dorfes Embach ein gewaltiger Erdrutsch, der die Salzach bei Lend ca. 30 m hoch und bis ins 6 km entfernte Taxenbach aufstaute. Mit Angst und Schrecken sahen die Einwohner von Lend und den unterhalb liegenden Orten den neuen See bei Embach entstehen. Die durch einen plötzlichen Dammbruch drohende Katastrophe blieb erfreulicherweise aus, denn es dauerte drei Jahre, bis die Salzach den natürlichen Wall allmählich wieder fortgeschwemmt hatte „und alle Ursachen der nur zu gegründeten Furcht"[55] verschwunden waren[56].
Im Sommer 2002 wurde durch plötzliches Wegschwemmen der aufstauenden Endmoräne der Wasserspiegel des Eissees bei der Warnsdorferhütte im Krimmlertal innerhalb kürzester Zeit um ca. 10 m abgesenkt. Der Krimmler Wasserfall war an diesem Tag schwarz vom Schmutz der Überschwemmung[57].
Diese exemplarisch genannten außergewöhnlichen Naturereignisse im Land Salzburg gingen großteils glimpflich aus. Berichte aus anderen Regionen bezeugen hingegen, dass die Befürchtungen der Bevölkerung nicht unberechtigt waren und sind.
Im Südtiroler Passeiertal verursachte ein Bergsturz vermutlich 1401 einen natürlichen Damm für den Fluss Passer. Das dadurch entstandene Gewässer mit einer Länge von ca. 1 km und einer Tiefe von 55 m wurde bald Hinter- oder Rabensteinersee genannt. Am 22. September 1419 brach der See völlig unerwartet mit verheerenden Folgen für die unterhalb liegenden Ortschaften aus. In der 25 km talabwärts liegenden Stadt Meran zerstörten die

In der „Schweizer Chronik" von Johannes Stumpf werden in einer seltenen Darstellung detailreich die verheerenden Folgen eines Seeausbruches veranschaulicht. Während im oberen Bildausschnitt noch Schiffe auf dem See fahren, quillt das Wasser bereits sturzflutartig durch drei Brückenbögen und verwüstet die unterhalb liegende Siedlung (Holzschnitt, Stumpf 1548, Universitätsbibliothek Salzburg).

Wassermassen die Hälfte der Häuser, ein Spital und eine Kirche. Durch die Plötzlichkeit des Ereignisses war eine Flucht nicht möglich; die Fluten rissen auch einen Priester vom Altar weg. Weitere 400 Menschen kamen ums Leben. In den darauf folgenden Jahrhunderten brach der See weitere neun Mal aus, was ihm den unrühmlichen Namen „Kummersee" einbrachte. Nach dem ersten Ausbruch wurden allerdings massive Uferbefestigungen und Wasserschutzmauern für die Stadt errichtet, „die selbst nach ihrem Einsturz 1503 immer noch genügend Schutz boten, um die Flutwelle vom Stadtzentrum abzuhalten". Heute erinnert nur mehr die Kapelle „Am See" an den bereits verlandeten, natürlichen Stausee und die Opfer der Flutkatastrophen[58].
Ein Bergsturz in Buzza di Biasca im Schweizer Kanton Tessin am 30. September 1512 hatte schon viele Todesopfer durch die herabstürzende Steinlawine zu beklagen, aber der dadurch zu einem See aufgestaute Fluss Brenno brach drei Jahre danach am 20. Mai 1515 durch den Damm und überschwemmte das unterhalb liegende Tal. Mindestens 600 Todesopfer[59] waren bei einem der schwersten Unglücke dieser Art in Europa dadurch zu beklagen[60].
Auch Gletschervorstöße bargen eine Gefahrenquelle für die Gebirgsbevölkerung. Im benachbarten Tirol versperrte der Vernagtferner immer wieder ein Seitental, wodurch sich episodisch der „Rofener Eissee" bilden konnte. Mehrmals brach der See aus und durch die Überschwemmungen waren auch immer wieder Todesopfer im unterhalb liegenden Ötztal zu beklagen[61].
Bei Bramberg im Pinzgau war im Frühjahr 1773 ein Lawinenabgang in den Karsee Ursache für eine Überschwemmung der unterhalb im Tal liegenden Steinachau durch das verdrängte Wasser des Sees. Die Gebäude des Steinachbauern wurden weggefegt „und alles mit Geröll, Baumwurzeln und Steinen erfüllt. Erst nach 1900 wurden hier wieder Häuser gebaut." Über Todesopfer wurde nichts

Diese älteste bekannte Darstellung eines alpinen Gletschers aus dem Jahr 1601 zeigt einen Vorstoß des Vernagtferners im Ötztal. Die Notizen in der Zeichnung bezeugen die Dimension des Sees mit 1700 m Länge und 400 m Breite (Tinten- und Aquarellzeichnung vermutlich von Abraham Jäger, 1601, Tiroler Landesmuseum).

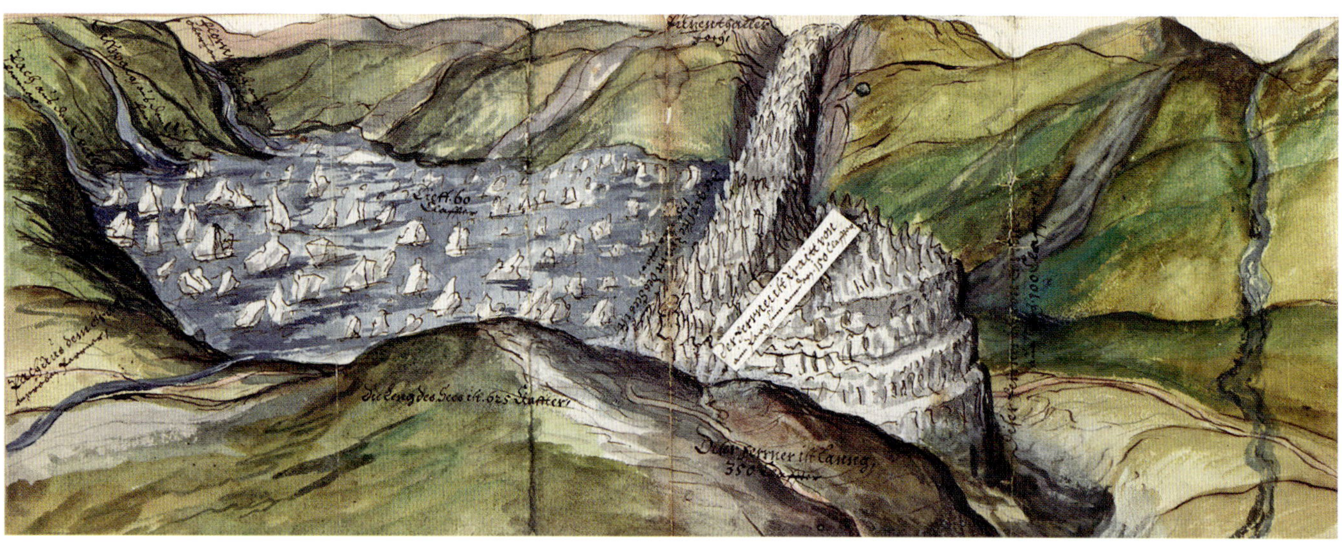

berichtet[62]. Die Bevölkerung verpackte ihre Ängste in Legenden und Sagen, wie auch jene vom Lindwurm des Tappenkarsees im Kleinarltal bezeugt. Ein paar mutige Burschen wollten dem Untier mit einer List den Garaus machen, schwer verwundet soll es sich aber in die schützende Tiefe des Sees zurückgezogen haben. Der Lindwurm solle nun unablässig am Felsen nagen und eines Tages werde der See ausbrechen und das Kleinarltal überschwemmen, wurde erzählt[63]. Varianten dieser Sage gibt es auch vom Reedsee im Gasteinertal und von den Sieben Mösern auf der Gerlosplatte zu berichten.

Seenvermessungen

Im frühen 19. Jahrhundert entdeckten Gelehrte, Schriftsteller und Künstler der Romantik die Schönheit der Salzburger Landschaft und auch der frühe Alpinismus setzte mit einer Reihe von Erstbesteigungen von Salzburger Berggipfeln ein. Naturwissenschaftler begannen, sich für Geologie, Flora und Fauna der Alpen oder Temperatur- und Luftdruckunterschiede zwischen Berg und Tal zu interessieren. Die erste Vermessung eines Alpensees im europäischen Raum führte 1844/45 der aus Böhmen stammende Alpenforscher Friedrich Simony am Hallstättersee durch[64]. 44 Jahre später, am 17. Oktober 1888, begann der damals 48-jährige Eberhard Fugger mit seinem Lehrerkollegen und Freund Carl Kastner mit den Egelseen bei Mattsee eine ganze Serie von Vermessungen an Salzburger Seen vorzunehmen.

Der Oberrealschulprofessor für Geographie Eberhard Fugger hat sich in vielseitiger Weise um Stadt und Land Salzburg verdient gemacht (Pillwein 1919).

Der 1842 am Bürglstein in Salzburg geborene Dr. Eberhard Fugger machte sich in sehr vielseitiger Weise um Stadt und Land Salzburg verdient. Neben unzähligen ehrenamtlichen Tätigkeiten für Vereine[65] war der Oberrealschulprofessor und Geologe von 1884 über 30 Jahre Vorstand der Gesellschaft für Salzburger Landeskunde und von 1902 bis 1919 Leiter des städtischen Museums Carolino Augusteum. Für seinen unermüdlichen Einsatz erhielt er als Dank das Bürgerrecht der Stadt Salzburg, das Goldene Verdienstkreuz mit der Krone und 1912 den Ehrendoktor der philosophischen Fakultät der Universität Innsbruck anlässlich seines 70. Geburtstages[66].
Ein weniger bekannter Arbeitsbereich des umtriebigen Oberrealschulprofessors war die Bestandsaufnahme und Vermessung von Salzburger Seen.
„Zu den schönsten Zierden unserer Heimat gehören unstreitig die Seen; sie üben eine nie geschwächte Anziehungskraft auf alle aus, welche Sinn für landschaftliche Schönheit besitzen, und nicht blos der gebildete Städter lässt sein Auge auf dem Bilde ruhen, in welchem ein See den Mittelpunkt oder Hintergrund bildet, auch der ungebildete Landbewohner findet es der Mühe wert, zu

seinen Hochgebirgsseen hinaufzusteigen, blos zu dem Zwecke, sie zu sehen und sein Auge an ihrem Anblick zu erquicken."[67] Diese etwas unzeitgemäße, aber durchaus zutreffende Lobrede auf die Salzburger Seenwelt findet man am Beginn einer Reihe von Aufsätzen, die Eberhard Fugger ab 1890 regelmäßig in den Mitteilungen der Gesellschaft für Salzburger Landeskunde publizierte. Er beschrieb darin, wie er mit den damals zur Verfügung stehenden Mitteln versuchte, eine „Salzburgseenbestandsaufnahme" zu machen. Es gelang ihm, beginnend im Wildgerlostal, Salzach abwärts einen Großteil der Pinzgauer und Teile der Pongauer Bergseen zu vermessen und zu dokumentieren. In den Monaten Juli und August hat man sich mit Familienangehörigen und Freunden wohl zu einer Art Sommerfrische aufgemacht, die Gebirgslandschaft zu erkunden, denn für Tagesausflüge war diese Aufgabe nicht geeignet. Für die Strecke Salzburg–Zell am See (98 km) benötigte die neu errichtete Giselabahn beispielsweise 1882 ca. 4½ Stunden, die Strecke Zell nach Krimml konnte mit der Kutsche in 10½ Stunden bewältigt werden. Man war von Salzburg also mindestens einen Tag unterwegs, heute fährt man diese Strecke mit dem Auto in 2 ½ Stunden.

Vom Quartier im Tal wurden dann nicht nur die verzeichneten Objekte auf der zu dieser Zeit aktuellen Österreichischen Generalstabskarte im Maßstab 1:75.000 ausgekundschaftet, sondern auch unbekannte stehende Gewässer gesucht. Ob das Unterfangen „Seevermessung" unter die Rubrik Sommerfrische fällt, ist allerdings in Anbetracht der schweren Ausrüstung und kaum vorhandener Wanderwege zu bezweifeln. Ein Vorteil Fuggers und seiner Zeit war allerdings, dass die meisten Almen bewirtschaftet wurden und als nahe Unterkunft dienen konnten. Darü-

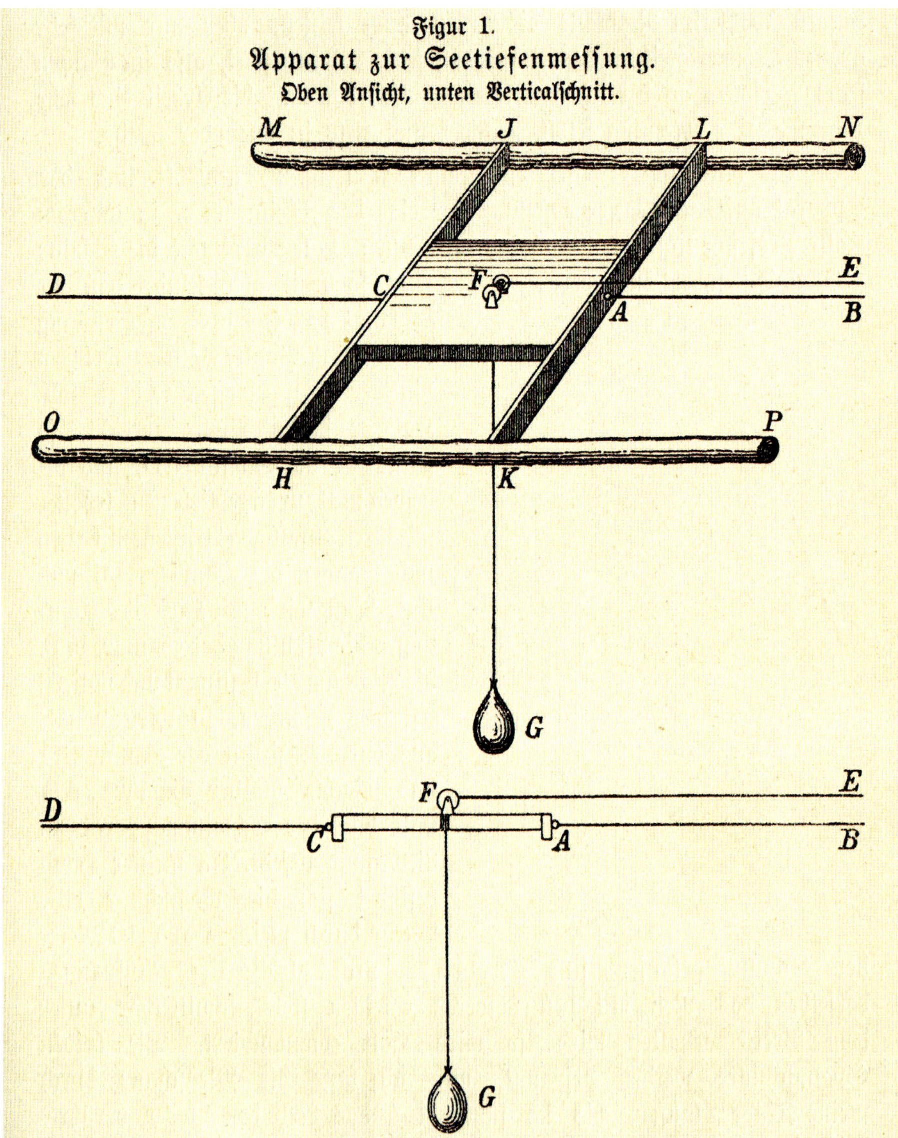

Dieses Spezialbrett war neben den Schnüren bei allen von Eberhard Fugger vorgenommenen Seetiefenmessungen der wichtigste Bestandteil der Ausrüstung (Fugger 1890).

ber hinaus waren vom Almpersonal Hilfe bei der Arbeit und wertvolle Auskünfte über die Seen zu bekommen[68].

Einen wichtigen Bestandteil der Ausrüstung für die Vermessungen bildete ein spezielles Holzbrett. An den Stirnseiten waren Schnüre befestigt, mit denen dieses Brett von zwei Personen über das Gewässer gezogen wurde. In der Mitte befand sich ein Loch mit darüber liegender Umlenkrolle, über die eine weitere Schnur lief, an der ein Gewicht, meist ein Stein, befestigt war. Der Stein wurde von einer dritten Person so lange abgelassen, bis er auf Grund lag. An allen Schnüren befanden sich Metereinteilungen, welche genau aufgenommen wurden, um dann später in Form von Skizzen publiziert zu werden.

Grabstein von Eberhard Fugger jun., Eberhard Fugger sen. und Adele Fugger am Salzburger Kommunalfriedhof (Foto Peter F. Kramml).

Da für größere Seen die Schnüre zu kurz waren, wurden anfänglich Holzflöße gezimmert, obwohl viele dieser Vermessungsobjekte über der Baumgrenze lagen. Für den Bau konnten meist die bereits erwähnten Senner oder einheimische Bauern gewonnen werden, die für ein kleines Zubrot zur Hand gingen. Diese Hirten wurden übrigens oft auch als Führer engagiert. So transportierten im Jahr 1889 Schafhüter zur Vermessung des unteren, Großen Gerlossees im Wildgerlostal Holz für ein Floß auf 2320 m ü. A.

Darüber berichtet Fugger: „[…] Den anderen Morgen wanderten wir – Weg existierte bis jetzt noch keiner – hinauf zum unteren See […]. Oben angekommen wurde das Floß zusammengestellt und verfestigt, was zu Folge der außerordentlichen Gewandtheit und Geschicklichkeit Kröll's [der Schafhüter] binnen einer Stunde geschehen war; und nun wollten wir die Messung des See's beginnen. Der Wind wehte aber äußerst heftig von Süden her. Professor Kastner und Kröll, beide kräftig und geschickt, arbeiteten mit den Rudern 10 Minuten gegen den Wind in den See hinein, und als sie zu rudern aufhörten, waren sie mit dem Flosse binnen einer Minute wieder am Ufer. […] So haben wir genau neun Tage gebraucht, um die beiden Wildgerlosseen zu vermessen. Ich habe diese Umstände hier so ausführlich erwähnt, um zu zeigen, daß es gerade keine kleine Arbeit ist, Hochgebirgsseen zu messen, und daß außer dem guten Willen dazu auch eine gewisse Ausdauer und Zähigkeit nöthig ist, um die Aufgabe auszuführen."[69]

Das 375 cm lange Faltboot aus ölfarbengetränktem wasserundurchlässigen Baumwollgewebe war 25 kg schwer und hatte eine Nutzlast von 300 kg (Fugger 1890).

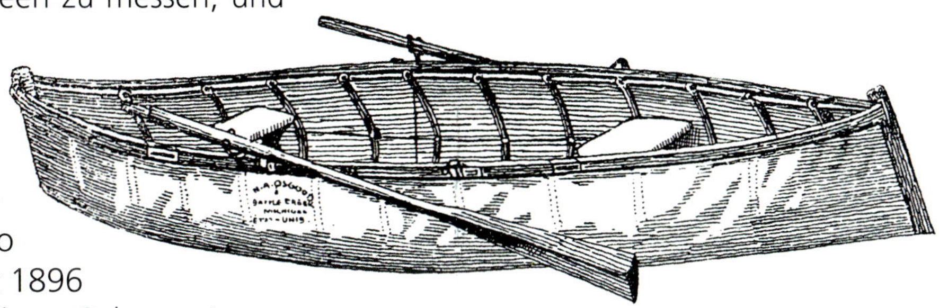

Der Alpenverein übernahm dann die Anschaffungskosten für ein 25 Kilo schweres Faltboot, das am 3. August 1896 bemannt mit Eberhard Fugger und seinem Sohn am Leopoldskroner Weiher in Salzburg erfolgreich seine Jungfernfahrt vollbrachte und bereits für die schwierige Vermessung des Weißsees im Stubachtal bei Uttendorf zum Einsatz gebracht wurde. Im Zeitraum von 13 Jahren waren trotz dieser Arbeitserleichterung sieben Versuche notwendig, um die Vermessung erfolgreich abzuschließen, wobei ein Argument für das Scheitern des zweiten Versuches auch ein wenig zum Schmunzeln verleitet.

1. Versuch: 11. August 1895

2. Versuch: 1. September 1897: „[...] dichter Nebel; da unter diesen Verhältnissen an ein Ausloten eines Sees nicht zu denken war und unser Zigarrenvorrat sich bedenklich vermindert hatte, stiegen wir zur Rudolfshütte empor."

3. Versuch: 3. September 1897: „[...] doch herrschte ein Sturm, der es fast unmöglich machte, aufrecht zu stehen"

4. Versuch: 29. Juli 1905: „[...] schlechtes Material und schlechtes Wetter;"

5. Versuch: 20. August 1907: „Diesmal waren wir volle 48 Stunden in der Rudolfshütte eingeschneit;"

6. Versuch: 23. August 1908: „Schlechtwetter;"

7. Versuch: 10. September 1908: „Endlich lächelte uns das Glück"[70].

Es dauerte also 13 Jahre, bis dieser See vermessen war und dies war kein Einzelfall. Das Ergebnis konnte sich sehen lassen, denn mit 540 m Länge, 420 m Breite und einer stattlichen Tiefe von 53 m ist er, soweit bekannt, nach dem Wolfgang-, Zeller- und Schwarzsee der vierttiefste natürliche See des Landes Salzburg. Eberhard Fugger gelang es, in einem Zeitraum von 23 Jahren 128 Seen einschließlich auch kleinster und sehr seichter stehender Gewässer, selbst zu vermessen. Den letzten See vermaß er 1912 im Alter von 70 Jahren[71]. Erst in den 1970er bis 1990er Jahren setzten die Salzburger Geographen Guido Müller, Heinz Slupetzky und später Gabriel Seitlinger die Vermessung und Dokumentation von Salzburger Seen wieder fort.

Bis zu 540 m waren die sechs „Vermessungslinien" lang, die mittels Faltboot in einem Zeitraum von 13 Jahren gezogen wurden, um den Weißsee im Stubachtal unter Eberhard Fugger zu vermessen (Fugger 1911).

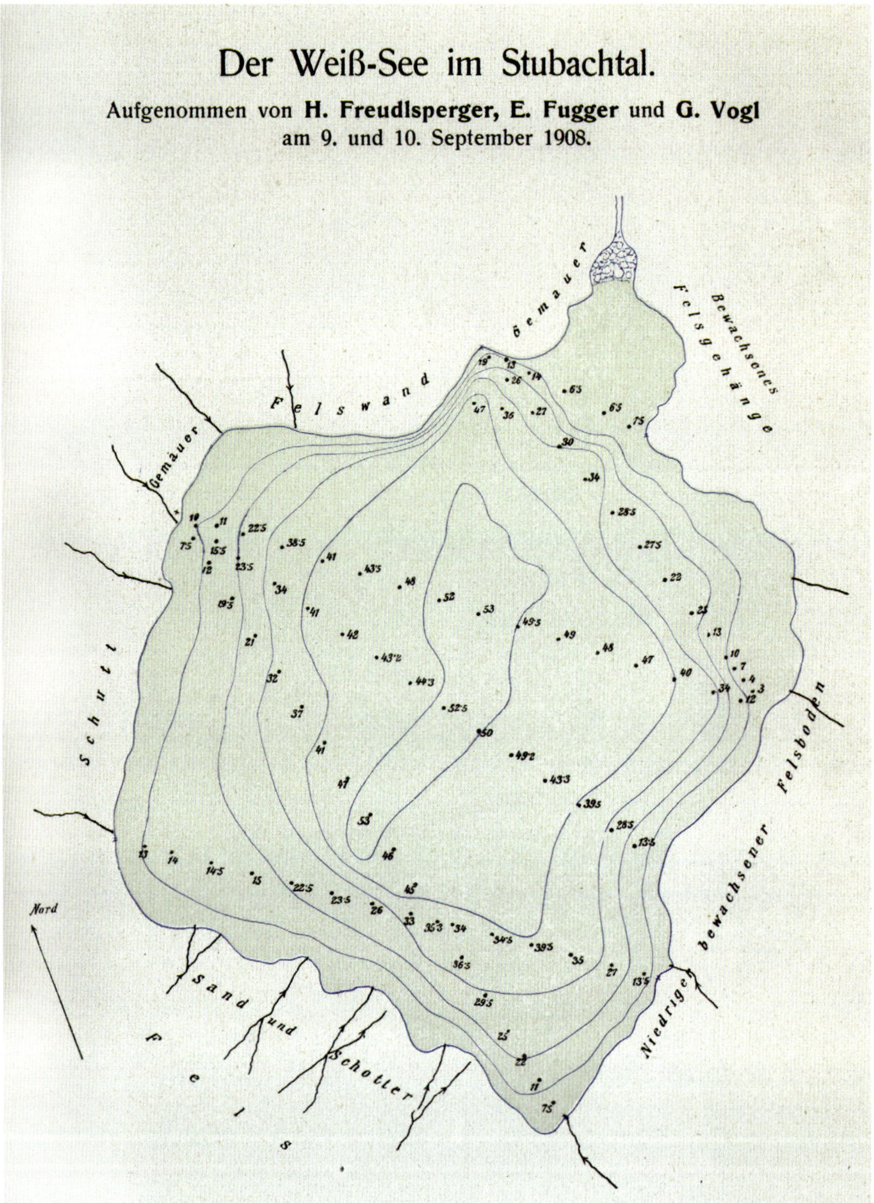

Wirtschaftsfaktor See

Eisschneiden

Seen hatten besonders ab ca. 1850 bis zur Mitte des 20. Jahrhunderts auch eine heute großteils vergessene wirtschaftliche Funktion, indem sie für einen nicht mehr existierenden Geschäftszweig den Rohstoff Eis lieferten. Davor kann eine Einlagerung und Verwendung von Natureis zumindest für die fürsterzbischöfliche Hofküche nachgewiesen werden. So wurden Ende des 18. Jahrhunderts jeden Winter „350 zweispännige Fuhren Eis" (ca. 520 m³ Eis) in den Eiskellern der Residenz gelagert[72]. Um den Transportweg möglichst kurz zu halten, wurde das Eis hauptsächlich in Teichen und Weihern in und um die Residenzstadt geschnitten. Für den im Laufe der Zeit angestiegenen Bedarf an Eis wurden neben privaten Depots unter anderem Eiskeller im Rainbergkeller im Stadtteil Riedenburg oder auch im so genannten Eisturm in Schallmoos errichtet.

Eis wurde zur Kühlung, aber auch zur Herstellung von Lebensmitteln verwendet. Mangels fehlender Transportmöglichkeiten entwickelte sich der Industriezweig „Eisschneiden" auf den großen Salzburger Seen erst mit Inbetriebnahme der Westbahn im Jahre 1860 und der Giselabahn von Salzburg über Zell am See nach Innsbruck ab 1875. Bereits am 22. Februar 1863 berichtet die Salzburger Zeitung, dass von Seekirchen vorerst 5000 t Eis nach Wien transportiert wurden und bei anhaltend niedrigen Temperaturen weitere 6000 bis 10.000 Tonnen aus dem Wallersee gewonnen werden könnten[73]. Bald entstand an den großen Seen mit Gleisanschluss ein eigener Gewerbezweig, der den Bewohnern der Region im Winter eine gute Verdienstmöglichkeit bot. So hatte beispielsweise das Eis am Zellersee im Winter 1884 eine Dicke von 60 cm und rund 450 Arbeiter waren damit beschäftigt, 3133 Zugwaggons mit Eis für den Transport nach Wien und ins Ausland zu beladen. Da ein großer Teil der Ladung an Brauereien nach München ging, waren etwa 100 bayerische „Saisonarbeiter" in diesem Jahr engagiert. Die Gemeinde Zell als Eigentümer des Sees hatte in diesem Jahr einen Reingewinn von 20.000 Gulden erwirtschaftet. „1899 errichteten die Zeller einen eigenen Gleisanschluss zur Eisverladung."[74]

An einem strategisch schattigen und kühlen Platz an der Nordseite des Kapuzinerberges steht heute noch der „Eisturm" neben dem Urbankeller. Das auf den Seen im Winter geschnittene Eis wurde für die Bierkühlung hier gelagert und hielt bis in den Herbst.

In warmen Wintern, wenn um die Großstädte die Teiche und Seen nicht zufroren, arbeiteten bis zu 450 Menschen an der Eisgewinnung am Zellersee. Das Eis wurde mit der Eisenbahn nach Wien oder auch nach München transportiert (Bildarchiv Austria).

Wenn im März die Arbeiten auf dem Zellersee abgeschlossen werden mussten, verlagerten sie sich auf den 200 m ü. A. höher, ebenfalls an der Giselabahntrasse gelegenen Grießensee. „Zur Blütezeit des Betriebes arbeiteten etwa 500 Menschen und 30 Pferde an der Eisgewinnung, die sehr gut bezahlt wurde."[75]
Im Jahr 1899 berichtete die Halleiner Zeitung „Volksfreund", dass die Salzkammergut-Lokalbahn vom „Grottensee" (Krottensee) bei St. Gilgen bis Ende Februar bereits 306 Waggons beladen mit Natureis beförderte. „In die nächste Umgebung wurden außerdem täglich 10–12 zweispännige Eisfuhren in letzterer Zeit verfrachtet."[76]
Die Arbeit des Eisschneidens war sehr beschwerlich. Johann Keil, ehemaliger Auwirt aus Obertrum und selbst bis in die 1950er Jahre „Eisschneider", berichtete aber auch von amüsanten Situationen, wenn die Eisschneider den Kindern vorschwindelten, „dass derjenige, der unterm Eis arbeitet, weit kräftiger ziehen muss als die, die oben stehen". Es wurde ihnen auch erzählt, „dass darum gewürfelt wurde, wer die Arbeit unterm Eis machen müsse." Das in den Eiskellern eingelagerte Eis hielt übrigens meist bis weit in den Herbst hinein[77].

„Mit Eis stopf deine Keller voll, wenn dir dein Bier gelingen soll."[78]

Es dauerte noch bis in die 1950er Jahre, bis sich zur Kühlung von Lebensmitteln eine für Konsumentinnen und Konsumenten einfachere Kühltechnik durchsetzte. Eine Zwischenstufe bedeutete für Privathaushalte der umgangssprachliche „Eiskasten", bei dem in einer Holzkiste ein Fach eingerichtet war, in das weiterhin Eisblöcke zur Kühlung der Nahrungsmittel eingebracht werden mussten. Erst mit dem Ausbau des Elektrizitätsnetzes ging die Eisgewinnung an den Salzburger Seen und anderen Gewässern immer mehr zurück. Auch die anfängliche Skepsis der Bierbrauereien gegenüber künstlichen Kühltechniken wich bald den Vorteilen der technischen

Errungenschaften des letzten Jahrhunderts. Dazu kam ein weiteres Problem der Natureisgewinnung für Lebensmittel. Die stadtnahen Gewässer verschmutzten zunehmend, „während auf der anderen Seite die Hygienevorschriften zusehends verschärft wurden"[79].

Energiegewinnung

Das angesprochene Elektrizitätsnetz bietet auch das Stichwort für einen weiteren Wirtschaftszweig, der in direktem Zusammenhang mit den Seen im Land steht. In Salzburg entstanden im 20. Jahrhundert viele Stauseen zur Stromerzeugung wie z. B. das Kraftwerk Kaprun. Einige wenige dieser Bauwerke stauten aber einen bereits davor bestehenden See auf. Als Beispiel sei hier die Kraftwerksgruppe Stubachtal genannt, die den Österreichischen Bundesbahnen gehört und ab 1921 in mehreren Stufen ausgebaut wurde. Neben dem Tauernmoossee, dem Weißsee und dem Grünsee wurden der Amertalersee und der Salzplattensee im Dorfer Ödtal aufgestaut und mittels Verbindungstollen in die Gruppe einbezogen.

In einer spektakulären Kurve umspannt die bis 53 m hohe Staumauer des Tauernmoosspeichers das Tal des Tauernmoosbaches im Stubachtal. Der ursprünglich natürliche See ist heute Teil der Kraftwerksgruppe Stubachtal.

Während die eben genannten Beispiele durch nicht sehr attraktive Betonsperren gestaut wurden, hat man sich bei dem Staudamm des Unteren Bockhartsees im Gasteiner Tal und des Unteren Rotgüldensees im obersten Murtal für die optisch ansehnlichere Natursteinstaumauer entschieden. Diese Art der Staumauer wurde auch für andere Seen verwendet, allerdings aus einem anderen Grund. So wurde beispielsweise der Wasserspiegel des Grünwaldsees in den letzten Jahren angehoben, um für die künstliche Beschneiung des Skigebietes in Obertauern genügend Wasser für den Winter speichern zu können. Aus demselben Grund wird aus dem natürlichen Zauchensee ebenfalls Wasser entnommen.

Zeitlich bereits weiter zurück liegen Staumauern aus Natursteinen, die man zur Rettung bereits von Verlandungen bedrohter Seen errichtete. So wurden der Hundsfeld- und der Hochsee bei Obertauern oder auch der Jägersee im Kleinarltal vermutlich zur Zeit des Erzstifts aufgestaut, um fischwirtschaftlich genutzte stehende Gewässer zu „retten".

Vermutlich in der Neuzeit, oder schon früher, wurde der Hundsfeldsee bei Obertauern aufgestaut, um das Gewässer als Fischwasser für den damaligen Besitzer, das Domkapitel, zu retten (AStS, PA 1237).

Fremdenverkehr und Freizeit

Neben dem wirtschaftlichen setzte im 19. Jahrhundert auch ein touristisches Interesse an Seen ein, das eng mit der Entwicklung des Fremdenverkehrs in Salzburg in Zusammenhang steht. Seen kam die Bedeutung eines wichtigen, den Fremdenverkehr bis heute stark anziehenden Landschaftselements zu.

Die ersten Impulse gingen, wie bereits erwähnt, von Schriftstellern und Künstlern der Aufklärung und Romantik aus. In der zweiten Hälfte des 19. Jahrhunderts eröffnete die Eisenbahn der breiten Bevölkerung einen bis dahin nicht leicht möglichen Zugang zu den Bergen und Seen. Der Tourismus des 19. und beginnenden 20. Jahrhunderts beschränkte sich im Land Salzburg aber vorwiegend auf bürgerliche Kreise, die auf der Suche nach „Ursprünglichkeit" den Alpenraum eroberten.

Neben der Stadt Salzburg und Gastein zählte Zell am See wegen seiner Berg- und Seenkulisse zu den ersten ländlichen Touristenzentren im Land Salzburg. Zu Beginn standen hier nur einfache Gasthäuser zur Verfügung. 1879 begann der Bauunternehmer Karl Freiherr von Schwarz mit der Errichtung des exklusiven Hotels Kaiserin Elisabeth, um die Jahrhundertwende bestanden bereits vier Hotelpaläste[80]. Zell am See war „Touristenstation" und Sommerfrische zugleich, wobei der Sommerfrischler für den Markt einträglicher war. Die Sommerfrische stellte eine eigene Kulturform dar. Hier zog sich das Bürgertum zurück und schuf sich gegenüber den rasch wachsenden städtischen Zentren eine „zweite Heimat", in der Naturgenuss und Familie im Mittelpunkt standen. Nach Zell am See, „in diesen stillen Winkel", flüchteten schon in den 1860er Jahren „mehrere Familien [...] vor dem Wiener Straßenlärm"[81]. 1908 wurden zusätzlich zu den Mietvillen 16 Hotels und Gasthöfe im Markt genannt. Eine Bade- und Schwimmanstalt sowie Eisen-, Fichtennadel-, Schwefel- und Solebäder standen den Gästen zur Verfügung[82].

Das auf dem Schwemmkegel des Schmittenbaches erbaute Zell am See wird seit 1886 vom „Hotel am See", dem heutigen Grandhotel, geprägt (Postkarte).

St. Gilgen war der Ausläufer der Wiener Sommerfrische im Salzkammergut. Ab dem Jahr 1873 fuhr der Raddampfer „Kaiser Franz Joseph I." am Wolfgangsee. Weitere Schiffe auf anderen großen Seen folgten.

1894 ermöglichte die Salzkammergut-Lokalbahn von Salzburg nach Bad Ischl eine bessere Zugänglichkeit des Wolfgangsees. Gastwirte bauten Sommerwohnungen und vermieteten Unterkünfte, zahlreiche private Sommervillen entstanden und zogen auch prominente Sommergäste an.

Ab den 1890er Jahren kam vermehrt auch das mittlere Bürgertum hinzu. St. Gilgen wurde zur typischen Sommerfrische der Wiener „Zweiten Gesellschaft", die in der Gründerzeit zu Ansehen und Wohlstand gelangte. Die nachfolgende Generation entdeckte dann vermehrt auch den See und Sportarten wie Rudern und Segeln für sich. 1901 entstand der Yachtklub in St. Gilgen[83].

Fuschl am See bildete damals nur ein Ausflugsziel der St. Gilgener Sommergäste, der erste Dauergast kam um 1895[84]. Erst in den

1960er Jahren entwickelte sich Fuschl zu einem frequentierten Fremdenverkehrsort.
Die Schönheit der Voralpenseen wurde erst ab der Mitte des 19. Jahrhunderts, auch vom mittel- bis kleinbürgerlichen Publikum, entdeckt und einige wenige Gemeinden erkannten schon zu dieser Zeit das wirtschaftliche Potenzial der Seen. So war der Hauptgrund für die Errichtung der ersten Mattseer Badekabinen, den Ort durch Fremdenverkehr wirtschaftlich zu beleben. 1869 zählte man 1704 Badegäste, 1886 und 1887 waren es bereits 6000 Personen. Nach Mattsee und Seeham kam auch Neumarkt auf den Geschmack und umwarb den Ort und den Wallersee als einen Platz der Ruhe mit Wäldern und Seebad. Der örtliche Verschönerungsverein errichtete hier ein „Wellenbad samt prächtigen Douchen"[85].

In den 1920er Jahren wurde das Strandbad Wallersee in Neumarkt für Sommerfrischler und Einheimische eröffnet (Postkarte, Sammlung Peter Matern).

1923 wurde in Seekirchen ein Strandbad eröffnet[86]. Anderen Wallerseegemeinden gegenüber hatte Henndorf den Nachteil, dass es nicht an der Bahnstrecke lag. Erst zu Beginn des 20. Jahrhunderts wurde das Dorf zu einem Ausflugsort für Stadt-Salzburger und -Salzburgerinnen und Destination von Sommerfrischlern. Die ersten Badehütten wurden in Seebrunn errichtet, 1911 ein Holzhaus am See als Bierausschank adaptiert[87]. Henndorfs „große Zeit" kam dann nach 1920, als sich der Ort mit seiner idyllischen Lage am Wallersee einen Namen als Treffpunkt von Künstlern und Literaten machte[88].
1955 konnten in Henndorf 3402 und in Neumarkt 9651 Nächtigungen gezählt werden. Um ein Vielfaches übertroffen wurden die

Wallerseegemeinden allerdings von Mattsee mit 23.787 Übernachtungen[89]. Ab den 1970er Jahren wurden auch erste Campingplätze an den größeren Salzburger Seen errichtet.
Diese ansteigende Mehrbelastung durch Bade- und Nächtigungsgäste, aber in erster Linie der „übermäßige Nährstoffeintrag aus ungereinigten häuslichen und gewerblichen Abwässern"[90] sowie landwirtschaftliche Düngungen im Einzugsbereich, führten in den 1950er und 1960er Jahren bei allen Voralpenseen zu einer rasanten Verschlechterung der Wasserqualität. Erst mit dem zeit- und kostenintensiven Bau von Ringkanalisationsanlagen konnte in den 1970er Jahren eine Umweltkatastrophe abgebremst werden. Es dauerte allerdings noch einige Jahrzehnte der Regenerierung, aber inzwischen gelten die Seen durch die gesetzten Maßnahmen als saniert und befinden sich in einem „sehr guten Gewässerzustand". Dies wird nicht nur durch von der Landesregierung ausgeführte jährliche Messungen bestätigt, auch optisch für jedermann erkennbar, hat sich die Sichttiefe dieser stehenden Gewässer seit 1980 im Schnitt verdreifacht[91]. Die voraussehende Investition schlug sich bald auch in den Nächtigungszahlen nieder. Von 20.000 Nächtigungen 1961 erhöhte sich die Zahl der Gäste beispielsweise im aufsteigenden Fremdenverkehrsort Fuschl auf 230.000 im Jahr 1979[92], heute sind es für die gesamte Region Fuschlsee jährlich 400.000[93].

Im Sommer 1966 stand auf einer Wiese bei Perwang nur ein einziges gelbes Zelt – jenes der Familie des Autors. Heute befindet sich dort ein Bade- und Campingplatz mit Strandbad, Beachvolleyballplatz, Asphaltstockbahn und ein eigener Jugendzeltplatz (Foto Paul Veits).

„Die Nutzung von Seen für Freizeit und Erholung, Fremdenverkehr und Tourismus stellt heute zweifelsohne die weitaus bedeutendste Nutzungsform dar" ist einem Handbuch über die Ökologie und den Schutz von Seen aus dem Jahr 2001 zu entnehmen[94]. Von Baden, Surfen, Segeln, Rudern, Bootfahren, Tauchen, Fischen, Wandern und Radfahren im Sommer, bieten sich im Winter auf den gefrorenen Seen Eislaufen, Eisstockschießen oder diverse Eisrennsportarten für Freizeitaktivitäten an. Auch gewinnt der See als internationaler Veranstaltungsort an Bedeutung, wie etwa der „Ironman 70.3", die Triathlonweltmeisterschaften 2015 in Zell am See, oder diverse Laufveranstaltungen rund um Seen beweisen.
Aus dem Frühjahrsbericht der Landesregierung 2015 über den Gewässerzustand der großen Salzburger Seen geht hervor, dass „der physikalisch-chemische Zustand und das Phytoplankton (Algen) seit Jahren für alle großen Seen des Landes Salzburg einen sehr guten oder zumindest guten Gewässerzustand nachweisen. Die Sichttiefen sind in diesem Jahr durchwegs größer als bei der Frühjahrsbeprobung des letzten Jahres"[95].
Das sensible Ökosystem „stehendes Gewässer" sollte auch weiterhin und in verstärktem Maße, trotz, oder gerade wegen seiner vielfältigen Nutzung durch den Menschen, geschützt und erhalten bleiben.

Anmerkungen

1 Schmidt, Kamenik 2010, S. 233 f.
2 Draxler 2003, S. 229 f.
3 Voigt 1996, S. 148 f.
4 Schultze 1988–1989, S. 469 f.
5 Voigt 1996, S. 42 f.
6 Schultze 1988–1989, S. 467 f.
7 Kral 1985, S. 207 f.
8 Drescher-Schneider 2010, S.15 f.
9 Del-Negro 1966 a, S. 159 f. Im Oichtental wurden bei einer Bohrung in Nußdorf bis 248,8 m Tone, Sande und Schotter nachgewiesen, ohne auf Felsgrund zu stoßen.
10 Ibetsberger, Jäger, Häupl 2010; vgl. auch Aigner 1928; Del-Negro 1966 a, S. 159 f.; Del-Negro 1966 b, S. 170 f.; Ebers 1966 b, S.143 f.; Uhlir 2011, S. 21 f.; Vetters, Uhlir 2011, S. 62 f.
11 Schultze 1988–1989.
12 Ebenda.
13 Ibetsberger, Jäger, Häupl 2010, S. 75 f.
14 Lindgren 1986, S. 11.
15 Penninger 1983, S.11–75; vgl. Ibetsberger, Jäger, Häupl 2010, S. 37 f.
16 Kral 1993, S. 203–218, vgl. Schmidt, Kamenik, Roth 2014.
17 Maringer u. a. 2014, S. 14 f.
18 Holzinger, Lahnsteiner 1936, S. 50.
19 Heger 1983, S. 83 f.
20 Schitter 1975, S. 20 f.; vgl. Moosleitner 1983.
21 Freudlsperger 1936, S. 82.
22 Ebenda, S. 83.
23 Dopsch, Weiss 1996, S. 603.
24 Dopsch 1983 d, S. 937, zit. nach: Freudlsperger 1936, S. 87.
25 Wallmann 1868, S. 89.
26 Ebenda.
27 Brandhuber, Koll, McCoy 2010, S. 56: „Mitunter erwies man sich aber sehr phantasievoll in der Umgehung dieser strengen Richtlinien: Da Fisch zu den erlaubten Nahrungsmitteln gehörte, verwandelten sich je nach Auslegung auch Biber, Krebse, ja sogar Wasservögel flugs in ‚Fische' und wanderten so in die Kochtöpfe."
28 Freudlsperger 1937, S. 154.
29 Ebenda: „Da sie für die Fische auf dem Markt einen höheren Preis erzielten als sie im Hoffischhaus erhielten, brachten sie dieselben nicht ungern in einem Zustand dorthin, daß sie zurückgewiesen werden mußten. Dies zu erreichen war ihnen leicht möglich; sie brauchten nur vor der Ablieferung die Fische nicht abzuwässern. Dann standen welche um oder sie waren so matt, daß sie in den Behältern auf der Seite oder auf dem Rücken schwammen, was besonders dann, wenn viele Fische in dem Behälter waren, nicht zur Annahme einladend aussah. Oft wieder brachten sie Fische, welche das vorgeschriebene Maß wohl hatten, die man aber wie z. B. die Hechte, in großen Exemplaren zu erhalten gewohnt war. Der beabsichtigte Zweck der Nichtannahme trat dann ein und die Fischer brachten dann ihre Waren auf den Markt oder gingen trotz des Verbotes damit hausieren. Oft genug kam es aber auch vor, daß der Fischmeistereiverwalter als Gegenleistung die Fischer nicht sofort abfertigte und diese dann so spät auf den Markt kamen, daß sie keinen Absatz für ihre Fische mehr fanden und diese dann verschleudern mußten."
30 Freudlsperger 1937, S. 154.
31 SLA Hofkammer, Hofkasten 1573 E, zit. nach: ebenda; vgl. Brandhuber, Koll, McCoy 2010, S. 16.
32 Freudlsperger 1937, S. 147.
33 Ebenda, S. 148.
34 SLA, Waldmeisterei 1726, zit. nach: ebenda, S. 149.
35 Freudlsperger 1937, S. 151.
36 Ebenda, S. 157.
37 Schabetsberger, Jersabek, Mooslechner 1997, S. 166 f.; vgl. Jäger, Lahnsteiner, Zick 2010, in: Schaber, Jäger, Achleitner 2010, S. 194 und S. 242 f.
38 Schaber, Jäger, Achleitner 2010, S. 114.
39 Dopsch 1983 a, S. 179.
40 Hübner, 1794, S. 370. Schanzbuße: „Die Arrestanten werden Tags über, und unter strenger militärischer Bewachung entweder in einer gemeinschaftlichen Gefängnißstube mit Arbeiten beschäftiget, oder von der Wache, die mit scharf geladenen Gewehren versehen ist, an Händen und Füssen je 2 oder 4 aneinander geschlossen zum Steinbrechen abgeführt."
41 Freudlsperger 1937, S. 164–167.
42 Pillwein 1839, S. 90 f.
43 Haas 1983, S. 794.
44 Pillwein 1839, S. 90 f.
45 http://www.bundesforste.at/uploads/publikationen/Seenfolder.pdf (S. 34)

(27. 6. 2011): Ameisensee, Bockhartseen, Eibensee, Foiskarsee, Gamskarsee, 2 Gerlosseen, 2 Hinterseen, 2 Karseen, Knappenbeutelsee, Kratzenbergsee, Laiternsee, Landschitzseen, 2 Mitterseen, Oberhüttensee, Palfnersee, Plattsee, Prebersee, Reedsee, Rinderkarsee, Schafbergsee, Schwarzenkarsee, Seebachsee, Seekarsee, Seewaldsee, Wiestalstausee, Wildsee, Zwerfenbergsee.

46 Wallmann 1868, S. 2.

47 Vgl. Lahnsteiner 1980 c, S. 38 f.

48 Wallmann 1871, S. 17 f.

49 Frisch 1910, S. 67–72.

50 Bernhard 1753, S. 140 f.

51 Ebenda, S. 135 f.

52 Ebenda, S. 143.

53 Ebenda, S. 142 f.

54 http://www.salzburg.com/wiki/index.php/Bartholom%C3%A4-Wallfahrt (18. 8. 2013).

55 Buch 1802, S. 231 f.

56 Hübner 1796 a, S. 572; vgl. Buch 1802, S. 231 f.; Weidmann 1845 b, S. 82 f. Die Embacher Plaike war bereits am 17. August 1598 Schauplatz eines Erdrutsches, bei dem das Loidnerhaus überschoben wurde. Sieben Menschen, darunter fünf Kinder, wurden dabei von den Erdmassen erdrückt. Vgl. Rohr 2007, S. 188 f.

57 Mitteilung des Hüttenwirtes der Warnsdorferhütte bei einem Besuch 2009.

58 Rohr 2007, S. 193–195 und S. 336–340.

59 Gisler 2009, S. 283.

60 Ebenda; vgl.: https://de.wikipedia.org/wiki/Valle_di_Blenio (10. 10. 2015).

61 Vgl. Nicolussi 2013.

62 Lahnsteiner 1980 b, S. 327 und S. 352.

63 Buck 2004, S. 78.

64 Fugger 1904/1905, S. 51.

65 Eberhard Fugger war in vielen Bereichen tätig: Mitglied im Komitee der Freiherr von Schwarzschen Mineraliensammlung; Korrespondent der geologischen Reichsanstalt; Kustodie des botanischen Gartens und der botanischen Sammlung; Ausschussmitglied des Alpenvereins; Erdbebenreferent für das Land Salzburg; Korrespondent der k. k. Zentralanstalt für Meteorologie und Geodynamik; Leiter der meteorologischen Beobachtung in der Station Salzburg; Schriftführer und Ehrenmitglied der Salzburger Liedertafel; Schriftführer der Höhlenkunde; Obmannstellvertreter zur Durchführung des Kongresses der deutschen und österreichischen anthropologischen Gesellschaften in Salzburg; Obmann des Ausschusses für wissenschaftliche Ausflüge.

66 Pillwein 1919, S. 65–72, vgl. Schwarz 1992; Veits 2013, S. 6 f.

67 Fugger 1890, S. 135.

68 Müller 1970–1971, S. 486.

69 Fugger 1890, S. 150.

70 Fugger 1911, S. 35–40.

71 Seitlinger 1999, S. 15.

72 SLA, HK Hofbauamt 1797/2 C, zit. nach: Müller 1995, S. 777.

73 Salzburger Zeitung, Nr. 44, 23. 2. 1863, S. 3, zit. nach: Müller 1995, S. 775.

74 Ernst Blaschka, Die Entwicklung von Zell am See…, S. 10, zit. nach: Müller 1974 b, S. 584; vgl. Kaindl 2014, S. 6 f.

75 Walter Pölt, Formenkundliche Studien aus den Glemmtaler Alpen, Innsbruck 1950, S. 33, zit. nach: Müller 1995, S. 795.

76 Volksfreund (Hallein), 9. Jg., 4. 3. 1899, S. 3, zit. nach: Müller 1995, S. 781.

77 http://doku.cac.at/eisschneidenamtrumersee.pdf (14. 6. 2015); vgl. http://www.brgzell.salzburg.at/eisschneiden/index.html (10. 7. 2014).

78 Süddeutscher Spruch um 1880.

79 Müller 1995, S. 790.

80 Hellmuth 1994, S. 64.

81 Der Alpenfreund 9 (1878), H. 1, S. 36, zit. nach: Haas 1995, S. 69.

82 Haas 1995, S. 70.

83 Ebenda, S. 71.

84 Ebenda.

85 Haas 1995, S. 72.

86 Müller, Steiner 1996, S. 665.

87 Haas 1995, S. 72.

88 Weiss 1992, S. 327 f.

89 Müller, Steiner 1996, S. 669.

90 Jäger, Schaber, Schillinger 2010 b, S. 6.

91 Ebenda.

92 Voigt 1996, S. 23 f.

93 http://fuschlsee.salzkammergut.at/uploads/media/PT_Fuschlsee_Allgemein_Sommer_2015.pdf (27. 5. 2014).

94 Dokulil, Hamm, Kohl 2001 a, S. 233.

95 http://www.salzburg.gv.at/seenbericht_fruehsommer_2014.pdf (14. 10. 2014).

Salzburger Seen von A bis Z

Salzburger Seen von A bis Z

Vorbemerkungen

In der folgenden Dokumentation wird der Versuch unternommen, ein möglichst umfassendes Verzeichnis mit Informationen der Seen des Bundeslandes Salzburg zu erstellen. Das Bestreben, eine vollständige Auflistung zu erarbeiten, ist eine schwierige Herausforderung und der Autor ist sich bewusst, dass diese Lücken und Unschärfen enthält, da allein schon die Definition von Gewässern als See uneinheitlich, ja widersprüchlich und umstritten ist.
Die angeführten Koordinaten von Längen- und Breitengraden wurden dem Salzburger Geographischen Informationssystem (SAGIS) entnommen. Bei einem aus zwei Becken bestehenden See wurde der Schnittpunkt der beiden Seen zur Koordinatenangabe herangezogen. Als Höhenangabe dient die offizielle österreichische Höhenreferenz Meter über Adria (m ü. A.). Längen-, Breiten- und Flächenangaben der Seen stammen, wenn nicht in den Anmerkungen angeführt, ebenfalls aus SAGIS. Zuerst wurde die größte Länge gemessen, danach die Breitenlinie im rechten Winkel zur Länge abgenommen. Es handelt sich hierbei also nur um Annäherungsdaten. Aus SAGIS stammen auch die Detailausschnitte aus dem Franciszäischen Kataster. Diese erste flächendeckende Bestandsaufnahme des Landes Salzburg wurde unter Kaiser Franz I. zwischen 1823 und 1830 im Maßstab 1:2880 erstellt.

Für das Verzeichnis der Seen und Lacken wurden stehende Gewässer mit folgenden Kriterien berücksichtigt:

- Bestehende natürliche Gewässer, die 2015 in der Österreichischen Karte auf der Homepage von SAGIS im Maßstab 1:50.000 namentlich als See oder Lacke angeführt sind.
- Bereits bestehende natürliche Gewässer, die zur Elektrizitätsgewinnung aufgestaut wurden.
- Bereits verlandete Gewässer, deren Namen in historischen Quellen genannt werden.
- Künstliche stehende Gewässer, die als Baggerseen entstanden oder als Badeseen errichtet wurden.
- Alle stehenden Gewässer, die der Geograph und Naturforscher Eberhard Fugger von 1890 bis 1911 in den Mitteilungen der Gesellschaft für Salzburger Landeskunde dokumentierte und beschrieb.

- Alle Seen und Lacken, die in einer handschriftlichen, undatierten, vermutlich in den 1930er Jahren verfassten Liste der Salzburger Seen des Fischereiinspektors Hans Freudlsperger genannt wurden.
- Alle Seen, die der Salzburger Geograph Guido Müller in der Reihe Salzburgs Seen als Fortsetzung von Fuggers Beiträgen von 1974 bis 1976 (Mitteilungen der Gesellschaft für Salzburger Landeskunde) dokumentierte und beschrieb.

Stehende Gewässer, die sich durch Gletscherrückgang neu gebildet haben und bisher namenlos geblieben sind, werden im Kapitel „Neu entstandene namenlose Seen" aufgelistet.

Nicht berücksichtigt wurden Stauseen ohne natürlichen Ursprung, die der Elektrizitätsgewinnung dienen, nicht als Badeseen genutzte Baggerseen, künstlich angelegte Wasserbecken, die als Speicher für Beschneiungsanlagen errichtet wurden sowie Teiche und Weiher. Auf Varianten der Schreibung „... See" statt „... see" wurde keine Rücksicht genommen, sondern die zusammengesetzte Schreibweise (z. B. Zellersee) bevorzugt verwendet.

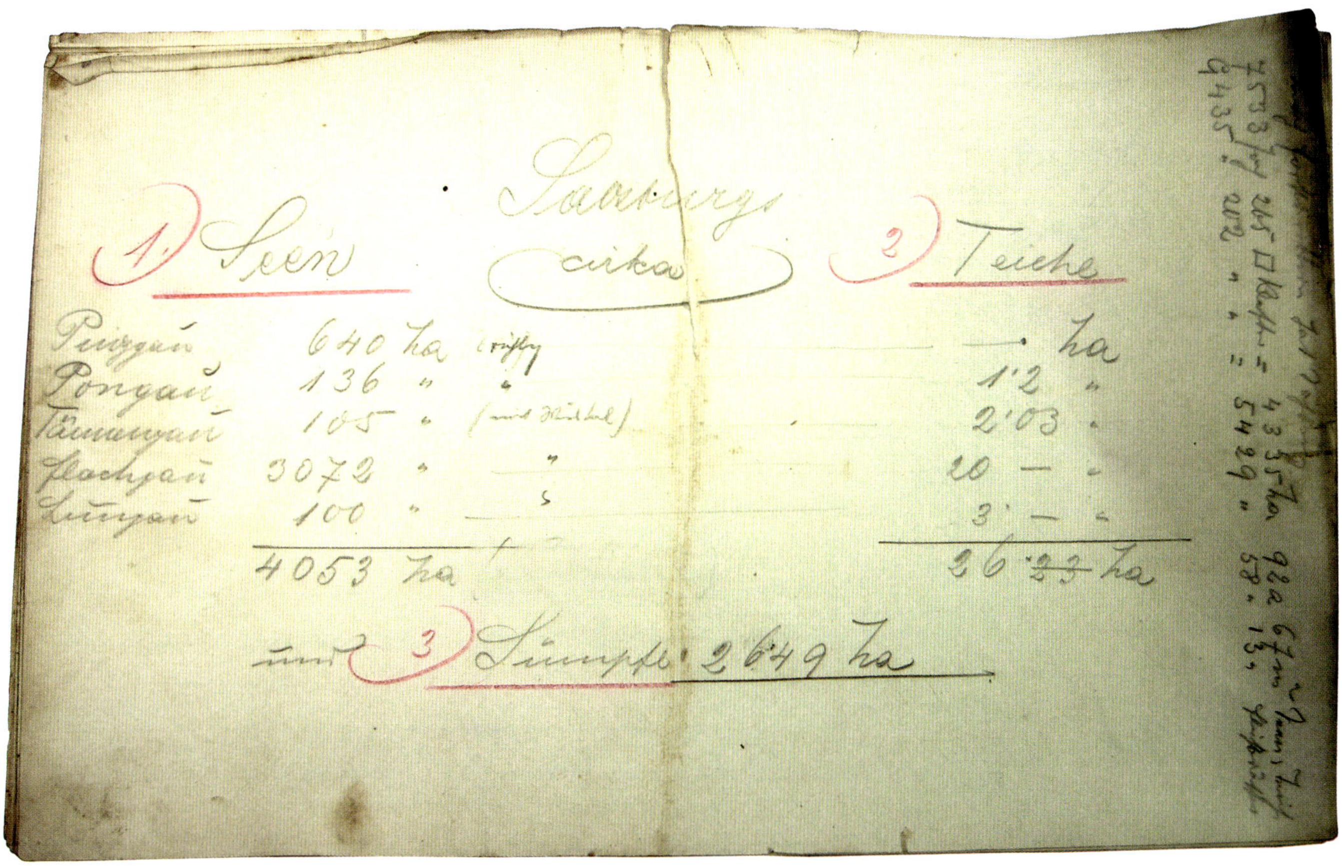
Salzburgs
1) Seen
circa
3) Teiche
Pinzgau 640 ha
Pongau 136
Tännengau 105
Flachgau 3072
Lungau 100
4053 ha
3) Sümpfe 2649 ha

Eine wichtige Quelle für die Seendokumentation ist die im Stadtarchiv Salzburg befindliche Liste der Salzburger Seen von Hans Freudlsperger (AStS, PA 1237,7).

Ein frühes Kartenwerk von Salzburg ist die gesüdete Landkarte von Gerard de Jode aus dem Jahr 1578. Einige Seen sind hier bereits verzeichnet (De Jode 1578, Lk. Sammlung Peter Matern).

Seen und Lacken im Land Salzburg

Abersee siehe **Wolfgangsee**

Aiblsee siehe **Twenger Almsee**

Almsee

Pongau, Gemeinde Filzmoos, Warme Mandling-Tal (künstlich)
1302 m ü. A., L 93 m, B 60 m, F 5000 m²

O 13° 32′ 01″
N 47° 28′ 42″

Am Ufer des Almsees bei Filzmoos ist an einem Stein eine Inschrift mit einem Gedicht angebracht. Sinngemäß wird beschrieben, dass 1978 der Grundbesitzer eine bereits bestehende Lacke aufgestaut hat, um seinen Gästen und Wanderern eine Attraktion zu bieten.

Alpensee siehe **Eibensee**

Altensee siehe **Alter See**

Alter See

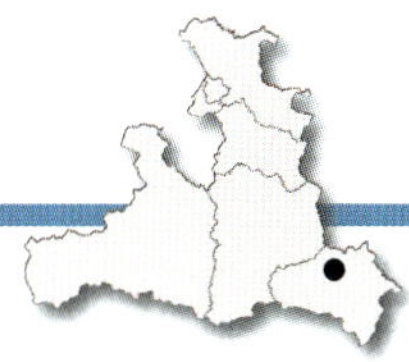

Alter See, auch Altensee[1], Altnsee[2], Altsee[3], Astsee[4]

O 13° 39′ 08″
N 47° 13′ 41″

Lungau, Gemeinde Weißpriach, Weißpriachtal (verlandet)
1274 m ü. A.

Im Weißpriachtal, dem seenreichsten Tal des Landes Salzburg, zeigen die Kartenwerke aus dem 16. bis 18. Jahrhundert einige Seen, die heute verlandet sind. In der Ortschronik von Weißpriach berichtet Josef Schitter, dass der ältere Tauernübergang nicht über den Obertauern, sondern durch das Weißpriachtal und das Forstautal ging. „Die ursprüngliche Route dieser alten Tauernstraße führte nachweislich am Ostufer des ‚vorderen Sees' entlang und dann durch das ‚Lahnkries' hinauf zum ‚Lahntörl' und zum ‚Alten See', der sich hinter der ‚Lahnbrücke' zurück erstreckte bis zur Einmündung des Znachbaches. […] Dieser ziemlich oft genannte ‚Alte See' füllte einstmals die ganze Fläche von der Mahdbrücke an taleinwärts aus. Er muß aber 1609 schon teilweise verlandet gewesen sein."[5] Auf den Orthobildern sind die Ausmaße des

Die gesüdete Karte von Gerard de Jode aus dem Jahre 1578 geht auf das Kartenbild der nicht mehr auffindbaren Original-Setznagelkarte, der ältesten Karte Salzburgs, zurück. In Nachfolgekarten findet man im Weißpriachtal neben Weißsee und Nollsee auch den Altsee (Detail aus: De Jode 1578, Lk., Sammlung Peter Matern).

Alten Sees mit einer Länge von mehr als 500 m noch immer gut erkennbar. Heute befinden sich am Anfang des Seebeckens einige künstlich errichtete Fischteiche. Siehe auch Neuer See.

Altnsee / Altsee siehe **Alter See**

Amais See siehe **Ameisensee**

Amathaller See / Amersee siehe **Amertalersee**

Ameisensee

O 13° 27′ 44″
N 47° 33′ 14″

Ameisensee, auch Amais See[6]

Tennengau, Gemeinde Abtenau, Elendbachtal (episodisch)
1282 m ü. A., L 115 m, B 40 m, F 3000 m²

Wie der Geograph Guido Müller ausführt, ist in den Kalkvoralpen, den Kalkhochalpen und der Grauwackenzone die Bildung und Erhaltung von Seen nicht begünstigt, was die Anzahl von nur fünf

Seen im Bezirk Hallein aufgrund des Gesteins erklärt[7]. Neben dem Seewaldsee bei St. Koloman, dem Vorderschlummsee im Hagengebirge, den Egelseen bei Abtenau und Golling ist hier der kleine Ameisensee bei Rußbach anzuführen. Wie auch auf dem Orthofoto erkennbar, kann er in regenarmen Sommern vollständig austrocknen. Eine auffallende Vielzahl von Ameisenhügeln im bewaldeten Umfeld des kleinen Sees ist eine mögliche Erklärung für dessen Namensgebung.

Der Ameisensee trocknet in regenarmen Perioden fast vollständig aus (© BEV, LFRZ und SAGIS).

Der Ameisensee bei Wasserhochstand im Juli 2009, im rechten Vordergrund ein teilweise überfluteter Ameisenhaufen.

Amertalersee

O 12° 32′ 55″
N 47° 08′ 18″

Amertalersee, auch Amathaller See[8], Amersee[9], Ammersee[10], Ammertaler Ödsee[11], Edsee[12], Ödsee[13]

Pinzgau, Gemeinde Mittersill, Amertal (natürlicher See, aufgestaut)

Am 15. August 1904 von Eberhard Fugger, Carl Kastner und dem Steinarbeiter Georg Vogel vermessen:
2280 m ü. A., L 500 m, B 360 m, T 47,3 m, F 150.000 m² [14]
2313 m ü. A., L 580 m, B 448 m, T ca. 75 m, F 190.000 m² (nach SAGIS)

Erstmals wurde der Amertalersee am 15. August 1904 von Eberhard Fugger und Carl Kastner vermessen[15]. Er wird seit 1958 als natürlicher Speichersee genützt, dessen Staumauer eine Sperrenhöhe von 30 m und eine Kronenlänge von 162 m aufweist[16]. Das Wasser wird über eine 5,7 km lange Stollenleitung in den Weißsee

Der aufgestaute Amertalersee in Richtung NO, von der Morgensonne erleuchtet.

im benachbarten Stubachtal umgeleitet. Bereits vor seinem Aufstau war der Amertalersee mit 150.000 m² einer der größten Bergseen im Land Salzburg.

Ammersee / Ammertaler Ödsee siehe **Amertalersee**

Anderlesee siehe **Anderlsee**

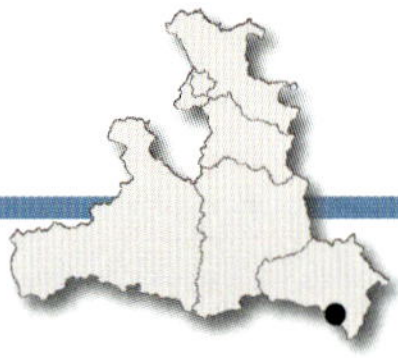

Anderlsee

O 13° 48′ 47″
N 47° 17′ 22″

Anderlsee, auch Anderlesee[17]

Lungau, Gemeinde Thomatal, Weißbachtal

2070 m ü. A., L 200 m, B 130 m, F 16.500 m²

Über den Anderlsee an der Grenze zu Kärnten finden sich kaum Hinweise in der Literatur. Der See liegt auf dem Areal der „Blutigen Alm", deren Name angeblich auf eine Schlacht der Bajuwaren gegen die Slawen um 630 zurückgeht, in welcher der bayerische Herzog Diet gefallen und danach in St. Michael im Lungau neben seiner Frau Gleistrada begraben worden sein soll[18]. Es konnte jedoch weder eine Grablege des Herzogspaars gefunden, noch die Schlacht für die Region des Bundschuhtales belegt werden. Der Name der Alm könnte auch auf die dort blühenden Kohlröserl zurückzuführen sein, die im Lungau auch „Bluatströpferl" genannt werden[19].

Die Grenze nach Kärnten verläuft direkt am südwestlichen Ufer des Anderlsees. Im Hintergrund die Hohe Pressing (2370 m ü. A.) in den Nockbergen.

Angersee

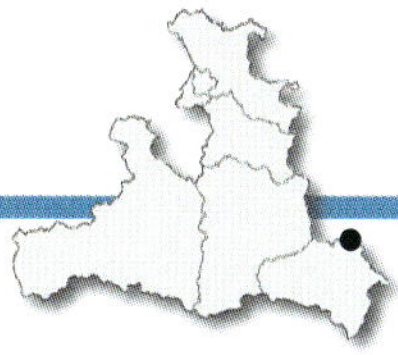

Angersee, auch Zwerfenbergsee[20]

O 13° 48′ 46″
N 47° 17′ 22″

Lungau, Gemeinde Lessach, Lessachtal

2095 m ü. A., L 305 m, B 160 m, T 6,3 m, F 32.000 m² [21]

In heutigen Landkarten ist der nordöstlich des Zwerfenbergsees und 70 m höher gelegene See als Angersee verzeichnet. Da die beiden Seen am Anfang des Lessachtales eine Seenkette bilden, wurden sie auch als „die Zwerfenbergseen" bezeichnet[22].

Der nordöstlichste See des Landes Salzburg ist der Angersee. Er bildet mit dem darunter liegenden Zwerfenbergsee eine Seenkette.

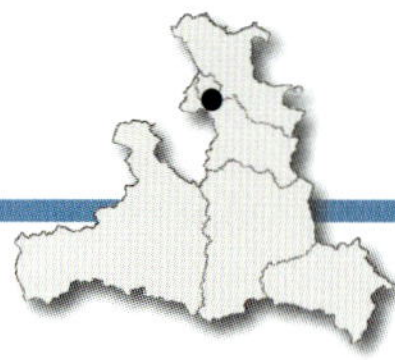

Anifer Waldbad

O 13° 04' 43"
N 47° 44' 04"

Anifer Waldbad, auch Waldbad Anif

Flachgau, Gemeinde Anif, Salzachtal (künstlich)

428 m ü. A., L 350 m, B 115 m, F 27.000 m²

Das beliebte Naherholungsgebiet im Einzugsgebiet der Stadt Salzburg verdankt seine Errichtung der Reichsautobahn. Die für den Bau notwendigen Schotter und Sande wurden bei der Mündung der Königsseeache abgebaut und Schotterteiche entstanden. Das von Grundwasser gespeiste Becken wird auch im Sommer nicht wärmer als 18° C und hat Trinkwasserqualität[23]. Im Demokratischen Volksblatt erschien 1953 ein Artikel über das „Badewesen in Salzburg", in dem auch die Vorzüge des Anifer Bades gepriesen wurden: „Es ist unbestritten, daß das Waldbad Anif eine außergewöhnlich schöne Lage aufweist, liegt es doch inmitten des Waldes [...]. Dem Auge erschließt sich vom Bade aus ein herrlicher Rundblick, der sich bis zum Watzmann hin erstreckt. Kinder bis zum achten Lebensjahr sowie Kriegsversehrte haben dort freien Eintritt, während die Kinder von 8 bis 14 Jahre ganztägig einen Schilling bezahlen. [...] Daß Schwimmunterricht erteilt wird, ist selbstverständlich."[24] In den letzten Jahren hat sich im Winter der auf dem Gelände des Waldbads veranstaltete „Waldklang" mit Licht- und Kunstinstallationen als eine moderne Alternative zu den traditionellen Adventmärkten im Land Salzburg etabliert[25].

Hunderttausende besuchten schon das
Waldbad Anif
(Richtung Hallein, Haltestelle der öffentlichen Verkehrslinie)
Herrlicher Alpenrundblick

1953 sollen bereits hunderttausende Besucher das Waldbad Anif mit seinem „herrlichen Alpenrundblick" besucht haben (Demokratisches Volksblatt, 1. 8. 1953, S. 13).

Ankensee

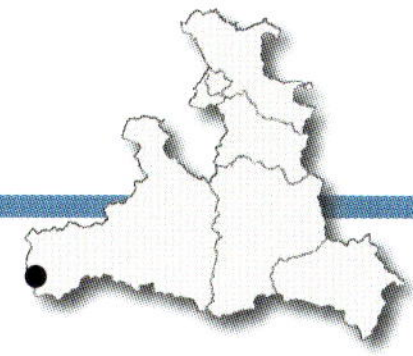

Pinzgau, Gemeinde Krimml, Wildgerlostal

O 12° 05′ 30″
N 47° 11′ 42″

1915 m ü. A., L 53 m, B 25 m, T 1 m, F 1000 m^2 [26]

Die vermeintlich einzige Quelle für den Namen Ankensee findet sich in der Aufsatzreihe „Salzburgs Seen" von Eberhard Fugger in den Mitteilungen der Gesellschaft für Salzburger Landeskunde aus dem Jahre 1891. Darüber berichtet der Verfasser: „Die Generalstabskarte verzeichnet an der linken (d. i. West-) Seite des Wildgerlosthales neben der Anken-Alpe einen kleinen See, über dessen Lage und Größenverhältnisse ich im Thale selbst, ja sogar in den Alpenhütten unmittelbar am Fuße des Gehänges, über welches der Abfluß des Ankensees in kleinen Wasserfällen in die Tiefe saust, nur widersprechende Angaben erhielt. Ich mußte sohin, wollte ich das richtige erfahren, den See selber in Augenschein nehmen."[27]

Da Landkarten Ende des 19. Jahrhunderts nicht sehr präzise waren, wurden im Rahmen der Sommerfrische der Familie Fugger auch Wanderungen in unbekannte Gegenden unternommen. Dass es sich aber auch um eine gesellschaftliche Unternehmung handelte, zeigt die namentliche Nennung aller Begleitpersonen: „Am 2. August 1890 brach daher unsere kleine Karawane, nämlich Prof. Kastner mit Sohn, die Fräuleins M. Posch und W. Schlegel, sowie ich mit Frau und Sohn von der Hoferalpe im Wildgerlosthale (1432 m) aus auf, und stieg den zwar steilen und schmalen, aber sonst recht guten Alpenweg hinauf zur Ankenalpe, welche man nach etwa anderthalb Stunden Weges erreicht. Hier erfuhren wir zu unserem Erstaunen, daß der See nur einige hundert Schritte von der Alphütte entfernt ist und mit derselben fast in gleicher Höhe

Eberhard Fugger malte dieses Aquarell (s)einer „Wandergesellschaft" mit dem Titel „Vor der Mairalpe 17. August 1889" (Salzburg Museum, Inv.-Nr. 9787-49_37).

Links ist das auch zu Fuggers Zeiten schon stark verlandete Becken des Ankensees erkennbar, in der Bildmitte sieht man das Dach der Ankenalm und im Tal liegt das Staubecken des Speichers Durlaßboden.

liegt."[28] Überraschungen dieser Art können heute durch präzises Kartenmaterial, Satellitennavigation und Informationen aus dem Internet vermieden werden[29]. Der Ankensee ist auf heutigen Landkarten eingezeichnet, aber nicht benannt und wohl zu Recht nicht als See zu bezeichnen. Dies sah auch Fugger ähnlich, denn er führte weiter aus: „... und hier ist es der Gebirgsschutt und die Versandung, welche demselben ein Ende bereiten werden."[30] Somit ist der Ankensee eine „geographische Geburt" Eberhard Fuggers, die zwar keinen Eintrag in die Liste der Seen verdient hätte, aber zeigt, mit welchem Enthusiasmus er, seine Familie und sein Freundeskreis Feldarbeit leisteten.

Aprettersee siehe **Kratzenbergsee**

Arlsee siehe **Pfringersee**

Arzwiessee siehe **Erzwiessee**

Astsee siehe **Alter See**

Attersee

Der Attersee, der Mondsee und der Laußnitzsee an der Grenze zu Kärnten sind nicht zum Bundesland Salzburg zu zählen. Die Grenze führt bei allen Seen am Ufer entlang. Im Falle des Attersees sind es ca. 5,2 km.

Bärenlacke

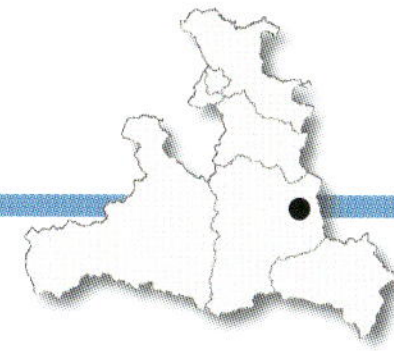

O 13° 47′ 15″
N 47° 05′ 10″

Lungau, Gemeinde Ramingstein, Murtal, Thomatal

1699 m ü. A., L 60 m, B 22 m, F 1000 m²

Zwischen dem Bundschuh- und Murtal im Lungau liegt auf dem Schwarzenberg in der Österreichischen Karte verzeichnet und benannt die Bärenlacke. Es führen nur Forstwege ohne Markierung zu diesem bereits stark verwachsenen, kleinen Gewässer, das im Franciszäischen Kataster nicht verzeichnet ist.

Bärmoosseen

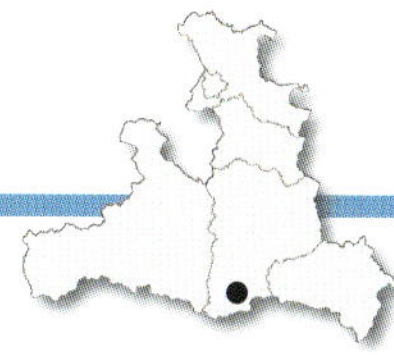

O 13° 11′ 12″
N 47° 05′ 43″

Bärmoosseen, auch Gamsseen[31]

Pongau, Gemeinde Bad Gastein, Kötschachtal (2 Seen)

1943 m ü. A., L 62 m, B 50 m, F 2500 m²
1954 m ü. A., L 95 m, B 71 m, F 4200 m²

Die beiden Bärmoosseen liegen zwischen Reedsee und Windschnursee im Kötschachtal. „Vom Reedsee leitet an den Gamsseen vorüber ein Steig auf die Palfnerscharte" berichtet ein Reise- und Wanderführer[32]. Weder im Franciszäischen Kataster noch in anderen Quellen sind die beiden seichten Gewässer sonst benannt.

Der seichte obere Bärmoossee direkt an der Baumgrenze gelegen.

Batzensee siehe **Krottensee**

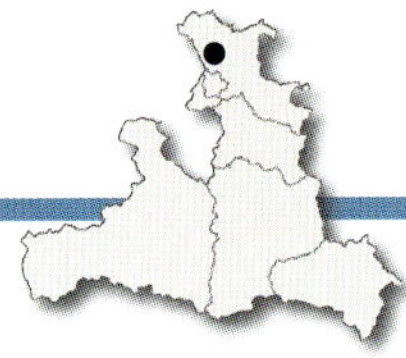

Berlingersee

O 13° 02′ 57″
N 47° 52′ 46″

Berlingersee, auch Lugingersee[33], Setzlingsweiher[34]

Flachgau, Gemeinde Elixhausen, Salzachtal, Bruckbachtal (künstlich, abgelassen)

554 m ü. A.

Eberhard Fugger recherchierte 1891, dass die künstliche Errichtung der „Teiche von Ursprung" in das 16. Jahrhundert zurück geht und das Salzburger Domkapitel diese zur Fischzucht nutzte. Bei einer Exkursion der Gesellschaft der Salzburger Landeskunde am 24. September 1890 fand man den ehemaligen Berlingersee bereits abgelassen vor[35]. Heute ist auf den Orthofotos die ehemalige Form des Teiches noch gut erkennbar, da die bewirtschafteten Felder der alten Kontur des Sees folgen[36]. Der Hof Perling liegt östlich des ehemaligen „Weihers". Siehe auch Luginger- und Raggingersee.

Während Luginger- und Raggingersee heute noch existieren, ist die ehemalige Form des Berlingersees, am oberen rechten Bildrand, als Felderbegrenzung gut erkennbar (© BEV, BMFLUW und SAGIS).

Bibersee

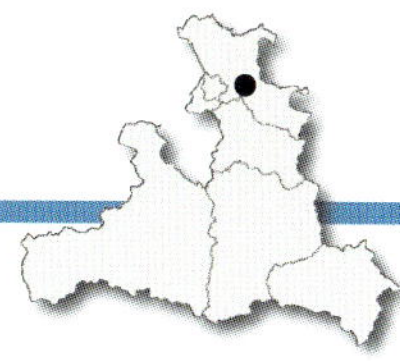

Bibersee, auch Biebersee[37], Pibersee[38], vielleicht auch Ulmsee[39]

O 13° 16′ 09″
N 47° 45′ 55″

Mögliche Lage: Flachgau, Gemeinde Faistenau, Brunnbachtal, Wasenmoos (verlandet)

727 m ü. A.

In älteren Reisebeschreibungen, unter anderem von Lorenz Hübner[40], Benedikt Pillwein[41] und Franz Carl Weidmann[42], taucht der Name Bibersee in den Auflistungen von Seen auf, wobei zu vermuten ist, dass die späteren Autoren Lorenz Hübners Liste übernahmen. Hübner nennt als ersten See den Eibensee, danach „2) Den Bibersee, klein, aber tief, mit Hechten und Alten besetzt. 3) Den Krottensee, unferne von dem ebengenannten, ¾ Stunde von St. Gilgen entlegen […].“[43] Auf Landkarten entdeckt man den einzigen brauchbaren Vermerk im Franciszäischen Kataster. Bei Faistenau findet sich im Wasenmoor an einer Kleinstlacke der Eintrag „am Biebersee“ direkt am „Pibersee Bach“[44]. Irritierend ist die Aussage Hübners, der Bibersee sei unweit des Krottensees und dieser eine ¾ Stunde von St. Gilgen entfernt. Franz Valentin Zillner nennt in seinem Buch „Das Wasser in salzburgischen Flur- und Ortsnamen“ einen „Bibersee, am Schafberge“[45]. Da am Schafberg neben dem Suissensee und dem Mittersee keine Anzeichen von verlandeten Wasserflächen zu finden sind, bietet sich nur die Vermutung an, dass nicht der Schafberg zwischen Mond- und Wolfgangsee gemeint ist, sondern der Faistenauer Schafberg. An dessen Fuß liegt nun eben angesprochenes Wasenmoor. Den Bibersee mit dem ebenfalls verschwundenen Ulmsee in Verbindung zu bringen, liegt nahe, wenn man die relativ detaillierte Karte von Wilhelm Buna aus dem Jahr 1745 heranzieht. In der Ortschronik von Faistenau wird das Verschwinden des Ulmsees mit einer – vermutlich mittelalterlichen – Erdrutschkatastrophe erklärt[46]. Leider ohne Quellenangaben deutet Robert Reissenberger einen engen geographischen Zusammenhang zwischen Krotten- und Bibersee an: „Was die Fischerei am Krottensee und auf dem heute nicht mehr existierenden Pibersee, […] anlangt, so kann folgendes gesagt werden: Der Krottensee gehörte, wie auch der Fuschlsee, zur Hofhaltung des Erzbischofs. Der Krottensee und der Pibersee wurden aber zeitweise an die Pfleger von

„Pibersee Bach“, „Bieberseebach“ und „am Biebersee“ sind gleich drei Hinweise auf den Bibersee. Auch die Kartographen des Franciszäischen Katasters konnten sich vermutlich nicht über die richtige Schreibweise einigen (© Salzburger Landesarchiv, SAGIS).

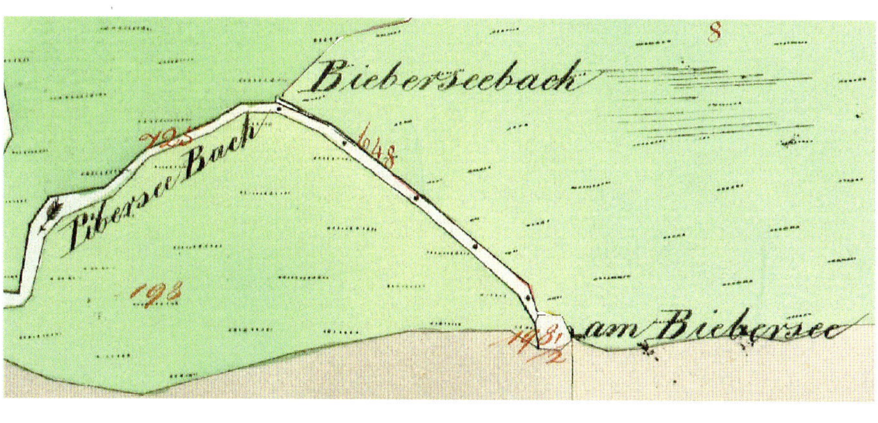

Hüttstein gegen vier Gulden jährlich verpachtet. Im 17. Jahrhundert gehörten der Krotten- und Pibersee [...] der Fischereiberechtigung nach überhaupt zur Pflegschaft Hüttenstein, so daß hiefür keine Pacht entrichtet werden mußte."[47]

Auf der Karte von Wilhelm Buna liegt im Bereich des Wasenmoores eine Seefläche verzeichnet, welche den Namen Ulmsee trägt. Die wenigsten Kartenstecher des 16. bis 18. Jahrhunderts dürften sich allerdings ihrer Einträge vor Ort Gewissheit verschafft haben. So ist vielleicht auch östlich des Hintersees noch ein zweiter Ulmsee erklärbar (Detail aus: Buna 1745, Lk., Sammlung Peter Matern).

Biebersee siehe **Bibersee**

Blauer See

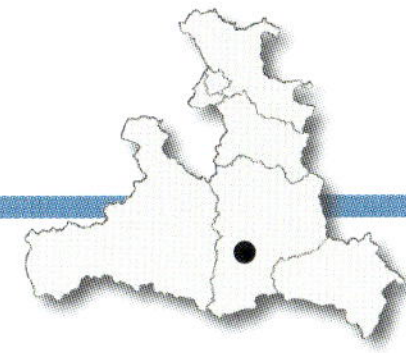

O 13° 21′ 34″
N 47° 15′ 43″

Blauer See, auch Karrsee[48]

Pongau, Gemeinde Kleinarl, Steinkargraben

1903 m ü. A., L 30 m, B 18 m, F 350 m^2

Der Blaue See ist möglicherweise durch einen Teilabbruch des Berges Ennskraxn (2410 m ü. A.) entstanden. Das Quertal, in welchem das kleine Seebecken liegt, lässt diesen Rückschluss zu[49].

Der Blaue See ist ein willkommener Rastplatz auf dem Weg zur Ennskraxn.

Blausee

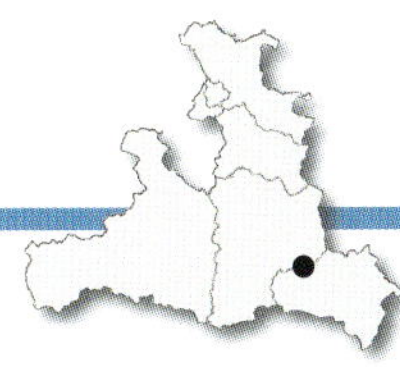

O 13° 29′ 08″
N 47° 13′ 25″

Lungau, Gemeinde Tweng, Lantschfeldtal (2 Seen)

2013 m ü. A., L 260 m, B 130 m, F 23.000 m^2
2013 m ü. A., L 255 m, B 25 m, F 9100 m^2

Der Blausee unter dem Großen und Kleinen Pleißlingkeil besteht aus zwei Seebecken, die durch die unterschiedlich lang andauernden Rückzugsphasen des örtlichen Gletschers und die daraus resultierenden Seiten- und Endmoränen getrennt wurden. Die beiden Blauseen verlieren bei Trockenheit Wasser.

Die Blauseen mit den Blauseetürmen im Frühsommer in Richtung Lantschfeldtal aufgenommen.

Auf der Orthofoto-Grafik sind die Seitenmoräne blau und die verschiedenen Endmoränen rot eingezeichnet. Die jüngste Endmoräne liegt im größeren See unter dem Wasserspiegel. Beim kleineren See zeigt der Vergleich mit dem Foto die verschiedenen Wasserhochstände (© BEV, LFRZ und SAGIS).

Blausee

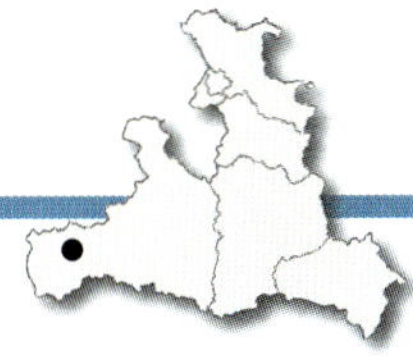

Pinzgau, Gemeinde Neukirchen am Großvenediger, Obersulzbachtal (künstlich)

O 12° 14′ 46″
N 47° 13′ 32″

923 m ü. A., L 130 m, B 50 m, F 4200 m²

Am Anfang des Obersulzbachtales liegt der ca. 1910 durch den Bau einer Geschiebesperre entstandene Blausee[50]. Durch schwere Unwetter wurde das Becken 1987 stark vermurt. 2006 sanierte die Gemeinde Neukirchen am Großvenediger den Quellsee gemeinsam mit den Österreichischen Bundesforsten, um ein ökologisch wertvolles Naherholungsgebiet für Fauna, Flora und Mensch zu schaffen[51].

Bluntauseen

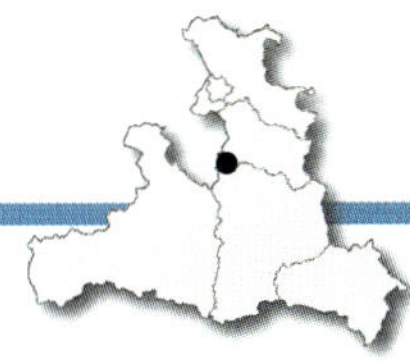

Tennengau, Gemeinde Golling, Bluntautal (2 Seen, künstlich)

O 13° 08′ 25″
N 47° 34′ 40″

484 m ü. A., L 255 m, B 110 m, F 20.000 m²
483 m ü. A., L 240 m, B 70 m, F 9000 m²

Die beiden glasklaren Quellseen entstanden bei der Schottergewinnung für den Bau der Tauernautobahn in den 1970er Jahren[52]. Der untere Talabschnitt, in dem die Seen liegen, wurde 1980 zum geschützten Landschaftsteil erklärt und stellt als Naherholungsgebiet ein beliebtes Ausflugsziel dar[53].

Boarnlacke

Lungau, Gemeinde Zederhaus, Riedingtal

O 13° 21′ 55″
N 47° 09′ 54″

2211 m ü. A., L 105 m, B 65 m, F 4300 m²

Der Salzburger Arnoweg führt von der Sticklerhütte im obersten Murtal an der Boarnlacke vorbei ins nördlich gelegene Riedingtal. Im Franciszäischen Kataster ist nur der östlich gelegene Riedingsee als Wasserfläche eingezeichnet, aber es existieren keine Spuren von der Boarnlacke.

Bockartsee siehe **Bockhartsee, Oberer**

Die Boarnlacke mit den Kalkbergen Faulkogel (2654 m ü. A.) rechts und in der Mitte dem Mosermandl (2680 m ü. A.) an der Grenze zwischen Pongau und Lungau (Foto Alois Ellmauer).

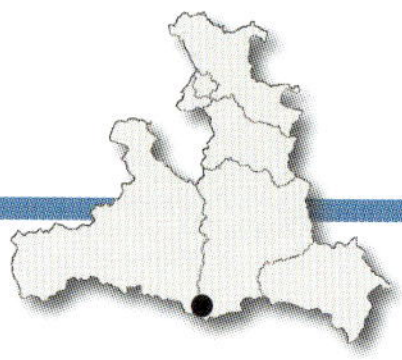

Bockhartsee, Oberer

O 13° 01′ 58″
N 47° 04′ 53″

Oberer Bockhartsee, auch Bockartsee[54], Geigensee[55], Giftsee[56], Oberer Pochartsee[57], Oberer Pochhartsee[58], Oberer Pockhartsee[59]

Pongau, Gemeinde Bad Gastein, Nassfeld, Bockharttal

Am 31. Juli 1910 von Eberhard Fugger, Gustav Zinke und Andreas Müller vermessen:
2070 m ü. A., L 200 m, B 180 m, T 3,3 m [60]
2075 m ü. A., L 200 m, B 180 m, T 3,3 m, F 27.000 m^2 [61]

Der Name kann wahrscheinlich von „Pochen", dem Zerkleinern von Gestein, abgeleitet werden, denn in der Region um das Bockharttal lag bis zur Mitte des 16. Jahrhunderts eines der bedeutendsten und höchstgelegenen Bergbaugebiete für Edelmetalle in Europa[62]. Selbst 1926, im Jahr der Stilllegung des Bergbaues, förderten noch bis zu 100 Mitarbeiter 70 kg Gold und 273 kg Silber zu Tage[63].

Der Erzweg führte vom Nassfeld über den Unteren zum Oberen Bockhartsee. Alte Bergkarten verzeichneten angeblich an die 100 Stollen, die in die Hänge links und rechts der beiden Seen geschlagen worden waren[64]. Am oberen, wegen seiner Form auch Geigensee genannten See, sind heute noch die Ruinen eines Knappenhauses und einer Schmiede erkennbar.
1988/89 konnte im Rahmen von Bohrungen an zwei Mooren um den oberen See mit Hilfe einer pollenanalytischen Untersuchung jungsteinzeitlicher Weidebetrieb bereits vor 6000 Jahren nachgewiesen werden. Weiters reichte die Waldgrenze in dieser klimatisch günstigen Periode des Jungneolithikums bis auf 2100 m ü. A. Die große Entfernung zu den nächsten Orten in den umliegenden Tälern lässt darauf schließen, dass die Almwirtschaft in dieser Höhe zu so früher Zeit Ernährungsgrundlage für einen – gewiss noch sehr primitiven – Bergbau von Gold und Silber war. Zum Höhepunkt des menschlichen Einflusses vor ca. 2000 Jahren erstreckte sich die Weidefläche über beide Bockhartseen, wie eingelagerte Holzreste der Waldrodungen in den, auf 2070 m ü. A. entnommenen Bohrkernen, erkennen lassen. In einer Tiefe von ca. 35 cm fand man in einem der Moore Steinplatten eines 700 Jahre alten Plattenweges, der das Moor durchquerte. In einer Tiefe von 90 cm wurden mehrere größere Holzfunde von Zirben mit einem Alter von 5700 Jahren entdeckt[65]. Die einzig fangbare Fischart im oberen See ist der Bachsaibling[66].

An den schneefreien Abhängen des oberen Sees erkennt man die Halden des alten Bergbaus. Bis 100 m über dem See konnte durch Pollenanalyse die Baumgrenze in klimatisch günstigeren Perioden nachgewiesen werden. Im Hintergrund der Untere Bockhartsee und die Spitze des Rathausbergs (2613 m ü. A.).

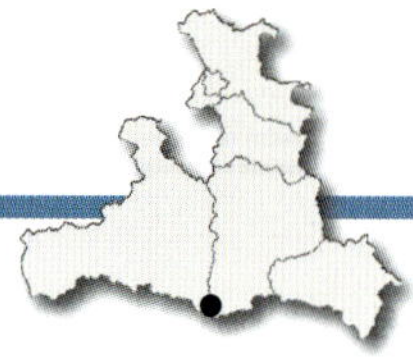

O 13° 03′ 21″
N 47° 04′ 34″

Bockhartsee, Unterer

Unterer Bockharstsee, auch Giftsee[67], Unterer Pochartsee[68], Unterer Pochhartsee[69], Unterer Pockhartsee[70]

Pongau, Gemeinde Bad Gastein, Nassfeld, Bockharttal (natürlicher See, aufgestaut)

1897 von D. Pick vermessen:
1846 m ü. A., L 840 m, B 380 m, T 46 m, F 230.450 m^2 [71]
1881 m ü. A., L 1180 m, B 420 m, T 80 m, F 450.000 m^2 [72]

Das Gebiet des Oberen, später auch des Unteren Bockhartsees, ist eine der wenigen Regionen um Bergseen, die bereits seit der Jungsteinzeit besiedelt und durch den Bergbau wirtschaftlich genutzt wurden.
Im Frühjahr 1981 wurde für den Ausbau des Bockhartseekraftwerkes der See komplett abgelassen. Im Juni desselben Jahres wurde ein 7 m langer Bohrkern für pollenanalytische Untersuchungen entnommen. In diesen drei Monaten hatten sich einmündende Bäche bereits bis zu 10 m tief in die weiche Seeablagerung eingegraben, quasi 10.000 Jahre Umweltgeschichte einfach weggespült. Im Umkreis des heute baumfreien Sees wurden bereits in einer Tiefe von 6,7 m Beweise für eine geschlossene Bewaldung durch Zirbe, Erle und Fichte in der Zeit von 8200–7000 v. Chr. gefunden. In rund 4 m Tiefe wurden zum Teil starke Baumstämme freigeschwemmt, die auch auf Weiderodung im Zeitraum um 1500 v. Chr., also mittlere Bronzezeit, zurückzuführen ist.
Nach einer Klimaveränderung zeigte die Pollenanalyse für das 2. Jahrhundert v. Chr. eine erneute Dezimierung des Waldbestandes, von der auch der nahe Umkreis des Sees betroffen war. Ab diesem Zeitpunkt bleiben die Pollenspuren für Weidewirtschaft, wie Ampfer, Gänsefuß, Spitzwegerich, Brennnessel und Getreide, bis ins beginnende 18. Jahrhundert erhalten. Der Baumbestand um den See aber war der Blütezeit des Bergbaues im 15. und 16. Jahrhundert vollständig zum Opfer gefallen[73]. Die Gletschervorstöße der kleinen Eiszeit um 1850 und die lange noch nicht erreichten Wärmewerte der Jungsteinzeit oder des mittelalterlichen Klimaoptimums um 800 haben eine neuerliche Bewaldung um die beiden Bockhartseen in der Gegenwart verhindert.
Erklärungen für den Niedergang des Bergbaues fanden auch Eingang in verschiedene regionale Sagen: Die Erzlager waren erschöpft, die Gletscher rückten wieder vor und mit der Vertreibung der Protestanten wurde die Knappenschaft stark dezimiert[74]. Durch schnellen Reichtum waren die Bergknappen verschwenderisch, übermütig, herzlos und frevelhaft geworden. Eines Abends soll sich ein kleines uraltes Männchen von einem Viehhüter im Nassfeld

zwei Ochsen ausgeliehen haben. Als er diese am nächsten Morgen zurückbrachte, war der Bergsegen versiegt und es stellte sich heraus, dass der Greis mit Hilfe der Ochsen alles Gold des Bockkares im See versenkt hatte. Die Hörnerspitzen der Ochsen waren aber zum Dank in reines Gold verwandelt worden und der Hirte soll fortan in Reichtum und Wohlstand gelebt haben[75].
Auch eine Erklärung für die Entstehung des Sees war schnell gefunden. Unabsehbare Eismassen hätten auf einmal die erzreichen Berge zur Strafe für den Hochmut der Knappen überdeckt. Als das Eis unter den sengenden Strahlen der Sonne später schmolz, stieg das Wasser höher und höher und überschwemmte Natur, Mensch und alle Schätze. So entstand der Bockhartsee und „bei heiterem, stillem Wetter und wenn das Wasser des Sees vollkommen klar und ruhig ist, sieht man noch heute in der Tiefe desselben gar wunderliche Gebilde, zahllosen Stämmen übereinander gestürzter Wälder ähnlich"[76].
Die Sage von der unergründlichen Tiefe des Bockhartsees hatte frühe Tiefenlotungsversuche zur Folge. So soll „der alte Weitmoser" – offensichtlich ein Angehöriger der berühmten Salzburger Familie,

Der Untere Bockhartsee mit dem Rathausberg im Hintergrund. Die Alm am linken Seeufer ist heute durch den Aufstau des Sees überflutet (Umrissradierung, gez. v. Carl Viehbeck, Wien, 1821, Sammlung Peter Matern).

Der natürliche Speichersee mit der 35 m hohen Staumauer wird heute flankiert von mit Erlen und Latschen bewachsenen, aber baumlosen Hängen. Auf dem Übergang zum Oberen Bockhartsee erkennt man an den hellrostigen Stellen die Bergbauhalden.

die es im 16. Jahrhundert durch den Gasteiner Goldbergbau zu Ansehen und Reichtum gebracht hatte – ihn schon zu ergründen versucht haben, aber vergebens. Er fand „mit der ganzen Last von Seilen, womit er ein eigenes Saumpferd beladen hatte, keinen Grund."[77] Bei einem neuerlichen Versuch am 7. April 1861 wurde die dicke Eiskruste an zwei Stellen durchbrochen. Es ergab sich „ein der alten Sage ganz widersprechendes Resultat", denn „bei 140 Fuß", also 44 m Tiefe, wurde der Grund des Sees erreicht[78].

Der Untere Bockhartsee war auch vor seiner ersten wasserwirtschaftlichen Nutzung zur Stromerzeugung für den Bergbau um 1920 einer der größten Bergseen im Land Salzburg. Inzwischen wurde er mehrmals auf eine Sperrenhöhe von nun 35 m über den ursprünglichen Wasserspiegel aufgestaut. Dabei hat man erfreulicherweise auf eine optisch sehr naturbelassene Oberfläche der Staumauer geachtet. Während mehrere Reiseschriftsteller des 18. und 19. Jahrhunderts berichten, dass durch einen Giftbrunnen[79], durch eingeleitetes Arsenik[80] oder vitriolhaltige Grubenwasser[81], die beiden Seen „keinen einzigen Fisch in ihrem Schooße dulden"[82], beheimatet der untere See heute Regenbogen-, Bach- und Seeforellen sowie Bach- und Seesaiblinge[83].

Bockkarsee

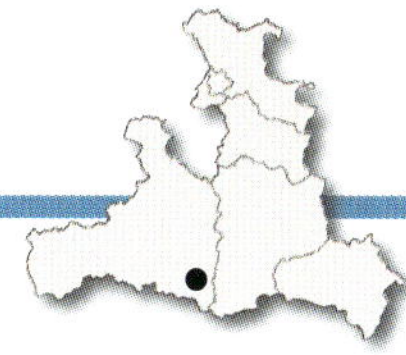

Pinzgau, Gemeinde Rauris, Seidlwinkltal

O 12° 54′ 49″
N 47° 08′ 15″

Am 19. August 1897 von Eberhard Fugger und Sohn sowie Marie Gast und „Frl. A. Tlusty“ vermessen:
2560 m ü. A., L 215 m, B 145 m, T 15,6 m, F 16.000 m^2 [84]
2428 m ü. A., L 205 m, B 150 m, F 22.300 m^2 (nach SAGIS)

Der Abfluss des Bockkarsees, der nicht über markierte Wege erschlossen ist, liegt so hoch, dass Wasser nur bei Höchststand abrinnt, während in trockenen Perioden der Wasserspiegel sinkt und das Wasser unterirdisch abläuft[85].

Der Bockkarsee gegen den wolkenverhüllten Großglockner. Deutlich erkennbar sind auch die Wasserstandsschwankungen anhand der grasfreien Uferlinien (Foto Alois Ellmauer).

Böndlsee

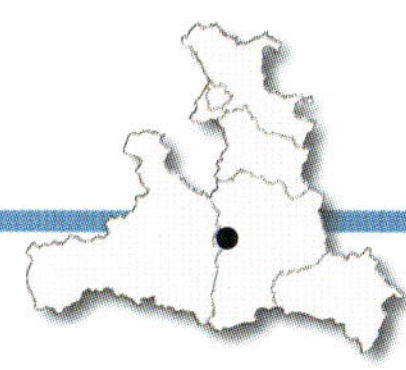

Böndlsee, auch Scheiblingsee[86]

O 13° 02′ 34″
N 47° 18′ 51″

Pongau, Gemeinde Goldegg, Böndlseebach

Am 4. Juni 1892 von Eberhard Fugger und Sohn, Carl Kastner und Anna Peherstorfer vermessen:
857 m ü. A., L 175 m, B 120 m, T 9,5 m, F 16.000 m^2 [87]
843 m ü. A., L 180 m, B 130 m, T 8,6 m, F 17.100 m^2 [88]

Bis in die 1970er Jahre wird der Böndlsee in den Quellen Scheiblingsee genannt. Für den kleinen, kreisrunden See wurde am Nordufer ein Laichschongebiet zur Erhaltung der Fisch- und Krebsbestände errichtet. Der See wird nicht nur fischereiwirtschaftlich, sondern

auch von Sportfischern genutzt. Ein Großteil des Seeufers steht als Liegewiese für Badehungrige zur Verfügung, wobei bis zu 800 Badende an Spitzentagen die Ökologie des Sees stark belasten[89].
Während des Zweiten Weltkriegs endete im Juli 1944 direkt am Böndlsee ein Drama um Wehrmachtsdeserteure. Nachdem die bereits im Winter geflüchteten Soldaten weder von der örtlichen Gendarmerie noch von eingeschleusten Gestapo-Spitzeln gefasst werden konnten, veranstalteten die Waffen-SS und die Gestapo Goldegg eine regelrechte Menschen-Treibjagd zwischen Hochkönig und Salzach. Es war eine der brutalsten Razzien des NS-Regimes in einem ländlichen Gebiet der „Ostmark". 14 Todesopfer waren zu beklagen, mehr als 40 Personen wurden verhaftet, gefoltert und teilweise in Konzentrationslager verschleppt[90].

Der noch unberührte Böndl- vormals Scheiblingsee auf einer älteren Postkarte ohne Jahreszahl gegen Südwest fotografiert. Im Hintergrund die Berge der Hohen Tauern (Postkarte, Sammlung Peter Matern).

Bradelsee / Brandelsee siehe **Brandlsee**

Brandlsee

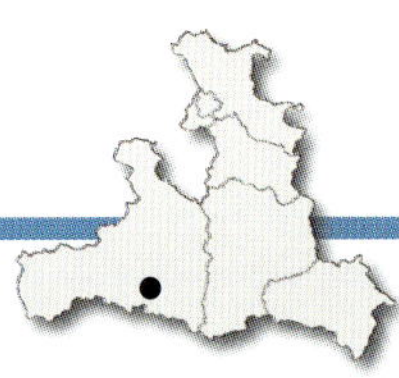

O 12° 46′ 13″
N 47° 13′ 31″

Brandlsee, auch Bradelsee[91], Brandelsee[92]

Pinzgau, Gemeinde Fusch, Fuschertal, Hirzbachtal

Am 19. Juli 1890 von Eberhard Fugger, dessen Frau Adele und Sohn Eberhard, Marie Posch sowie Wilhelmine Schlegel vermessen:
2180 m ü. A., L 130 m, B 45 m, T 4 m, F 7700 m² [93]
2207 m ü. A., L 130 m, B 55 m, F 6200 m² (nach SAGIS)

Der Brandlsee im stimmungsvoll aufreißenden Morgennebel.

Franz Michael Vierthaler weiß bereits 1816 um die Existenz des kleinen sichelförmigen Sees. Denn er berichtet: „Der Brechelsee auf dem Brechelkopf und der Brandelsee auf der Höhe von Hirzbach sind unergründliche Wasserklüfte."[94] Der kleine See liegt in einer stillen Berglandschaft in der Nähe der Gleiwitzerhütte, ist aber im Franciszäischen Kataster nicht verzeichnet. Auch Eberhard Fugger findet ihn 1893 „weder in der alten, noch in der neuen Generalstabskarte, noch in der Keil'schen Begleitkarte verzeichnet". Der See erhalte zwei Zuflüsse, besitze aber keinen sichtbaren Abfluss, so schreibt Fugger weiter und folgert: „Der Abfluss muss daher unterirdisch und zwar ziemlich regelmäßig sein, denn obwohl ich den Brandlsee mindestens fünfmal besuchte, fand ich seinen Wasserstand immer gleich hoch."[95]

Brechelsee

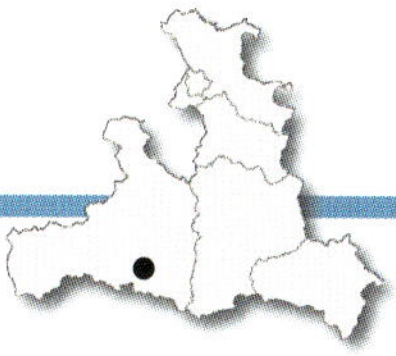

Pinzgau, Gemeinde Fusch, Fuschertal, Hirzbachtal

O 12° 46′ 13″
N 47° 13′ 31″

Am 19. Juli 1890 von Eberhard Fugger, dessen Sohn Eberhard, Marie Gast und „Frl. A. Tlusty" vermessen:
2180 m ü. A., L 130 m, B 45 m, T 4 m, F 7700 m²[96]
2139 m ü. A., L 120 m, B 120 m, F 16.200 m² (nach SAGIS)

„Noch muß ich erwähnen, daß auf dem Brechelkopfe und auf der Hirzbachhöhe zwei kleine Alpenseen fluthen (Brechelsee und Brandelsee), welche nach Aussage der Älpler, unergründliche Tiefen bedecken."[97] Die Vermutung der Bevölkerung, dass Bergseen außerordentlich tief seien, wovon hier auch Franz Carl Weidmann im Jahr 1845 für den einsam gelegenen Brechelsee berichtet, fand

immer wieder Eingang in lokale Sagen. So existieren gleich zwei vom Brechelsee:
Anstelle des Sees soll angeblich einmal ein grandioses Schloss mit goldener Einrichtung gestanden haben, dessen Besitzer, ein „wüster Gesell", seinen Reichtum in den nahe gelegenen Goldbergwerken des Hirzbachtales gemacht hatte. Nach einem Wettbewerb unter Freunden, wer denn ärger freveln und fluchen könne, versenkte ein furchtbarer Wolkenbruch zur Strafe das Schloss samt seinen Bewohnern in den Fluten. So sei der Brechelsee entstanden. Im Neunbründlquell unterhalb des Sees sollen auch manchmal noch goldene Löffel und anderes Geschirr herauskommen, „aber es hat noch niemand das Glück gehabt, etwas solches aufzufangen"[98].
Aber auch ein goldener Pflug soll im Brechelsee liegen. Zwei Fuscher Burschen hätten eines Tages versucht, den Pflug zu heben. Sie konnten ihn schon sehen, als der Erste sagte: „Na, hiez, wanns Gotts Willn ist, ist da Pfluag insa! Aber der zweite frevelte und sagte: A wos, Gotts Willn oda nit, mia hamm an eh scho!" Da wurde die goldene Last immer schwerer und die Burschen mussten ihn loslassen, wollten sie nicht auf den Grund hinabgezogen werden. Seither hat niemand mehr versucht, den Pflug zu heben[99].

Der sagenumwobene Brechelsee hat einen unterirdischen Abfluss. Dadurch können bei Trockenheit, wie auch auf dem Bild erkennbar, Wasserspiegelschwankungen auftreten.

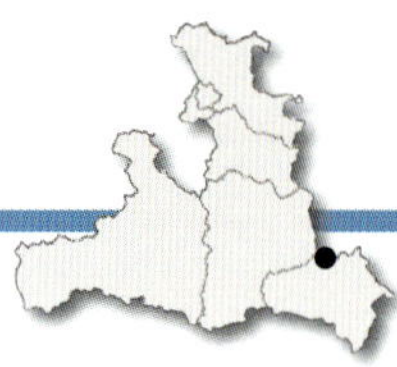

Brettsee

O 13° 41′ 15″
N 47° 16′ 01″

Brettsee, auch Falkensee[100], Zinkwandsee[101]

Lungau, Gemeinde Weißpriach, Znachtal

2228 m ü. A., L 95 m, B 60 m, F 3800 m²

Die einzige Information über den Brettsee wurde vom Autor in Hans Wödls Führer durch die Schladminger Tauern aus dem Jahre 1924 entdeckt, die Beschreibung lässt den im Zinkenkarl gelegenen See aber sehr klar verorten. „Knapp unterhalb der Scharte [Brettscharte] liegt auf der Lungauer Seite der kleine Brettsee, an dem vorbei man zum Falkensee und rechts abschwenkend in den Znachgraben und durch diesen ins Weißpriachtal absteigen kann."[102] 200 m tiefer in süd-südöstlicher Richtung liegt ein etwa gleich großes Gewässer, allerdings ohne Namen. In einer Alpenvereinskarte aus dem Jahre 1924 wird der Brettsee als Falkensee bezeichnet, während der heutige Talkensee Traumsee genannt wird. Da in Hans Freudlspergers handschriftlicher Liste der Salzburger Seen weder ein Brett- noch ein Falkensee im Weißpriachtal aufscheint und der See im Zinkenkarl liegt, könnten Brettsee und Zinkenwandsee ident sein. In aktuellen Kartenwerken ist er nicht benannt.

Der „Brettsee" in den Niederen Tauern liegt direkt neben der Brettscharte. Der breite Gipfel im linken Hintergrund ist der höchste Berg dieser Kette, der Hochgolling (2862 m ü. A.), an der Grenze zwischen Salzburg und der Steiermark.

Briendlsee siehe **Piendlsee**

Brucheggsee

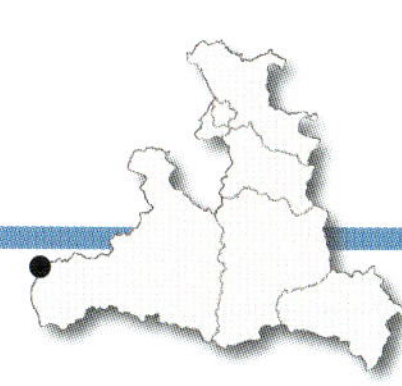

Pinzgau, Gemeinde Wald, Brucheckbachtal

O 12° 05′ 44″
N 47° 15′ 38″

2173 m ü. A., L 42 m, B 30 m, F 900 m²

Hans Freudlsperger nennt in seinem Verzeichnis „Salzburgs Seen" auf Seite 1 im Pinzgau zwischen „Salzachsee, unterer" und „Rambachkaar See" den „Bruchegg See" (mit dem Zusatz „oberstes

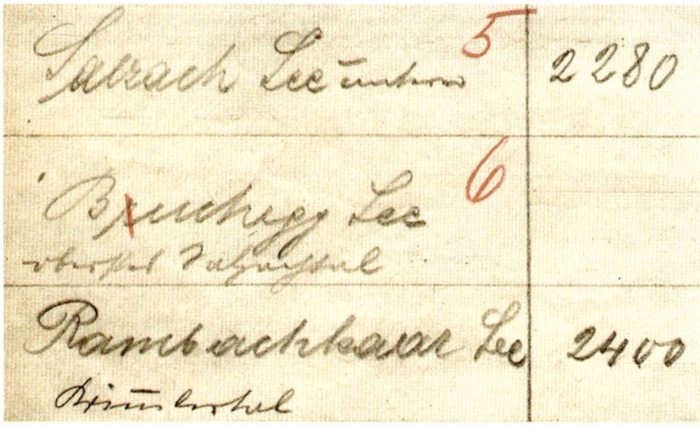

Eintrag des „Bruchegg Sees" in Hans Freudlspergers Liste der Salzburger Seen (AStS, PA 1237,7).

Salzachtal"). Der Buchstabe „r" wurde fälschlicherweise rot durchgestrichen[103]. An der Grenze zu Tirol ist in der Österreichischen Karte nordwestlich des Almdorfes Königsleiten die Brucheckalm und eine Brucheckhochalm verzeichnet. Unterhalb des Gipfels Königsleiten (2315 m ü. A.) entspringt aus einer Lacke auf 2173 m ü. A. der im Franciszäischen Kataster benannte Bruckeckbach. Ein stehendes Gewässer ist aber dort nicht verzeichnet.

Bürgerausee

O 13° 08' 28"
N 47° 37' 21"

Tennengau, Gemeinde Kuchl, Salzachtal (künstlich)

458 m ü. A., L 450 m, B 60 m, T 4 m, 22.000 m^2 [104]

Der im Zuge des Autobahnbaues entstandene Baggersee wurde 1997/98 für 5 Mio. Schilling (ca. 360.000 Euro) saniert. Ziel war es, einen Badesee mit Fischereibetrieb zu gestalten, der auch als Naherholungsgebiet im Raum Kuchl der Allgemeinheit zur Verfügung steht[105].

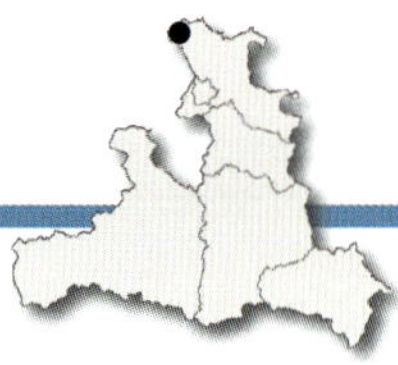

Bürmoosersee

O 12° 53' 28"
N 47° 59' 21"

Flachgau, Gemeinde Bürmoos, Salzachtal, Pladenbachtal (künstlich)

434 m ü. A., L 450 m, B 250 m, T 5 m, F 85.000 m^2 [106]

Dieser Braunwassersee ist am Anfang des 20. Jahrhunderts durch Lehmabbau für ein Ziegelwerk entstanden. Die braune Farbe hat das Gewässer vom Bürmooser Moor, in dem der See liegt. Für die Entwicklung von Bürmoos war der Torfabbau von großer Bedeutung, denn das Gemeindegebiet wurde erst nach dessen Einsetzen im 19. Jahrhundert besiedelt, als die gefürchteten Moorböden trockengelegt wurden. Das Moor beheimatet heute viele seltene Pflanzen, Amphibien, Reptilien und Vögel. Der Bürmoosersee dient als Naherholungsraum und wird im Sommer von Badegästen und im Winter von Eisläufern und Eisschützen genutzt. Der nördliche Teil des Sees ist Domäne der Fischer[107].

Chrôtensee / Crotensee siehe **Krottensee**

Dappenkahrsee siehe **Tappenkarsee**

Diesbachsee / Diessbachsee / Dießbachsee siehe **Seehornsee**

Dirnbachseen siehe **Kolmseen**

Dorferödsee, Oberer, siehe **Salzplattensee**

Dorferödsee, Unterer, siehe **Schwarze Lacke im Dorfer Ödtal**

Draumörtensee siehe **Gralatisee**

Dürnbachlacken siehe **Kolmseen**

Dürrenecksee

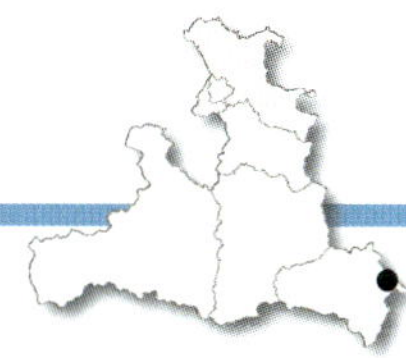

O 13° 52′ 29″
N 47° 10′ 24″

Dürrenecksee, auch Durnecksee[108], Planitzersee[109]

Lungau, Gemeinde Tamsweg, Preberbachtal

1683 m ü. A., L 105 m, B 55 m, T 4 m[110], F 4000 m^2

Der Schwingrasen des Dürrenecksees gibt die wahre Größe des Gewässers nicht preis.

Der kleine, nierenförmige Moorsee ist neben dem Seetalersee der zweite See im Land Salzburg, der von einem Schwingrasen umgeben ist. 1976 wurde das Moor zum Naturschutzgebiet erklärt. Neben der seltenen Zwergbirke und der kleinen Teichrose oder Nixenblume, die nur am Dürrenecksee vorkommt, wurde „eine nahezu rote Form des Grasfrosches" gefunden[111]. Der nur sehr schwer zugängliche, dystrophe, dunkel gefärbte See wird jährlich mit Saiblingen und Forellen besetzt[112].

Durnecksee siehe **Dürrenecksee**

Eckelgrubersee siehe **Ecklgrubensee**

Ecklgrubensee

O 13° 02′ 06″
N 47° 06′ 41″

Ecklgrubensee, auch Eckelgrubersee[113], Grübelsee[114], Silberpfeningsee[115], Silberpfenningsee[116]

Pongau, Gemeinde Bad Hofgastein, Angertal

Am 27. August 1910 von Eberhard Fugger, Wolfgang von Paumgartten und Andreas Müller vermessen:
2030 m ü. A., L 250 m, B 200 m, T 2 m[117]
2046 m ü. A., L 65 m, B 50 m, F 2000 m² (nach SAGIS)

Fugger beschreibt etwas missverständlich einen See „von 250 Meter Länge und 200 Meter Breite, und größtenteils schon versumpft,

Der stark verlandete Ecklgrubensee mit Almhütte in Richtung Angertal mit dem Stubnerkogel (2246 m ü. A.) rechts und dem Zittauertisch (2409 m ü. A.).

nur an der Südseite hält sich noch das Wasser, welches etwa ein Viertel der ehemaligen Seefläche einnimmt."[118] Dies würde auch die große Diskrepanz zwischen seinen Angaben und dem heutigen Zustand der Seefläche erklären. Wie schon die vielen Namensvarianten andeuten, befand sich der See im ehemaligen Bergbaugebiet um die Bockhartseen und den Silberpfennig (2600 m ü. A.).

Edenkahrsee / Edenkarrsee siehe **Knappenbäudlsee**

Edsee siehe **Amertalersee**

Edsee siehe **Salzplattensee**

Egelsee allgemein

Gleich elf Salzburger Seen tragen oder trugen den Namen Egel- oder Eglsee. Eine Seenkette von gleich vier Seen bilden die Egelseen bei Mattsee. Die Egelseen bei Abtenau, Golling und Scharfling sind zum Teil bereits sehr klein, während jene bei Fuschl, Glaneck, Oberndorf und Vorderfager nur mehr aus moorigen Flächen bzw. Lacken bestehen oder komplett verschwunden sind. Der Name stammt wohl von den Blutegeln[119], die früher oft zur Behandlung verschiedener Krankheiten verwendet wurden und in Moorseen häufig vorkommen. Nach einer anderen Erklärung geht „egel" auf das keltische Wort für heilig zurück[120].

Egelsee bei Abtenau, siehe **Eglsee bei Abtenau**

Egelsee bei Fuschl

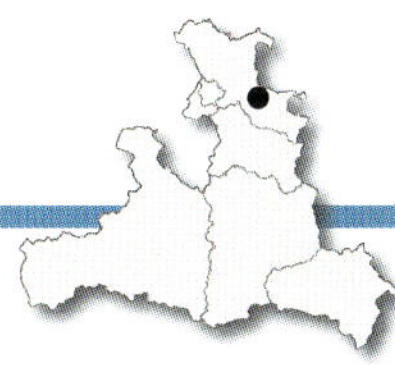

Flachgau, Gemeinde Fuschl, Ellmautal (vermutlich verlandet)

O 13° 52′ 29″
N 47° 10′ 24″

„Auch vor dem Ausfluß des Ellmaubaches nordwestlich des Ruminggutes befand sich einmal ein kleiner See, der Eglsee, an den nur noch die sumpfige Flur erinnert"[121] ist in der Ortschronik von Fuschl nachzulesen. Weder im Franciszäischen Kataster noch in anderen Quellen ist dieser Egelsee jedoch zu finden.

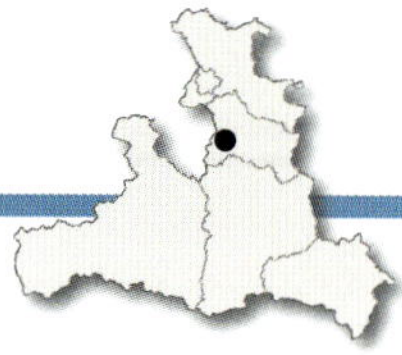

Egelsee bei Golling

O 13° 10′ 22″
N 47° 35′ 53″

Egelsee, auch Eglsee[122], Egglsee[123]

Tennengau, Gemeinde Golling, Salzachtal

487 m ü. A., L 90 m, B 60 m, 3700 m²

Die Seerosen haben bereits die Hälfte der Wasseroberfläche des seichten Sees zurückgewonnen und treiben eine erneute Verlandung voran.

Josef Rabl beschreibt 1884 die Lage des Sees: „Zwischen der Bachstatt und dem Rabenstein liegt ein kleines, liebliches Wiesenthal mit einem stehenden Gewässer, Egglsee genannt, und am Rande desselben die Schiessstätte von Golling."[124] Der natürliche See musste mehrmals durch Räumung vor der Verlandung gerettet werden[125]. 1991 beschloss die Gemeinde, den See erneut vom Schlamm zu befreien, dabei erstaunte beim elektrischen Abfischen

Auf dieser Postkarte aus dem Jahr 1901 dürfte neben dem kleinen Bootshäuschen die Schießstätte der Gollinger Schützen zu sehen sein (Postkarte, Sammlung Peter Matern).

der „Fischreichtum dieses kleinen Sees"[126]. Durch die Ortsnähe zu Golling wurde früher im Winter Eis für die verschiedenen Gewerbe gewonnen und im Sommer diente er als Naherholungsgebiet und Veranstaltungsplatz für Feste[127]. Heute ist das für seine Seerosen bekannte Gewässer Teil des Naturparks Golling.

Egelsee, Großer, siehe **Großegelsee**

Egelsee, Kleiner

Kleiner Egelsee, auch Oberer Egelsee, Oberegelsee[128]

O 13° 05′ 29″
N 47° 58′ 57″

Flachgau, Gemeinde Mattsee, Tiefsteinbachtal

Am 17. Oktober 1888 von Eberhard Fugger und Carl Kastner vermessen:
594 m ü. A., L 70 m, B 70 m, T 5,3 m[129]
590 m ü. A., L 95 m, B 55 m, T 0,75 m, F 3800 m^2 [130]

Als „geschichtsträchtig" könnte man den kleinen, oberen Egelsee bezeichnen, wenn man ihn mit Eberhard Fuggers Seenvermessungsserie in Verbindung bringt. „Den kleinen, oberen See maßen Professor Kastner und ich am 17. Oktober 1888 nachmittags. Es war der erste See, dessen Tiefe wir maßen [...]. Wir brauchten zum Messen von vier Linien dieses kleinen Sees volle drei Stunden, da wir hiebei den Apparat versuchen und uns allerlei nöthige Handgriffe erst aneignen mußten."[131] Über diese vier Egelseen siehe Egelseen bei Mattsee.

Egelsee, Mittlerer, siehe **Mitteregelsee**

Egelsee, Oberer, siehe **Egelsee, Kleiner**

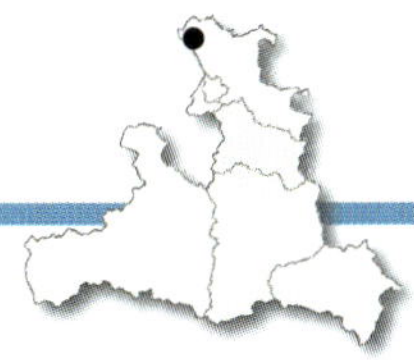

Egelsee bei Oberndorf

Flachgau, Gemeinde St. Georgen, Pladenbachtal (vermutlich verlandet)

Am 2. November 1892 von Eberhard Fugger und Carl Kastner vermessen:
439 m ü. A., L 150 m, B 80 m, T 0,8m[132]

Laut Eberhard Fugger soll sich nördlich der kleinen Ortschaft Loipferding der Egelsee bei Oberndorf befunden haben[133]. Weder im Franciszäischen Kataster noch in aktuellen Landkarten ist dieses Gewässer verzeichnet.

Egelsee bei Scharfling

O 13° 23′ 48″
N 47° 47′ 49″

Egelsee, auch Eglsee

Flachgau, Gemeinden St. Gilgen und St. Lorenz (OÖ)

Am 30. Oktober 1970 von Guido Müller, W. Stifter und E. Quehenberger vermessen:
481 m ü. A., T 4,7 m, F 24.000 m²
481 m ü. A., L 190 m, B 180 m, T 4,1m

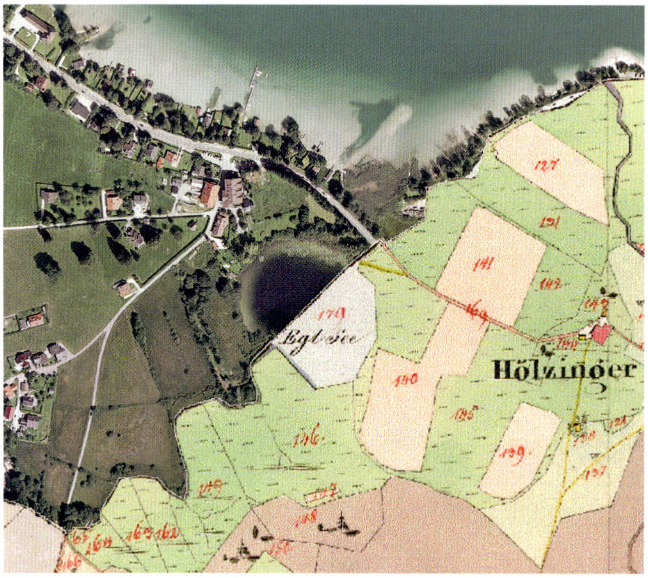

Die Orthofoto-Franciszäischer Kataster-Kombination verdeutlicht die mitten durch den See führende Landesgrenze zwischen Salzburg und Oberösterreich mit dem Mondsee (© BEV, BMFLUW, Salzburger Landesarchiv und SAGIS).

Hannes Loderbauer schreibt in seinem Buch über die Seen des Salzkammergutes: „Ein Angler erzählte mir von Tiefenlotungen [des Egelsees bei Scharfling]. Bei etwa 10 m Tiefe kommt man auf Moor. Ein Granitstein erreichte beim Loten in drei Tagen eine Tiefe von 80 m."[137] Die von Guido Müller vorgenommene Vermessung erreichte jedoch bei 4,7 m den Grund des Braunwassersees[138]. Wenn man bedenkt, dass der Mondsee eine Tiefe von 65 m erreicht, kommt man zum Schluss, dass es sich hier wohl um Anglerlatein handelt. Wie beim Mittersee am Schafberg geht auch beim Egelsee die Landesgrenze zu Oberösterreich mittig durch den See. Laut Freudlsperger durften zu Zeiten des Fürsterzbistums die Fischer von Scharfling im Egelsee fischen[139]. Wintersalzungen auf der um den halben See führenden Bundesstraße von Scharfling nach St. Gilgen haben die Chlorid-Werte in den letzten Jahren stark ansteigen lassen[140].

Egelsee, Unterer, siehe **Unteregelsee**

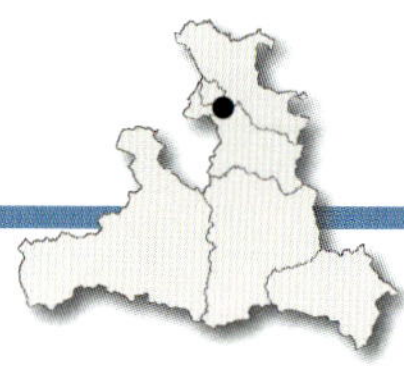

Egelsee bei Vorderfager

O 13° 08′ 20″
N 47° 45′ 07″

Egelsee, auch Egglsee[141], vielleicht auch Helgersee

Flachgau, Gemeinde Puch, Klausbachtal (verlandet)

698 m ü. A.

„Zwischen dem Schwarzenberg und dem Mühlstein befand sich noch zu Ende des Erzstiftes ein kleiner See, der Egelsee, an welchem sich eine Klause befand, mittels welcher Holz auf dem Glasenbach gedriftet wurde"[142] vermerkte Freudlsperger 1936 in seiner Fischereigeschichte. Reste einer Mauer, mit der der heute verlandete See

der „Fischreichtum dieses kleinen Sees"[126]. Durch die Ortsnähe zu Golling wurde früher im Winter Eis für die verschiedenen Gewerbe gewonnen und im Sommer diente er als Naherholungsgebiet und Veranstaltungsplatz für Feste[127]. Heute ist das für seine Seerosen bekannte Gewässer Teil des Naturparks Golling.

Egelsee, Großer, siehe **Großegelsee**

Egelsee, Kleiner

Kleiner Egelsee, auch Oberer Egelsee, Oberegelsee[128]

O 13° 05′ 29″
N 47° 58′ 57″

Flachgau, Gemeinde Mattsee, Tiefsteinbachtal

Am 17. Oktober 1888 von Eberhard Fugger und Carl Kastner vermessen:
594 m ü. A., L 70 m, B 70 m, T 5,3 m[129]
590 m ü. A., L 95 m, B 55 m, T 0,75 m, F 3800 m² [130]

Als „geschichtsträchtig" könnte man den kleinen, oberen Egelsee bezeichnen, wenn man ihn mit Eberhard Fuggers Seenvermessungsserie in Verbindung bringt. „Den kleinen, oberen See maßen Professor Kastner und ich am 17. Oktober 1888 nachmittags. Es war der erste See, dessen Tiefe wir maßen [...]. Wir brauchten zum Messen von vier Linien dieses kleinen Sees volle drei Stunden, da wir hiebei den Apparat versuchen und uns allerlei nöthige Handgriffe erst aneignen mußten."[131] Über diese vier Egelseen siehe Egelseen bei Mattsee.

Egelsee, Mittlerer, siehe **Mitteregelsee**

Egelsee, Oberer, siehe **Egelsee, Kleiner**

Egelsee bei Oberndorf

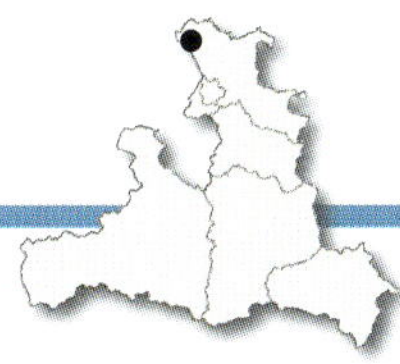

Flachgau, Gemeinde St. Georgen, Pladenbachtal (vermutlich verlandet)

Am 2. November 1892 von Eberhard Fugger und Carl Kastner vermessen:
439 m ü. A., L 150 m, B 80 m, T 0,8m[132]

Laut Eberhard Fugger soll sich nördlich der kleinen Ortschaft Loipferding der Egelsee bei Oberndorf befunden haben[133]. Weder im Franciszäischen Kataster noch in aktuellen Landkarten ist dieses Gewässer verzeichnet.

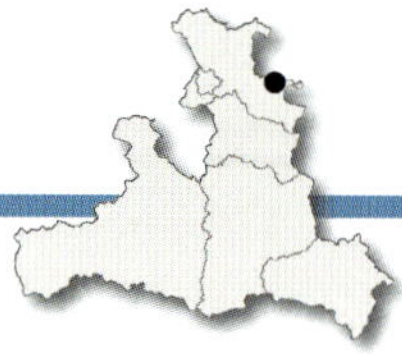

Egelsee bei Scharfling

O 13° 23′ 48″
N 47° 47′ 49″

Egelsee, auch Eglsee

Flachgau, Gemeinden St. Gilgen und St. Lorenz (OÖ)

Am 30. Oktober 1970 von Guido Müller, W. Stifter und E. Quehenberger vermessen:
481 m ü. A., T 4,7 m, F 24.000 m²
481 m ü. A., L 190 m, B 180 m, T 4,1m

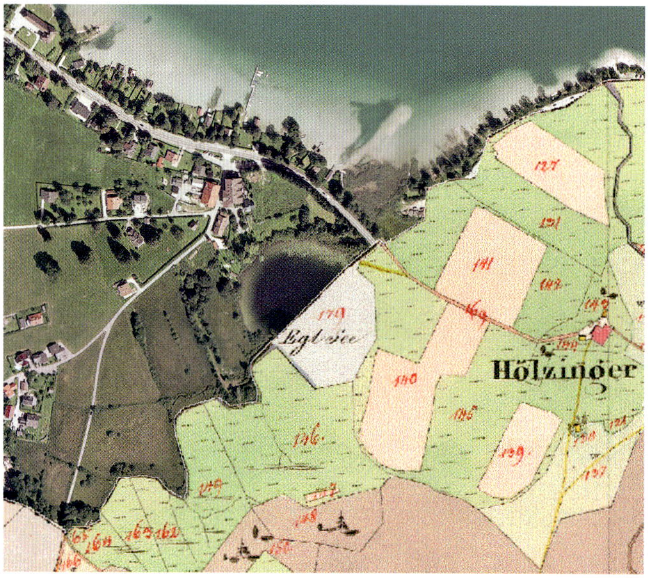

Die Orthofoto-Franciszäischer Kataster-Kombination verdeutlicht die mitten durch den See führende Landesgrenze zwischen Salzburg und Oberösterreich mit dem Mondsee (© BEV, BMFLUW, Salzburger Landesarchiv und SAGIS).

Hannes Loderbauer schreibt in seinem Buch über die Seen des Salzkammergutes: „Ein Angler erzählte mir von Tiefenlotungen [des Egelsees bei Scharfling]. Bei etwa 10 m Tiefe kommt man auf Moor. Ein Granitstein erreichte beim Loten in drei Tagen eine Tiefe von 80 m."[137] Die von Guido Müller vorgenommene Vermessung erreichte jedoch bei 4,7 m den Grund des Braunwassersees[138]. Wenn man bedenkt, dass der Mondsee eine Tiefe von 65 m erreicht, kommt man zum Schluss, dass es sich hier wohl um Anglerlatein handelt. Wie beim Mittersee am Schafberg geht auch beim Egelsee die Landesgrenze zu Oberösterreich mittig durch den See. Laut Freudlsperger durften zu Zeiten des Fürsterzbistums die Fischer von Scharfling im Egelsee fischen[139]. Wintersalzungen auf der um den halben See führenden Bundesstraße von Scharfling nach St. Gilgen haben die Chlorid-Werte in den letzten Jahren stark ansteigen lassen[140].

Egelsee, Unterer, siehe **Unteregelsee**

Egelsee bei Vorderfager

O 13° 08′ 20″
N 47° 45′ 07″

Egelsee, auch Egglsee[141], vielleicht auch Helgersee

Flachgau, Gemeinde Puch, Klausbachtal (verlandet)

698 m ü. A.

„Zwischen dem Schwarzenberg und dem Mühlstein befand sich noch zu Ende des Erzstiftes ein kleiner See, der Egelsee, an welchem sich eine Klause befand, mittels welcher Holz auf dem Glasenbach gedriftet wurde"[142] vermerkte Freudlsperger 1936 in seiner Fischereigeschichte. Reste einer Mauer, mit der der heute verlandete See

Das ehemalige Seebecken des Egelsees mit einer Länge von ca. 800 m könnte vormals den Helgersee beheimatet haben.

aufgestaut wurde, waren 1958 noch zu sehen[143]. Der in der ersten Landkarte Salzburgs von Setznagel bereits verzeichnete und von seinen Nachfolgern auch benannte „Helgersee" könnte in das Becken des Egelsees zu verorten sein. Diese Vermutung beruht auf der Größe des Moores und der Lage in verschiedenen Kartenwerken. In den Karten von Setznagel[144] und De Jode[145] ist eine Seefläche in der Gegend dieses Egelsees bereits eingezeichnet und Apian[146] ist der Erste, der ihn Helgersee nennt. Dagegen spricht allerdings, dass sich keine Namen oder Namensreste erhalten haben. 1971 gründeten junge Burschen und Mädchen aus der Umgebung die Brauchtumsgruppe „Die Egelseer" und benannten sie nach dem verlandeten See[147].

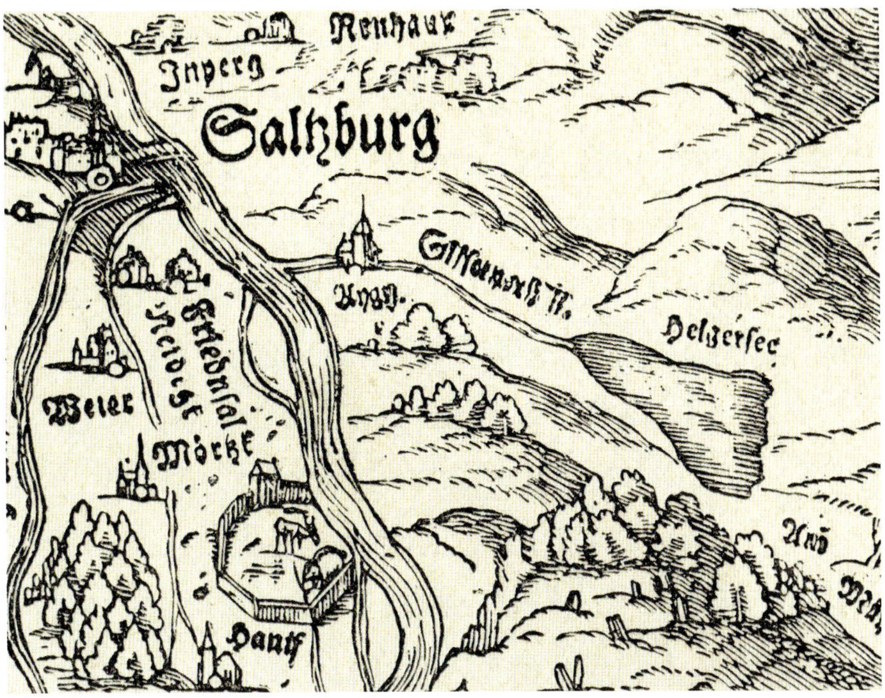

Auf dieser Karte von Philipp Apian ist der Helgersee in der Gegend des heute verlandeten Egelsees verzeichnet (Apian 1568, Lk. Nachdruck).

Egelseen bei Mattsee

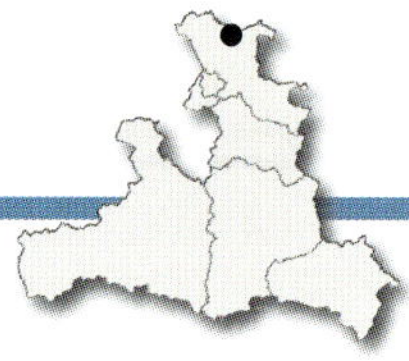

Die Seenkette, bestehend aus dem Kleinen Egelsee, Großegelsee, Mitteregelsee und Unteregelsee, entwässert über den Tiefsteinbach in den Wallersee, also nicht nach Norden dem natürlichen Abfall der Salzach folgend, sondern in Richtung Südwest, der Landeshauptstadt zu. Die Ursache liegt in der Flussrichtung des Salzachgletschers der Eiszeit. Bei Salzburg, wo er sich mit acht Verzweigungen in das Alpenvorland ausbreitete, hatte dieser Gletscher noch eine Mächtigkeit von ca. 600 m[148]. Einer dieser Äste schürfte das Wallerseebecken aus. Seine Ausläufer endeten vor ca. 20.000 Jahren in der fast 100 m höher liegenden Mulde der Egelseen, die umgrenzt von dessen Endmoränen sind[149].

Bereits in der jüngeren Steinzeit war das Gebiet um den Buchberg besiedelt, was der älteste Keramikfund des Bundeslandes, ein 12 cm großer Steilwandbecher aus dem 5. Jahrtausend v. Chr., ein Schmelzofen aus der Bronzezeit und älteste Grabfunde aus der späten Bronzezeit belegen[150]. Die Gutshöfe rund um die Egelseen in Schalkham, Mölkham und Obernberg belegen eine weitere Besiedlung erst in der Zeit der Römer. Ab 500 n. Chr. wanderten die Bajuwaren ein und um 770 gründete Bayernherzog Tassilo III. das Kloster Mattsee. Danach siedelten sich verschiedene Gutsbesitzer und auch „Gemeinfreie" in der Gegend an. So werden etwa die „Matseer und Schlehdorfer" sowie „Marchward und Warmund von Egelsee"[151] genannt. 1424 erhielt der Dechant von Mattsee, Thoman Matseer, die „Fischwayd auf dem Egelsee und auf der matich" auf Lebenszeit zu Lehen[152], während Heinrich Wallmann 1871 in einem Nebensatz erwähnte: „Das Fischrecht auf den Egelseen hat ein Fischer von Mattsee"[153]. Um 1900 wurde zur Gewinnung von landwirtschaftlichen Flächen der Wasserspiegel der Seen künstlich abgesenkt. Dies erklärt auch die Wassertiefendiskrepanz zwischen den Messungen von Eberhard Fugger und den 1984 durchgeführten Echolotvermessungen. Heute werden die

Das Becken der Egelseen bei Mattsee entstand durch Ausschürfungen und die Moränenablagerungen während der Eiszeiten.

Egelseen, da die moorigen Ufer einen Badebetrieb nicht erlauben, nur fischereiwirtschaftlich genutzt. Die intensiv betriebene Landwirtschaft stellt aber eine hohe Belastung durch Sauerstoffzehrung und Schwefelwasserstoffbildung dar[154]. Siehe auch Egelsee, Kleiner, Großegelsee, Mitteregelsee und Unteregelsee.

Egglsee siehe **Egelsee bei Golling**

Eglsee bei Abtenau

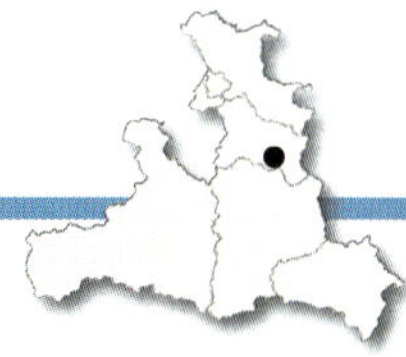

O 13° 20′ 21″
N 47° 34′ 39″

Eglsee, auch Egelsee[155]

Tennengau, Gemeinde Abtenau, Lammertal

Am 12. Oktober 1908 von Eberhard Fugger, dessen Frau Adele und Hans Freudlsperger vermessen:
720 m ü. A., L 98 m, B 26 m, T 1,4 m
720 m ü. A., L 28 m, B 20 m, T 1 m[156]
727 m ü. A., L 220 m, B 70 m, F 7700 m² (nach SAGIS)

Der in den Kalkalpen gelegene Egelsee bei Abtenau wurde 1908 von Eberhard Fugger noch mit zwei kleinen Becken vermessen. Die Vermutung einer Ausbaggerung liegt nahe, da heute nur eine Wasserfläche auf den Orthofotos erkennbar ist.

Der Abtenauer Eglsee ist in eine Moränenlandschaft eingebettet und kämpft vergeblich gegen eine Verlandung durch Schilfbewuchs an. Im Hintergrund das Tennengebirge.

Eglsee bei Glaneck

Im späten 19. Jahrhundert findet sich bei Franz Valentin Zillner folgender Eintrag unter Eglseen: „[...] sollen von darin gefundenen Egeln benannt sein, bei Schleedorf; einst um Glaneck; in der Elsbether Fager."[157] Weder im Franciszäischen Kataster noch in anderen Quellen ist dieser Eglsee zu finden.

Eglsee bei Golling, siehe **Egelsee bei Golling**

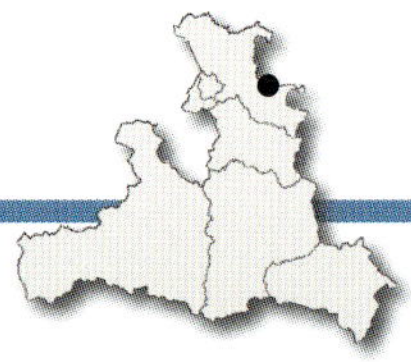

Eibensee

O 13° 20′ 36″
N 47° 47′ 59″

Eibensee, auch Eybensee[158], Eybmsee[159], Alpensee[160]

Flachgau, Gemeinde St. Gilgen, Eibenseebach

Am 13. Juli 1902 von Eberhard Fugger, Carl Kastner, Josef von Angermeier und dessen Sohn Erwin vermessen:
980 m ü. A., L 320 m, B 150 m, T 14,7 m[161]
953 m ü. A., F 40.000 m^2 [162]

Leopold Ziller fand eine erste Erwähnung des „Eybense"[163] in einem Urbar von 1400. Weiters scheint er urkundlich schon um 1500 als Eybmsee auf, „in der Riegung des Gerichtsbezirkes im 16. Jh. deutlich Eybensee"[164]. Seltsamerweise blieb der zwischen Fuschl und St. Gilgen gelegene See von der Oberstfischmeisterei des Fürsterzbistums unbeachtet, bis er im Jahre 1771, „dem Rat des Jägers in Fuschl folgend", mit 1800 Saiblingssetzlingen aus dem Tappenkarsee und 350 Forellensetzlingen aus den Fuschler Bächen besetzt wurde. Ab diesem Jahr ist er in den Fischmeistereiverwaltungsrechnungen als Hofküchensee geführt[165]. Die Tradition des Fischbesatzes wird auch um 1900 weiter fortgeführt, denn der damalige Besitzer, Johann Höppinger, Fischer in St. Wolfgang, bevölkerte ihn regelmäßig mit Edelfischen[166]. Heute befindet sich das im Franciszäischen Kataster Alpensee genannte Gewässer im Besitz der Österreichischen Bundesforste[167]. Das wegen seiner Stadtnähe beliebte Familienwanderziel ist aufgrund der Salzburger Seenschutzverordnung aus dem Jahre 2003 zu einem Landschaftsschutzgebiet erklärt worden[168].
Nach einer alten Sage soll einmal am Eibensee ein junger Jäger in einer Vollmondnacht weiße Nixen beim Schwimmen beobachtet haben. Der Jäger folgte ihnen in eine Höhle und als er schon glaubte, vor der Wohnung der geisterhaften Frauen zu stehen, rieselte plötzlich Sand von der Decke. Da kehrte er erschrocken um. Als er

sich am nächsten Morgen im Spiegel betrachtete, entdeckte er in seinem Bart, dass sich der Staub in Goldkörner verwandelt hatte. Schnell lief er zur Höhle zurück. Er fand aber weder Gold und auch die Nixen sind ihm nie mehr begegnet[169].

Der Eibensee bei Fuschl vom Marienköpfl (1074 m ü. A.) fotografiert, wurde ab 1771 bis zum Ende des Fürsterzbistums als Hofküchensee geführt. Im Hintergrund links ist der Faistenauer Schafberg (1559 m ü. A.) zu sehen.

Eilsee siehe **Jägersee**

Eisbodensee, Unterer[170]

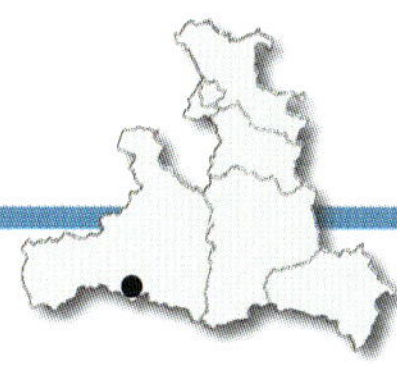

O 12° 36′ 19″
N 47° 08′ 00″

Eisbodensee, auch Eisrandsee[171]

Pinzgau, Gemeinde Uttendorf, Stubachtal, Weißenbach, Stubache

Am 29. August 1998 von Gerhard Bauer, Lucie Böhm, Peter Geissler, Martin Kiskemper, Rolf Puruckherr, Gabriel Seitlinger, Heinz Slupetzky und Marco Wieser vermessen:
2499 m ü. A., L 132 m, B 62 m, T 7,8 m, F 6400 m² [172]
2495 m ü. A., L 410 m, B 200 m, F 40.000 m² (nach SAGIS)

Der Untere Eisbodensee mit dem in den See kalbenden Gletscher. Dieser Teil ist bereits als „Toteis" zu bezeichnen, da die Verbindung zum Sonnblickkees schon unterbrochen ist.

Westlich des Weißsees entsteht seit dem Ende der 1990er Jahre auf 2495 m ü. A. der so genannte „Untere Eisbodensee", von dem der Gletscherforscher Heinz Slupetzky als erster und seither vielfach berichtet[173]. Eine erste Messung ergab eine bescheidene Länge von 80 m und eine Breite von 30 m. Entgegen Slupetzkys erster Prognose, der See würde nicht lange bestehen, weil der Gletscher einen tiefer gelegenen Abfluss freigeben würde, wuchs der See aber weiter an. Zwischen 27. und 29. Juli 2006 senkte sich der Wasserspiegel des Eisrandsees tatsächlich um ganze 6 m ab. Die abgelaufene Wassermenge von ca. 100.000 m^3 Wasser führte damals im tiefer gelegenen Weißsee zu einem Anstieg des Seespiegels um 20 cm[174]. Inzwischen hat der Gletscher durch seinen Rückzug den See auf 410 m Länge und 200 m Breite anwachsen lassen, wohl die einzig positive Seite des Gletscherrückgangs. Warum der Gletscherforscher den See „Unteren Eisbodensee" nannte, könnte man vielleicht als Weitblick bezeichnen. Das Studium der Landkarte zeigt nach einer weiteren Felsstufe bei etwa 2700 m ü. A. am Sonnblickkees eine verdächtige Verbreiterung der Höhenlinien. Sollte der Gletscherschwund weiter so dramatisch voranschreiten, könnte das (dann nicht mehr) ewige Eis dort ein weiteres Seebecken freigeben.

Die Gletschersituation 20 Jahre nach dem Gletschertiefststand in der so genannten „kleinen Eiszeit" zeigt das Sonnblickkees noch in den Weißsee kalben. 275 m links über dem Seespiegel liegt heute der Untere Eisbodensee (Farblithographie nach Haushofer 1871, in: Zeitschrift des Deutschen Alpenvereins 1871).

Eisrandsee siehe **Eisbodensee, Unterer**

Eissee am Hohen Fürleg

O 12° 35′ 53″
N 47° 08′ 33″

Eissee, auch Fürleggsee[175], Hochfürleg Eissee[176]

Pinzgau, Gemeinde Uttendorf, Ödbachtal (episodisch, entsteht nicht mehr)

2915 m ü. A.[177]

Ein episodisch auftretender See „war" der Eissee nordwestlich des Hohen Fürlegs (2943 m ü. A.), der immer wieder in einem großen Windkolk[178] entstand[179]. Wie Heinz Slupetzky dokumentierte, bildete sich der See „häufiger in den 60er Jahren" und ab 1990 regelmäßig während der Sommermonate. Im Herbst lief er dann meist wieder aus[180]. Ab 1997 floss der Eissee nicht mehr aus, sondern senkte sich der Seespiegel bis 2008 langsam um 3 m ab. Für zwei Jahre gab es nur mehr einen kleinen Restsee im Süden, der andere Teil war durch Schneeeinwehungen nicht mehr vorhanden. 2010 war der nun sehr niedrige Windkolk komplett mit Altschnee und Firn auf gleicher Ebene wie das Gletscherplateau gefüllt. Seither bildet sich der ehemals höchstgelegene See im Nationalpark Hohe Tauern nicht mehr[181].

Der Eissee am Hoch Fürleg im Herbst 2005 ist zweigeteilt (links: Foto Heinz Slupetzky), während sich im August 2008 nur ein Becken gebildet hat (rechts: Foto Wolfgang Leonhard). Aktuell kann durch den starken Gletscherrückgang keine Wasserfläche entstehen.

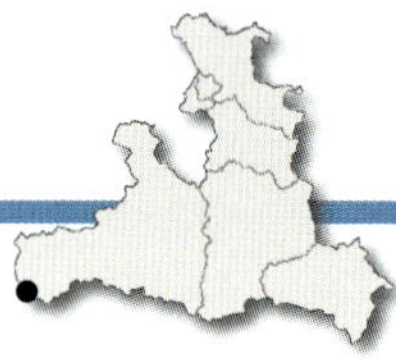

Eissee im Krimmlertal

O 12° 15′ 27″
N 47° 05′ 25″

Pinzgau, Gemeinde Krimml, Krimmlertal

2365 m ü. A., L 225 m, B 149 m, F 18.200 m²

Zu Beginn der 1960er Jahre war der Krimmler Eissee schon einmal eisfrei, wurde dann für 20 Jahre vom Krimmlerkees erneut überfahren[182] und ist durch die aktuellen Schmelzprozesse ungefähr seit der Jahrtausendwende eisfrei[183]. Der Hüttenwirt der nur 500 m entfernt liegenden Warnsdorferhütte berichtet von einem Ereignis im Sommer 2002, vor dem sich die Bevölkerung aller Bergregionen wohl schon immer gefürchtet hat und wie die Geschichte zeigt, nicht unberechtigt. Durch das plötzliche Wegbrechen der aufstauenden Endmoräne sank der Wasserspiegel in kürzester Zeit um 10 m ab und an den 13 km entfernten Krimmler Wasserfällen sollen an diesem Tag schwarze Wassermassen die Felsen hinab gestürzt sein. Die Distanz von 13 km ist wohl auch dafür verantwortlich, dass bei diesem Ereignis niemand zu Schaden kam. Durch die große Entfernung wurde die Wucht der Wassermassen abgeschwächt.
Leider gehen solche gefürchteten Seeausbrüche nicht immer so glimpflich aus. Eines der wohl schlimmsten Unglücke dieser Art ereignete sich im Schweizer Kanton Tessin. 1512 staute ein Bergsturz vom Pizzo Magno ober Biasca das Val Blenio auf. Am 20. Mai 1515 brach der 4 km lange See plötzlich aus und durch die Überschwemmungen waren über 600 Todesopfer zu beklagen.

Indirekt ist der Krimmler Eissee auch in einen bereits Jahrhunderte andauernden Streitfall verwickelt. Ist der kleine See am Salzachgeier, aus dem die Salza entspringt, oder der Eissee im Krimmlertal, aus dem die Krimmler Ache kommt, der erste See, durch den Salzachwasser fließt?

Dieses in der Gaststube der Warnsdorfer Hütte befindliche Foto aus dem Jahre 2001 zeigt den Zustand des Sees vor dem Ausbruch von 2002 (Repro Michael Veits).

Eissee im Ödbachtal

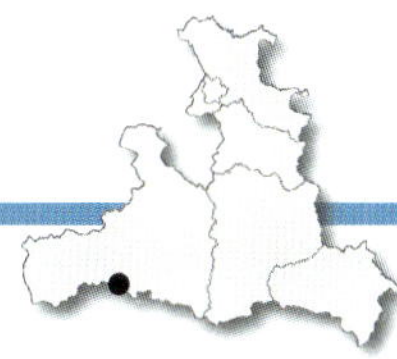

Pinzgau, Gemeinde Uttendorf, Stubachtal, Ödbachtal

O 12° 34′ 47″
N 47° 08′ 28″

2442 m ü. A., L 42 m, B 30 m, F 800 m²

Der Eissee im Ödbachtal mit Blick auf das Landeggkees. Am Ufer des Sees sind die Sedimentablagerungen der Gletscher erkennbar.

Warum gerade dieser kleine, seichte Bergsee in der Österreichischen Karte 1:50.000 überhaupt benannt wurde, ist nicht klar. Vielleicht hat man bei dessen Entstehung angenommen, er würde sich vergrößern. Es sind in den vergangenen 30 bis 70 Jahren mindestens zehn stehende Gewässer mit einer Länge größer als 100 m in den Hohen Tauern entstanden, die eine Namensgebung verdienen würden. Am Ende der Seendokumentation werden einige dieser Gewässer aufgelistet.

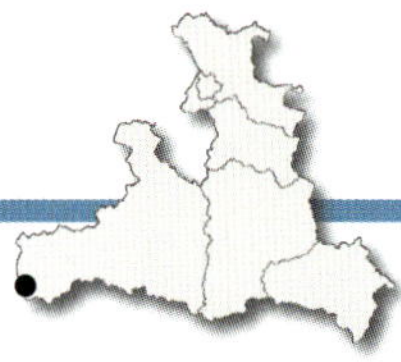

Eissee im Windbachtal

O 12° 07′ 36″
N 47° 05′ 36″

Pinzgau, Gemeinde Krimml, Krimmlertal, Windbachtal

2567 m ü. A., L 610 m, B 585 m, F 250.000 m²

Der größte in den letzten 100 Jahren entstandene See ist der Eissee im Windbachtal. Mit 250.000 m² ist er nach dem Tappenkarsee und dem Kratzenbergersee nicht nur der drittgrößte Bergsee des Salzburger Landes, sondern auch der südwestlichste. Guido Müller gibt für den Eissee 1971 noch eine Fläche von 10.000 m² an[184], während in der Österreichischen Karte von 1985 eine Fläche von 72.000 m² angegeben wird.

Gabriel Seitlinger schreibt 1999 in seiner Arbeit über neu entstandene Seen im Nationalpark Hohe Tauern: „Ob sich der Gletscher durch weiteren Rückzug bereits vom See getrennt hat, oder ob dieser immer noch als Eisrandsee zu gelten hat, ist aus der Karte nicht ersichtlich."[185] Das Eis des Seekarkees hat sich nicht nur zurückgezogen, sondern ist fast verschwunden. Die kleinen Eisfelder unter dem Kamm nach Tirol verfrachten marginal Gletscherschliffsedimente in den See, wodurch er nicht nur durch seine Größe, seine kreisrunde Form, sondern auch durch die dunkelblaue Farbe des Wassers und eine große Sichttiefe besticht.

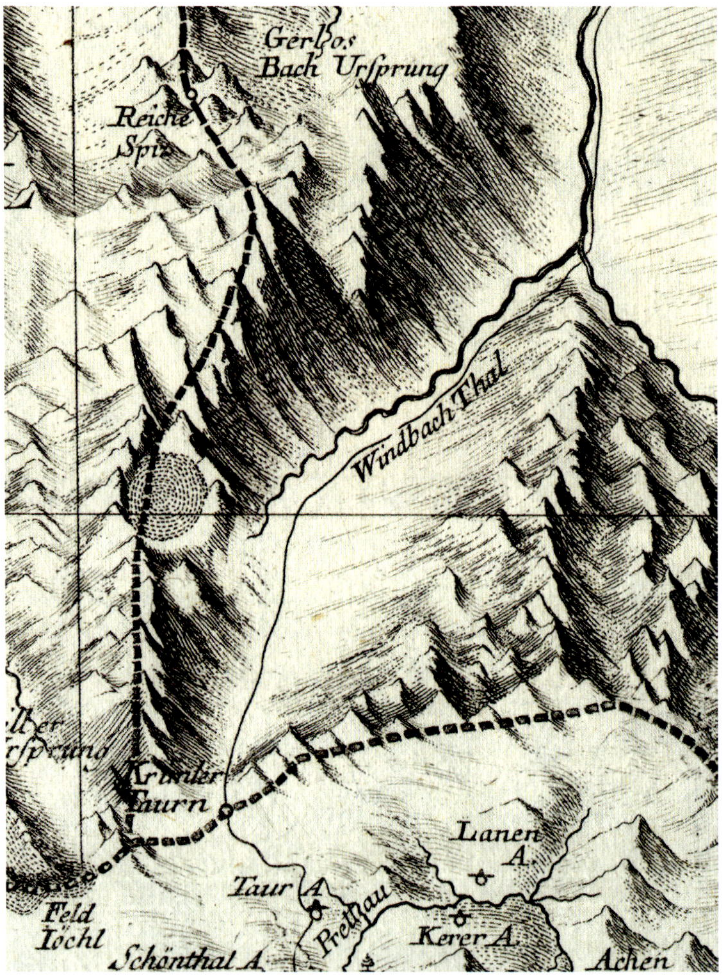

Die beiden Ersteller des Atlas Tyrolensis haben im Windbachtal an Stelle des heutigen Eissees den Gletscher ebenfalls bereits in kreisrunder Form verzeichnet (Anich, Hueber 1774, Lk.).

Der imposante kreisrunde Eissee mit den fast eisfreien Bergflanken liegt an der südwestlichsten Ecke des Bundeslandes (Foto Robert Rosenkranz).

Elisabethsee

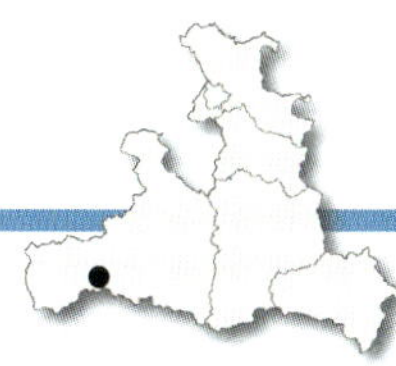

Pinzgau, Gemeinde Mittersill, Amerbach (künstlich)

O 12° 31′ 47″
N 47° 10′ 40″

1436 m ü. A., L 195 m, B 70 m, F 9700 m²

Direkt an der Felbertalstraße entstand „im Zuge des Straßen- und Pipelinebaues […] ein kleiner, oft smaragdgrün leuchtender See“[186]. Am Südende liegt eine so genannte Heidnische Kirche, ein etwa 10 m hoher Zentralgneisblock, der durch die Wucht des Felssturzes vor langer Zeit in zwei Teile gebrochen ist. Einem alten Aberglauben nach kann man Krankheiten und alles Böse von sich abstreifen, wenn man sich durch den engen Spalt zwängt[187].

Embachersee

O 13° 00′ 05″
N 47° 18′ 10″

Pinzgau, Gemeinden Lend und Taxenbach, Salzachtal (verlandet)

ca. 674 m ü. A.

Am 30. Mai, „in der Pfingstsonntagsnacht des Jahres 1794"[188], ereignete sich nach lange anhaltenden Regenfällen unterhalb des Dorfes Embach „ein so gewaltiger Erdfall (Abplaickung) eines mehr als 100 Klafter lang mit Fichten und Erlen bewachsenen Vorgebirges, daß die herabgerollten Steine und Erdhaufen den Lauf der Salza"[189] ca. 30 m hoch und bis ins 6 km entfernte Taxenbach aufstauten. Da sich diese Katastrophe in der Nacht ereignete, „so ging wenigstens kein Menschenleben dabei zu Grunde"[190].

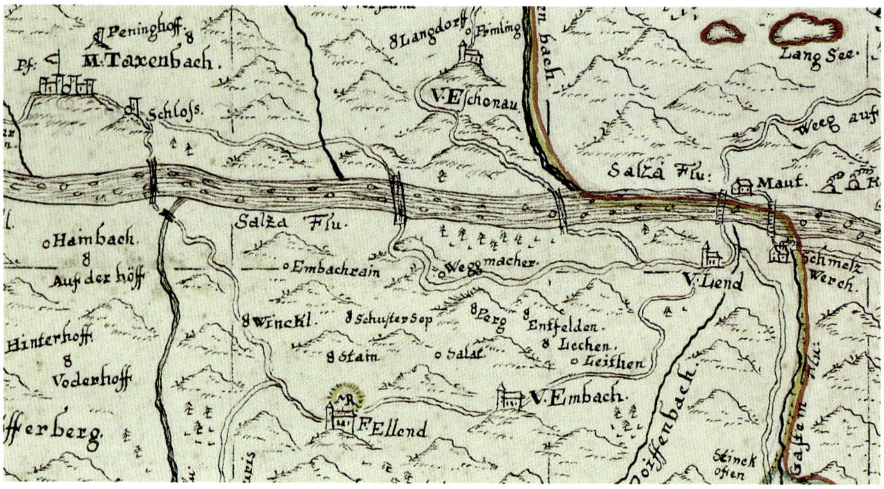

Das Detail der Karte des Pfleggerichtes Taxenbach aus dem Jahre 1760 von Joseph Jakob Fürstaller zeigt das Gebiet von Embach vor der Abplaikung. Der Stausee reichte bis zur Brücke bei Taxenbach (Salzburg Museum, Inv.-Nr. 15653-49).

Weiter berichtet Hübner: „Aber mit noch größerem Schrecken und Besorgnis sahen die Einwohner von Lend und unterhalb liegenden Orte den neuen See bei Embach entstehen." Die drohende, durch einen plötzlichen Dammbruch ausgelöste Katastrophe blieb aus, denn es dauerte drei Jahre, bis die Salzach den natürlichen Wall allmählich wieder fortgeschwemmt hatte „und alle Ursachen der nur zu gegründeten Furcht" verschwunden waren[191]. Schaulustige und Sensationshungrige aus Nah und Fern kamen, um das Ereignis zu bestaunen und Schuldige waren natürlich auch bald gefunden. Nach der „Plaiksage" waren es zwei der Bauern, die „im Streit um Alles und Jedes" lagen und deren fruchtbare Felder teilweise abgerutscht waren. „Drum sind sie einmal in einer finsteren Nacht beide abgerutscht. Wenn dann später auf der Plaike wieder etwas nachrutschte, sagten die Leute: ‚sechts ös, hiaz a noch gebens koan Fried, döswegen rumpölts allwei nach'."[192]

Ernstlacke

Lungau, Gemeinde Tweng, Lantschfeldbachtal

O 13° 34′ 13″
N 47° 11′ 10″

1923 m ü. A., L 115 m, B 90 m, F 5500 m²

Von einer Endmoräne abgedämmt, besitzt die Ernstlacke keinen oberirdischen Abfluss, deshalb ist sie bei Trockenheit Wasserspiegelschwankungen ausgesetzt.

Die flache Ernstlacke bei Tweng im Lungau mit der Grubachspitze (2430 m ü. A.) im Hintergrund.

Erzgrabensee

Pongau, Hofgastein, Gasteinertal (verlandet)

O 13° 02′ 25″
N 47° 06′ 06″

Am 27. August 1910 von Eberhard Fugger, Wolfgang von Paumgartten und Andreas Müller vermessen:
2226 m ü. A., L 90 m, B 40 m, T 0,2 m[193]
2201 m ü. A. (nach SAGIS)

Wo im 16. Jahrhundert intensiv nach Gold und Silber geschürft wurde, mitten im Bergbaugebiet der „Arzwies"[194], lag der Erzgrabensee. Die Betonung liegt in diesem Fall wirklich auf „lag", denn er ist bereits verlandet. Neben einer Beschreibung über die Lage des Sees finden sich bei Eberhard Fugger keinerlei Angaben über die Nennung von Quellen. Da der See auch in den Aufsätzen und Auflistungen anderer Naturforscher und Reiseschriftsteller nicht genannt wird, ist eine Namensgebung durch Fugger nicht auszuschließen[195].

Neben den Bergbauhalden ist vom Erzgrabensee nur mehr die ebene Rasenfläche mit durchschimmernden Wasserreflexionen zu sehen.

Erzwiessee

O 13° 03' 35"
N 47° 05' 37"

Erzwiessee, auch Arzwiessee[196], Großer Erzwiessee[197]

Pongau, Gemeinde Bad Hofgastein, Angertal

Am 16. September 1910 von Eberhard Fugger, Andreas Müller und Josef Lackner vermessen:
2170 m ü. A., L 280 m, B 100 m, T 20,2 m[198]
2173 m ü. A., L 315 m, B 110 m, F 24.000 m² (nach SAGIS)

Während Franz Michael Vierthaler von nur einem See auf der Erzwiese spricht, „welcher von keinem lebendigen Wesen bewohnt wird"[199], erwähnen andere Autoren zwei Seen[200]. Der See wird von einer bis zu 12 m hohen Endmoräne eingekesselt und obwohl kein sichtbarer Abfluss zu entdecken ist – dieser also unterirdisch erfolgt – dürfte er keinen großen Wasserspiegelschwankungen ausgesetzt sein.

Im Frühsommer 1975 wurde vom Autor der Große Erzwiessee einer ersten Begutachtung unterzogen. Ebenfalls im Angertal gelegen ist im Hintergrund der Kalkbretterkopf (2412 m ü. A.) zu sehen (Foto Paul Veits).

Erzwiessee, Kleiner

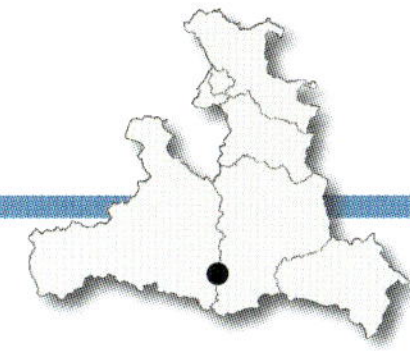

Pongau, Gemeinde Bad Hofgastein, Angertal

O 13° 03′ 20″
N 47° 05′ 49″

Am 27. August 1910 von Eberhard Fugger, Wolfgang von Paumgartten und Andreas Müller vermessen:
2175 m ü. A., L 98 m, B 30 m, T 0,8 m[201]
2164 m ü. A., F 1500 m^2 (nach SAGIS)

Aufgrund der geringen Tiefe sollte der Kleine Erzwiessee besser „Erzwieslacke" heißen. Weder ist er in heutigen Karten benannt, noch im Franciszäischen Kataster verzeichnet. Einzig Eberhard Fugger taufte ihn den „Kleinen Erzwiessee"[202].

Essersee

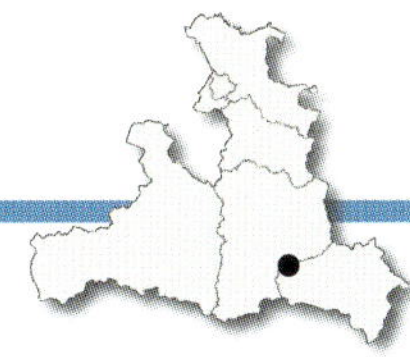

Essersee, auch Wastlsee[203]

O 13° 22′ 35″
N 47° 11′ 56″

Lungau, Gemeinde Zederhaus, Riedingtal (2 Seen)

2087 m ü. A., L 175 m, B 100 m, F 8000 m^2
2087 m ü. A., L 145 m, B 65 m, F 5200 m^2

Der Wastlsee wird erstmals 1929 in einer Skikarte von Radstadt als Essersee bezeichnet. Es sind zwei Seebecken, die durch ein kleines Rinnsal untereinander verbunden sind. Der Abfluss des im Franciszäischen Kataster nicht verzeichneten Sees erfolgt durch das östliche Becken.

Auf dem Weg zur Zaunerhütte im Riedingtal führt ein Wanderweg an den beiden Becken des Essersees vorbei.

Eybensee / Eybmsee siehe **Eibensee**

Faistenauer Hintersee siehe **Hintersee bei Faistenau**

Falkensee siehe **Talkensee**

Felbersee siehe **Hintersee bei Mittersill**

Felblingsee / Fiblingsee siehe **Filblingsee**

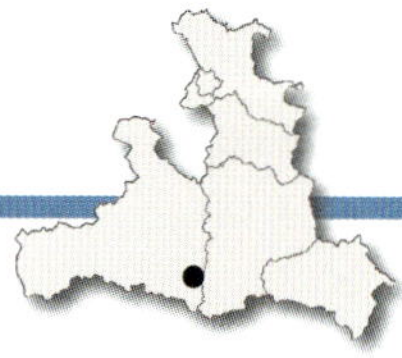

Fiebingersee

O 12° 59′ 43″
N 47° 04′ 36″

Pinzgau, Gemeinde Rauris, Hüttwinkltal

Am 1. August 1910 von Eberhard Fugger, Andreas Müller und Gustav Zinke vermessen:
1710 m ü. A., L 85 m, B 12 m, T 3,5 m[204]
1722 m ü. A., F 850 m^2 (nach SAGIS)

Mitten im Durchgangswald bei Kolm-Saigurn liegt der kleine, moorige Fiebingersee etwas abseits des Wanderweges.

Östlich von Kolm-Saigurn liegt im Durchgangswald neben vielen kleinen Lacken auf 1710 m ü. A. der kleine, moorige Fiebingersee. In seiner Nähe befindet sich auch der Naturlehrweg über den Rauriser Urwald.

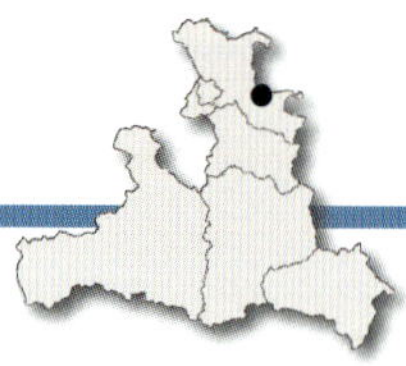

Filblingsee

O 13° 16′ 35″
N 47° 47′ 02″

Filblingsee, auch Felblingsee[205], Fibling-See[206], Vilbinsee[207], Vilbmsee[208]

Flachgau, Gemeinde Fuschl, Fuschler Achental

Am 11. Oktober 1891 von Eberhard Fugger und Carl Kastner vermessen:
1079 m ü. A., L 170 m, B 120 m, T 10,8 m, F 16.000 m^2 [209]
1063 m ü. A., F 17.000 m^2 (nach SAGIS)

Lorenz Hübner zählt im Pfleg- und Landgericht Thalgau neben dem Fuschlsee und dem Hintersee als dritten einen „kleinen Teich auf dem Gipfel des Fielblingberges von ungemeiner Tiefe" auf, „der mit dem am Fuße des Berges liegenden Fuschlersee Verbindung haben soll; er führt schlechte Brachsen, und wird von Niemandem benützt."[210] Interessant ist, dass der weitab jeglicher Straßen gelegene Filblingsee in alten Karten der Neuzeit zum Teil größer eingezeichnet ist als der Fuschlsee, der übrigens flächenmäßig 158 Mal größer ist. Da in den vergangenen Eiszeiten der Fuschlseearm des Traungletschers sich nicht über 860 m Meereshöhe erhob, „so kann diese Moränenbildung nur einem kleinen localen Gletscher oder Firnfeld zuzuschreiben sein"[211]. Als einziger spricht Eduard Brückner von zwei Felblingseen. Im südöstlichen Nachbartal findet sich eine kleine Wiesenfläche, die aber bereits landwirtschaftlich genutzt wird, daher dürfte die Verlandung des zweiten Sees schon länger abgeschlossen sein. Auf der Suche nach neuen Fischwassern wurden im Jahr 1771 50 Hechte im Filblingsee eingesetzt, „da die Jäger aber keinen zu sehen bekamen, wurde er auch nicht befischt"[212].

Auf der gesüdeten Karte von de Jode ist der Vilbinsee umringt von Hintersee, Fuschlsee, Masee [Mondsee], Wolfgangsee und dem großen See im Osten, dem Attersee. Der unter dem Vilbinsee liegende Fuschlsee ist nicht nur kleiner, er wird auch nicht benannt (Detail aus: De Jode 1578, Lk., Sammlung Peter Matern).

Finkausee

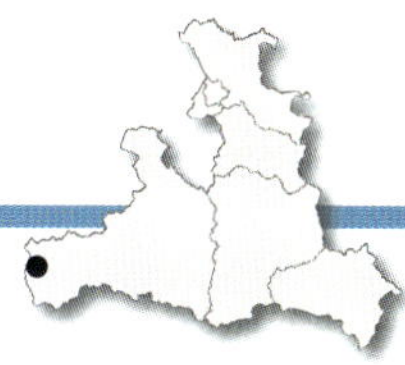

Pinzgau, Gemeinde Krimml, Wildgerlostal (künstlich)

O 12° 06′ 28″
N 47° 12′ 14″

1413 m ü. A., L 430 m, B 405 m, F 89.000 m²

Als höchstgelegenes Äschen-Revier[213] gilt bei Fischern der Finkausee im Wildgerlostal. Dieser „Baggersee von beachtlichen Ausmaßen"[214] ist dem Stausee Durlaßboden vorgelagert und dient als Feststofffalle für die Geschiebe aus dem Wildgerlostal.

Beeindrucken kann der künstlich errichtete Finkausee im Wildgerlostal vor allem durch seine türkisblaue Färbung.

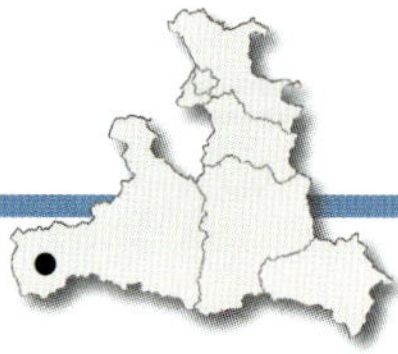

Foiskarsee

O 12° 14′ 32″
N 47° 10′ 25″

Pinzgau, Gemeinde Neukirchen am Großvenediger, Obersulzbachtal

Am 28. August 1894 von Eberhard Fugger, dessen Sohn Eberhard Fugger, Carl Kastner, Marie Gast und Georg Lechner vermessen:
2154 m ü. A., L 160 m, B 70 m, T 2,8 m, F 11.200 m^2 [215]
2132 m ü. A., L 220 m, B 85 m, F 10.800 m^2 (nach SAGIS)

Der kleine Foiskarsee ist über einen markierten Weg erreichbar und entwässert über einen Wasserfall ins Obersulzbachtal.

Am Ende des Sulzbachtales schaut im Hintergrund der Großvenediger (3657 m ü. A.) hervor, im Vordergrund liegt in einem kleinen Seitental der Foiskarsee.

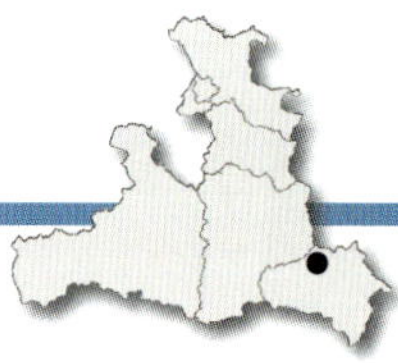

Friebitschsee

Wahrscheinlich Tscheibitschsee

„Auch dieser Teil des Gebirges trägt mehrere Seen: den Friebitschsee, Weißbachsee und Rupeniersee, sowie die Alpen Schon und Buren."[216] Franz Carl Weidmanns geographische Beschreibung des Weißpriachtals und seiner Seen lässt den Rückschluss zu, dass es sich um den Tscheibitschsee handelt.

Froschsee

Einziger Fund eines Belegs für den Froschsee ist ein Eintrag in Franz Valentin Zillners Buch über das Wasser in salzburgischen Flur- und Ortsnamen: „Froschsee, GR. Faistenau, Swaiga, solvit C caseos."[217]

Fuchssee

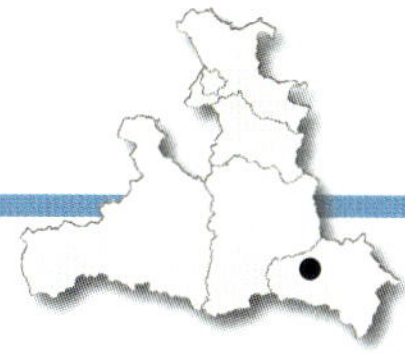

Fuchssee, auch Karlsbergersee[218], Kölsbergersee[219], Kohlsbergersee[220]

O 13° 32′ 35″
N 47° 11′ 24″

Lungau, Gemeinde Tweng, Lantschfeldtal (2 Seen)

2042 m ü. A., L 260 m, B 140 m, T mindestens 10 m[221], F 23.000 m²
2085 m ü. A., L 110 m, B 95 m, T mindestens 7 m[222], F 6500 m²

Im Franciszäischen Kataster liegt der Fuchssee auf der hüttenlosen Kohlsberger Alpe, während talabwärts eine Fuchshütte verzeichnet ist. Die zwei eingezeichneten Seen sind hier aber nicht benannt. Bei einer laienhaften Messung mit einer Angelrute und einem Bleigewicht wurde im „kleinen" Fuchssee eine Mindesttiefe von 7 m ermessen.

Oben: Im Fuchskar an der Südflanke des Lantschfeldtales sind der große und kleine Fuchssee von teilweise verlandeten Lacken umgeben (© BEV, LFRZ und SAGIS).

Der Fuchssee über dem Lantschfeldtal in Richtung Norden zur Zehnerkarspitze (2382 m ü. A.) bei Obertauern.

Fürleggsee siehe **Eissee am Hohen Fürleg**

Fürlegsee siehe **Schafflkogelsee**

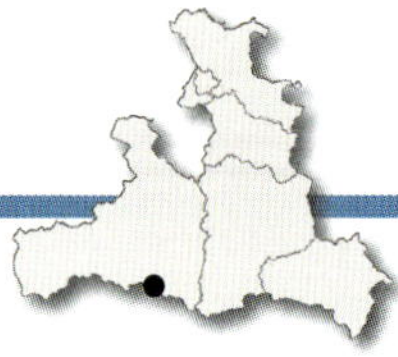

Fuscher Lacke

O 12° 49′ 54″
N 47° 06′ 42″

Pinzgau, Gemeinde Rauris, Seidlwinkltal

2260 m ü. A., L 208 m, B 100 m, F 11.300 m²

Mit jährlich ca. 270.000 Fahrzeugen[223] und insgesamt 50 Millionen Menschen seit Eröffnung der Großglockner Hochalpenstraße ist die Fuscher Lacke sicherlich eine der am meisten „passierten" Lacken des Bundeslandes. Die kleine Brücke über den zweigeteilten See lädt zum Verweilen und einem kleinen Spaziergang ein.

Selten findet man die Fuscher Lacke auf dem Weg zum Hochtor so menschenleer vor wie auf diesem Foto am frühen Morgen (Foto Ewald Gabardi).

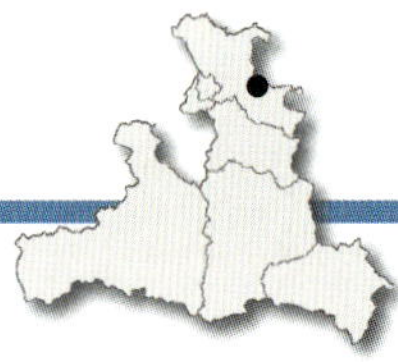

Fuschlsee

O 13° 16′ 30″
N 47° 48′ 15″

Fuschlsee, auch Fuschilsee[224], Fuschler See[225], Fuschsee[226], Fußlsee[227]

Flachgau, Gemeinde Fuschl, Fuschlerachental

Am 9. und 10. September 1870 von Ludwig Zeller vermessen:
661 m ü. A., L 3945 m, B 780 m, T 63 m, F 2.700.000 m² [228]
662 m ü. A., L 4120 m, B 875 m, T 66,9 m, F 2.650.000 m² [229]

In den Jahren 1987 und 1992 wurden aus den Seesedimenten des Fuschlsees zwei Bohrkerne entnommen. Durch Untersuchungen der Pollen und Sporen in den verschiedenen Schichten der Bohrkerne kann die Vegetations- und Besiedlungsgeschichte bis zum Abschmelzen eines Seitenarmes des Traungletschers vor ca. 18.500 Jahren rekonstruiert werden. Zu diesem Zeitpunkt dürfte der Wasserspiegel noch um ca. 50 m höher gelegen sein, ehe die Fuschler Ache sich bis auf das heutige Niveau durch die Endmoräne des

Gletschers ihren Weg gebahnt hat[230]. Die Landschaft und Vegetation um den Fuschlsee wurde erst sehr spät durch die Zivilisation beeinflusst. Es fehlen Anzeichen von Pfahlbauten im Neolithikum und bis zur Römerzeit, in der an drei Standorten Gutshöfe nachgewiesen werden konnten, weisen nur Einzelfunde auf die gelegentliche Anwesenheit von Menschen hin[231].
Erste urkundliche Erwähnung findet der „lacusculus", was so viel bedeutet wie kleiner See oder Seelein, im Notitia Arnonis, einer Aufzeichnung der zum Bistum Salzburg gehörigen Besitzungen aus der Zeit des Bischofs Arn um das Jahr 790. Demnach schenkte Bayernherzog Odilo um 750 n. Chr. dem Kloster St. Peter in Salzburg „den kleinen Ort, der Elsenwang heißt, wo Wiesen und Waldungen bestehen wie auch den See, der Lacusculus genannt wird, ebenso wie den Abersee, wo Weiden und Wiesen, Wälder und Fischfang und Jagd vorhanden sind und woselbst einige Klosterbrüder von ihrer eigenen Arbeit leben"[232].

Die Zeichnung von Georg Pezolt gibt den Blick auf das Jagdschloss und den Fuschlsee frei (Pezolt 1847–1849, Sammlung Peter Matern).

In einer Urkunde Erzbischofs Konrad I. von 1141 taucht erstmals der Name „Fuschilsee" als Eigenname auf. In diesen Zeitraum fällt auch eine verstärkte Rodungstätigkeit zur Schaffung von Acker- und Weideland. Im 14. Jahrhundert bestanden vier Fischerseegen[233], die auf 16 Kleinfischer aufgeteilt waren. Fuschler Bauern übten „von sonder Gnaden" und bis auf Widerruf auch für ihre Nachkommen das Fischen auf dem See gegen Reichung eines Fischdienstes von 1400 Saiblingen jährlich aus. Im Jahr 1559 wurden dann aber sämtliche Einzelseegen eingezogen und der Fischfang unter die Leitung eines Hoffischers gestellt, „der nun die Fische aus dem Fuschler ‚Hofküchensee' zur Gänze an den erzbischöflichen Hof" abzuliefern hatte. Einzig dem Pfleger von Wartenfels standen jährlich 50 Pfund (25 kg) „schlechte oder gmain visch" gegen Fanggeld zu. Bald entwickelte sich dieser Hofküchensee zum wichtigsten Fischlieferanten für den Hof der Erzbischöfe. Der Bedarf an dieser Fastenspeise war enorm, besonders im katholischen Fürsterzbistum mit jährlich 104 Fasttagen. „Vom Jahre 1789 bis 1798 betrug der jährliche Durchschnitt der Hoflieferung 973 Pfund Saiblinge, 58 Pfund Rutten, 136 Pfund Lachse, 300 Pfund Hechte, 117 Pfund Aiteln und 3 Pfund Barsche, zusammen 1587 Pfund (knapp 800 kg) Fisch." Der Fischer hatte den Transport in die Residenzstadt mit seinen Helfern selbst durchzuführen. Er wurde mit einem Fanggeld entlohnt, jedoch war ihm der freie Fischverkauf strengstens untersagt[234]. „Ein landesfürstliches Jagdschlößchen bewacht den fischreichen See, [...]"[235] schreibt Georg Pezolt 1849. Dieser direkt am Ufer des Sees erbaute Wohnturm findet 1555 eine erste urkundliche Erwähnung anläßlich einer Dachneudeckung[236]. Unter den Erzbischöfen Johann Jakob von Khuen-Belasy und Wolf Dietrich von Raitenau wurden hier große Hofjagden veranstaltet[237].

Die Länge des Badesteges zeigt, dass das Ufer an der Nordostseite des Fuschlsees sehr flach ist.

Der im Eigentum der Österreichischen Bundesforste befindliche Fuschlsee besitzt heute eine hervorragende Wasserqualität mit durchschnittlicher Sichttiefe von 7 m. Eine wie bei allen Voralpenseen drohende Qualitätsverschlechterung in den 1960er und 70er Jahren konnte mit dem Bau einer Ringkanalisation zwischen 1973 und 1980 abgewendet werden[238]. Die voraussehende Investition schlug sich bald auch in den Nächtigungszahlen des aufsteigenden Fremdenverkehrsortes Fuschl nieder, denn von 20.000 Nächtigungen 1961 erhöhte sich die Zahl der Gäste auf 230.000 im Jahr 1979[239], heute sind es für die gesamte Region Fuschlsee jährlich 400.000[240]. Die hervorragende, oligotrophe Wasserqualität ließ auch immer wieder Pläne aufkommen, den See für die Trinkwasserversorgung der Landeshauptstadt zu nutzen[241].

Fuschsee / Fußlsee siehe **Fuschlsee**

Gadeinersee

In Freudlspergers Liste der Salzburger Seen ist der Gadeinersee[242] im Lungauer Riedingtal zwischen Pleissnitzersee und Hieslsee aufgelistet. Eine Suche nach Namensähnlichkeiten blieb sowohl im Franciszäischen Kataster, als auch in heutigen digitalen Kartenwerken erfolglos.

Gamsensee siehe **Gamsersee**

Gamsersee

Gamsersee, auch Gamsensee[243]

Lungau, Gemeinde Lessach, Lessachtal (verlandet)

1375 m ü. A.

Der gleich südwestlich der Gamsenalm im Lessachtal gelegene Gamser-[244] oder Gamsensee könnte durch Murenabgang bei einem Unwetter aus einem westseitigen kleinen Seitental abgedämmt worden sein. Der im Franciszäischen Kataster verzeichnete und auch benannte See ist heute bereits verlandet.

Der fächerförmig ausgebreitete Murenkegel ist die mögliche Ursache für die Entstehung des Gamsersees. Das Seebecken im Lessachtal ist heute bereits verlandet.

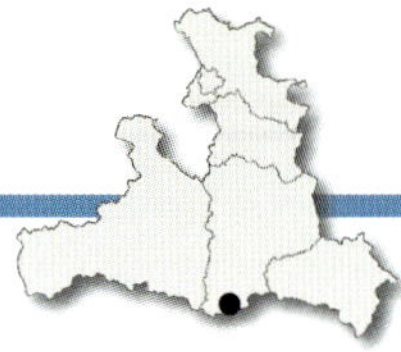

Gamskarlsee

O 13° 11′ 15″
N 47° 04′ 41″

Gamskarlsee, auch Gamskaarlsee[245], Lahnkahrlsee[246], Lainkarsee[247]

Pongau, Gemeinde Bad Gastein, Kötschachtal

2244 m ü. A., L 255 m, B 195 m, F 31.500 m²

Südlich des Reedsees auf dem Übergang des Kötschachtales zum Anlauftal liegt unterhalb der beiden Lainkarscharten der Gamskarlsee. Er ist auch unter dem Namen Lainkarsee bekannt, allerdings nur über nicht markierte Wege erreichbar. Im selben Talkessel liegen noch weitere, kleinere, namenlose stehende Gewässer im Umkreis des Gamskarlsees.

In „weglosem" Gelände liegt auf 2244 m ü. A. der Gamskarlsee. Der Blick nach Norden schweift vom Palfner Seekogel (2531 m ü. A.) über das Kötschachtal und gibt im Hintergrund Hochkönig und Tennengebirge frei.

Gamsseen siehe **Bärmoossee**

Gaspotingersee siehe **Lugingersee**

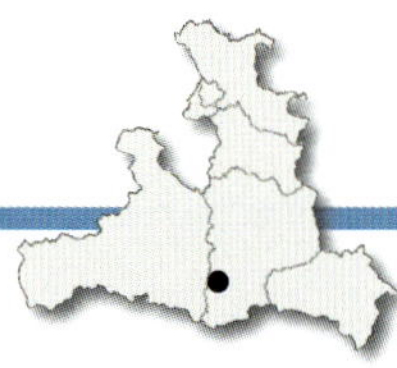

Gasteiner Badesee

O 13° 07′ 15″
N 47° 08′ 00″

Pongau, Gemeinde Bad Hofgastein, Gasteinerache (künstlich)

845 m ü. A., L 330 m, B 115 m, T 3,5 m, F 23.900 m² [248]

Der Gasteiner Badesee wurde in den Jahren 1986 bis 1988 als Freizeitanlage angelegt und beheimatet neben Regenbogenforellen Karpfen, Schleien, Zander und Rotaugen[249].

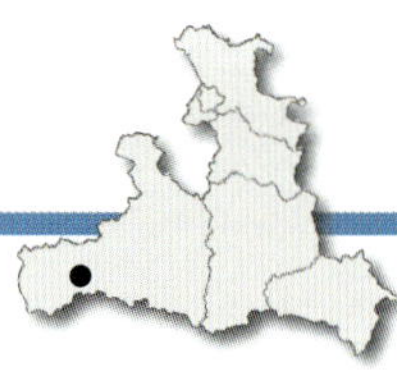

Geierseen

O 12° 26′ 58″
N 47° 10′ 37″

Pinzgau, Gemeinde Hollersbach, Hollersbachtal (2 Seen)

2413 m ü. A., L 60 m, B 50 m, F 1600 m²

Die einzige Quelle für die Geierseen ist die handgeschriebene Liste der Salzburger Seen von Hans Freudlsperger[250]. Er ist zwischen dem Kratzenbergersee im Hollersbachtal und dem Karsee südlich von Bramberg aufgelistet. Im Hollersbachtal findet man östlich der Ofneralm und nördlich der Berge Geierring (2516 m ü. A.) und Geierringhöhe (2746 m ü. A.) vier kleine Lacken.

Geigensee siehe **Bockhartsee, Oberer**

Gerlossee, Oberer

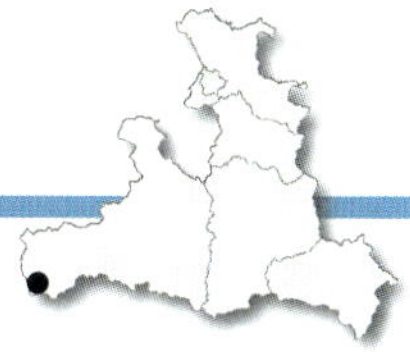

Oberer Gerlossee, auch Kleiner oder Oberer Wildgerlossee[251]

O 12° 07′ 55″
N 47° 09′ 33″

Pinzgau, Gemeinde Krimml, Wildgerlostal

Am 18. August 1889 von Eberhard Fugger, dessen Sohn Eberhard Fugger, Carl Kastner, Marie Posch, Wilhelmine Schlegel und dem Schafhüter Franz Kröll vermessen:
2562 m ü. A., L 168 m, B 153 m, T 6,1 m, F 17.000 m² [252]
2469 m ü. A., L 185 m, B 155 m, F 17.700 m² (nach SAGIS)

Nachdem am 18. August 1889 an eine Vermessung des unteren Gerlossees wegen „heftigem Winde" nicht zu denken war, stieg die Vermessungsgruppe von Eberhard Fugger über „wild durcheinander liegende Steinblöcke hinauf zum oberen [Gerlossee] – natürlich existiert auch hier kein Pfad". Das Vermessen des oberen Sees konnte nicht lange gedauert haben, denn man startete nach Abschluss der Arbeit einen zweiten Versuch, auch den unteren See zu vermessen, allerdings wegen starkem Wind erneut vergeblich. Im Franciszäischen Kataster wird das Gewässer nur als „See" bezeichnet[253].

Der Obere Gerlossee gegen die 3302 m ü. A. Hohe Reichenspitze an der Grenze zu Tirol.

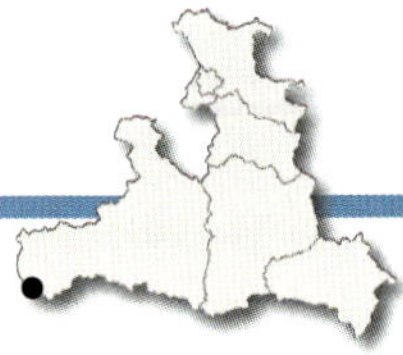

Gerlossee, Unterer

O 12° 07′ 28″
N 47° 09′ 38″

Unterer Gerlossee, auch Großer oder Unterer Wildgerlossee[254]

Pinzgau, Gemeinde Krimml, Wildgerlostal

Von 31. August bis 1. September 1889 von Eberhard Fugger, seiner Frau Adele und Sohn Eberhard, Carl Kastner und Anna Pehersdorfer vermessen:
2417 m ü. A., L 690 m, B 160 m, T 39,2 m, F 104.500 m² [255]
2320 m ü. A., L 790 m, B 255 m, F 136.000 m² (nach SAGIS)

Das Vermessen der großen Bergseen war im späten 19. Jahrhundert mit enormen Strapazen verbunden. So transportierten 1889 Schafhüter zur Vermessung des unteren, Großen Gerlossees im Wildgerlostal Holz für ein Floß auf 2.320 m Seehöhe, da die Vermessungsschnüre mit den Metereinteilungen zu kurz waren. Eberhard Fugger beschrieb den 18. August wie folgt: „ [...] den anderen Morgen wanderten wir – Weg existierte bis jetzt noch keiner – hinauf zum unteren See [...]. Oben angekommen, wurde das Floß zusammengestellt und verfestigt, was zu Folge der außerordentlichen Gewandtheit und Geschicklichkeit Kröll's [der Schafhüter] binnen einer Stunde geschehen war; und nun wollten wir die Messung des See's beginnen. Der Wind wehte aber äußerst heftig von Süden her. Professor Kastner und Kröll, beide kräftig und geschickt, arbeiteten mit den Rudern 10 Minuten gegen den Wind in den See hinein, und als sie zu rudern aufhörten, waren sie mit dem Flosse binnen einer Minute wieder am Ufer." Insgesamt neun Tage dauerte die Mission Gerlosseen und Fugger erklärte, „daß es gerade keine kleine Arbeit ist, Hochgebirgsseen zu messen, und daß außer dem guten Willen dazu auch eine gewisse Ausdauer und Zähigkeit nöthig ist, um die Aufgabe auszuführen."[256]
Zumindest der untere See dürfte der Bevölkerung bereits früh bekannt gewesen sein, wie mehrere Sagen beweisen. So soll ein Tagelöhner, der in der Nähe des Sees Enzianwurzeln sammelte, ein Venedigermännlein beobachtet haben: „Dieses ging auf den See zu, das Wasser teilte sich und der Zwerg grub im Grunde des Sees reinen Goldsand und füllte damit seine Taschen." Es bot dem armen Mann an, es ihm gleich zu tun, ohne dabei aber zu habgierig zu werden. „Der überglückliche Wurzelgräber eilte sofort an die Arbeit, sammelte eine große Menge Goldsandes und verließ den See. Gleich darauf schlugen die Wellen zusammen. Als reicher Mann kehrte der Tagelöhner zu seiner Familie zurück."[257]
Von Habgier handelt hingegen eine weitere Sage: „Vor alten Zeiten wollte ein Bauer, dessen verderbtes Gemüt allem Guten abhold war und der nur einen Gott kannte, den er anbetete, nämlich sein Geld, alle seine Nachbarn in den Tod bringen, um alleiniger Besitzer des

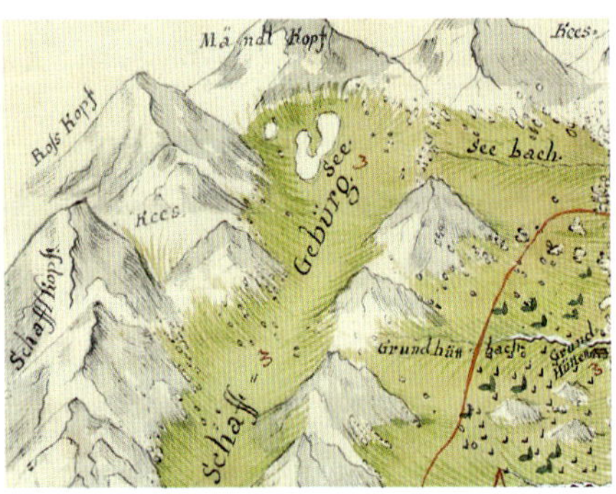

Detailausschnitt links oben des „Geometrischen Entwurf der Wilden Gerlos", der Große und Kleine Gerlossee. „Die rote linie bedeutt wiewiet hinauf das Rindvich gehen kan", lautet die letzte Textzeile in der Legende unter der Karte (Salzburg Museum, Inv.-Nr. 15652-49, Detail).

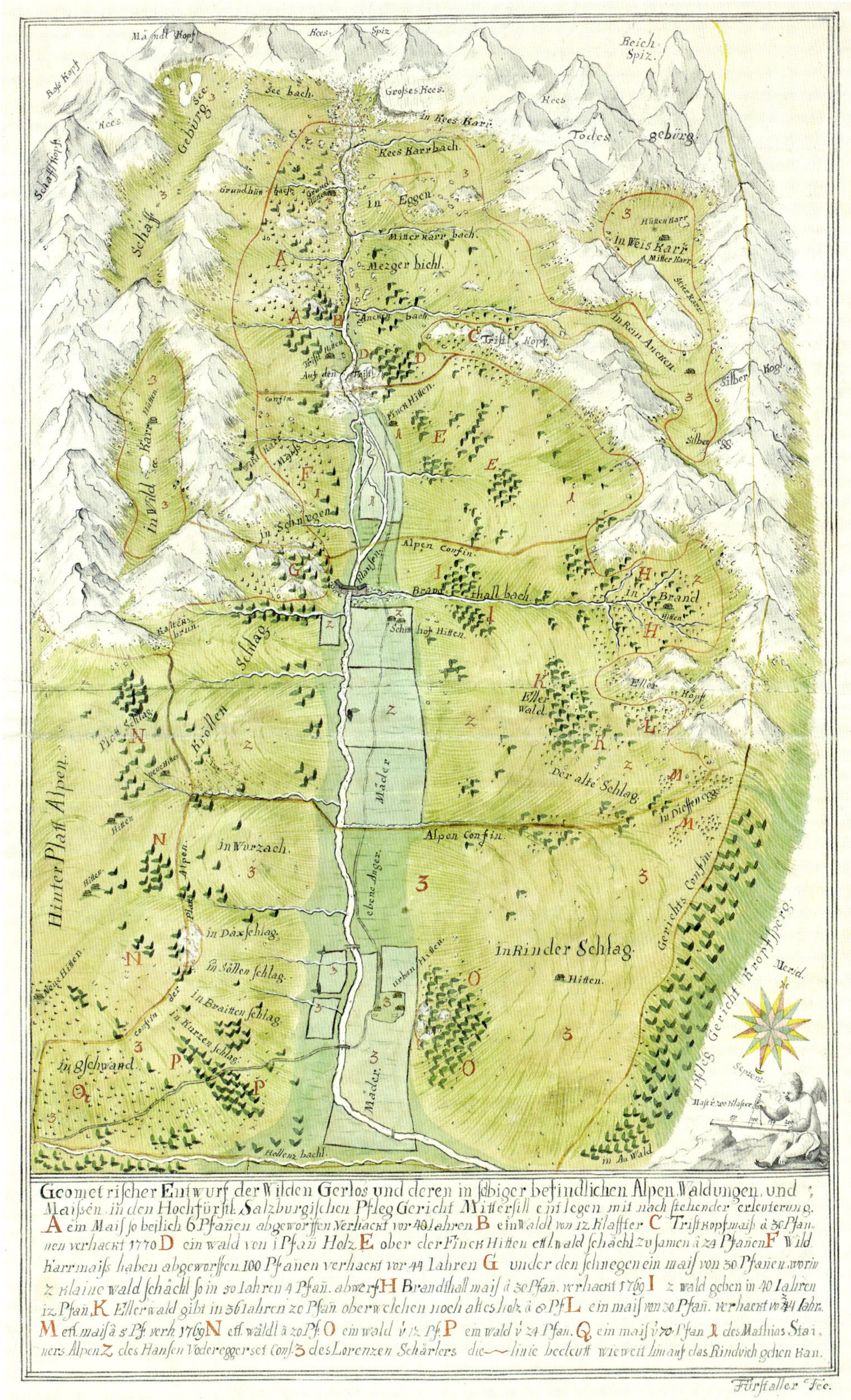

Auf dem gesüdeten „Geometrischen Entwurf der Wilden Gerlos und deren in Selbiger befindlichen Alpen Wanderungen" von Joseph Jakob Fürstaller aus dem Jahre 1772 ist im Talschluss des Gerlostales der Große und Kleine Gerlossee eingezeichnet (Salzburg Museum, Inv.-Nr. 15652–49).

ganzen Tales zu sein." Versehentlich habe er sich dabei selbst vergiftet und liege nun zur Strafe am Grund des Gerlossees als Futter für die Fische. So „ist es wohl nicht zu verdenken, wenn es keinen Menschen gelüstet, von den Pfrillen zu genießen."[258] Ob es heute einen Fischbestand gibt, ist dem Autor nicht bekannt, aber auf Grund der Sage will das vielleicht gar niemand wissen.

Giebenbachseen siehe **Kolmseen**

Giftsee siehe **Bockhartsee, Oberer und Unterer**

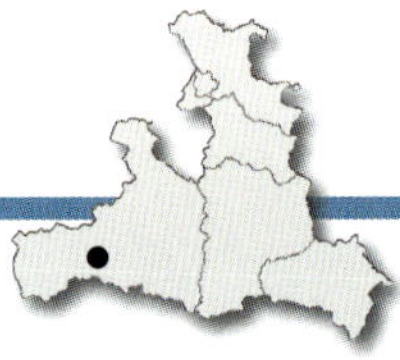

Glanzsee, Oberer

O 12° 33′ 12″
N 47° 11′ 06″

Pinzgau, Gemeinde Uttendorf, Stubachtal, Ödbachtal

Am 15. August 1904 von Carl Kastner, Georg Vogel und dem Senner der Ödalpe vermessen:
2340 m ü. A., L 65 m, B 55 m, T 2,1 m, F 2300 m^2 [259]
2343 m ü. A., L 60 m, B 50 m, F 1600 m^2 (nach SAGIS)

Als „springend, von Stein zu Stein"[260], beschreibt Carl Kastner seine Fortbewegung am Weg zum Oberen Glanzsee, während es Jaro Podhorsky 1930 etwas poetischer formuliert: „Bald häufen sich links vor dem Glanzgschirr (2657 m) die schwarzen Felstrümmer aus granitischem Gneis und verdichten sich zu einem ungeheuren, fast ebenen Bergfriedhof, aus dessen finsterem Gewirr da und dort die kleinen vegetationslosen Glanzseen, richtige Meeraugen, hervor leuchten."[261] Die Österreichische Karte benennt ihn wohl, auch wegen seiner geringen Tiefe, zu Recht nicht.

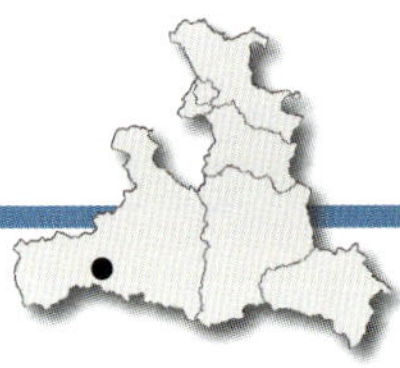

Glanzsee, Unterer

O 12° 33′ 17″
N 47° 11′ 01″

Pinzgau, Gemeinde Uttendorf, Stubachtal, Ödbachtal

Am 15. August 1904 von Carl Kastner, Georg Vogel und dem Senner der Ödalpe vermessen:
2325 m ü. A., L 233 m, B 130 m, T 10,4 m, F 12.000 m^2 [262]
2342 m ü. A., L 155 m, B 120 m, F 10.100 m^2 (nach SAGIS)

Die Bezeichnung „Trümmerfeld"[263] für die Umgebung des großen Glanzsees, wie sie in den 1920er Jahren zu lesen ist, trifft nicht mehr ganz zu, denn wenigstens teilweise konnte sich in der Zwischenzeit eine zarte Vegetation ansetzen. Im Franciszäischen Kataster ist kein Gewässer verzeichnet.

Der Glanzsee machte an diesem strahlenden Herbsttag 2010 seinem Namen ganze Ehre. Im Osten spiegeln sich die verschneiten Bergspitzen des Stubachtales.

Göriachsee

Ein schweres Unwetter verursachte im Sommer 1934 einen Murenabgang, wodurch der Göriachbach zu einem 1 km langen und 400 m breiten See aufgestaut wurde. Wegen dem drohenden Ausbruch des Sees, wurde vom 25. September bis 28. November 1934 der Staudamm mit finanzieller Unterstützung des Bundes abgetragen, „wobei der Arbeiterstand bis zu 60 Mann betrug und ca. 3.000 Kubikmeter grobes Geröll ausgehoben und abgeführt wurden"[264]. Vermutlich handelte es sich um den Ochsenkargraben, nördlich der unteren Piendlalm, aus dem die Mure abgegangen war.

Die im Wasser stehenden Almhütten verdeutlichen den vorübergehenden Verlust der Almfläche, ein Schaden, der aber im Herbst desselben Jahres, 1934, wieder behoben werden konnte (Fotosammlung Josef Pichler).

Göriachsee, Oberer und Unterer siehe **Landwiersee, Oberer und Unterer**

Goldeggersee

O 13° 06′ 12″
N 47° 19′ 02″

Goldeggersee, auch Goldeckersee[265]

Pongau, Gemeinde St. Johann, Seebachtal

Am 6. August 1898 von Eberhard Fugger, seiner Frau Adele und Sohn Eberhard vermessen:
810 m ü. A., L 256 m, B 220 m, T 7,8 m, F 45.000 m² [266]
811 m ü. A., L 305 m, B 220 m, F 43.000 m² [267]

Ob der Goldeggersee nun mit „gg" oder mit „ck" geschrieben wird, ist schwierig zu beantworten, denn weder in der Österreichischen Karte noch in der Alpenvereinskarte ist er benannt. Der Ort, an dem der See liegt, heißt jedenfalls Goldegg, wie auch das bis ins 12. Jahrhundert zurückgehende Schloss, das angeblich einmal an drei Seiten vom See umschlossen gewesen sein soll[268]. Der kleine moorige See ist nicht erst heute von einem bis zu 100 m breiten Schilfgürtel umgeben, denn bereits 1892 scheiterte Eberhard Fugger an seinem ersten Versuch, den See zu vermessen, da „einerseits seine Ufer derart sumpfig waren, daß es unmöglich war, denselben zu umgehen, um die Schnur auszuspannen, und da andererseits die vorhandenen Schiffe unbrauchbar waren"[269]. Die kleine Insel im See existiert schon mindestens seit dem späten 19. Jahrhundert, denn ein dazu befragter Fischer antwortete Fugger „daß der See unergründlich sei und daß man die Insel mit langen, in den Seegrund gesteckten Stangen an einem bestimmten Platze festhalte"[270]. Der Goldeggersee ist heute ein beliebter Badesee, der mit einer Wassertemperatur von bis zu 26° C auch als einer der wärmsten Alpenseen gilt. Er ist sehr fischreich, der längste erbeutete Wels maß 1,85 m und wog 38 kg[271].

Die kolorierte Postkarte um 1900 vermittelt ein idyllisches Bild vom Goldeggersee (Postkarte von F. Fuchs, Hofgastein, um 1904, Sammlung Peter Matern).

Die getönte Lithographie, gezeichnet von Georg Pezolt, lithographiert von L. Rottmann um 1847, zeigt den See, der weit näher an das Schloss heranreicht als heute (Pezolt 1847–1849, Sammlung Peter Matern).

Goldeckersee siehe **Goldeggersee**

Gollingersee

Gletscherforscher konnten bereits gegen Ende des 19. Jahrhunderts im Salzburger Becken mindestens zwei Seen nachweisen, die sich in Zwischeneiszeiten und auch nach der letzten, der Würmeiszeit, bilden konnten. Den älteren bezeichneten Albrecht Penk und Eduard Brückner als „Salzburger See", den jüngeren als „Gollinger See"[272]. Nachdem sich der Wasserspiegel des Salzburger Sees immer weiter abgesenkt hatte und sein Becken gleichzeitig durch Seetone und grobes Gesteinsmaterial aus den Seitentälern und dem Salzachtal immer weiter verfüllt worden war, „zerfiel" dieser See in mehrere Teilbecken. Eines dieser Becken, der Gollinger See, reichte nun von Golling bzw. vom Pass Lueg wahrscheinlich noch bis Salzburg, möglicherweise auch noch darüber hinaus. Der letzte Gollinger See dürfte vor 18.000 Jahren entstanden und rasch auch wieder verlandet sein.[273] Siehe auch Salzburger See.

Rechte Seite:
Die „Ideale Übersicht von Südost Bayern zur Eiszeit" aus dem Jahre 1865 zeigt die Ausdehnung des Salzachgletschers zur Würmeiszeit (Farblithographie, Sammlung Peter Matern).

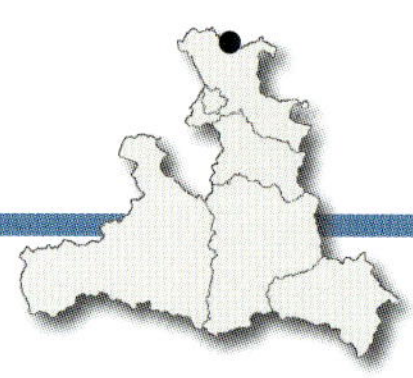

Grabensee

O 13° 05′ 34″
N 47° 59′ 18″

Grabensee, auch Grabmse[274], Gramsee[275], Gramsersee[276], Gransee[277], Gransse[278], Granssee[279], Gratensee[280]

Flachgau, Gemeinde Mattsee, Mattigtal

1869 von Josef Sigl vermessen:
498 m ü. A., L 2070 m, B 810 m, T 13 m, F 1.290.000 m^2 [281]
503 m ü. A., L 2000 m, B 820 m, T 14,1 m, F 1.300.000 m^2 [282]

Während die Becken des Wolfgang- und Fuschlsees von einem Arm des Traungletschers in den letzten Eiszeiten ausgeschürft wurden, entstand das Becken der Trumerseen „von den Furchen, die die Eisfinger des großen Salzachgletschers am Rande des Zungenbeckens auskratzten"[283]. Im Unterschied zu den anderen „Fingern", die nach dem Rückzug des Gletschers durchwegs erst nach Süden in das Salzburger Becken, also Richtung Gebirge entwässern, weil gegen Norden das Land höher liegt, fließt die Mattig nach Norden ab. Dabei ist die Einsenkung vor etwa 15.000 Jahren „durch Toteiskörper vor einer frühzeitigen Sedimentverfüllung während der Abschmelzphase geschützt worden"[284]. Die noch eine gemein-

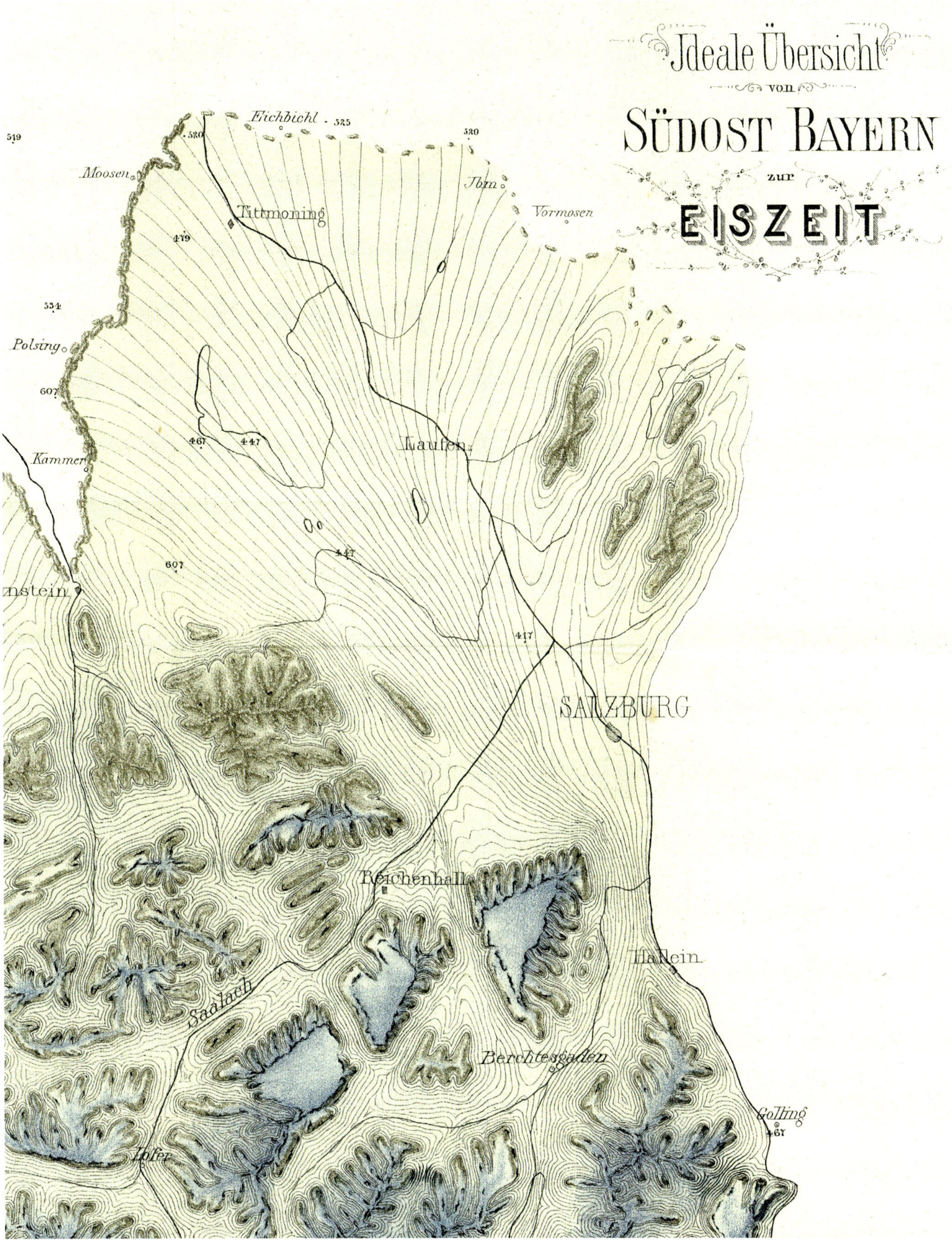

Jdeale Übersicht
von
SÜDOST BAYERN
zur
EISZEIT
Eichbichl
525
520
530
519
Moosen
Jbm
Tittmoning
Vormosen
479
534
Polsing
607
Kammer
461
447
Laufen
447
607
417
SALZBURG
Reichenhall
Hallein
Saalach
Berchtesgaden
Golling
467
Lofer

Obertrumer- und „Mattsee" bilden in der Karte von Apian noch eine Fläche, während der Gransee (Grabensee) schon abgetrennt abgebildet ist (Holzschnitt von Jost Amman aus Apian 1568, Lk. Nachdruck).

same Seefläche bildenden Trumerseen waren zu diesem Zeitpunkt extrem nährstoffarme, oligotrophe Gletscherseen. Die Ufer dieses „Urmattsees"[285] lagen ursprünglich um 25 m höher als heute, doch hat sich die Mattig immer tiefer in die Endmoräne gegraben. In frühen Kartenwerken sind die Flächen des Obertrumer- und des Mattsees noch als eine Fläche verzeichnet, während der Grabensee meist bereits als eigenständiges Becken dargestellt wurde.
Anhand einer Sedimentbohrung kann ein erster Nährstoffschub durch Menschenhand erst um die Gründung des Klosters Mattsee um 770 n. Chr., vor mehr als 1200 Jahren durch Brandrodung nachgewiesen werden. Eine zweite Phase fällt zeitlich mit der Gründung der Brauerei in Obertrum zusammen, in der auch eine intensive Besiedlung und Urbarmachung des Bodens begann[286]. „Durch übermäßigen Nährstoffeintrag aus ungereinigten häuslichen und gewerblichen Abwässern sowie diffuse Einträge aus der Umgebung erfolgte von Mitte bis Ende der 1950er Jahre an eine rasante Eutrophierung des Obertrumer Sees"[287], eine Verunreinigung, die sich natürlich auch in den Grabensee fortsetzte. Der Bau einer Kanalisation in den 1970er Jahren erbrachte aber eine sicht- und messbare Verbesserung, sodass der See sich heute in einem meso-eutrophen, also guten Zustand befindet[288].

Der Grabensee – an einem warmen Sommerabend – ist der unberührteste der Salzburger Voralpenseen.

Erste urkundliche Erwähnung findet der „Gransse" im Jahre 1040. Franz Hörburger vermutet den Personennamen Gramin, der auch im Namen des Dorfes Gransdorf am Ufer des Sees erhalten ist, als Ursprung[289]. Die drei Seen gehörten zur Zeit des Fürsterzbistums zu den Erbrechtsseen und waren um 1870 als „Drittelsegen zu Wasser und zu Land" an 28 Fischer verteilt[290]. Heute befindet sich der Grabensee im Besitz des Landes Salzburg.

Grainersee siehe **Graniersee**

Gralatisee

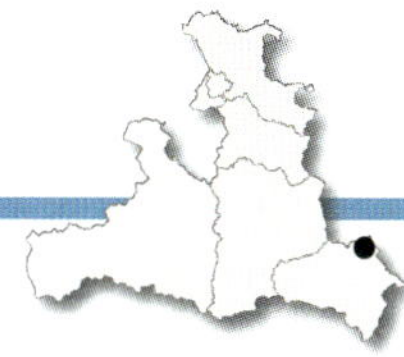

O 13° 47′ 11″
N 47° 15′ 35″

Gralatisee, auch Draumörtensee[291]
Lungau, Gemeinde Lessach, Lessachtal

1806 m ü. A., L 85 m, B 60 m, F 2400 m²

Westlich des Gralati- oder Draumörtensees im Lessachtal liegt zwischen dem Hochgolling (2862 m ü. A.) und dem Steinkarlegg (2637 m ü. A.) die auch namengebende Tramörtenscharte. Weiters findet man im Franciszäischen Kataster auf der Gralathi Alpe eine Draumörtn Hütte, neben der ein See verzeichnet ist.

Der kleine Gralatisee mit einer geschätzten Tiefe von maximal 3 m weist an seinem Nordufer bereits eine größere Verlandungszone auf.

Gramsee siehe **Grabensee**

Graniersee

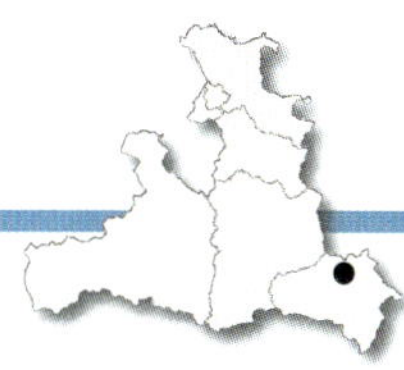

O 13° 40′ 31″
N 47° 13′ 37″

Graniersee, auch Grainersee[292], Graniesee[293], Grantersee[294]

Lungau, Gemeinde Weißpriach, Weißpriachtal, Graniertal (2 Seen)

2128 m ü. A., L 150 m, B 50 m, F 5000 m²
2127 m ü. A., L 185 m, B 95 m, F 10.800 m²

Der Blick auf die beiden Seen im kleinen Graniertal in Richtung Westen.

Der Name Granier verweist auf die slawische Besiedlung des Lungaus im Frühmittelalter. Durch die klimatische Begünstigung jener Zeit wurde Alm- und Viehwirtschaft bis in die Hochgebirgsregionen betrieben[295]. Die beiden in einem östlichen Seitental des Weißpriachtales gelegenen Seebecken besitzen keinen oberirdischen Abfluss. Dies ist auch die Erklärung für die Oberflächenschwankungen bei längerer Trockenheit.

Granssee siehe **Grabensee**

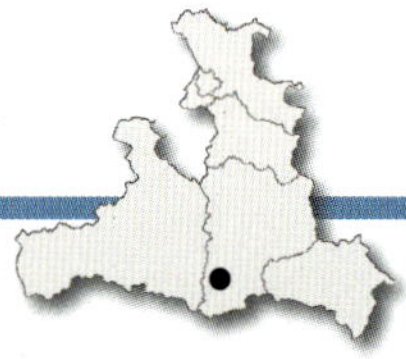

Grasleitensee

O 13° 09′ 15″
N 47° 03′ 24″

Pongau, Gemeinde Bad Gastein, Anlauftal

2045 m ü. A., L 70 m, B 25 m, F 1000 m²

In Freudlspergers Liste der Salzburger Seen stehen „2 Grasleitenseen" nach dem „Hiekaarsee" (Hörkarsee) und vor dem „Palfner See", also kann eine Suche auf die Gemeinde Bad Gastein und das Anlauftal beschränkt werden. Im Süden des Anlauftales findet sich der Grasleitenkopf (2377 m ü. A.). Östlich, in einem Talschluss, liegen zwei kleine Seebecken, von denen eines aber bereits stark verlandet ist.

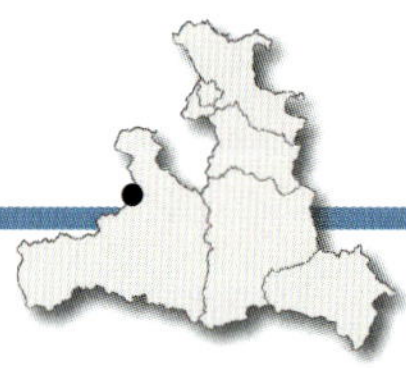

Grießensee

O 12° 38′ 42″
N 47° 27′ 40″

Pinzgau, Gemeinde Leogang, Grießnertal

960 m ü. A., L 618 m, B 75 m, F 30.000 m²

Direkt auf dem Hochplateau des Grießenpasses, an der Grenze zu Tirol, liegt der bereits sehr stark verlandete Grießensee. Auf der Karte des Fanciszäischen Katasters ist der See noch mit einer größeren Fläche und ca. 400 m länger verzeichnet. Ein kleiner Wehrturm direkt am nördlichen Ufer des Sees diente auf Salzburger Seite als Befestigung und Mautstation. 1680 verwüstete der Spielbach bei einem Unwetter die Felder der Anrainer stark und suchte sich ein neues Bachbett direkt in den Grießensee. Leonhard Puechner und Peter Grießner kauften zu dieser Zeit den See mit Fischrecht um 80 Gulden und jährlichem Grunddienst von 1 Gulden 30 Kreuzer[296]. 1683 wurde dem Ansuchen stattgegeben, den Bach auch weiter direkt in den See einzuleiten[297]. Nach dem Bau der Giselabahnstrecke zwischen Salzburg und Innsbruck um 1875 deckten die Münchner Eiswerke einen Teil ihres Eisbedarfes aus dem Grießensee[298].

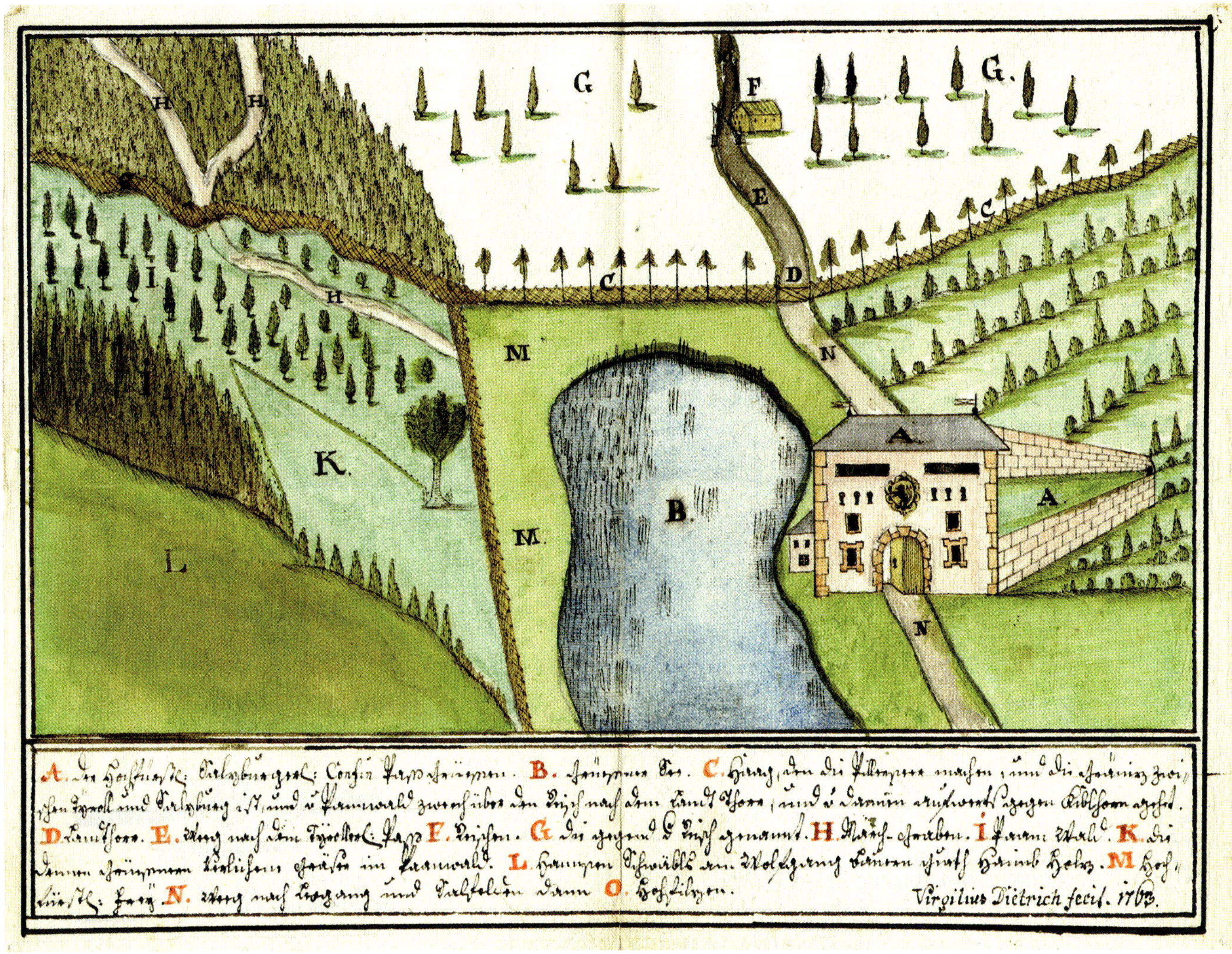

Auf dieser von Virgil Dietrich 1763 angefertigten Darstellung ist die Festung am Ufer des Grießensees an der Grenze zu Tirol erkennbar (Salzburger Landesarchiv, KuR N. 17).

Gröllsee / Gröllensee siehe **Suissensee**

Großegelsee bei Mattsee

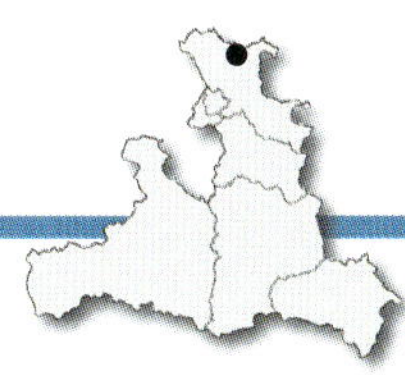

Großegelsee, auch Großer Egelsee

O 13° 06′ 34″
N 47° 57′ 52″

Flachgau, Gemeinde Mattsee, Tiefsteinbachtal

Am 26. Mai 1889 von Eberhard Fugger, seiner Frau Adele und Sohn Eberhard sowie Carl Kastner, Marie Posch und Wilhelmine Schlegel vermessen:
594 m ü. A., L 586 m, B 145 m, T 9 m[299]
590 m ü. A., L 555 m, B 155 m, T 5,1 m, F 61.000 m² [300]

Informationen siehe Egelseen bei Mattsee.

Großhaßeckersee siehe **Paarsee, Großer**

Grottensee siehe **Krottensee**

Grübelsee siehe **Ecklgrubensee**

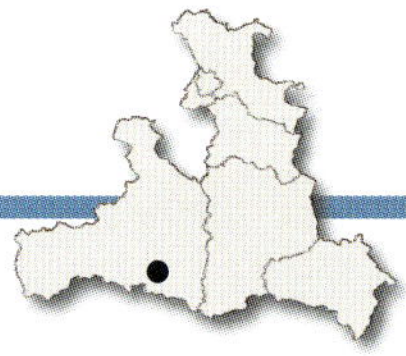

Grüne Lacke

O 12° 51′ 52″
N 47° 10′ 20″

Pinzgau, Gemeinde Fusch, Fuscherachental, Weichselbachtal

2455 m ü. A., L 75 m, B 45 m, F 2400 m²

Nach der Medelzlacke im Stubachtal ist die Grüne Lacke die zweithöchst gelegene Lacke im Land Salzburg. Das im Fuschertal situierte Gewässer liegt nordöstlich des 2765 m ü. A. hohen Schwarzkopfs im freien Gelände auf der Riegerhochalm. Im Franciszäischen Kataster ist die Lacke nicht verzeichnet.

Grünnsee siehe **Grünsee im Stubachtal**

Grünsee siehe **Mittersee**

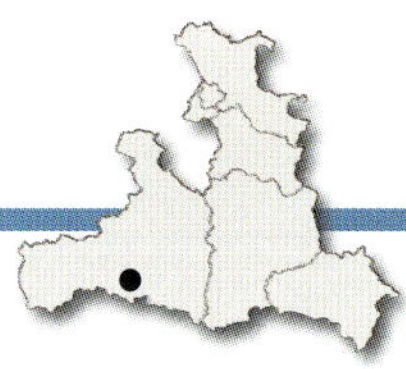

Grünsee im Stubachtal

O 12° 37′ 07″
N 47° 09′ 36″

Grünsee, auch Grünnsee[301], Schwarzsee[302], Weißsee[303]

Pinzgau, Gemeinde Uttendorf, Stubachtal (natürlicher See, aufgestaut)

Am 31. August 1897 von Eberhard Fugger, dessen Sohn Eberhard, Carl Kastner, Marie Gast, „Frl. A. Tlusty" und einem Träger vermessen:
1699 m ü. A., L 420 m, B 315 m, T 32,2 m[304]
1712 m ü. A., L 535 m, B 355 m, F 129.000 m² (nach SAGIS)

In mehreren Waldbeschreibungen des Stubachtales zwischen 1530 und 1620 wird der Grünsee genannt: „Zu der rechten seytten gegen Gruensee uber ain Schwarzwald, genant, der Gruenseerwald, angeschlagen auf […] 300 Pfann."[305] Eine Pfanne, ca. 180 m³ Holz, war jene Menge, die für eine Sudpfanne zur Gewinnung von Salz nötig war. Die Jahresmenge an Holzbedarf der Saline in Hallein, zu der die Baumstämme auf der Salzach getriftet wurden, betrug 1530 an die 500 Pfannen. Rücksichtslos wurden im 16. Jahrhundert alle Waldbestände bis zur Baumgrenze kahl geschlagen. In späteren Reisebeschreibungen wechselt der See jedoch des Öfteren die Farben, zumindest namentlich. So berichtet Anton Ruthner 1864: „Am zweiten See angelangt, fand ich, dass er, der weiße See, gerade so grün sei, als der obere, grüne See"[306]. Mit dem grünen See war aber der heutige Weißsee gemeint und um die Verwirrung noch zu verstärken, wurde dem Buch von Ruthner eine Karte von Franz Keil beigelegt, in der derselbe See den Namen Schwarzsee trägt. Podhorsky bringt 1930 eine weitere Farbe ins Spiel, findet aber schlussendlich eine Erklärung für den Namen Grünsee: „Er hat seinen Namen wohl von seinen grünen, nur zum Teil bewaldeten Ufern. Denn sein Wasser ist fast immer tiefblau, so blau fast wie der Gardasee und von unbeschreiblicher Klarheit."[307] Genug der Farbenlehre, seit 1929 wird der Grünsee von den Österreichischen Bundesbahnen zur Stromerzeugung genutzt und weist durch eine kleine Staumauer hervorgerufene Spiegelschwankungen bis zu 2 m auf[308].

Am 1. August 1928 um 8 Uhr vormittags hielt Josef Kettenhuemer den Grünsee auf einer Glasplatte fest (Stadtarchiv Salzburg, Fotosammlung).

Grünsee siehe **Schwarzsee, Oberer**

Grünsee siehe **Suissensee**

Grünsee siehe **Weißsee**

Grünwaldersee siehe **Grünwaldsee**

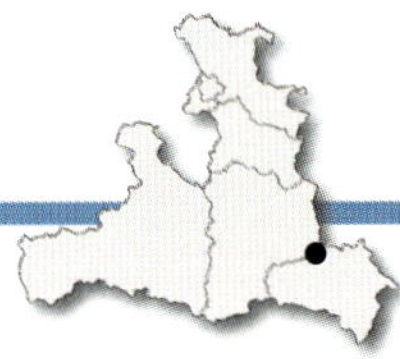

Grünwaldsee

O 13° 32′ 38″
N 47° 15′ 44″

Grünwaldsee, auch Grünwaldersee[309]

Pongau, Gemeinde Untertauern, Taurachtal (natürlicher See, aufgestaut)

1936 m ü. A., L 325 m, B 145 m, F 38.000 m²

Inmitten des ehemaligen Silber- und Kupferbergbaugebietes liegt südlich unter der Seekarspitze (2350 m ü. A.) am Obertauern der Grünwaldsee, der im Franciszäischen Kataster auch ebenso benannt ist. 1691 verlieh das Salzburger Domkapitel Wolf Wiesenegger den Grünwaldsee als „Fischwaiden und Fischwasser" in Erbrecht[310]. Direkt am See steht heute ein Hotelbetrieb und zwei Sessellifte führen vom See auf die umliegenden Höhen.

Der Eingriff des Menschen in die Naturlandschaft ist im Umfeld des Grünwaldsees bei Obertauern besonders gravierend ausgefallen. Kürzlich wurde er auch noch durch einen Naturdamm zusätzlich einige Meter aufgestaut. Im Vordergrund der Hochsee und dahinter der Krummschnablsee.

Gschödersee siehe **Schödersee**

Gstoßlacke

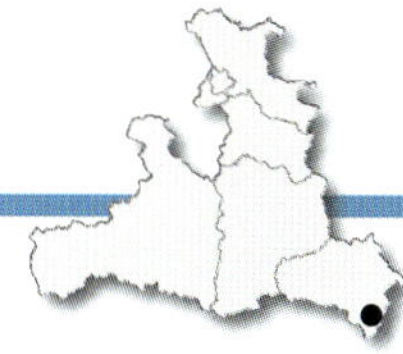

Lungau, Gemeinde Ramingstein, Murtal, Mislitzbachtal

O 13° 51′ 05″
N 47° 02′ 13″

1958 m ü. A., L 40 m, B 15 m, F 500 m²

Im Mislitztal, einem Seitental der Mur, liegt direkt am Arnoweg die Gstoßlacke. Das knapp westlich unter dem Kamm zwischen Gstoßhöhe (1890 m ü. A.) und Windriegel (2017 m ü. A.) gelegene kleine Becken trocknet im Sommer meist aus[311]. Es gibt keine Verzeichnung im Franciszäischen Kataster.

Haasecksee siehe **Paarsee, Großer und Kleiner**

Hackbrettsee siehe **Wieslacke**

Hackelbergerseen

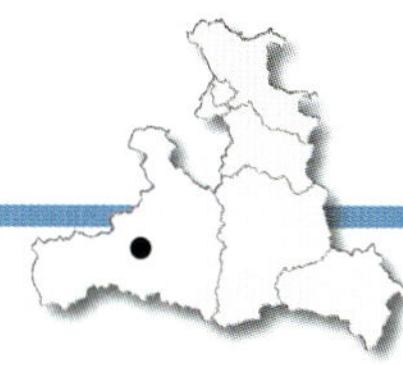

Pinzgau, Gemeinde Saalbach, Saalachtal, Schwarzachengrabental (2 Seen)

O 12° 36′ 52″
N 47° 20′ 22″

1948 m ü. A., L 90 m, B 45 m, F 2700 m²

Die beiden Hackelbergerseen sind die einzigen natürlichen Seen entlang des Pinzgauer Spazierganges, eines 25 km langen Höhenweges zwischen Zell am See und Mittersill. Der kleinere der beiden Seen geht wohl schon seiner Verlandung entgegen und sieht wie ein Reisfeld kurz vor der Ernte aus.

Hacklsee

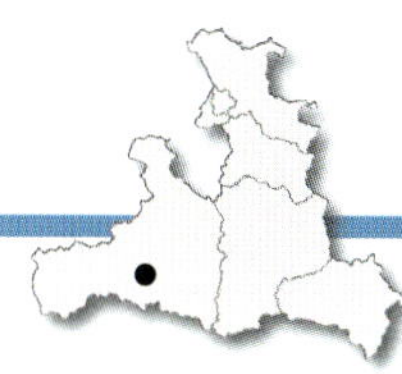

Hacklsee, auch Judenalpensee[312]

O 12° 39′ 15″
N 47° 12′ 26″

Pinzgau, Gemeinde Niedernsill, Mühlbachtal

Am 1. August 1905 von Eberhard Fugger, seinem Sohn Eberhard und einem Träger vermessen:
2150 m ü. A., L 125 m, B 56 m, T 4 m[313]
2230 m ü. A., L 145 m, B 65 m, F 5600 m² (nach SAGIS)

Sowohl die am Ende des Mühlbachtales gelegene Judenalm als auch die Hacklalm stehen als Namensgeber zur Verfügung. Im Franciszäischen Kataster wird der gesamte Talschluss als Judenalpe bezeichnet, ohne Verzeichnung eines Sees. Sowohl Fugger[314] als auch Freudlsperger[315] nennen in ihren Quellen den See Judenalpensee, während er in den heutigen Kartenwerken Hacklsee genannt wird.

Im Wasser des Hackl- oder Judenalpensees spiegelt sich der Hintere Planitzer mit 2562 m ü. A.

Haderlindsee / Haderlingsee / Haderlinsee siehe **Rotgüldensee, Oberer**

Hahrkaarsee siehe **Hakarsee**

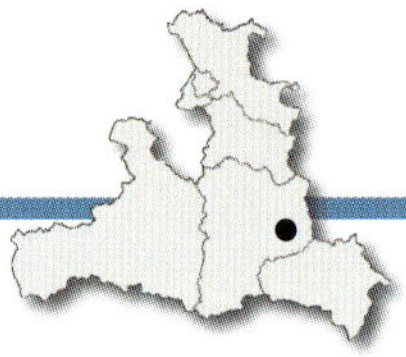

Hakarsee

O 13° 28′ 44″
N 47° 18′ 01″

Hakarsee, auch Hahkaarsee[316], Hakohrsee[317], Hakaarsee[318]

Pongau, Gemeinde Untertauern, Taurachtal

1788 m ü. A., L 75 m, B 40 m, F 2300 m²

Über den Hakarsee im Westen von Untertauern finden sich außer der Verzeichnung und Benennung im Franciszäischen Kataster und der Auflistung in Freudlspergers Liste der Salzburger Seen keine weiteren Hinweise.

Der Hakarsee in Richtung Obertauern mit rechts der Zehnerkarspitze (2382 m ü. A.) und links der Seekarspitze (2350 m ü. A.) ist von Untertauern auf einem markierten Wanderweg erreichbar.

Hasseckersee, Großer und Kleiner, Hassecksee, Unterer und Oberer siehe **Paarsee, Großer und Kleiner**

Heißsee

Lungau, Gemeinde Tweng, Lantschfeldtal (verlandet)

O 13° 31′ 17″
N 47° 12′ 37″

1650 m. ü. A., mögliche ehemalige Dimensionen: L 280 m, B 130 m

„Der Heißsee, südlich des Lantschtales"[319], wie Franz Carl Weidmann ihn 1845 anführte, ist heute vollständig verlandet und dient augenscheinlich als Almweide der gleichnamigen Alm. Im Franciszäischen Kataster ist etwa die halbe Wiese noch als Wasserfläche verzeichnet, aber nicht benannt.

Wie ein ins Tal gelegtes grünes Blatt wirkt das kleine Becken des ehemaligen Heißsees auf diesem Orthofoto (© BEV, LFRZ und SAGIS).

Helgersee siehe **Egelsee bei Vorderfager**

In der detaillierten Karte von Wilhelm Buna aus dem Jahre 1745 ist die Position des Helgersees besonders gut zu sehen. Irritierend ist die Situierung von Koppl, denn der Ort liegt eigentlich weiter nördlich bei „Guggenthal" (Detail aus Buna 1745, Lk., Sammlung Peter Matern).

Herlindensee siehe **Rotgüldensee, Oberer**

Hervorderer See siehe **Neuer See**

Hieckorsee siehe **Hörkarsee, Unterer**

Hiekahrsee, Oberer und Unterer / Hierkaarsee, Oberer und Unterer / Hierkahrsee, Oberer und Unterer / Hierkorsee Oberer und Unterer, **siehe Hörkaarsee Oberer und Unterer**

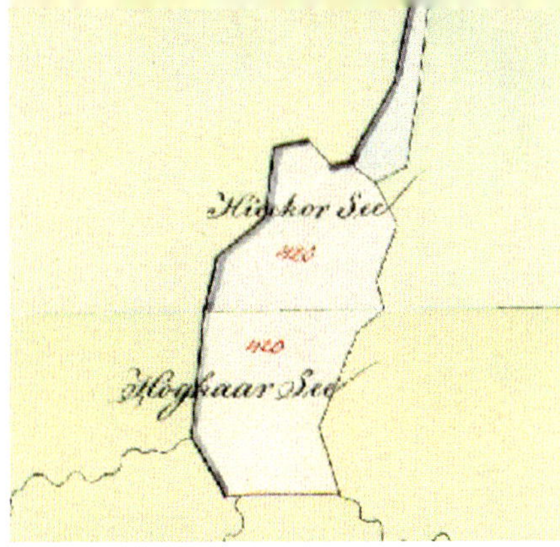

Im Franciszäischen Kataster stehen für den „Hörkarsee" bereits zwei der zahlreichen, aber sehr ähnlichen Namen (© Salzburger Landesarchiv, SAGIS).

Hieslsee siehe **Steinsee**

Hinteralpsseen

O 13° 48′ 34″
N 46° 57′ 26″

Lungau, Gemeinde Ramingstein, Mühlbachtal (2 Seen)

2016 m ü. A., L 70 m, B 40 m, F 1800 m²
2010 m ü. A., L 80 m, B 45 m, F 2100 m²

In der handschriftlichen Seen-Liste von Freudlsperger[320] sind diese Seen im Lungau zwischen Laußnitzsee und Seetalersee aufgelistet. In der südöstlichsten Ecke von Salzburg ist zwischen Krems- und Mühlbachtal die Hinteralmscharte verzeichnet und östlich im Mühlbachtal liegen zwei Lacken im Talschluss, vermutlich die „Hinteralpsseen".

Hinterschafbergersee siehe **Suissensee**

Hintersee bei Faistenau

O 13° 14′ 54″
N 47° 44′ 58″

Hintersee, auch Faistenauer Hintersee[321], Hindersee[322], Hüntersee[323], Huntersee[324]

Flachgau, Gemeinde Faistenau, Taugltal (natürlicher See, aufgestaut)

Nach einer im „Nachlaße des k. k. Hofrathes A. Ritter von Steinhauser befindlichen Aufnahme":
685 m ü. A., L 1395 m, B 720 m, T 22 m, F 822.900 m² [325]
687 m ü. A., L 1590 m, B 760 m, F 620.000 m² (nach SAGIS)

Zwischen dem Traungletscher und dem Salzachgletscher als Hauptzungen der Eiszeiten konnten sich regionale, selbstständige Gletscher, wie auch der „Hinterseer Gletscher" aus dem Taugltal bilden, in dessen ausgeschürftem Becken der Hintersee bei Faistenau situiert ist[326]. Der Wasserspiegel dieses in den Kalkvoralpen gelegenen Beckens lag mit 735 m ü. A. direkt nach dem Gletscherrückgang um etwa 50 m über dem heutigen Stand und reichte von Vordersee 7 km bis kurz vor der Ortschaft Hintersee ins Tal. Die nacheiszeitliche Eintiefung des Abflusses bis heute und die Zuschüttung durch Einschübe aus dem Tauglbach haben den See auf die heutige Größe verkleinert[327]. Bei einer bronzezeitlichen Nadel, entdeckt 1973 am Nordufer des Sees, handelt es sich um einen Einzelfund, der zumindest den temporären Aufenthalt von Menschen belegt. Der Salzburger Landesarchäologe Fritz Moosleitner konnte die vermutete Existenz einer Pfahlbausiedlung, ähnlich der in Mondsee, nicht bestätigen[328].

Die mit fünf Heller frankierte, gelaufene Postkarte ohne Datierung zeigt den Ortsteil Vordersee. Das Gebäude des „Fischer-Wirts" existiert heute nicht mehr (Postkarte, Sammlung Peter Matern).

Durch seine Nähe zu Salzburg wurde das, in den frühen Karten des Landes auch Hinder-, Hunter- oder Hüntersee genannte Gewässer, von den regierenden Erzbischöfen bald als Hofküchensee geführt. Niemand außer den eigens angestellten Hoffischern durfte hier fischen und der gesamte Fang musste gegen Fanggeld an die Hofküche geliefert werden[329]. 1758 erhielt ein Hüttenarbeiter von Ebenau wegen Fischdiebstahl im Hintersee drei Monate Schanzbuße, also harte Strafarbeit![330]

In der Literatur finden sich Berichte über Fischtransporte von einem Hofküchensee zum anderen. So wurden aus dem Tappenkar-

see 5000 bis 6000 Schwarzreuter, eine Kümmerform der Saiblinge, in den Kleinarler-, heute Jägersee, versetzt. Um gut auszuwachsen wurden dann auch jährlich 2000 bis 3000 Stück weiter in den Hintersee transportiert[331]. Aus dem Jahr 1654 ist ein Bericht von einem Lustfischen überliefert: „Nach dem Fischen fuhr der Erzbischof Guidobald Graf Thun im Einbaum über den See und in freudiger Stimmung versprach er jedem Fischer zwei Schaff Korn."[332]

Zwei Eingriffe des Menschen im letzten Jahrhundert haben auch optisch Einfluss auf die Natur genommen. Am 10. August 1922 wurde von der Bundesforstverwaltung zur Fortschaffung des Holzes die 7 km lange elektrische „Waldbahn" von Hintersee nach Vordersee eröffnet[333]. Im September 1932 rutschte ein Teil der aufwändig in das südwestliche Felsufer geschlagenen Trasse in den See, nachdem die Kraftwerksleitung des Wiestalkraftwerkes den Wasserstand zur Stromgewinnung abgesenkt hatte. Hierfür war der See 13 m unter dem Wasserspiegel angebohrt worden, um das Wasser durch einen 2100 m langen Stollen dem Wiestalstausee bei Bedarf zuführen zu können[334]. Nach dem Unglück wurde die Bahn nur mehr bis kurz vor dem See geführt, ehe sie 1948 wegen Unrentabilität überhaupt eingestellt wurde[335]. Die Kraftwerkskombination Hintersee-Wiestalstausee versorgte die Stadt Salzburg bis 1945 mit Strom[336].

Der Hintersee bei Faistenau in Richtung Ortsteil Vordersee an einem herrlichen Herbsttag 2015 fotografiert.

Eine Rarität bildet diese Luftaufnahme vom Hintersee bei Faistenau. Sie wurde 1908 bei einer Ballonfahrt von einem unbekannten Fotografen aufgenommen (Salzburger Landesarchiv, LBS F 69 / 7211).

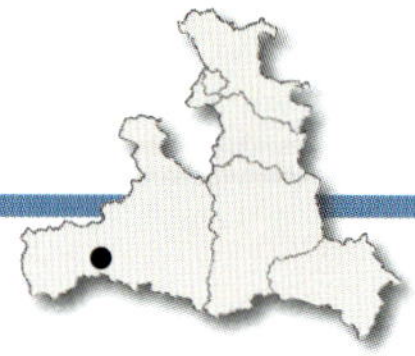

Hintersee im Felbertal

O 12° 28′ 30″
N 47° 11′ 31″

Hintersee, auch Felbersee[337], Velbersee[338], Schößwendsee[339]

Pinzgau, Gemeinde Mittersill, Felbertal

Am 22. August 1902 von Eberhard Fugger, seinem Sohn Eberhard und Carl Kastner vermessen:
1303 m ü. A., L 520 m, B 240 m, T 10 m[340]
1311 m ü. A., L 470 m, B 270 m, F 64.500 m² (nach SAGIS)

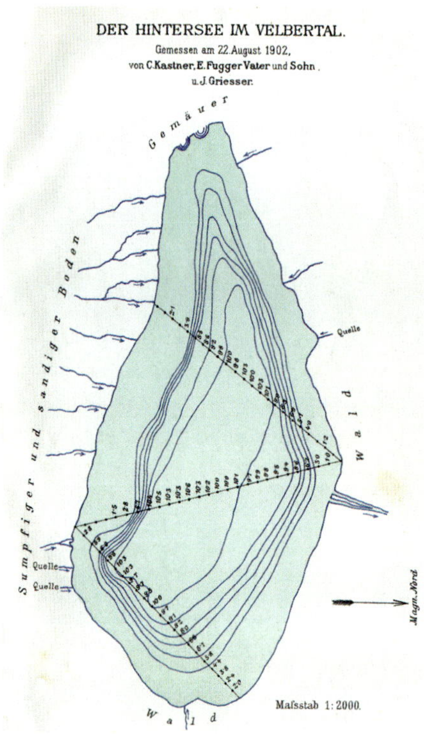

Beim Hintersee ist der Verlandungsprozess besonders spektakulär festzustellen. Der Felberbach von Süden und der Bach aus dem Lempergraben werden bald einen Teil des Sees abgedämmt haben. Zwischen Orthofoto und der Fuggerschen Vermessungsskizze liegen nur 113 Jahre (© BEV, LFRZ und SAGIS; Fugger 1903).

Abdämmungsseen entstehen, wenn Erdbeben oder Unwetter Bergstürze und Muren auslösen. 1495 erschütterte ein heftiges Erdbeben die Tauernkette[341]. Ein dadurch verursachter Bergsturz aus dem Lemperkar staute den Felberbach bei Mittersill auf und es entstand der Hintersee[342], der auch im Franciszäischen Kataster so benannt wird. In älteren Stichen und Landkarten tauchen auch die Namen Felber- oder Schößwendsee auf, diese sind aber aufgrund der Ungenauigkeiten dieser Zeit nicht sicher zuzuordnen. Von dem fischreichen See hieß es schon 1565: „darinnen die großen Ferchen (Forellen) sein"[343]. Die Geschiebelasten aus den Bergen werden dem See keine allzu lange Lebensdauer gewähren. Die Zeichnung aus dem Jahr 1902 von Eberhard Fugger gibt eine hervorragende Vergleichsmöglichkeit, wie sich der See im Zeitraum von 110 Jahren bereits verändert hat[344]. Der Felberbach hat gewaltige Gesteinsmassen weit in den See verfrachtet und wird bald eine kleine Wasserfläche vom restlichen See abtrennen und ihn weiter verkleinern. Die Erklärung zum Naturdenkmal 1933 konnte leider eine Hochspannungsleitung nach Osttirol nicht verhindern.

Hintersee siehe **Suissensee**

Hislsee siehe **Steinsee**

Hochbirgsee

Pinzgau, Gemeinde Hollersbach, Hollersbachtal

O 12° 28′ 11″
N 47° 09′ 51″

2478 m ü. A., L 120 m, B 80 m, F 5500 m²

Der einsam gelegene See dürfte erst nach Eberhard Fuggers Seenvermessungen bis um 1910 vom ewigen Eis befreit worden sein, denn er taucht erstmals in der Österreichischen Karte von 1930 auf. Etwas südlich liegt auf dem „Hochbirgplateau" der Tauernfleck. Dieser Blockgletscher besteht aus einem Gestein- und Eisgemisch und ist optisch schwer erkennbar, da das Eis vollständig von Gesteinsmassen abgedeckt wird.

Auf dieser Flugaufnahme aus dem Hollersbachtal ist neben dem kleinen Hochbirgsee auch der so genannte Tauernfleck-Blockgletscher zu sehen. Es handelt sich um die leicht erhöhte, abgerundete Schotterhalde weit unter dem 2988 m ü. A. hohen Tauernkogel (Foto Heinz Slupetzky).

Hochfürleg Eissee, siehe **Eissee auf der Hohen Fürleg**

Hochkönigsee

O 13° 05'
N 47° 25'

Pongau, Gemeinde Werfen, Salzachtal (verlandet)

ca. 2600 m ü. A., L 100 m, B 50 m, T 20 m[345]

„Mitte September 1934 ging durch die Tagesblätter in mehr oder minder sensationeller Aufmachung die Nachricht, daß der am O-Ende des Ewigen Schnees auf der Übergossenen Alm gelegene Gletschersee verschwunden sei."[346] In der Nacht vom 13. auf den 14. September ist das Ausfließen des 100 m langen, 50 m breiten und 20 m tiefen Sees in aller Stille vor sich gegangen, wie der Besitzer des Arthurhauses zu berichten wusste. Dabei dürfte ein am Grunde des Gletschers gelegenes, durch Eis verschlossenes Schlundloch, infolge des Gletscherrückganges freigelegt worden sein und der See verschwand innerhalb von 20 Stunden aus Salzburgs Seenlandschaft[347].

Am 27. August 1913 um 10 Uhr, also 21 Jahre vor seinem Verschwinden, hat Josef Kettenhuemer den See auf einer Glasplatte verewigt (Stadtarchiv Salzburg, Fotosammlung).

Hochsee

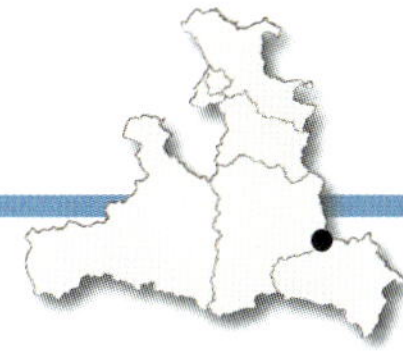

Pongau, Gemeinde Untertauern, Taurachtal (natürlicher See, aufgestaut)

O 13° 32′ 51″
N 47° 15′ 58″

2020 m ü. A., L 120 m, B 105 m, F 7200 m²

Dünn gesät sind die Quellen über den Hochsee[348]. Er bildet ein Dreieck mit dem Krummschnabelsee und dem Grünwaldsee und ist auch in der Österreichischen Karte nicht benannt.

Der Hochsee liegt im Skigebiet Obertauern. Da die Steine der Staumauer bereits stark verwittert sind, könnte sie bereits im 18. Jahrhundert oder möglicherweise noch früher errichtet worden sein.

Höhkarsee, Oberer und Unterer, siehe **Hörkarsee, Oberer und Unterer**

Hörkarsee, Oberer

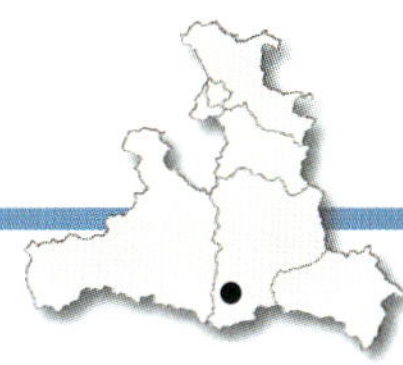

Oberer Hörkarsee, auch Hiekahrsee[349], Hierkaarsee[350], Hierkahrsee[351], Hierkorsee[352], Höhkarsee[353], Wimmeralpensee[354]

O 13° 08′ 28″
N 47° 02′ 40″

Pongau, Gemeinde Bad Gastein, Anlauftal

2033 m ü. A., L 350 m, B 220 m, F 40.000 m²

Gerade bei den beiden Hörkarseen tauchen viele Namensvarianten auf, entstanden durch Abschreibfehler, mündliche Überlieferung oder Veränderungen der Rechtschreibung. Alleine für das Wort Kar hat sich die Schreibweise schon viermal verändert, Kaar, Kahr, Kor, Kar. Franz Carl Weidmann erwähnt 1845 in einer Aufzählung von Seen „zwei Seen auf der Wimmeralpe" und in Klammer schreibt er „(auf dem Höhkar)"[355]. Bereits 1811 verortete Augustin Winklhofer in einer Landkarte die Alpe „Wimer"[356] mit zwei Seen in das Hörkar.

Der Obere Hörkarsee im Gasteinertal in Richtung Kreuzkogel (2686 m ü. A.).

Vom Kreuzkogel (2686 m ü. A.) bei Bad Gastein sind der Untere und Obere Hörkarsee im gleichnamigen Kar zu sehen. Das noch namenlose Gewässer im Vordergrund ist erst im 20. Jahrhundert entstanden (siehe Kapitel der neu entstandenen Seen, Nr. 17, „Kreuzkogelsee").

Hörkarsee, Unterer

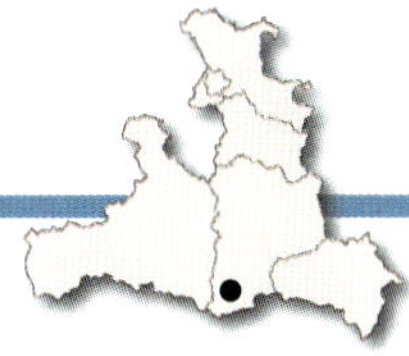

O 13° 07′ 42″
N 47° 03′ 05″

Unterer Hörkarsee, auch Hieckorsee[357], Hiekahrsee[358], Hierkaarsee[359], Hierkahrsee[360], Hierkorsee[361], Höhkarsee[362], Hogkaarsee[363], Wimmeralpensee[364]

Pongau, Gemeinde Bad Gastein, Anlauftal

1900 m ü. A., L 270 m, B 130 m, F 27.000 m²

Information siehe Hörkarsee, Oberer.

Hogkaarsee, Unterer, siehe **Hörkarsee, Unterer**

Hoislsee

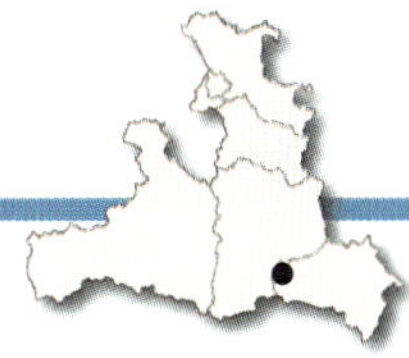

O 13° 28′ 44″
N 47° 18′ 01″

Hoislsee auch Huislsee[365], Huistsee[366]

Lungau, Gemeinde Zederhaus, Riedingtal

2040 m ü. A., L 60 m, B 40 m, F 2000 m²

In den Landkarten des 19. Jahrhunderts werden noch die Namen Huisl- oder Huistsee für den sehr kleinen See im Riedingtal verwendet, während er im Franciszäischen Kataster nicht verzeichnet ist. Die Österreichische Karte nennt ihn Hoislsee. Der Österreichische Zentralalpenweitwanderweg 02 von Hainburg nach Feldkirch (1230 km) führt in der Nähe des Sees vorbei.

Hollersbacher Badesee

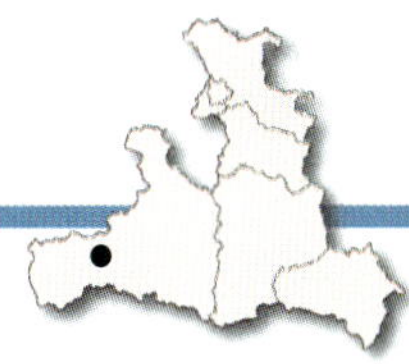

O 12° 23′ 25″
N 47° 16′ 15″

Pinzgau, Gemeinde Hollersbach, Salzachtal (künstlich)

799 m ü. A., L 185 m, B 115 m, T ca. 3 m, F 13.000 m² [367]

In diesem künstlich errichteten Naturbadesee hat sich die sonst in Salzburg nirgends vorkommende, 1–2 mm große Süßwasserqualle „Craspedacusta sowerbii" angesiedelt. Sie benötigt sehr warmes Wasser und ist für den Menschen vollkommen harmlos. Hechte, Schleien, Barsche, Welse und Karpfen sind in diesem See die Hauptfischarten, die auch nachbesetzt werden[368].

Hüttensee siehe **Oberhüttensee**

Huislsee / Huistsee siehe **Hoislsee**

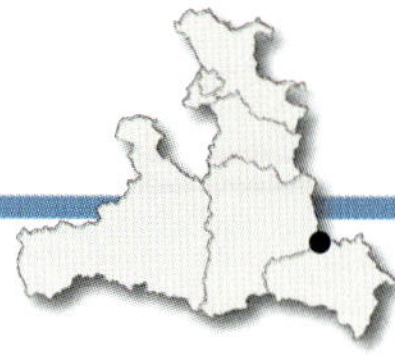

Hundsfeldsee

O 13° 33′ 53″
N 47° 15′ 36″

Pongau, Gemeinde Untertauern, Taurachtal (natürlicher See, aufgestaut)

1786 m ü. A., L 240 m, B 150 m, F 24.000 m²

Der im Besitz des Salzburger Domkapitels befindliche See wurde wie auch der Grünwaldsee 1691 Wolf Wiesenegger als „Fischwaiden und Fischwasser"[369] in Erbrecht überlassen. Das Gasthaus Wiesenegg steht heute noch auf dem Obertauern, dem wichtigsten und niedrigsten Tauernübergang im Mittelalter und der Frühen Neuzeit östlich des Brennerpasses. Die künstlich errichtete Staumauer stammt aus jener Zeit und ohne dieses Wehr wäre der See wohl schon auf Grund seiner geringen Tiefe verschwunden. Der See liegt im Naturschutz- und Vogelbrutgebiet Obertauern-Hundsfeldmoor[370].

Deutlich ist die breite Steinmauer neben der Talstation eines Skiliftes erkennbar, die den Hundsfeldsee vermutlich bereits seit der Neuzeit vor der Verlandung rettet.

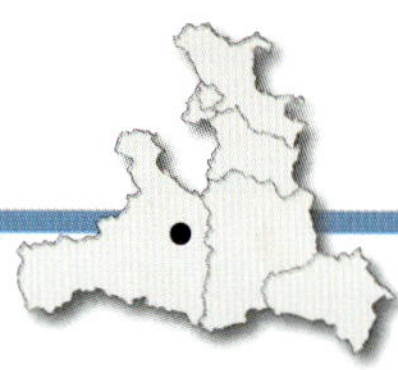

Hundsteinsee

O 12° 55′ 07″
N 47° 20′ 21″

Pinzgau, Gemeinde Taxenbach, Brandenauer Grabental

1946 m ü. A., L 120 m, B 68 m, T 1 m[371]
1891 m ü. A., L 175 m, B 120 m, F 15.300 m²

Bekannt ist der zentral im Pinzgau gelegene Berg Hundstein mit dem Hundsteinsee durch das so genannte „Hundstoa Ranggeln", das 2010 als immaterielles Kulturerbe von der UNESCO ausgezeichnet wurde. Das traditionelle Kräftemessen findet jährlich um Jakobi (25. Juli) statt und soll auf ein keltisches Ritual zurückgehen. Erzbischof Leonhard von Keutschach erließ 1518 ein eigenes „Hundstainedikt", in dem er dem Pfleger die Abhaltung des „Hosenreckchen" wie „von alters her" gestattete, jedoch zur Ordnung und Vermeidung von Tätlichkeiten mahnte: "Fürder aber, wann es bei diesem Hosenreckchen heuer zu Trotz Unsers Bevelch ain Zankh und Schlögerai entstundt, dieß Hosenreckchen gar abzustellen wäre."[372] Bis 1947 wurde direkt beim See geranggelt, seither treffen die Athleten in der Naturarena unterhalb des Statzerhauses am Gipfel aufeinander[373].

In den Köpfen der Frösche, die den Hundsteinsee bevölkern, sollen übrigens stecknadelgroße Goldkörner zu finden sein, wenn es jemandem gelingt, sie an einem Karfreitag zu fangen. Und hier vermischt sich die Sage mit der Realität, denn 1953 hat man drei Tage nach diesem Feiertag einen schrecklichen Fund gemacht. Knapp unterhalb des Sees fand man drei erfrorene Personen und alle drei hatten ein Päckchen Froschschenkel im Rucksack, Gold wurde natürlich keines gefunden[374].

Der See, „aus dem köstliche Salmlinge und mehrere tausend Fische" laut Lorenz Hübner jährlich nach Salzburg geschickt wurden[375], ist, von Eberhard Fugger vermessen, nur 1 m tief[376]. Im Franciszäischen Kataster ist er benannt.

Blick vom Hundstein auf den Hundsteinsee, an dessen Ufer bis 1947 das „Hundstoa Ranggeln" stattgefunden hat. Die heutige Kampfarena liegt direkt am Standort des Fotografen (Foto Günther Heim).

Ilgsee

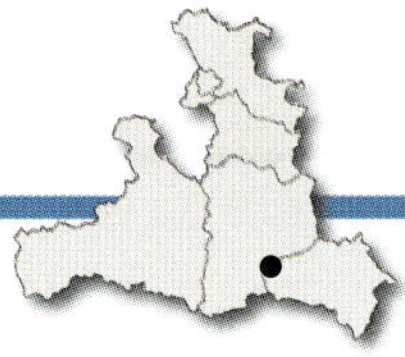

O 13° 20′ 50″
N 47° 11′ 32″

Ilgsee auch Wirthsee[377], Wirtsee[378]

Lungau, Gemeinde Zederhaus, Riedingtal

2096 m ü. A., L 125 m, B 80 m, F 7000 m^2

Der Zentralalpenweitwanderweg 02 führt auf seiner Strecke von Hainburg nach Feldkirch direkt am nördlich des Riedingtales gelegenen Ilgsee vorbei.

Illingersee siehe **Wolfgangsee**

Jägersee

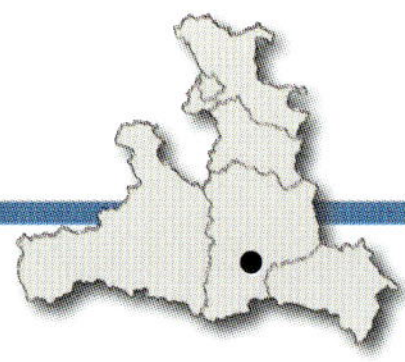

O 13° 19′ 52″
N 47° 14′ 11″

Jägersee, auch Eilsee[379], Kleinarlersee[380]

Pongau, Gemeinde Kleinarl, Kleinarltal (natürlicher See, aufgestaut)

Am 2. August 1907 von Eberhard Fugger, seinem Sohn Eberhard und dem Steinarbeiter Georg Vogel vermessen:
1120 m ü. A., L 500 m, B 310 m, T 2,35 m, F 104.000 m^2 [381]
1099 m ü. A., L 450 m, B 360 m, T 2,8 m, F 90.000 m^2 (nach SAGIS)

Der Kleinarler-, oder wie er heute genannt wird, der Jägersee, kann als „Wachstums- oder Zwischenstation" der für die Hofküche vorgesehenen Fische angesehen werden. Aufgrund ihrer Kleinwüchsigkeit wurden jährlich 5000 bis 6000 Schwarzreuter, eine Kümmerform der Saiblinge, aus dem Tappenkarsee in den Jägersee gebracht, damit diese schneller eine zum Verzehr geeignete Größe erreichten. Für die Fischtransporte war der „Jäger am Eil"[382] angestellt, der eine Hütte direkt am See bewohnte. Dieser „Hoffischer" hatte „den gesamten Fang gegen Fanggeld und Bezug sonstiger Genüsse und auch Benefizien an den Hof abzuliefern"[383]. Jährlich kamen weitere 2000 bis 3000 Saiblinge in den Hintersee, um dort ihre Endgröße zu erreichen.
Im Jahre 1626 veranstaltete Erzbischof Paris Lodron eine Jagd bei Schloss Blühnbach. Die angeforderte Menge an Fischen und an 3000 Krebsen aus dem Zellersee konnte in der Kürze der Zeit bei weitem nicht aufgebracht werden. Zur Entschädigung und Unterhaltung wurde nach der Jagd ein Lustfischen im Kleinarlersee veranstaltet[384]. Dieser liegt immerhin ca. 45 km südlicher, eine Distanz, die per Kutschenfahrt in acht bis zwölf Stunden bewältigt wurde.

Ab dem Jahr 1650 gehörte auch der Jägersee zu den Eigen- oder Hofküchenseen der Erzbischöfe. Laut Eberhard Fugger wäre er „schon lange abgeflossen und trocken gelegt, wenn er nicht durch Stauwerk künstlich als solcher erhalten" worden wäre[385].
Heute liegt der See im „Landschaftsschutzgebiet Jägersee" und ist als völlig unbelastetes oligotrophes Gewässer einzustufen[386].

„Jägersee mit Tauern" wurde von Josef Kettenhuemer am 19. August 1910, um 14.30 Uhr, fotografiert (Stadtarchiv Salzburg, Fotosammlung).

Judenalpensee siehe **Hacklsee**

Kaarwassersee / Käswassersee siehe **Karwassersee**

Kahrlsee siehe **Karsee bei Uttendorf**

Karlsbergersee siehe **Fuchssee, Großer**

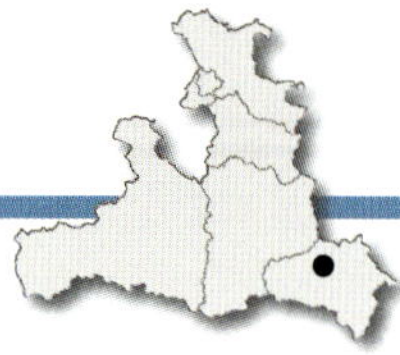

Karnersee

O 13° 38′ 09″
N 47° 12′ 33″

Lungau, Gemeinde Weißpriach, Weißpriachtal, Gurpitschbachtal

1854 m ü. A., L 105 m, B 65 m, F 3900 m²

Einer der unzähligen Seen des Weißpriachtales ist der östlich des Großen Gurpitscheck (2526 m ü. A.) liegende kleine Karnersee. Im Franciszäischen Kataster ist er zwar oberhalb der Karner Hütte verzeichnet, aber nicht benannt.

Auf dem Abstieg zum Karnersee, im Hintergrund der Blick ins Weißpriachtal. Saharastaub hat die Fernsicht an diesem Sommertag 2008 beeinträchtigt.

Karsee siehe **Seekarsee**

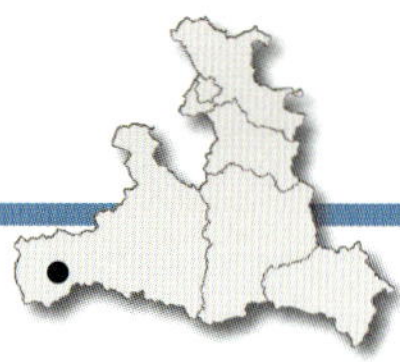

Karsee bei Bramberg

O 12° 21′ 32″
N 47° 14′ 02″

Pinzgau, Gemeinde Bramberg, Steinbachtal

Am 4. August 1889 von Eberhard Fugger, seiner Frau Adele und Sohn Eberhard, Carl Kastner, „Frau Direktor Schmued“, Marie Posch, Wilhelmine Schlegel sowie „Herrn Professor Pfund“ vermessen:
1995 m ü. A., L 330 m, B 145 m, T 20,8 m, F 37.000 m² [387]
2081 m ü. A., L 225 m, B 180 m, F 27.500 m² (nach SAGIS)

Eine Sage erzählt von einem geizigen Melker, der arme Bettler kaltherzig von der Karalm jagte. Eines Tages stieß er auch den Zauberer Martl zur Tür hinaus, der ihn dafür verfluchte. Nach drei Tagen kam ein starkes Unwetter und die Bäche stürzten von allen

Seiten ins Kar. „Als das Wetter verzogen war, gab es keine Almhütte und keinen Melcher mehr. Der schöne, grasgrüne Almboden ist jetzt ein See."[388]
Die Ursache für diese Sage könnte, wie Lahnsteiner 1960 berichtet, in dem Unglück liegen, welches sich im Frühjahr 1773 ereignete. Nach starken Schneefällen rutsche eine breite Lawine in den See und das verdrängte Wasser „stürzte in einem ungeheuren Schwall durch den Wald auf Stainachau herab. Die Steinachau und das Lehen des Steinachbauers wurden verschüttet, die Gebäude weggefegt und alles mit Geröll, Baumwurzeln und Steinen erfüllt. Erst nach 1900 wurden hier wieder Häuser gebaut."[389]
Eberhard Fugger notierte in seiner Beschreibung über die Vermessung des Karsees, dass er bei diesem Unterfangen am 4. August 1889 von sieben Personen unterstützt wurde und diese fünf Stunden dauerte[390].

Der 20 m tiefe Bramberger Karsee liegt eingebettet in eine von Gletschern geformte Karlandschaft. Über den 2348 m ü. A. hohen Mahdleitenkopf geht der Blick ins Salzachtal hinaus.

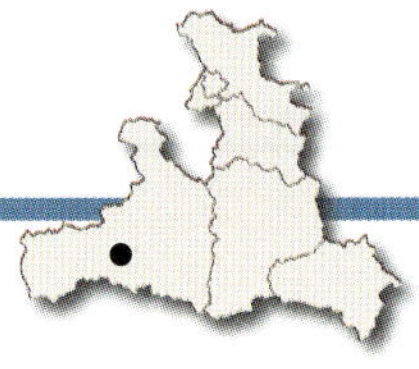

Karsee bei Uttendorf

O 12° 33′ 34″
N 47° 12′ 02″

Karsee, auch Kahrlsee[391], Litzelsee[392],Litzlsee[393], Widerrechthauserkarsee[394], Widrectshauserkahrsee[395], Widretshausersee[396], Wiedrechtshausenkarlsee[397]

Pinzgau, Gemeinde Uttendorf, Guggernbachtal

Am 18. August 1891 von Eberhard Fugger, Carl Kastner, dessen Sohn und dem Führer Peter Leo vermessen:
2097 m ü. A., L 143 m, B 108 m, T 6,3 m, F 18.000 m² [398]
2088 m ü. A., L 250 m, B 150 m, F 20.700 m² (nach SAGIS)

Der in zwei Becken geteilte Karsee liegt in einem Seitental des Stubachtals. Der Name Widrechtshausersee in all seinen Varianten stammt vom ältesten der Uttendorfer Höfe, der bereits seit 1333 besteht. Gemeinsam mit dem Fellern- und dem Enzingerhof wurden diese drei Höfe im 19. Jahrhundert wegen ihrem Reichtum auch „die drei Pinzgauerkönige"[399] genannt. Der Name Litzlsee taucht in der Österreichisch-Ungarischen Spezialkarte von 1880 auf[400].

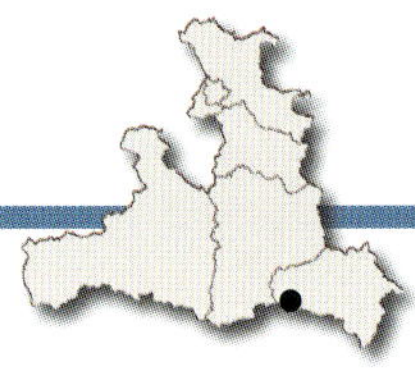

Karwassersee

O 13° 22′ 32″
N 47° 06′ 41″

Karwassersee, auch Kaarwassersee[401], Käswassersee[402], Kaswassersee[403], Kawassersee[404], Keeswassersee[405], Moritzensee[406], Wassersee[407]

Lungau, Gemeinde Muhr, Murtal, Moritzental

Am 17. Juli 1971 von Guido Müller vermessen:
1897 m ü. A., L 490 m, B 220 m, T 6,1 m, F 62.700 m² [408]

Dass Verlandungen sehr eigenartige Formen hervorbringen, zeigt das Beispiel des Karwassersees. Ein immer weiter in den See hineinwachsender Kanal droht einen kleinen Teil des Sees vom Rest abzunabeln, während ein zweiter Bach stetig Material in die nordwestliche Hälfte des Sees verfrachtet. Interessant wäre ein Vergleich mit dem Aussehen des Sees vor einem Jahrhundert, leider gibt es aber keine Vermessungsskizze von Eberhard Fugger. Kürsinger meinte 1853, dass „der Kaswassersee wie gewässerte saure Milch" aussehe[409] und damit der Bezug zum Wort Käse hergestellt oder dass der Name von Kees, dem in Salzburg gebräuchlichen Wort für Gletscher, abgeleitet werden könne.

Kawassersee / Kaswassersee siehe **Karwassersee**

Keersee siehe **See**

Gleich von zwei Seiten wird dem Karwassersee durch Verlandung zugesetzt.

Das Muritzenkar auf dieser Postkarte mit dem „Kawassersee" findet seinen Abschluss mit einer vergletscherten Bergkette an der Grenze zu Kärnten (Postkarte).

Keessee

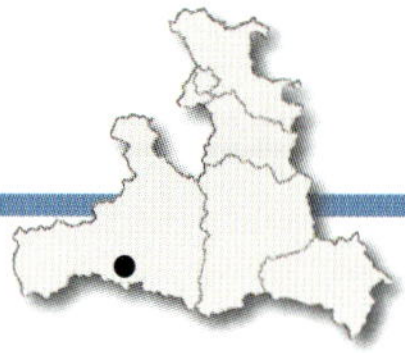

O 13° 28′ 44″
N 47° 18′ 01″

Pinzgau, Gemeinde Uttendorf, Stubachtal

2510 m ü. A., L 190 m, B 100 m, T 12,5 m[410], F 13.000 m²

Der Salzburger Gletscherforscher Heinz Slupetzky berichtet, dass sich durch den Rückzug des Sonnblickkees um 550 m seit den 1920er Jahren, 1988 zuerst ein Eisrandsee gebildet habe, der 1997 150 m lang und 75 m breit war. Der Keessee ist heute eisfrei und er hat die von Slupetzky prognostizierten Dimensionen von 180 m Länge und 100 m Breite erreicht[411]. Da auch kein Gletscher mehr in den See entwässert, also kaum Sedimente eingeführt werden, könnte ihm eine lange Lebensdauer beschieden sein. Einzig ein südlich angrenzendes Eis- und Schneefeld trotzt hartnäckig den Sommertemperaturen.

Der Leiter des Hydrographischen Landesdienstes, Hans Wiesenegger, an einem herrlichen Herbsttag beim Vermessen des Abflusses am Keessee. Nicht immer ist Feldarbeit so wetterbegünstigt.

Keeswassersee siehe **Karwassersee**

Kehlbachsee

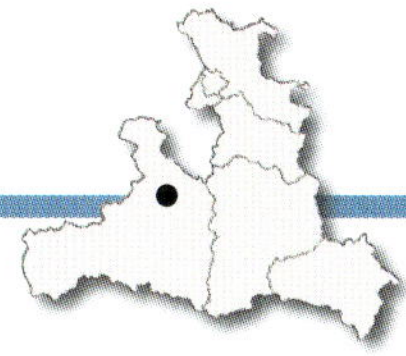

Friedrich Simony verortet 1883 einen kleinen See „beim Hofe Kehlbach bei Saalfelden"[412].Tatsächlich lassen sich zwischen den Ortschaften Kehlbach und Haid einige kleine stehende Gewässer registrieren, die zum Teil aber als künstliche Fischteiche angelegt wurden. Im Franciszäischen Kataster ist außer sumpfigem Terrain keine Wasserfläche um die beiden Orte verzeichnet.

Kernsee

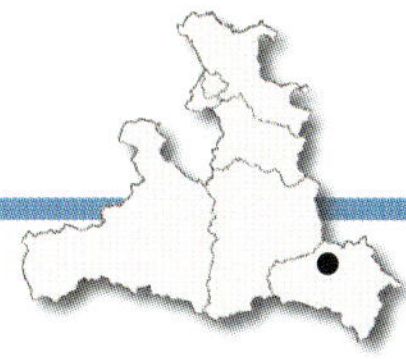

Lungau, Gemeinde Tweng, Taurachtal

O 13° 36′ 47″
N 47° 12′ 19″

2073 m ü. A., L 115 m, B 45 m, F 3600 m²

Westlich des Grates zwischen Großem und Kleinem Gurpitscheck liegt, aufgestaut durch eine Endmoräne, der kleine Kernsee. Im Franciszäischen Kataster ist er nur als Wasserfläche eingezeichnet und heute führt kein markierter Weg an den im freien Gelände liegenden See.

Über die Wasserfläche des Kernsees und dem, von Kühen abgetretenen Moränenwall, der den See aufstaut, wird der Blick auf das gegenüberliegende Weißeneck (2563 m ü. A.) freigegeben. An dessen Hängen liegen der Steinsee, die Ernstlacke und der Wildalmsee. Saharastaub hat die Fernsicht an diesem Sommertag 2008 beeinträchtigt.

Kerrsee siehe **See**

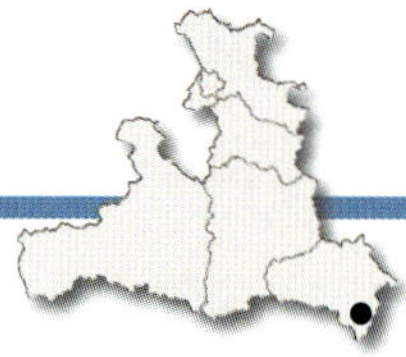

Kessellacke

O 13° 46′ 46″
N 47° 01′ 07″

Kessellacke, auch Pinklacke[413]

Lungau, Gemeinde Thomatal, Bundschuhtal, Feldbachtal

2170 m ü. A., L 75 m, B 20 m, F 1100 m²

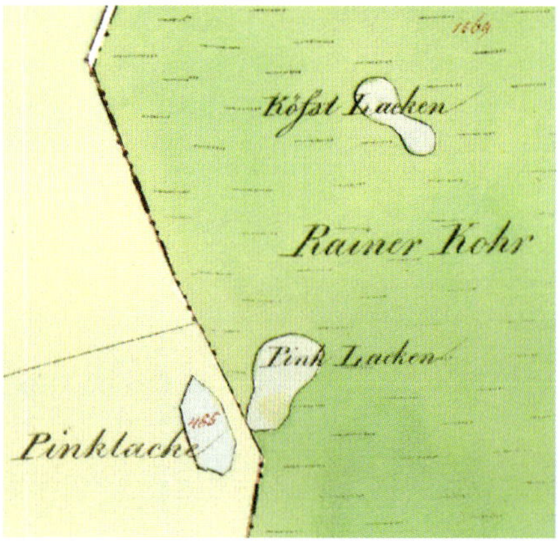

Die an der Ostseite der Verlängerung des Bundschuhtales, dem Feldbachtal, gelegene Kessellacke wird im Franciszäischen Kataster als Pinklacke bezeichnet. Der Kataster nennt aber auch ein 350 m nordöstlich gelegenes Gewässer, das flächenmäßig etwas größer ist, Kößllacken.

Die Kessellacke hieß im Franciszäischen Kataster Pinklacke, während die nördlich gelegene Kößllacke heute namenlos bleibt (© Salzburger Landesarchiv, SAGIS).

Klafferkesselsee / Klafersee / Klaffersee siehe **Lungauer Klaffersee**

Klebersee siehe **Plattachsee**

Klebersee / Klebersee, Oberer siehe **Tauernsee**

Kleinarlersee siehe **Jägersee**

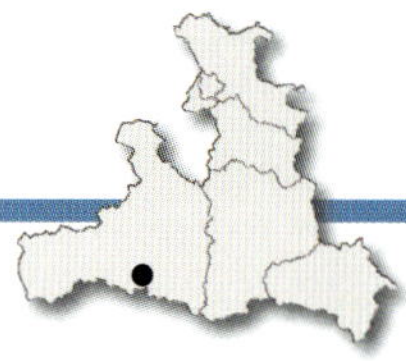

Kleineisersee, Oberer

O 12° 39′ 45″
N 47° 08 ′56″

Pinzgau, Gemeinde Uttendorf, Stubachtal

2612 m ü. A., L 230 m, B 120 m, T 12,5 m[414], F 17.000 m²

An der Westflanke des Hocheisers (3206 m ü. A.) und Kleineisers (2897 m ü. A.) gelegen, sind die beiden Kleineiserseen Anfang des letzten Jahrhunderts durch Rückzug des Kleineiserkeeses entstanden. Der Geograph Guido Müller und der Gletscherforscher Heinz Slupetzky vermaßen die beiden schwer erreichbaren Seen. Slupetzky berichtet: „Gerne denke ich z. B. an die Messkampagne am 27. August 1970, als ich mich an der Vermessung und Lotung des oberen Kleineisersees beteiligte, und an die angeregten Diskussionen, welche Namen man den neu entstandenen Seen geben sollte; es hatte den Reiz einer Entdeckung in sich, mit dem

In der Österreichischen Karte von 1932 ist der Obere Kleineisersee als Eisrandsee gerade im Entstehen, der untere ist bereits eisfrei. Auf dieser Luftaufnahme von 1982 hat sich das Kleineiserkees auch vom Oberen Kleineisersee schon zurückgezogen (Foto Heinz Slupetzky).

„Recht", eine Namensgebung durchführen zu dürfen."[415] Leider konnte vom Autor nur für den oberen See eine Tiefenangabe von 12,5 m – publiziert von Guido Müller[416] – gefunden werden.

Kleineisersee, Unterer

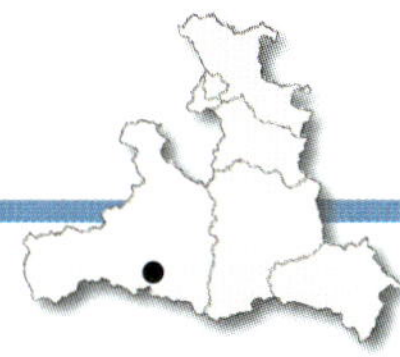

Pinzgau, Gemeinde Uttendorf, Stubachtal

O 12° 39′ 51″
N 47° 09′ 11″

2556 m ü. A., L 250 m, B 135 m, F 25.500 m²

Informationen siehe Kleineisersee, Oberer.

Kleiner See

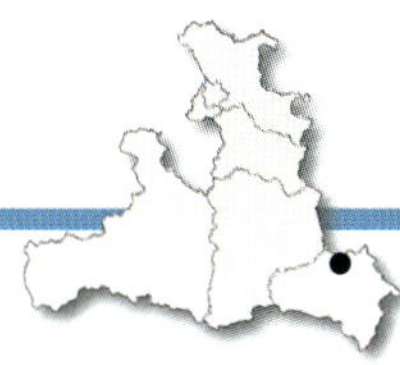

Lungau, Gemeinde Mariapfarr, Nassfeld, Lignitztal

O 13° 41′ 57″
N 47° 14′ 32″

1762 m ü. A., L 60 m, B 50 m

Auf Grund seines Verlandungszustandes ist die Benennung „Kleiner See", wie er in der Österreichischen Karte bezeichnet wird, wohl auch nicht mehr angebracht. Im Franciszäischen Kataster ist das, auf dem markierten Weg zum Lignitzsee gelegene Becken nicht zu finden.

Kleinhaßeckersee siehe **Paarsee, Kleiner**

Der Kleine See im Lignitztal dürfte schon vor langer Zeit durch einen Bergsturz aufgestaut worden sein. Die aus dem Wasser ragenden Steine untermauern seine geringe Tiefe.

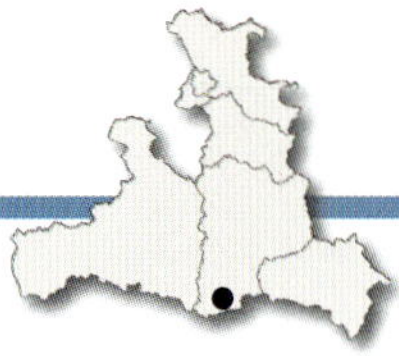

Knappenbäudlsee

O 13° 04′ 52″
N 47° 03′ 10″

Knappenbäudlsee, auch Knappenbeudelsee[417], Knappenbeutlsee[418], Edenkahrsee[419], Edenkarrsee[420], Ödenkarsee[421]

Pongau, Gemeinde Bad Gastein, Naßfeld, Ödkar

2238 m ü. A., L 210 m, B 125 m, F 18.500 m²

Obwohl der „See im Edenkahr auf dem Radhausberge"[422] am Naßfeld im historischen Gasteiner Bergbaugebiet liegt, finden sich erst im 19. Jahrhundert vermehrt Erwähnungen in verschiedenen Reisebeschreibungen. Der im Franciszäischen Kataster verzeichnete See ist über markierte Wege erreichbar.

Knappenbeudelsee / Knappenbeutlsee siehe **Knappenbäudlsee**

Im Hintergrund des Knappenbäudlsees ist rechts der Hocharn (3254 m ü. A.) und in der Bildmitte das Schareck (3123 m ü. A.) an der Grenze zu Kärnten auszumachen (Foto Peter Kierner).

Knappenkarsee

Knappenkarsee, auch Saubergsee[423], vielleicht Vetternsee[424]

O 13° 40′ 26″
N 47° 16′ 09″

Lungau, Gemeinde Weißpriach, Znachtal

2256 m ü. A., L 255 m, B 75 m, F 13.000 m²

In der Nähe des Knappenkarsees findet man die Reste einer Knappenstube und eines „Schneekragens". Dieser, in Trockenmauerung aufgebaute Gang, war mit Holz gedeckt und gewährleistete einen lawinensicheren Zugang zum Bergwerk in der Zinkwand[425]. Bis ins 16. Jahrhundert wurde Silber, im 18. und 19. Jahrhundert vermehrt Kobalt und Nickel in diesem Zentrum des Lungauer Bergbaues abgebaut. Nach dessen Niedergang wurden die Knappenunterkünfte von Wilderern als Unterschlupf genutzt. Um dies zu verhin-

Der langgezogene Knappenkarsee ist umgeben von zahlreichen kleinen Lacken. An den Ausläufern der gegenüberliegenden Blutspitze (2626 m ü. A.) glänzt links der Talkensee heraus, während in dem Kar rechts des Gipfels der Wildsee liegt.

dern, brannte man sie einfach bis auf die heute noch stehenden Grundmauern nieder[426]. Der alte Knappenweg vom Znachtal ins Knappenkar und weiter zu den steirischen Giglachseen ist sehr gut gangbar, aber leider nicht markiert. Der Name Saubergsee ist unter anderen Quellen im Franciszäischen Kataster belegt, während der Name Vetternsee nicht mit Sicherheit dem heutigen Knappenkarsee zuzuordnen ist. Er liegt zwar südlich der Vetternspitze (2524 m ü. A.), aber auch die beiden im steirischen Vetternkar liegenden Knappenseen könnten früher so genannt worden sein[427].

Kölsbergersee siehe **Fuchssee**

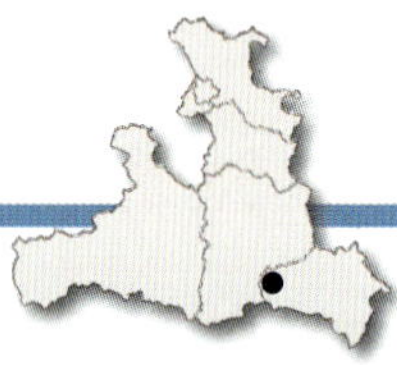

Königsee

O 13° 21′ 14″
N 47° 10′ 43″

Lungau, Gemeinde Zederhaus, Riedingtal

1642 m ü. A., L 90 m, B 40 m, F 2100 m^2

In Freudlspergers Liste der Salzburger Seen findet sich im Lungau aufgelistet: „Rotgüldensee, Königsee, Mooshanslsee, Huistsee.“[428] Direkt neben der Moosalm im Riedingtal liegt eine bereits stark zugewachsene Lacke, möglicherweise der Mooshanslsee. Nur 100 m südlich, zwischen Moosalm und Königalm, wiederum befindet sich ein kleiner See, vielleicht Freudlspergers Königsee, der in der Österreichischen Karte verzeichnet, aber nicht benannt ist. Im Franciszäischen Kataster ist neben der Moosbauerhütte und der Könighütte keine Wasserflächen eingezeichnet.

Kößllacken

Lungau, Gemeinde Ramingstein, Murtal, Mislitzbachtal, Klölingbachtal

O 13° 46′ 56″
N 47° 01′ 15″

2200 m ü. A., L 90 m, B 45 m, F 2200 m²

Nordöstlich der in der Österreichischen Karte verzeichneten Kessellacke ist im Franciszäischen Kataster die Kößllacken verzeichnet[429]. Diese Kößllacken ist von der Dimension her größer, aber die Kessellacke sieht auf den Orthofotos tiefer aus als die Kößllacken.

Kohlsbergersee siehe **Fuchssee**

Kolmseen

Kolmseen, auch Dirnbachseen[430], Dürnbachlacken[431], Giebenbachseen[432], Kulmseen[433]

O 13° 18′ 55″
N 47° 05′ 41″

Pongau, Gemeinde Hüttschlag, Großarltal, Kolmbach (2 Seen)

2061 m ü. A., L 135 m, B 105 m, F 9500 m²
2037 m ü. A., L 135 m, B 95 m, F 8000 m²

In der ältesten bekannten Quelle, dem Franciszäischen Kataster um 1820, werden die beiden Seen noch als Kulmseen bezeichnet.
Eine Sage berichtet von der Zeit, als noch ein „gewaltiger Gletscher durch das Großarltal“ strömte. So sollen auf den eisfreien Gipfeln riesige Gestalten aus Eis, die Arlgeister, gelebt haben. Mit ihrem eisigen Atem konnten sie die Gletscher anwachsen lassen und mit ihren großen blauen Eisaugen „weit über ihr eisiges Reich blicken“[434]. Ein eigenartiges Geschöpf wurde angeblich in den Seen des Kolmbachtales immer wieder gesichtet. Auf einem kleinen Körper saß ein riesengroßer Kopf mit einem breiten Maul und großen, schwarzen Augen, die spindeldürren Arme hatten Schwimmhäute

zwischen den Fingern. „Das Sonderbarste waren aber die Gamskrickerl auf dem Kopf, die nach allen Seiten standen." Auf einem dieser Krickerl des sehr scheuen „Gämbserer" soll man meist auch einen Fisch zappeln gesehen haben, bevor er wieder ins Wasser flüchtete, so die Sage[435].

Wie die „tiefblauen Augen der Arlgeister" liegen die zwei Kolmseen im gleichnamigen Tal. Der 2773 m ü. A. hohe Zwölferspitz versteckt Mitte August noch ein paar Firnfelder in seinen Karen.

Krähalpensee siehe **See**

Kratzenbergersee siehe **Kratzenbergsee**

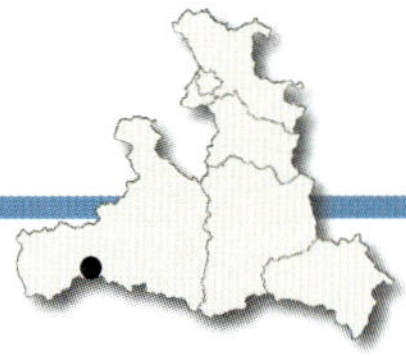

Kratzenbergsee

O 12° 25′ 04″
N 47° 09′ 43″

Kratzenbergsee, auch Aprettersee[436], Kratzenbergersee[437], Rasbergsee[438], Rasbergersee[439], Rasenbergersee[440], Rossbergsee[441], Weiseneggersee[442], Weißeneckersee[443], Weissenecksee[444], Weisseneggersee[445]

Pinzgau, Gemeinde Hollersbach, Hollersbachtal, Seebachtal

Am 30. August 1893 von Eberhard Fugger und Carl Kastner vermessen:
2154 m ü. A., L 800 m, B 400 m, T 14,4 m, F 238. 000 m² [446]
2167 m ü. A., L 800 m, B 460 m, F 269.000 m² (nach SAGIS)

Der Kratzenbergsee ist mit 269.000 m² der zweitgrößte natürliche Bergsee der Alpen, der im obersten Hollersbachtal in einem Kar zwischen dem Kratzenberg (3022 m ü. A.) im Südwesten und dem Abretter (2979 m ü. A.) im Südosten auf 2162 m ü. A. eingekesselt liegt. Die unter dem See auf 1315 m ü. A. liegende Rossgrubalm dürfte als Inspiration für den Namen Rossbergsee[447] gedient

Am 10. August 1929 wurde die neue Fürther Hütte über dem Kratzenbergsee eröffnet.

haben, die Bezeichnungen Rasbergsee[448] und Rasenbergersee[449] sind ebenfalls davon abzuleiten. Da Kartographen und Kopisten der Neuzeit selten die Landschaft selbst besuchten, sondern oft von anderen Landkarten „abkupferten", kann sich auch leicht der eine

Am 4. September 1928, um 13 Uhr, nahm Josef Kettenhuemer dieses Foto vom Larmkogel (3017 m ü. A.) aus auf. Der Blick geht über den Kratzenbergsee, den Abretter (2979 m ü. A.) mit seinem Kees in Richtung höchstem Berg Österreichs, dem Großglockner (3798 m ü. A.) (Stadtarchiv Salzburg, Fotosammlung).

oder andere Schreibfehler eingeschlichen haben. Um den Namensreigen abzuschließen, wäre noch der in der Zeit des Franciszäischen Katasters gebräuchliche Name Weiseneggersee anzuführen[450]. Eine Bergflanke östlich des Sees ist auch in heutigen Karten als Weißeneck verzeichnet.
Für die Vermessung des „Weißeneckersees" durch Eberhard Fugger waren zwischen 13. August 1888 und 30. August 1893 vier Versuche notwendig, und auch der letztendlich geglückte war ein langwieriges Unterfangen: „So waren also, die Zeit des Hin- und Rückweges zwischen Bramberg und dem See mit eingerechnet, zehn volle Tage nöthig geworden, um den Weißenecker See zu messen."[451] Neuere Daten der Tauernkraftwerke korrigierten Fuggers gemessene größte Tiefe von 14,4 m auf 31,8 m[452]. Eine erstaunliche Diskrepanz, wenn man bedenkt, dass sich bei anderen Seetiefenüberprüfungen die Daten Fuggers als relativ genau erwiesen.
Pläne, den See aufzustauen und in das System der Tauernkraftwerke miteinzubeziehen, wurden aufgegeben[453] und die Unberührtheit der Landschaft durch die Erklärung zum Naturdenkmal 1974 geschützt[454]. Heute befindet sich der See im Besitz der Österreichischen Bundesforste und liegt im Nationalpark Hohe Tauern. Die etwas über dem See liegende Fürther Hütte macht den See zu einem attraktiven Wanderziel.

Krimlersee siehe **Krimmlersee**

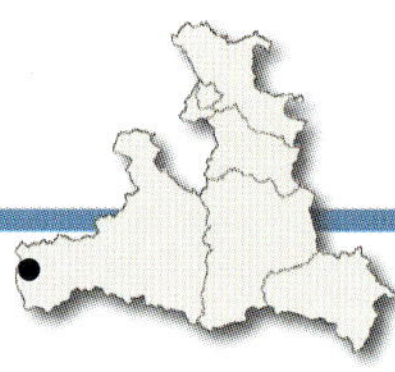

Krimmlersee

Krimmlersee, auch Krimlersee[455], Krümblersee[456], vielleicht Unterer Gerlossee oder Sieben Möser

Bereits in den ersten Landkarten des Landes Salzburg von Setznagel und De Jode ist an der Grenze zwischen Salzburg und Tirol bei Krimml eine überdimensionierte Wasserfläche verzeichnet, aber nicht benannt. In Folgekarten erhält dieser See den Namen Krümblersee[457] bzw. Krimlersee[458]. Heute ist dieser Name vollständig abgekommen, daher kann seine Lage nur vermutet werden.
In einer Sage um „die goldene Kette im Krimmlersee", bei der ein Schäfer eine Goldkette, die zur Hälfte im Wasser liegt, nicht aufhebt, weil er weiter weg eine viel größere erblickt und natürlich dann beide ins Wasser entgleiten, würde die Ortsbeschreibung auf den Unteren Gerlossee passen, es könnte sich also auch um den Krimmlersee handeln: „Ein öder Platz voll Gerölle im Hochgebirge

bei Gerlos heißt die wilde Krimml. Daselbst ist auch eine Lache, welcher das Volk den Namen eines Sees beilegt."[459] Gegen den Gerlossee spricht allerdings, dass zur Zeit der frühen Karten dieser auf 2320 m ü. A. hoch gelegene See wahrscheinlich noch gänzlich unbekannt war. Eine naheliegendere Vermutung ist, dass es sich beim Krimmlersee um die auf der Gerlosplatte gelegenen, sagenumwobenen Sieben Möser, früher auch Plattenseen genannt, handelte. Ein anderer Sagensammler, Karl Adrian, berichtet über den Krimmlersee: „Vor Hunderten von Jahren muß es wirklich ein großer See gewesen sein, denn man findet weit um diese Lache herum Pflanzen, die sonst in diesem Geröll niemals gedeihen. Die Wassergeister, die hier wohnen, sind recht ungnädig, weil ihr Reich immer enger und enger wird, und oft ist es schon geschehen, daß, wenn man einen Stein in die Lache warf, sich der Himmel verdüsterte und es anfing, zu blitzen und zu donnern."[460] Man vergleiche auch den kleinen Filblingsee, der in den selben Kartenwerken des beginnenden 17. Jahrhunderts als großer See zu sehen ist, während der nur 1,5 km entfernte Fuschlsee gar nicht verzeichnet, bzw. nicht benannt wurde. Die Salzach weist im Oberpinzgau ein sehr schwaches Gefälle auf und die berüchtigten Versumpfungen wurden erst ab dem 19. Jahrhundert durch Drainagen und Abgrabungen entschärft. Es könnte also auch eine später trockengelegte Wasserfläche im Salzachtal verzeichnet worden sein.

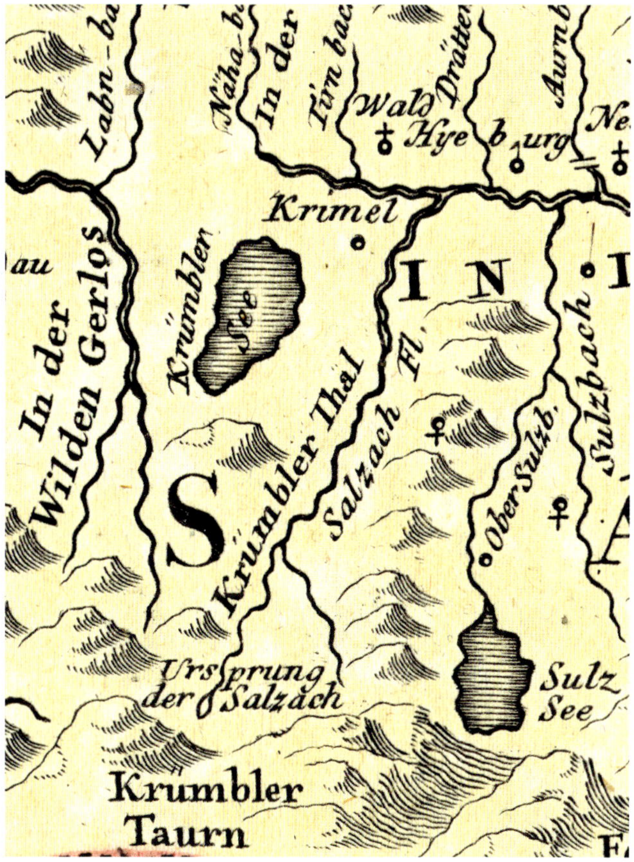

Zwischen dem „Wilden Gerlos"-Tal und dem „Krümbler Thal" ist auf der Landkarte von Guetrat aus dem Jahr 1716 der „Krümbler See" verzeichnet (Guetrat 1716, Lk., Privatbesitz).

Kröllensee / Kroitersee siehe **Suissensee**

Krötensee /Krotensee siehe **Krottensee**

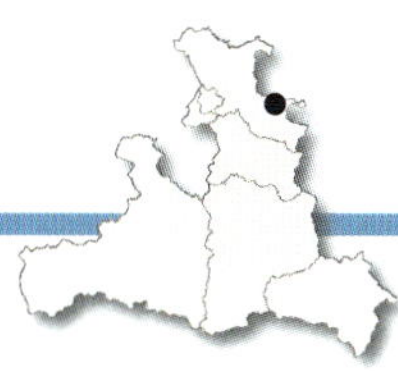

Krottensee

Krottensee, auch Batzensee[461], Chrôtensee[462], Crotensee[463], Grottensee[464], Krötensee[465], Krotnsee[466], Patzensee[467], Rattensee[468]

O 13° 23' 18"
N 47° 46' 58"

Flachgau, Gemeinde St. Gilgen, Ischltal, Kesselbachtal

Am 24. Juni und 24. September 1904 von Eberhard Fugger, Carl Kastner und Georg Vogel vermessen:
590 m ü. A., L 365 m, B 320 m, T 46,8 m, F 90.000 m^2 [469]
579 m ü. A., L 380 m, B 315 m, T 45,5 m, F 81.000 m^2 [470]

Drei verschiedene Burg- und Schlossbauten hat der Krottensee an seinen Ufern schon erlebt, während er selbst seit Jahrtausenden so gut wie unverändert auf dem Scharflingpass liegt. Im Hintergrund thront der Schafberg (Der Krottensee im Salzburgischen, Lithographie von Jakob Alt, Wien, Mansfeld 1893, Sammlung Peter Matern).

Erste urkundliche Erwähnung findet der „Chrôtense" 1302, dessen Name wohl so viel wie Krote, Kröte auf Mittelhochdeutsch bedeutet[471]. Später vervielfältigte sich der Name durch Hör- und Schreibfehler in viele Varianten. 1603 wird direkt am See das „Patzerheisl" – genannt nach der Frau des Erbauers Rosina Patzerin – als Gastwirtschaft errichtet. In Anlehnung an den Batzen, eine kleine Silbermünze, bürgerte sich später der Name „Batzenhäusl" ein[472]. Bereits um 1329 ließ Erzbischof Friedrich III. die Burg Hüttenstein am Krottensee zur Befestigung der Landesgrenze am Scharflingpass errichten[473], welche ab 1400 auch das Pfleggericht für St. Gilgen, Strobl und Fuschl beherbergte. 1566 wurde das baufällige Gemäuer durch einen Turm ersetzt, der dem Schloss Fuschl sehr ähnlich sah. An dessen Stelle steht heute der von Fürst Wrede im Jahre 1843 im Tudorstil errichtete, dritte Schlossbau. Der Krottensee gehörte, wie auch der Fuschlsee, zur Hofhaltung des Erzbischofs. „Der Krot-

bei Gerlos heißt die wilde Krimml. Daselbst ist auch eine Lache, welcher das Volk den Namen eines Sees beilegt."[459] Gegen den Gerlossee spricht allerdings, dass zur Zeit der frühen Karten dieser auf 2320 m ü. A. hoch gelegene See wahrscheinlich noch gänzlich unbekannt war. Eine naheliegendere Vermutung ist, dass es sich beim Krimmlersee um die auf der Gerlosplatte gelegenen, sagenumwobenen Sieben Möser, früher auch Plattenseen genannt, handelte. Ein anderer Sagensammler, Karl Adrian, berichtet über den Krimmlersee: „Vor Hunderten von Jahren muß es wirklich ein großer See gewesen sein, denn man findet weit um diese Lache herum Pflanzen, die sonst in diesem Geröll niemals gedeihen. Die Wassergeister, die hier wohnen, sind recht ungnädig, weil ihr Reich immer enger und enger wird, und oft ist es schon geschehen, daß, wenn man einen Stein in die Lache warf, sich der Himmel verdüsterte und es anfing, zu blitzen und zu donnern."[460] Man vergleiche auch den kleinen Filblingsee, der in den selben Kartenwerken des beginnenden 17. Jahrhunderts als großer See zu sehen ist, während der nur 1,5 km entfernte Fuschlsee gar nicht verzeichnet, bzw. nicht benannt wurde. Die Salzach weist im Oberpinzgau ein sehr schwaches Gefälle auf und die berüchtigten Versumpfungen wurden erst ab dem 19. Jahrhundert durch Drainagen und Abgrabungen entschärft. Es könnte also auch eine später trockengelegte Wasserfläche im Salzachtal verzeichnet worden sein.

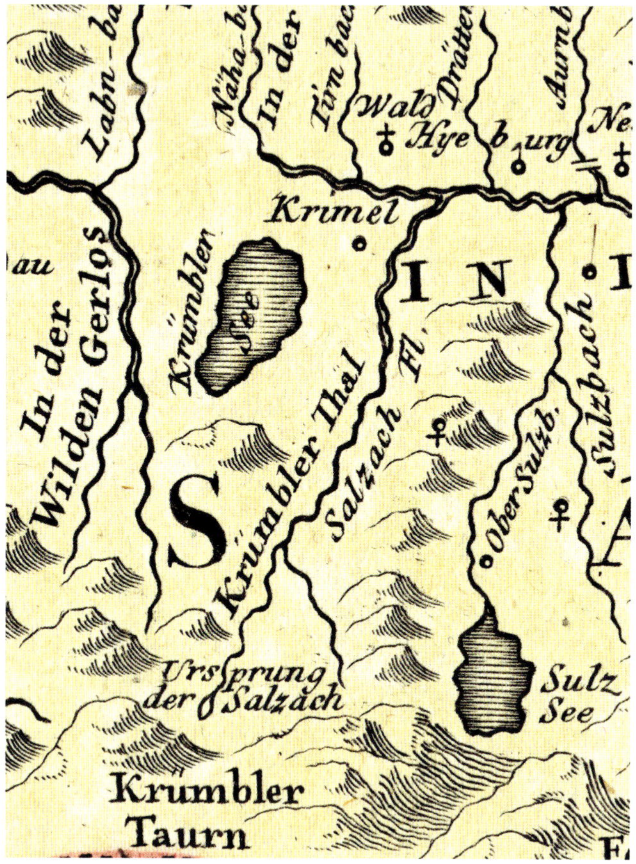

Zwischen dem „Wilden Gerlos"-Tal und dem „Krümbler Thal" ist auf der Landkarte von Guetrat aus dem Jahr 1716 der „Krümbler See" verzeichnet (Guetrat 1716, Lk., Privatbesitz).

Kröllensee / Kroitersee siehe **Suissensee**

Krötensee /Krotensee siehe **Krottensee**

Krottensee

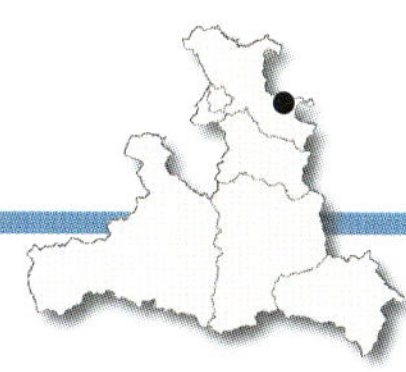

Krottensee, auch Batzensee[461], Chrôtensee[462], Crotensee[463], Grottensee[464], Krötensee[465], Krotnsee[466], Patzensee[467], Rattensee[468]

O 13° 23′ 18″
N 47° 46′ 58″

Flachgau, Gemeinde St. Gilgen, Ischltal, Kesselbachtal

Am 24. Juni und 24. September 1904 von Eberhard Fugger, Carl Kastner und Georg Vogel vermessen:
590 m ü. A., L 365 m, B 320 m, T 46,8 m, F 90.000 m²[469]
579 m ü. A., L 380 m, B 315 m, T 45,5 m, F 81.000 m²[470]

Drei verschiedene Burg- und Schlossbauten hat der Krottensee an seinen Ufern schon erlebt, während er selbst seit Jahrtausenden so gut wie unverändert auf dem Scharflingpass liegt. Im Hintergrund thront der Schafberg (Der Krottensee im Salzburgischen, Lithographie von Jakob Alt, Wien, Mansfeld 1893, Sammlung Peter Matern).

Erste urkundliche Erwähnung findet der „Chrôtense" 1302, dessen Name wohl so viel wie Krote, Kröte auf Mittelhochdeutsch bedeutet[471]. Später vervielfältigte sich der Name durch Hör- und Schreibfehler in viele Varianten. 1603 wird direkt am See das „Patzerheisl" – genannt nach der Frau des Erbauers Rosina Patzerin – als Gastwirtschaft errichtet. In Anlehnung an den Batzen, eine kleine Silbermünze, bürgerte sich später der Name „Batzenhäusl" ein[472]. Bereits um 1329 ließ Erzbischof Friedrich III. die Burg Hüttenstein am Krottensee zur Befestigung der Landesgrenze am Scharflingpass errichten[473], welche ab 1400 auch das Pfleggericht für St. Gilgen, Strobl und Fuschl beherbergte. 1566 wurde das baufällige Gemäuer durch einen Turm ersetzt, der dem Schloss Fuschl sehr ähnlich sah. An dessen Stelle steht heute der von Fürst Wrede im Jahre 1843 im Tudorstil errichtete, dritte Schlossbau. Der Krottensee gehörte, wie auch der Fuschlsee, zur Hofhaltung des Erzbischofs. „Der Krot-

tensee und der Pibersee wurden aber zeitweise an die Pfleger von Hüttstein gegen vier Gulden jährlich verpachtet." Im 17. Jahrhundert gehörten der Krotten- und Pibersee, „[...] der Fischereiberechtigung nach überhaupt zur Pflegschaft Hüttenstein, so daß hiefür keine Pacht entrichtet werden musste", ist in einer Publikation über den Wolfgangsee aus den 1950er Jahren nachzulesen[474]. Der Krottensee befindet sich heute im Eigentum der Schlossbesitzer.
Für Limnologen nimmt der Krottensee eine Sonderstellung ein, weil er meromiktisch ist. Aufgrund des Verhältnisses zwischen der kleinen Oberfläche zur großen Tiefe bildet der See zwei unterschiedliche Durchmischungstypen aus. Bis zu einer „kritischen Tiefe" von 23 m wird der See, wie die meisten stehenden Gewässer, durchmischt. „Andererseits kommt es unterhalb dieser Schicht zu einer Dauerstagnation des dichteren Tiefenwassers und somit bildet sich ein sauerstofffreier Tiefenbezirk, das so genannte

Direkt am Ufer des Krottensees führte die Eisenbahntrasse der „Ischlerbahn" vorbei. Am Ufer des Sees steht auch das „Patzerheisl", das bereits 1603 genannt wird (Repro Michael Veits).

Monimolimnion", lautet die limnologische Erklärung[475]. Bei diversen Tauchgängen wurde aber nicht nur dieses Phänomen erforscht. Anscheinend diente der See seit Jahrhunderten als natürliche Mülldeponie des nahegelegenen Schlosses. Beim Tauchen fand man von einer kompletten Schlossküche mit Tellern, Tassen, Besteck, Töpfen, Pfannen und Krügen über mittelalterliches Werkzeug, Keramik und mundgeblasenem Glas auch einen US-Jeep[476]. Die Vermessung durch Eberhard Fugger, Carl Kastner und Georg Vogel dauerte, wohl auch wegen der außergewöhnlichen Tiefe, an zwei Tagen insgesamt fast zwölf Stunden[477].

Krümblersee siehe **Krimmlersee**

Krummschabelsee / Krummschnabellackensee siehe **Krummschnablsee**

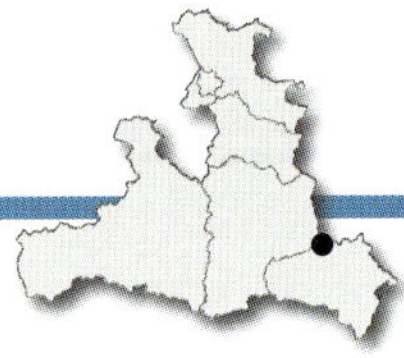

Krummschnablsee

O 13° 32′ 55″
N 47° 15′ 45″

Krummschnablsee[478], auch Krummschabelsee[479], Krummschnabellackensee[480], Krumpschnablsee[481], Krumschnabelsee[482], Krumschnablsee[483], Krumpsee[484], Krumsee[485], Krummsee[486], Schnabelsee[487], Schnablsee[488]

Pongau, Gemeinde Untertauern, Taurachtal

1990 m ü. A., L 140 m, B 125 m, F 9000 m²

Mit der Nennung des „Krummschnabellacken-Sees"[489] durch Lorenz Hübner und einer Verzeichnung mit dem Namen „Krumpschnablsee"[490] in der Generalquartiermeisterstabskarte von Kilian Ponheimer findet der „Krummschnabelsee"[491] für einen Bergsee schon sehr früh einen Platz in Literatur und Kartographie. Von einem noch früheren urkundlichen Eintrag aus dem Jahre 1691 berichtet Hans Freudlsperger, leider ohne Quellenangabe, in seiner kurzen Fischereigeschichte des Landes. Demnach überließ das Domkapitel Wolf Wiesenegger den Krummschnablsee als „Fischwaiden und Fischwasser" in Erbrecht[492] (siehe auch Hundsfeldsee). Der See verdankt seinen Namen in all seinen Schreibvarianten wohl der Ähnlichkeit mit der Schnabelform des Aasgeiers. Der Krummschnablsee[493] ist heute zwar in der Freytag&Berndt Karte, aber weder in der Österreichischen Karte noch in der Alpenvereinskarte benannt.

Der Krummschnablsee ist noch der unberührteste See auf dem Hochplateau im Skigebiet von Obertauern. Gegenüber rechts die breite Gamsleitenspitze (2359 m ü. A.) und links die Zehnerkarspitze mit 2382 m ü. A.

Krummsee / Krumpschnablsee / Krumpsee / Krumschnabelsee / Krumschnablsee / Krumsee / siehe **Krummschnablsee**

Kühsee siehe **Kühseelein**

Kühseelein

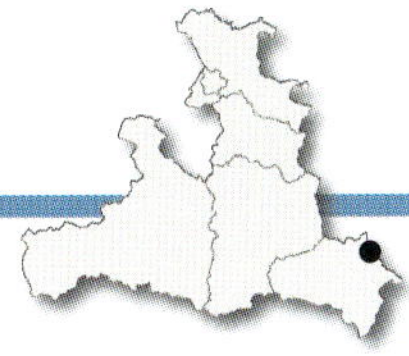

O 13° 49′ 44″
N 47° 15′ 20″

Kühseelein, auch Kühsee[494]

Lungau, Gemeinde Lessach, Lessachtal, Landschitzbachtal

1722 m ü. A., L 65 m, B 30 m, F 1200 m²

In der Österreichischen Karte ist das sehr kleine Kühseelein, auf dem Weg zur Seenkette der Landschitzseen im Lessachtal, benannt. Ein kleiner Bach wurde hier durch die Seitenmoräne des Landschitzgletschers abgedämmt. Somit ist der von Freudlsperger auch Kühsee genannte See nicht zur Seenkette des Landschitztales gehörig, da der Landschitzbach nicht durch den See führt.

Eine Seitenmoräne hat das kleine Kühseelein im Landschitztal abgedämmt.

Kulmseen siehe **Kolmseen**

Lacken

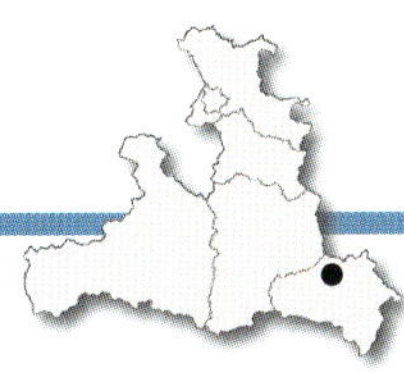

O 13° 37′ 10″
N 47° 13′ 34″

Lacken, auch Unterer Schönalmsee[495], Unterer Schönalpensee[496], Unterer Schönalpsee[497]

Lungau, Gemeinde Weißpriach, Weißpriachtal

1890 m ü. A., L 280 m, B 135 m, F 18.100 m²

Warum die Österreichische Karte und die Alpenvereinskarte den Unteren Schönalmsee als „Lacken" bezeichnen, ist aus historischer

Der Untere Schönalmsee dürfte durch Gletscherausschürfung entstanden sein, während erst später möglicherweise ein Bergsturz vom südlich gelegenen Blasriegel (2228 m ü. A.) durch teilweises Verschütten dem See die ypsilonartige Form gegeben hat.

Sicht nicht nachvollziehbar. Bereits der Franciszäische Kataster nennt ihn „Unteren Schön Alpen See"[498] und auch in anderen Wanderkarten wird er als Unterer Schönalmsee bezeichnet. Der See liegt jedenfalls im gleichnamigen Seitental des Weißpriachtales und ist über einen markierten Weg erreichbar.

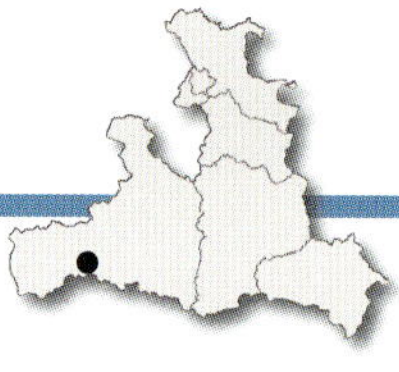

Lackel

O 12° 29′ 22″
N 47° 10′ 22″

Lackel, auch Lackelsee[499], Lacklsee[500]

Pinzgau, Gemeinde Mittersill, Felbertal

Am 26. August 1902 von Eberhard Fugger und dessen Sohn Eberhard Fugger, Carl Kastner und Johann Grießer vermessen:
L 80 m, B 20 m, T 1,8 m[501]
1722 m ü. A., L 75 m, B 20 m, F 650 m² (nach SAGIS)

Eberhard Fugger schreibt über den kleinen „Lackelsee": „[...] ein Pleonasmus, den die Eingeborenen nicht kennen; diese heißen ihn einfach das ‚Lackel'"[502]. Weitere Literaturhinweise wurden keine gefunden. Der Name Lackel ist wohl die richtige Bezeichnung für das auf dem Weg vom Hintersee im Felbertal auf die St. Pöltner Hütte gelegene und im Franciszäischen Kataster nicht verzeichnete Gewässer.

Eigentlich hätte das Lackel eine wunderschöne Aussichtslage, direkt über einer Felsstufe, wäre da nicht die für die Energieversorgung notwendige, aber äußerst unattraktive, Hochspannungsleitung von Salzburg nach Osttirol.

Lackelsee / Lacklsee siehe **Lackel**

Laidalpsee

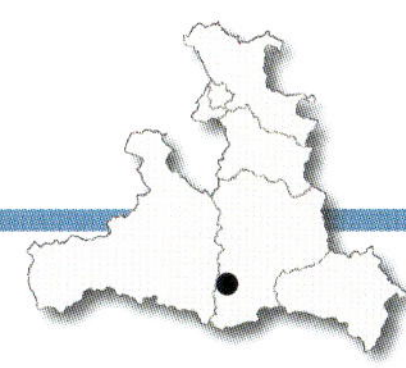

Pongau, Gemeinde Bad Hofgastein, Gasteinertal, Leidalmbachtal

O 13° 02′ 16″
N 47° 10′ 01″

Am 28. und 29. August 1907 von Eberhard Fugger, Georg Vogel und dem Führer Felix Moises vermessen:
1885 m ü. A., L 80 m, B 25 m, T 4,9 m, F 2000 m² [503]
2053 m ü. A., L 80 m, B 25 m, F 1500 m² (nach SAGIS)

Auf den Westhängen des Gasteinertales liegt neben vielen Kleinstgewässern „ein wirklicher See, welchem auch die Älpler im Gegensatz zu der verächtlichen Bezeichnung einer ‚Lacke', welche sie einer kleinen und seichten Wasseransammlung geben, den Namen eines Sees zugestehen, selbstverständlich mit der damit verbundenen Ansicht, daß derselbe unergründlich oder wenigstens ganz außerordentlich tief sei." Dies weiß Fugger in seiner Seenreihe in den Mitteilungen der Gesellschaft für Salzburger Landeskunde von 1908 zu berichten. Weiter führte er aus: „Der Viehhüter, der uns bald, nachdem wir den See ausgelotet hatten, begegnete, war geradezu verblüfft, als wir ihm das Resultat unserer Messung bekannt gaben."[504] Die Erwähnung des Irrglaubens der Bevölkerung, dass Seen – hauptsächlich Moorseen – unergründlich tief seien, findet sich immer wieder in Fuggers Beschreibungen.

Eine kleine, allein stehende Felsenerhebung bot dem vom Schusterkopf (2260 m ü. A.) fließenden Gletscher solchen Widerstand, dass dieser nicht die Falllinie wählen konnte und das kleine Becken seitlich ausräumen musste. Diesem Umstand hat der 4,9 m tiefe Laidalpsee, wie Freudlsperger ihn nennt[505], seine Existenz zu verdanken. In der Österreichischen Karte ist der Laidalpsee nicht benannt und im Francsizäischen Kataster nicht einmal verzeichnet.

Der Laidalpsee an der Westflanke des Gasteinertales bei Bad Hofgastein ist eines von drei der zahlreichen stehenden Gewässer, die laut Eberhard Fugger die Bezeichnung „See" auch verdienen.

Laitensee siehe **Laitternsee**

Laitternsee

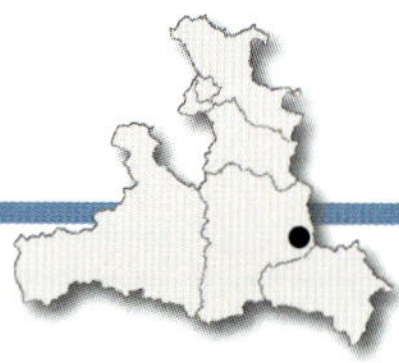

O 13° 32′ 56″
N 47° 18′ 29″

Laitternsee, auch Laitensee[506]

Pongau, Gemeinde Forstau, Forstautal (2 Seen)

1735 m ü. A., L 175 m, B 140 m, F 13.300 m²
1737 m ü. A., L 130 m, B 40 m, F 3500 m²

Hans Freudlsperger hat in seiner Seenliste hinter dem Laitternsee die Zahl „3" vermerkt[507] und auch im Franciszäischen Kataster[508] sind drei Wasserflächen verzeichnet, aber das dritte Becken ist wohl aufgrund seiner Dimensionen eher als bessere „Hirschlacke" zu bezeichnen. Der im Forstautal an der Waldgrenze gelegene See ist nur über Steige ohne Markierung erreichbar.

Der Laiternsee im Forstautal lädt nicht zum Baden ein, denn er ist rundum von einem Schilfgrasgürtel umgeben.

Landawiersee, Oberer und Unterer siehe **Landawirsee, Oberer und Unterer**

Landawirsee, Oberer

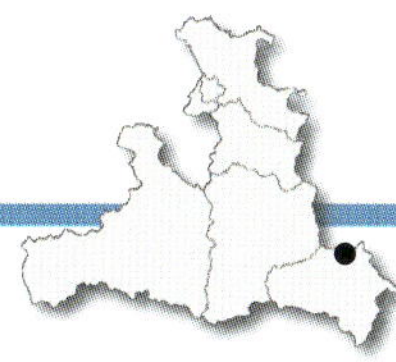

O 13° 43′ 12″
N 47° 15′ 56″

Oberer Landawirsee, auch Oberer Göriachsee[509], Oberer Landawiersee[510], Landawiersee[511]

Lungau, Gemeinde Göriach, Göriachtal

2046 m ü. A., L 300 m, B 205 m, F 40.500 m²

Während in der Reiseliteratur des 19. Jahrhunderts der Name Göriachseen[512] für die beiden am Ende des Göriachtales gelegenen Seen bevorzugt wurde, hat sich in den Kartenwerken heute der Name Landawirseen manifestiert. Josef Schitter leitet in seiner

Der zurückweichende Gletscher hat eine gewaltige Endmoräne zurückgelassen, die den Oberen Landawirsee im Talschluss des Göriachtales aufgestaut hat.

Ortschronik von Mariapfarr den Namen „Landwier", im Volksmund „Londawier", vom Wort Landwehr ab. In unsicheren und kriegerischen Zeiten mussten die Übergänge besetzt werden, um die Grenzen des Erzstiftes im Norden des Lungaus gegenüber Österreich zu sichern[513].

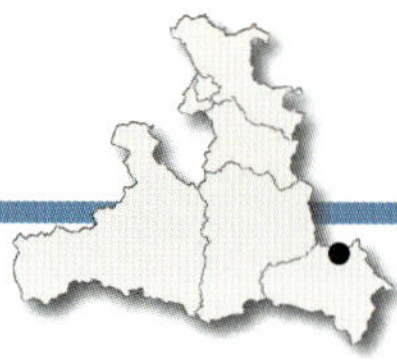

Landawirsee, Unterer

O 13° 43′ 27″
N 47° 16′ 05″

Unterer Landawirsee, auch Unterer Göriachsee[514], Unterer Landawiersee[515], Unterer Landwiersee[516]

Lungau, Gemeinde Göriach, Göriachtal

1977 m ü. A., L 210 m, B 120 m, F 15.600 m²

Der kleinere, Untere Landawirsee[517], ist im Franciszäischen Kataster nicht benannt, aber verzeichnet. Er ist wie der obere See über markierte Wege erreichbar. Siehe auch Landawirsee, Oberer.

In der Nähe des Unteren Landawirsees liegt die vom Alpenverein betreute Landawirseehütte.

Landwiersee, Oberer und Unterer siehe **Landawirsee, Oberer und Unterer**

Landschitzsee, Mittlerer

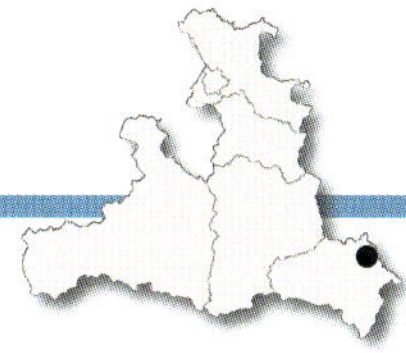

O 13° 50′ 53″
N 47° 14′ 57″

Mittlerer Landschitzsee, auch Mittlerer Lanschitzsee[518], Mittlerer Lanschizsee[519], Mittlerer Lanschützsee[520], Mittlerer Lansitzersee[521], Mittlerer Lansitzsee[522], Mittersee[523]

Lungau, Gemeinde Lessach, Lessachtal, Landschitztal

1937 m ü. A., L 560 m, B 170 m, T 20,3 m, F 68.000 m² [524]

Die drei Landschitzseen bilden im gleichnamigen Tal eine Seenkette. Ca. alle 150 Höhenmeter, beginnend von 1782 m ü. A., liegen die drei Seen in Talstufen eingebettet. Beim Überqueren der Stufe zum mittleren See befindet sich etwa 15 m südöstlich der höchsten Stelle des Steiges eine „besondere Kostbarkeit dieser Zeit – im Volksmund das Kindlbad genannt – eine schöne, beinahe mit geometrischen Formen ausgearbeitete Gletschermühle"[525]. Dieses etwa einen halben Meter breite und 60 cm tiefe Loch ist durch einen

Atemberaubend ist der Blick auf den Mittleren Landschitzsee, wenn man früh morgens die Talstufe vom unteren See herauf überwindet.

Schmelzwassersturzbach in etwa zeitgleich mit dem mittleren See entstanden. Unter besonderen Verhältnissen wurden Sand- und Gesteinsteile mit dem Wasser über einen langen Zeitraum in kreisende Bewegung versetzt, um das Loch auszuhöhlen[526]. Der See selbst ist oligotroph, daher sehr sauerstoffreich und nährstoffarm bis zum Seeboden mit einer enormen Sichttiefe von bis zu 13 m[527]. Ab dem Mittelalter wurden Bergseen aus fischereiwirtschaftlichen Gründen bereits regelmäßig mit Fischen besetzt. In den beiden oberen Seen wurden nur Saiblinge gefangen, bei denen eine Verwandtschaft zum Saibling aus dem Altausseer See nachgewiesen wurde[528]. Das größte Exemplar dieser Art stammte aus dem mittleren See und hatte eine stattliche Länge von 55,3 cm[529]. Weitere Informationen zur Seenkette, siehe Oberer und Unterer Landschitzsee.

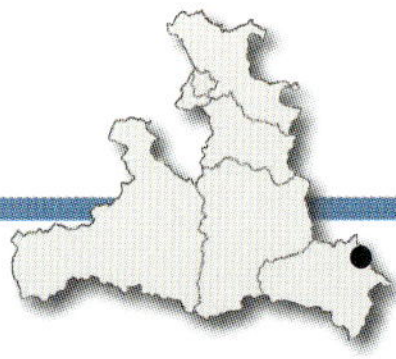

Landschitzsee, Oberer

O 13° 51′ 40″
N 47° 14′ 52″

Oberer Landschitzsee, auch Oberer Lanschitzsee[530], Oberer Lanschizsee[531], Oberer Lanschützsee[532], Oberer Lansitzersee[533], Oberer Lansitzsee[534], Obersee[535]

Lungau, Gemeinde Lessach, Lessachtal, Landschitztal

2067 m ü. A., L 443 m, B 275 m, T 13,6 m, F 89.000 m² [536]

Der Obere Landschitzsee wird weit überragt vom dominanten Hochgolling (2862 m ü. A.), dem höchsten Berg der Niederen Tauern.

„Der oligotrophe Obere Landschitzsee ist ca. 200 Tage im Jahr von Eis bedeckt. Die mittlere Wassertemperatur im Epilimnion [die obere, erwärmte und stark bewegte Wasserschicht] betrug im Juli 1999 10,72° C", lautet der limnologische Befund des Sees[537]. Neben dem Fuschlsee, dem Unteren Bockhartsee und dem Seetalersee wurde in Salzburg auch dem Oberen Landschitzsee ein Bohrkern zur pollenanalytischen Untersuchung aus den Sedimentablagerungen entnommen. Dabei konnten mittels Radiokarbonmethode im Umfeld des Sees „Spuren menschlicher Gegenwart" bereits seit dem Neolithikum nachgewiesen werden, die sich in der Bronzezeit verdichteten.
Vier intensivere Landnutzungswellen konnten belegt werden, die im Wesentlichen mit wärmeren, klimabegünstigten Perioden korrespondierten: (1) Ältere bis Mittlere Bronzezeit (ca. 1800–1300 v. Chr.), (2) Späte Bronze- und Hallstatt-Zeit (ca. 1000 bis 500 v. Chr.), (3) Kelten- bis Römerzeit (ca. 300 v. Chr. bis 400 n. Chr.), (4) Mittelalter (mit Kulmination im Hochmittelalter). Dazwischen lagen Kaltphasen, welche auch in anderen Alpenregionen nachgewiesen wurden. Während in der Römerzeit auf den Weiden Schafe und Ziegen gehalten wurden, setzte im Mittelalter die Nutzung durch Rinderweiden ein[538]. In diesen Zeitraum fällt auch ein erster Fischbesatz von Saiblingen. Am 29. Juli 1979 wurde von einem glücklichen Angler ein 52 cm langes und 1,7 kg schweres Exemplar eines Seesaiblings gefangen[539]. Weitere Informationen zur Seenkette, siehe Mittlerer und Unterer Landschitzsee.

Landschitzsee, Unterer

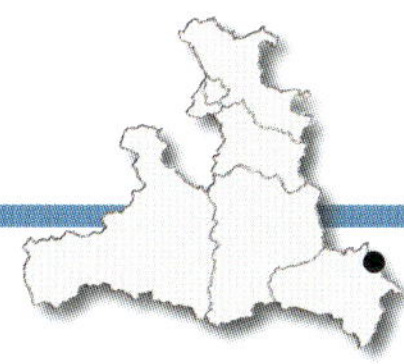

O 13° 50′ 19″
N 47° 15′ 18″

Unterer Landschitzsee, auch Unterer Lanschitzsee[540], Unterer Lanschizsee[541], Unterer Lanschützsee[542], Unterer Lansitzersee[543], Unterer Lansitzsee[544], Untersee[545]

Lungau, Gemeinde Lessach, Lessachtal, Landschitztal

1782 m ü. A., L 620 m, B 320 m, T 15,8 m, F 119.000 m^2 [546]

Der Untere Landschitzsee ist mit mehr als 100.000 m^2 schon zum „Club der größeren Salzburger Bergseen" zu zählen. Der Lungau gehörte im Frühmittelalter zum slawischen Siedlungsgebiet. Die Wortendungen -ice, -iče wurden aber, wie auch bei den Landschitzseen, seit dem 14. Jahrhundert in -itz und -itsch eingedeutscht[547]. Der Untere Landschitzsee, der wie der Mittlere und Obere heute den Österreichischen Bundesforsten gehört, wird regelmäßig mit Seesaibling und Bachforelle besetzt. Andere Fischarten in dem oligotrophen Gewässer sind Elritzen und Koppen.
Weitere Informationen zur Seenkette, siehe Mittlerer und Oberer Landschitzsee.

Die Morgensonne hat den Unteren Landschitzsee an diesem Herbsttag noch nicht erreicht und auch die Landschitzalmhütte liegt gerade noch im Schatten.

Landwiersee siehe **Landawirsee**

Langeksee siehe **Seebachsee**

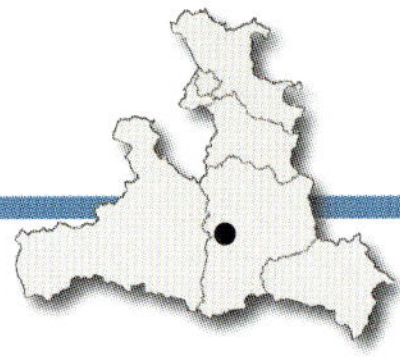

Langsee bei Goldegg

O 13° 50′ 19″
N 47° 15′ 18″

Langsee, auch Langensee[548], Lugsee[549]

Pongau, Gemeinde Goldegg, Wengerbachtal (abgelassen)

859 m ü. A.

Lorenz Hübner ist einer der Ersten im angehenden 19. Jahrhundert, in dessen Reisebeschreibung der Langsee Erwähnung findet. Neben dem „Goldeckersee [ist] der zweyte, der Langsee, eine Stunde davon an der Dientnerischen Strasse; und der dritte, der Scheiblingsee, eine Viertelstunde von dem letzteren entfernt […] alle drei enthalten außer Hechten nur schlechte Fischgattungen"[550]. Ein Jahrhundert später berichtet bereits Eberhard Fugger: „Derselbe […] dürfte eine Länge von 180 bis 200 m und eine Breite von höchstens 40 m besessen haben. Zu Anfang der 1870er Jahre hat der Besitzer des selben, der Bauer und Wirth zur ‚Schweizerhütte' in Mitterstein, begonnen, den See auszutrocknen"[551].
Hans Freudlsperger berichtet in seiner Fischereigeschichte des Erzstiftes Salzburg, dass der See ursprünglich für das Fürsterzbistum eingezogen wurde. Im frühen 16. Jahrhundert überließ man ihn unter Herzog Ernst von Bayern gnadenweise den Weitmosern zum Befischen. „Nach dem Aussterben derselben erhielt sie der Landrichter in Werfen in Bestand."[552] Heute ist auf Orthofotos an

Stelle des Sees nur mehr eine kleine saure Wiese erkennbar. Der Name Lugsee scheint in zwei Reisebüchern von Franz Carl Weidmann in einer Auflistung auf, immer vor dem Scheiblingsee und nach dem „Goldeckersee“[553], wobei er ihn in einem dieser Werke einige Seiten später dann Langsee nennt[554].

Auf der Karte des Pfleggerichtes Taxenbach aus dem Jahre 1760 hat Joseph Jakob Fürstaller unter dem Wappen von Erzbischof Sigismund von Schrattenbach den Goldeggersee, den Langsee und unbenannt, den Scheibling- oder Böndlsee verzeichnet (Salzburg Museum, Inv.-Nr. 15653-49).

Langsee im Felbertal

O 12° 29′ 50″
N 47° 10′ 00″

Langsee, auch Mittlerer Tauernsee[555], Mittersee[556]

Pinzgau, Gemeinde Mittersill, Felbertal, Tauernbachtal

Am 25. August 1902 von Eberhard Fugger und dessen Sohn Eberhard, Carl Kastner und den Trägern Josef und Michel Ißlitzer vermessen:
2219 m ü. A., L 370 m, B 150 m, T 13,8 m[557]
2229 m ü. A., L 425 m, B 160 m, F 45.000 m² (nach SAGIS)

„Dieses Felsenkahr ist eine jener Wüsten des Hochgebirgs, welche gewiss bei jedem Reisenden einen tiefen Eindruck in der Erinnerung hinterlassen werde"[558], beschreibt Adolf Schaubach 1850 den Talabschluss des Felber- und Tauernbachtales. Die zwei Bäche, von denen der kürzere, der Felberbach, aus dem Plattachsee entspringt, während der Tauernbach das Wasser des Tauernsees und des Langsees aufnimmt, vereinen sich kurz vor dem Hintersee.
Der Langsee wird nicht nur in der Österreichischen Karte in Klammer Mittersee genannt, auch andere Quellen um 1900 nennen ihn so. Eberhard Fugger wiederum bezeichnete ihn „Mittlerer Tauernsee", den er 1902 mit einer Maximaltiefe von 13,8 m vermaß[559].

Wie schwarzblaue Adern entwässern Quellen und der Tauernbach durch das braun gefärbte Herbstgras in den Langsee. Das kleine „Lackel" liegt auf dem Plateau rechts neben der Hochspannungsleitung, die durch das Felbertal führt.

Lanschitzsee, Mittlerer, Oberer und Unterer / Lanschizsee, Mittlerer, Oberer und Unterer / Lanschützsee, Mittlerer, Oberer und Unterer / Lansitzersee, Mittlerer, Oberer und Unterer / Lansitzsee, Mittlerer, Oberer und Unterer siehe **Landschitzsee, Mittlerer, Oberer und Unterer**

Laußnitzsee

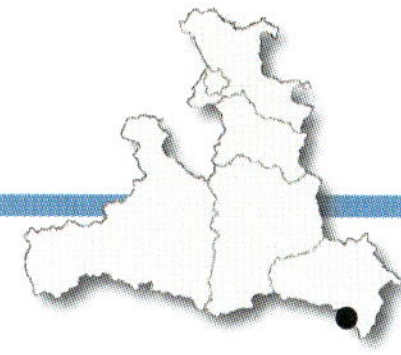

O 13° 41′ 21″
N 47° 00′ 57″

Laußnitzsee, auch Tuschgersee[560]

Lungau, Gemeinde Thomatal, Bundschuhtal, Plareitbachtal

2000 m ü. A., L 315 m, B 210 m, F 50.000 m²

Der Laußnitzsee[561] liegt laut Österreichischer Karte komplett auf Kärntner Landesgebiet, wobei die Grenze zu Salzburg direkt an der Ostseite des Sees entlang führt. Ob nun ein Teil des Sees auch auf Salzburger Gebiet liegt, konnte auch von der Gemeinde Thomatal nicht klar beantwortet werden. Aus einer Grenzbeschreibung aus dem Jahre 1752 geht hervor, dass der damals Tuschgersee genannte See je zur Hälfte den Grafen Plaz und Kuenburg gehörte. „Die Grenzlage dieses Sees, der Saiblinge lieferte", berichtet Hans Freudlsperger, „gab wiederholt zu Streitigkeiten Anlass, besonders mit dem Grafen Lodron in Gmünd."[562]

Im Detail der Grafik von Alois Lederwasch aus dem Jahre 1791 liegt der Laußnitzsee – vormals Tuschgersee genannt – eindeutig noch in Salzburg (Salzburger Landesarchiv, KuR C.1.039).

Leibitschsee siehe **Tscheibitschsee**

Lieferinger Badesee

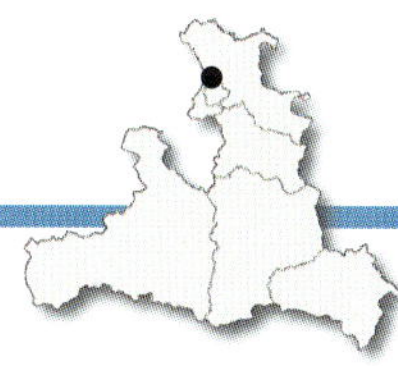

O 13° 01′ 24″
N 47° 50′ 33″

Salzburg, Gemeinde Salzburg, Salzachtal (künstlich)

407 m ü. A., L 210 m, B 150 m, T 3,5 m, F 27.000 m² [563]

Dieser zu den „Salzachseen" zählende künstliche Badesee wird von Grundwasser gespeist. Zur Verbesserung der Wasserqualität wurde das letzte Mal im Jahr 2014 Schlamm entfernt. Trotzdem ist der im Sommer von Badegästen stark frequentierte See als eutroph einzustufen[564]. Siehe auch Salzachseen bei Salzburg.

Lignitzersee siehe **Lignitzsee**

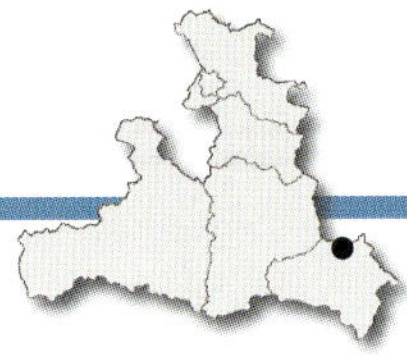

Lignitzsee

O 13° 42′ 09″
N 47° 15′ 09″

Lignitzsee, auch Liegnitzersee[565]

Lungau, Gemeinde Mariapfarr, Lignitztal

1964 m ü. A., L 280 m, B 195 m, F 43.000 m²

„Wir steigen auf diesem rauen, ziemlich steilen, aber durchaus nirgends gefährlichen Steig […] herauf, bis wir endlich die schimmernde Fläche des kleinen, in tiefster Einsamkeit der wilden Felsschluchten situierten Lignitzsee's gewahren." So bildlich beschreibt Franz Carl Weidmann 1845 den Weg vom 12 km entfernten Mariapfarr herauf zum See an der Grenze zur Steiermark. Zu seinem Besuch, im Zeitraum der so genannten kleinen Eiszeit, die ihren Höchststand um 1850 hatte, fügte er noch hinzu: „Ich fand den Lignitzsee noch am 13. Juli gefroren."[566]

Ein Ereignis, das am südwestlich des Sees gelegenen Hundstein (2614 m ü. A.) in der Christnacht von 1768 geschah, hielt die Bevölkerung in Atem: Als „das Felsenhaupt des Hundsteines einstürzte, hielt man den jüngsten Tag für gekommen."[567] Der See hat keinen sichtbaren oberirdischen Abfluss, was die Wasserspiegelschwankungen erklärt.

Sehr schön erkennbar ist der eiszeitliche Moränenwall, der wie eine natürliche Staumauer den See zum Tal hin abdämmt. Der Wasserspiegel war an diesem Septembertag 2010 ungefähr einen Meter unter Höchststand.

Über dem Lindlsee mit seiner kleinen Halbinsel türmen sich Gewitterwolken auf. Am linken Bildrand ist der Schotterwall einer Endmoräne erkennbar.

Lindlsee

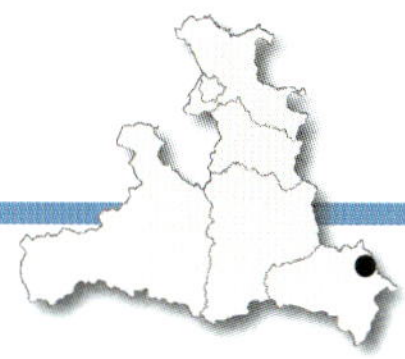

O 13° 50′ 06″
N 47° 14′ 23″

Lindlsee, auch Stodersee[568], Zlodersee[569]

Lungau, Gemeinde Lessach, Lessachtal, Stodertal

2039 m ü. A., L 200 m, B 145 m, F 16.900 m²

Der Franciszäische Kataster verzeichnet einen Zlodersee[570] auf der gleichnamigen Alpe. Etwa 300 Höhenmeter unterhalb, nordwestlich, findet man bereits eine Lindlalm. In der Österreichischen Karte ist der im Stodertal liegende See nun nach dieser Lindlalm benannt.

Litzelsee / Litzlsee siehe **Karsee bei Uttendorf**

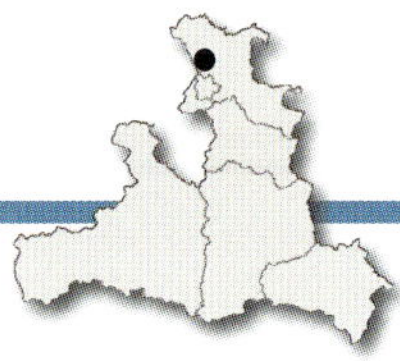

Lugingersee

O 13° 02' 27"
N 47° 52' 33"

Lugingersee, auch Raitbachersee[571], Gaspotingersee[572], Windingersee[573]

Flachgau, Gemeinde Bergheim, Salzachtal, Bruckbachtal (künstlich)

Am 25. Mai 1890 von Eberhard Fugger und Carl Kastner vermessen:
L 150 m, B 150 m, T 1 m, F 20.000 m² [574]
547 m ü. A., L 255 m, B 250 m, F 32.700 m² (nach SAGIS)

Im Lugingersee wurden Karpfen, wie auch auf diesem Stich zu sehen, für das Domkapitel gezüchtet (Kupferstich aus: Wilhelm 1799, Sammlung Peter Matern).

Luginger- und Raggingersee, zwischen Elixhausen, Bergheim (Voggenberg) und Anthering gelegen, sind künstlich errichtete Teiche. Die Namensgebung der ursprünglich drei Gewässer stellt sich kompliziert dar. Eberhard Fugger zog zur Ergründung der Entstehung der Teiche den Salzburger Archivar Friedrich Pirckmayer zu Rate. Demnach hatten schon im 16. Jahrhundert die Grundbesitzer „ihre sauren, in Mulden gelegenen Wiesgründe dem salzburgischen Domkapitel zur Anlegung dieser Teiche überlassen". Sie dienten der Aufzucht von Karpfen und Schleihen, „dann und wann trieben Hechte und Perstlinge als Raubthiere darin ihr Unwesen"[575]. Der heutige Lugingersee hieß jedenfalls laut den durchgesehenen Akten Raitbachersee oder Windingersee, was noch plausibel erscheint, da die Orte Reitbach und Winding in seiner Nähe liegen. Der Name Gaspotingersee erscheint aber wie ein Kuckucksei, denn der Ort dieses Namens (Gaspating) befindet sich neben dem heute ausgelassenen und zu Wiesen umgewandelten, nordöstlich gelegenen Berlingersee[576]. Siehe auch Berlingersee und Raggingersee.

Von Luging geht der Blick über den Lugingersee in Richtung Süden. Auf der Anhöhe rechts der Hof Winding (Foto Karl Witzmann).

Lugingersee siehe **Berlingersee**

Lugsee siehe **Langsee bei Goldegg**

Lungauer Klaffersee

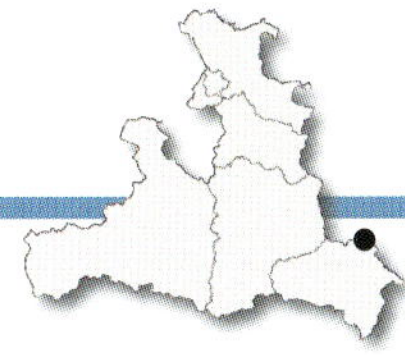

Lungauer Klaffersee, auch Klafersee[577], Klafferkesselsee[578], Klaffersee[579]

O 13° 47′ 56″
N 47° 16′ 58″

Lungau, Gemeinde Lessach, Lessachtal

2195 m ü. A., L 330 m, B 165 m, T 16,5 m, F 38.000 m² [580]
2195 m ü. A., L 375 m, B 175 m, F 38.500 m²

Viele der Salzburger Bergseen, in denen eine natürliche Fischpopulation durch Steilstufen und Wasserfälle der Bäche unmöglich wäre, sind teilweise bereits im Mittelalter mit Fischen, meist Saiblingen, besetzt worden. Eine morphologische und genetische Untersuchung der Seesaiblingspopulationen im Klaffersee ergab, dass diese mit den Fischen des Altauseer Sees verwandt sind[581]. Der streng oligotrophe See ist heute, wie ein Großteil der Seen im Lessachtal, im Besitz der Österreichischen Bundesforste.

Im Oktober 2015 war der Lungauer Klaffersee bereits teilweise mit einer Eisschicht überzogen.

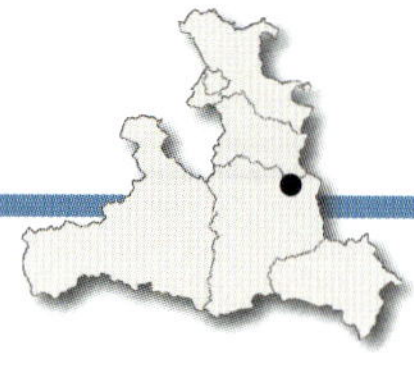

Lungötzer Waldbad

O 13° 24′ 18″
N 47° 29′ 20″

Tennengau, Gemeinde Annaberg, Lammertal, Neubachtal (künstlich)

897 m ü. A., L 70 m, B 40 m, F 2200 m^2

Das Waldbad ist kein Natursee, sondern wurde in den 1970er Jahren künstlich angelegt.

Matsee siehe **Mattsee**

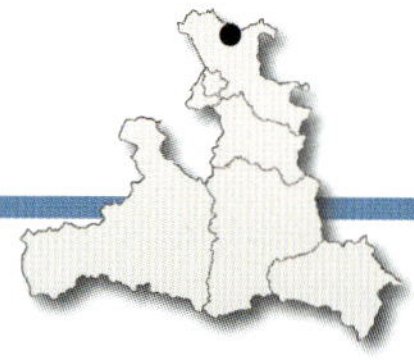

Mattsee

O 13° 07′ 34″
N 47° 59′ 05″

Mattsee auch Matsee[582], Niedertrumersee[583], Niedertrummersee[584], Untersee[585], Trümmersee[586]

Flachgau, Gemeinde Mattsee, Mattigtal

1869 von Josef Sigl vermessen:
500 m ü. A., L 3975 m, B 1425 m, T 40 m, F 3.700.000 m^2 [587]
503 m ü. A., L 4200 m, B 1800 m, T 42,3 m, F 3.600.500 m^2 [588]

Der teils in der Flysch-, teils in der Helvetischen Zone gelegene Mattsee ist einer der wärmsten Seen Salzburgs[589] und zugleich mit über 40 m der tiefste der Trumerseen. Die Moränen der Mindel-, Riss- und Würmvereisung bestimmen das Landschaftsbild dieser drei Seen, deren Gletscher teilweise noch eine Mächtigkeit von über 300 m hatten und sogar den Buchberg abschliffen. Anders als beim „Gollinger-“ und „Salzburgersee“ ist dieses Seebecken durch Toteiskörper vor einer frühzeitigen Sedimentverfüllung

während der Abschmelzphase vor ca. 15.000 Jahren geschützt worden. Während die anderen Ausschürfungsbecken des Salzachgletschers, wie Wallersee-, Oichten- oder auch das Wagingerbecken in Richtung Süden entwässern, um dann in die Salzach zu münden, hat sich die Mattig einen Weg durch die Endmoränen nach Norden gesucht. „Die nacheiszeitliche vegetationslose Landschaft war ein ideales Revier für die abtragende Kraft der Gewässer."[590] Durch die natürliche Absenkung des Seespiegels des „Urmattsees" über die Jahrtausende um über 20 m bildeten sich die Becken des Obertrumer-, Matt- und Grabensees, die in etwa noch drei Viertel der ursprünglichen Wasserfläche ausfüllen[591].

In den Landkarten des 16. und 17. Jahrhunderts ist teilweise der „Mattsee" noch als eine Seefläche verzeichnet, wobei der Grabensee schon bald als eigenes Gewässer aufscheint[592]. Erst im Laufe des 19. Jahrhunderts wurden die beiden Landzungen zwischen Obertrumer- und Mattsee durch Faschinenbau (Errichtung von Dämmen mit Reisig- und Rutengeflecht) verlängert und mittels einer Brücke verbunden[593]. Wie aus den Protokollen des Salzburger Landtags zwischen 1860 und 1875 hervorgeht, wurde eine weitere künstliche Absenkung des Wasserspiegels, einerseits zur Landgewinnung, andererseits zur Abwendung von Überschwemmungen, angestrebt[594].

Bei Ausgrabungen entdeckte Artefakte aus der Stein-, Bronze-, Hallstatt- und Römerzeit weisen auf eine frühe Besiedlung der Region hin[595]. Ein 12 cm großer, 7000 Jahre alter Steilwandbecher vom Schlossberg in Mattsee ist einer der ältesten Keramikfunde des Landes Salzburg[596]. Anhand von Sedimentationsraten und erhöhten Nährstoffkonzentrationen können aus Bohrungen am Grabensee mehrere Phasen für Nährstoffeinschübe durch Menschenhand auch für die Gegend des Mattsees nachgewiesen werden. Eine

Auf dem Foto von Josef Kettenhuemer vom 24. März 1928 sind nicht nur die Ortschaft Mattsee, sondern auch Teile des Obertrumer- und Grabensees zu sehen (Stadtarchiv Salzburg, Fotosammlung).

Der Schlossberg von Mattsee mit dem Schlossgebäude aus dem 12. Jahrhundert war früher, laut Eintrag im Dehio, eine Insel.

erste fällt mit dem Einzug der Bajuwaren und der Gründung des Klosters Mattsee zwischen 757 und 765 durch den Agilolfingerherzog Tassilo III.[597] am Ufer des Sees zusammen und ist vor allem auf großflächige Brandrodung und erste Moordrainagen zurückzuführen[598]. 1189 scheint in einem Güterverzeichnis erstmals ein „Castelanus Mathsee"[599] auf. „Als die Veste Mattsee von den Haunsbergern und Uttendorfern häufiger bedroht und nicht hinlänglich sicher war, so wurde zur Winterszeit rings um die Burg herum das Eis ausgehackt, so daß gleichsam ein nasser Graben bestand; die Fischer mußten zur Nachtszeit in dieser offenen Eisrinne herumfahren, damit dieselbe nicht zufriere; für diese Dienstleistung bekam jeder Fischer sein Wachtbrot und ein Kandl Bier;" weiß Heinrich Wallmann ohne Quellenangabe zu berichten[600]. Am 12. April 1398 wurde die Burg nach mehrmaligen Verpfändungen von den Passauer Bischöfen an Salzburg verkauft[601].

Eine weitere Eutrophierungsphase wird mit verstärkter Besiedelung und der Brauereigründung von Obertrum vor mehr als 400 Jahren erklärt[602]. In den 1950er Jahren erfolgte durch „übermäßigen Nährstoffeintrag aus ungereinigten häuslichen und gewerblichen Abwässern"[603] in den Trumerseen eine rasante Verschlechterung der Wasserqualität. Die Sanierung der Seen durch den dringend notwendigen Bau einer Kanalisation wurde erst 1972 in Angriff genommen[604]. Inzwischen gelten die drei Seen durch diese Maßnahmen als saniert und befinden sich in einem „sehr guten Gewässerzustand". Der Besitzer, das Land Salzburg, führt vier Mal im Jahr Kontrollmessungen durch[605].

Die drei Trumerseen wurden zu Zeiten des Erzstifts als Erbrechtsseen geführt und waren auf 14 „Seegen" (Fischereirechte) aufgeteilt[606]. 1871 berichtet Heinrich Wallmann von 28 Berufsfischern, wobei das Angeln am Ufer für jedermann gestattet war[607].

In der Stiftskirche Mattsee hat ein unbekannter Maler des 19. Jahrhunderts im unteren Teil des Cölestinaltars den Ort Mattsee in Öl verewigt.

Zwischen 1850 und 1980 nahm der Fischbestand durch mehrmaliges Absenken des Seespiegels mit dem Verlust von Laichplätzen stark ab. Ein weiterer Rückgang erfolgte durch die bereits erwähnte Umweltverschmutzung Mitte des vorigen Jahrhunderts. Heute ist die Fischpopulation der Trumerseen durch Schleie, Hecht, Aal, Reinanke, Zander, Brachse, Barsch, Karpfen, Waller wieder angestiegen, aber nur mehr acht „Nebenerwerbs-Berufsfischer" am Mattsee versorgen die örtliche Gastronomie[608].
Bereits 1869 wurde die Seebadeanstalt „Wallmannsbad"[609] errichtet, die aber bereits im Jahr darauf vergrößert werden musste[610]. Im Jahre 1925 stand den Sommergästen bereits ein 3000 m² großes Strandbad mit 1000 m² Sandstrand inklusive 120 Kabinen in Ortsnähe und einem „Autostandplatz für 25 Autos" zur Verfügung[611].

Bei genauerer Betrachtung sind auf dieser Flugaufnahme Richtung Oberösterreich neben dem Obertrumer-, Matt- und Grabensee in der rechten Bildhälfte auch noch die vier Egelseen zu entdecken (Foto Heinz-Peter Deska, Wikimedia Commons, lizenziert unter Creative Commons Attribution-Share Alike 3.0 Unported, URL: https://commons.wikimedia.org/wiki/File:Seenplatte.jpg).

Mattsee, Oberer, siehe **Obertrumersee**

Maurachalpsee

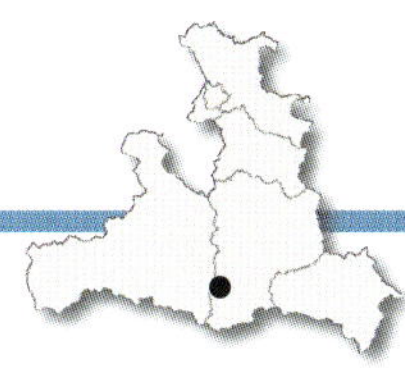

Pongau, Gemeinde Bad Gastein, Gasteinertal

O 13° 04' 03"
N 47° 10' 05"

Am 28. und 29. August 1907 von Eberhard Fugger, Georg Vogel und dem Führer Felix Moises vermessen:
1550 m ü. A., L 47 m, B 30 m, T 3,5 m, F 1300 m² [612]
1570 m ü. A., L 47 m, B 30 m, F 800 m² (nach SAGIS)

Eberhard Fugger besuchte 1907 das „Westgehänge um Hofgastein": „In diesen fünf Karen sah ich mindestens vierzig kleine Seen, von denen allerdings nur drei den Namen eines Sees verdienen und auch von den Einheimischen als solche bezeichnet werden, während sie die übrigen kurzweg „Lacken" nennen[613]. Die angesprochenen Seen sind der Wiednerkarsee, der Leidalmsee und eben hier der Maurachalpsee. Im Franciszäischen Kataster sind Wiednerkar- und Maurachalpsee zwar verzeichnet, aber wie in der Österreichischen Karte nicht benannt.

Auch wenn Eberhard Fugger den Maurachalpsee als wirklichen „See" bezeichnet, bietet der kleine Waldsee direkt neben einer Skiabfahrt kein sehr attraktives Bild.

Maurachkarseen

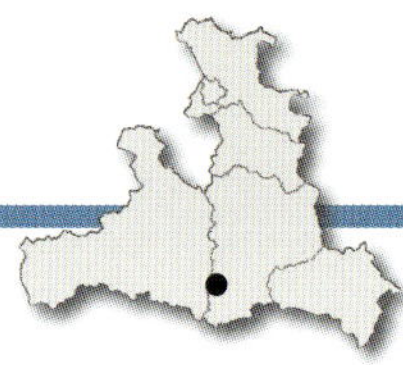

O 13° 03' 08"
N 47° 09' 39"

Pongau, Gemeinde Bad Hofgastein, Gasteinertal, Leidalmbachtal

Die Maurachkarseen sind einige der „mindestens vierzig kleinen Seen" an den Westhängen um Bad Hofgastein, die von Eberhard Fugger 1907 aber nach einer Überprüfung als „Lacken" bezeichnet wurden[614]. Hans Freudlsperger gibt eine Anzahl von sechs Lacken südwestlich der Maurachalm in seiner handschriftlichen Liste der Salzburger Seen an[615].

Um Maus- und Maurachkar im Gebiet der Schlossalm bei Bad Hofgastein gibt es eine Vielzahl an Klein- und Kleinstlacken bei Wanderungen zu entdecken.

Mauskarseen

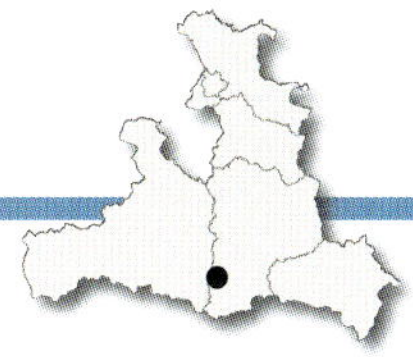

Pongau, Gemeinde Bad Hofgastein, Gasteinertal, Leidalmbachtal

O 13° 03′ 08″
N 47° 09′ 39″

Vier Mauskarseen sind wie die Maurachkarseen in der handschriftlichen Liste der Salzburger Seen von Hans Freudlsperger verewigt[616]. Eberhard Fugger beschreibt 1907 allerdings nur zwei dieser „Lacken", die an den Westhängen um Bad Hofgastein zu finden sind[617].

Medelzlacke

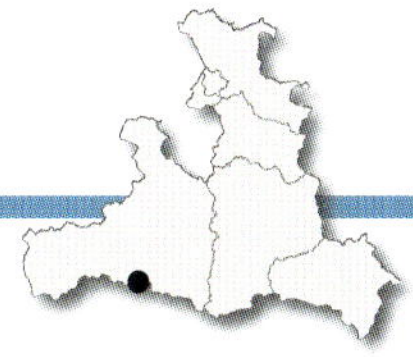

Medelzlacke, auch Oberer Tauernplattensee[618]

O 12° 37′ 40″
N 47° 07′ 04″

Pinzgau, Gemeinde Uttendorf, Stubachtal, Weißenbach

Am 11. August 1895 von Eberhard Fugger, Carl Kastner und Marie Gast vermessen:
2625 m ü. A., L 90 m, B 50 m, T 2 m[619]
Am 24. August 1998 von Peter Geissler, Martin Kiskemper und Gabriel Seitlinger vermessen:
2576 m ü. A., L 112 m, B 73 m, T 4,7 m, F 4100 m^2 [620]

Hinter der Medelzlacke, auf der anderen Seite des Ödenwinkeltales, Richtung Osten, mit dem kleinen Gletscher unter dem Gipfel, sieht man die Hohe Riffl (3338 m ü. A.) und rechts leicht „vernebelt" den Johannisberg (3453 m ü. A.).

In einer Höhe von 2576 m ü. A. liegt mit der Medelzlacke der höchste von Eberhard Fugger je vermessene See. Das von ihm „Oberer Tauernplattensee" genannte Gewässer war beim Besuch am 11. August 1895 „theilweise mit schneeüberzogenem Eis bedeckt"[621]. Dies würde auch die Differenzen zur 103 Jahre später durchgeführten Vermessungskampagne des Geographen Gabriel Seitlinger erklären. Dieser so hoch gelegene Bergsee war bereits 1880 eisfrei und somit auf der Spezialkarte von Österreich-Ungarn, Blatt Gross-Glockner, verzeichnet, aber nicht benannt. Die geographisch günstige Lage auf dem Kamm zwischen Kalser Tauern (2515 m ü. A.) und dem Medelzkopf (2761 m ü. A.), direkt an der Grenze zu Osttirol, und der Umstand, dass kein Gletscher von höheren Lagen Eis in dessen Richtung transportierte, ermöglichte seine frühe Existenz in dieser Höhe. Viele tiefer gelegene Seen waren ab 1850, also zum Ende der „kleinen Eiszeit", noch unter ewigem Eis begraben. Da eine Seilbahn zur Rudolfshütte beim Weißsee und im Anschluss ein Sessellift auf den Kalser Tauern führt, ist die Medelzlacke ein von Wanderern stark frequentierter See.

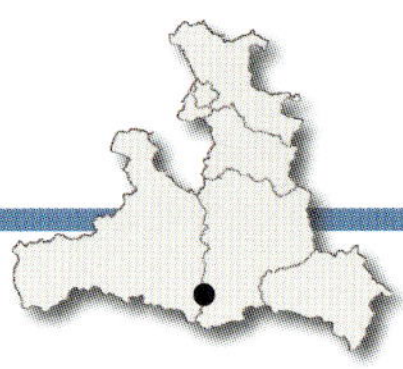

Mitterastensee

O 13° 01′ 45″
N 47° 06′ 30″

Pongau, Gemeinde Bad Hofgastein, Gasteinertal

Am 27. August 1910 von Eberhard Fugger, Wolfgang von Paumgartten und Andreas Müller vermessen:
2226 m ü. A., L 90 m, B 40 m, T 0,2 m[622]
2228 m ü. A., L 90 m, B 40 m, F 2600 m^2 (nach SAGIS)

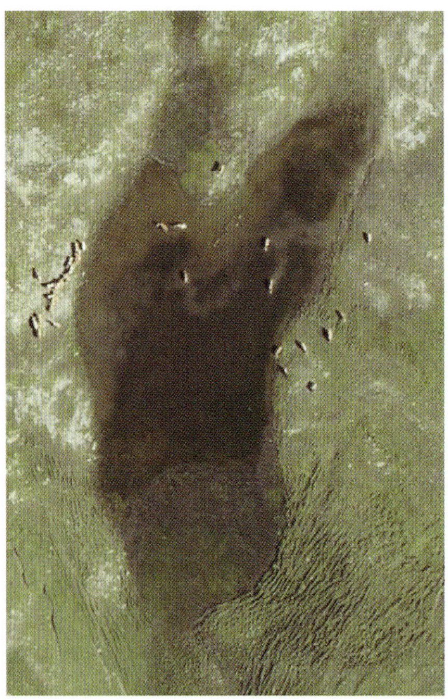

Besten Beweis dafür, dass sich der Mitterastensee heute nur mehr als „Kuhtränke" eignet, bietet ein aktuelles Satellitenbild (© BEV, LFRZ und SAGIS).

Wie manch anderer „See" ist auch der Mitterastensee nördlich des gleichnamigen Kopfes nur in den Aufzeichnungen von Eberhard Fugger zu finden: „Der See erschien uns so groß, daß wir seine Tiefe mit Hilfe des schwimmenden Brettes maßen; wir konnten jedoch als größte Tiefe nur 20 cm konstatieren."[623]

Mitteregelsee bei Mattsee

Flachgau, Gemeinde Mattsee, Tiefsteinbachtal

O 13° 06′ 34″
N 47° 57′ 52″

Am 24. Mai 1890 von Eberhard Fugger und Carl Kastner vermessen:
594 m ü. A., L 230 m, B 210 m, T 10,5 m [624]
590 m ü. A., L 255 m, B 220 m, T 6,4 m, F 42.000 m² [625]

Information siehe Egelseen bei Mattsee.

Mittersee

Mittersee, auch Grünsee[626]

O 13° 26′ 53″
N 47° 46′ 23″

Flachgau, Gemeinden St. Gilgen und St. Wolfgang (OÖ), Attersee, Ackergrabenbach

Am 25. September 1904 von Eberhard Fugger, Carl Kastner und Georg Vogel vermessen:
1415 m ü. A., L 90 m, B 90 m, T 3,2 m, F 7500 m² [627]
1385 m ü. A., L 110 m, B 100 m, F 6300 m² (nach SAGIS)

An der steil abfallenden Nordflanke des Schafberges liegen drei kleine Seen, die bereits 1893 durch den vom Alpenverein angelegten Schafberg-Seen-Weg zugänglich gemacht wurden[628]. Während der 34 m tiefe, wie ein Kratersee anmutende, Mönich- oder Münichsee bereits in Oberösterreich liegt, kann der kleinste, der Suissensee, eindeutig nach Salzburg verortet werden. Der Mittersee liegt nicht nur geographisch genau mittig zwischen diesen Seen, auch die Grenze zwischen den beiden Bundesländern verläuft genau durch die Mitte des Sees. Josef Rabl dichtete dem Mitter- oder Grünsee in seinem „Illustrierten Führer durch Salzburg" 1887 die abenteuerliche Tiefe von 170 m an[629]. Der tiefste, zur Gänze in Österreich liegende See, ist der Traunsee mit 191 m, der tiefste Salzburger See der Wolfgangsee mit 113 m.

Die Reiseschriftsteller des 19. und 20. Jahrhunderts nannten meistens beide Namen, Mitter- oder Grünsee, während der See im Franciszäischen Kataster wie auch heute Mittersee genannt wird (© BEV, BMFLUW, Salzburger Landesarchiv und SAGIS).

Mittersee siehe **Landschitzsee, Mittlerer**

Mittersee siehe **Langsee im Felbertal**

Mittersee siehe **Raggingersee**

Mondsee

Der Attersee, der Mondsee und der Laußnitzsee an der Grenze zu Kärnten zählen nicht zum Bundesland Salzburg. Die Grenze führt bei allen Seen am Ufer entlang. Im Falle des Attersees sind es ca. 4,2 km.

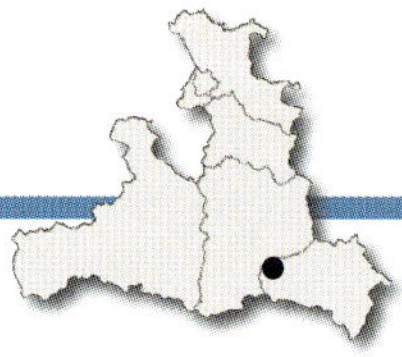

Mooshanslsee

O 13° 21′ 15″
N 47° 10′ 49″

Lungau, Gemeinde Zederhaus, Riedingtal

1639 m ü. A., L 30 m, B 15 m, F 250 m²

Direkt neben der Moosalm im Riedingtal liegt eine bereits stark zugewachsene Lacke, möglicherweise der Mooshanslsee, den Freudlsperger in seiner Seenliste zwischen Königsee und Huistsee nennt[630]. Zwischen Moosalm und Königalm wiederum liegt ein kleiner See, der in der Österreichischen Karte verzeichnet, aber nicht benannt ist. Im Franciszäischen Kataster ist neben der Moosbauerhütte und der Könighütte keine Wasserfläche verzeichnet.

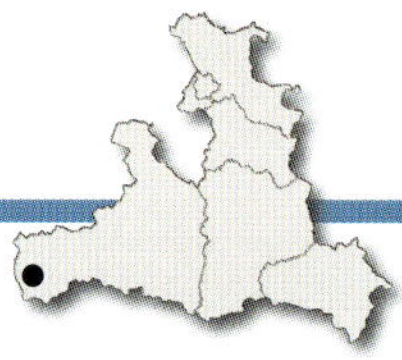

Moränensee

O 12° 07′ 58″
N 47° 11′ 15″

Moränensee, wahrscheinlich auch Trisslkaarsee[631]

Pinzgau, Gemeinde Krimml, Wildgerlostal, Wildkarbach

Am 18. August 1890 von Eberhard Fugger, seinem Sohn und Carl Kastner vermessen:
2460 m ü. A., L 60 m, B 50 m, T 2,8 m, F 2000 m² [632]
2440 m ü. A., L 70 m, B 50 m, F 2100 m² (nach SAGIS)

Nördlich der Wildkarspitze (3073 m ü. A.) liegt nicht weit vom Weg auf die Seekarscharte ein kleiner See, den Eberhard Fugger 1890 vermaß und „Moränensee" nannte. Er beschreibt die Lage des Gewässers noch als am Fuße des Wildkarkees gelegen[633]. Heute, 125 Jahre später, misst man auf dem Satellitenbild bereits ca. 800 m Luftlinie zwischen Gletscherende und dem See. Da das Wildkarkees nicht über den nur 2,8 m tiefen See entwässert und somit auch kein Geschiebe zugeführt wird, sollte dem See eine längere Lebensdauer beschieden sein. Im Franciszäischen Kataster ist er nicht verzeichnet und auf heutigen Karten nicht benannt. In Freudlspergers Seenliste ist ein Trisslkaarsee im Gerlostal eingetragen. Der 2609 m ü. A. hohe Trisslkopf liegt gleich westlich des kleinen Sees.

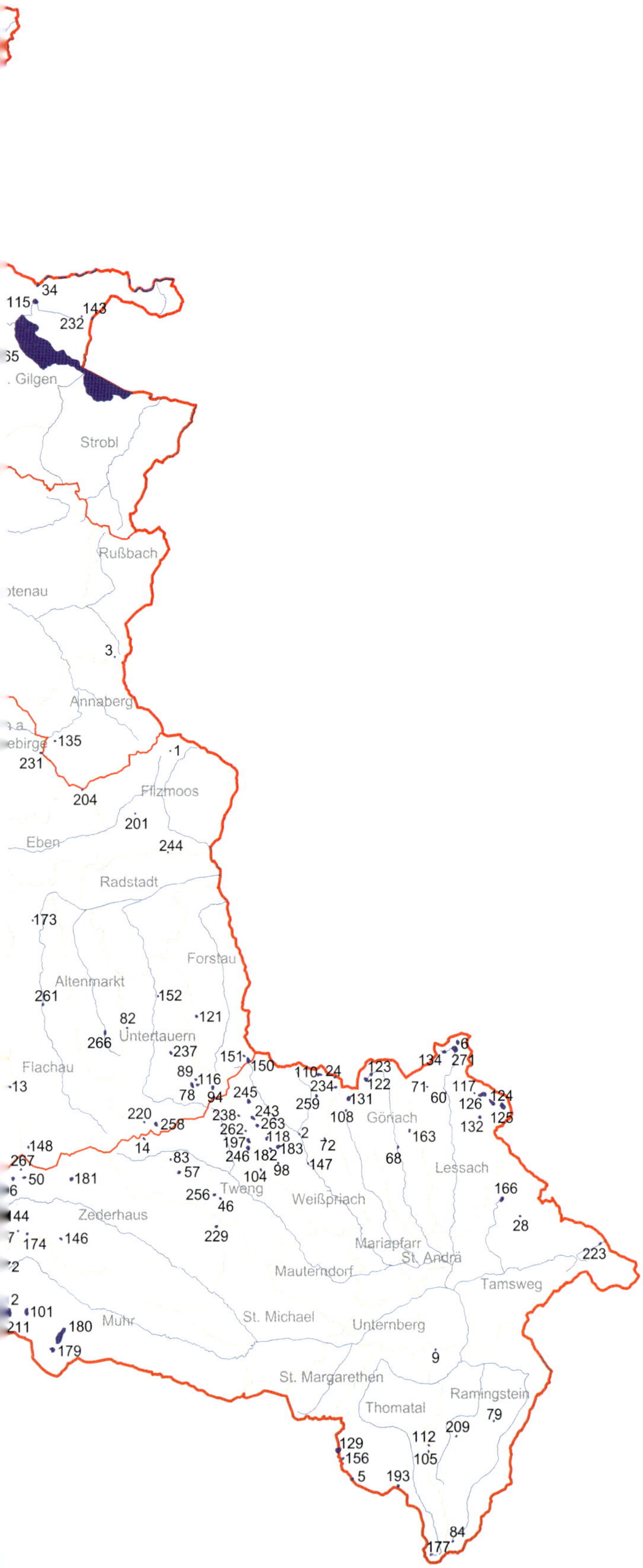

Salzburgs Seen

1. Almsee
2. Alter See (v)
3. Ameisensee (e)
4. Amertalersee (a)
5. Anderlsee
6. Angersee
7. Anifer Waldbad (k)
8. Ankensee
9. Bärenlacke
10. Bärmoosseen
11. Berlingersee (v)
12. Bibersee (v)
13. Blauer See
14. Blausee, Tweng
15. Blausee, Neukirchen (k)
16. Bluntausee (k)
17. Boarnlacke
18. Bockhartsee, Oberer
19. Bockhartsee, Unterer (a)
20. Bockkarsee
21. Böndlsee
22. Brandlsee
23. Brechelsee
24. Brettsee
25. Brucheggsee
26. Bürgerausee (k)
27. Bürmoosersee (k)
28. Dürrenecksee
29. Ecklgrubensee
30. Egelsee, Fuschl (v)
31. Egelsee, Golling
32. Egelsee, Kleiner
33. Egelsee, Oberndorf (v)
34. Egelsee, Scharfling
35. Egelsee, Vorderfager (v)
36. Eglsee, Abtenau
37. Eglsee, Glaneck (v)
38. Eibensee
39. Eisbodensee, Unterer
40. Eissee, Hohe Fürleg (v)
41. Eissee, Krimmlertal
42. Eissee, Ödbachtal
43. Eissee, Windbachtal
44. Elisabethsee (k)
45. Embachersee (v)
46. Ernstlacke
47. Erzgrabensee (v)
48. Erzwiessee
49. Erzwiessee, Kleiner
50. Essersee
51. Fiebingersee
52. Filblingsee
53. Finkausee (k)
54. Foiskarsee
55. Friebitschsee
56. Froschsee
57. Fuchssee
58. Fuscher Lacke
59. Fuschlsee
60. Gamsersee (v)
61. Gamskarlsee
62. Gasteiner Badesee (k)
63. Geierseen
64. Gerlossee, Oberer
65. Gerlossee, Unterer
66. Glanzsee, Oberer
67. Glanzsee, Unterer
68. Göriachsee
69. Goldeggersee
70. Grabensee
71. Gralatisee
72. Graniersee
73. Grasleitensee
74. Grießensee
75. Großegelsee, Mattsee
76. Grüne Lacke
77. Grünsee, Stubachtal (a)
78. Grünwaldsee (a)
79. Gstoßlacke
80. Hackelbergerseen
81. Hacklsee
82. Hakarsee
83. Heißsee (v)
84. Hinteralpsseen
85. Hintersee, Faistenau (a)
86. Hintersee, Felbertal
87. Hochbirgsee
88. Hochkönigsee (v)
89. Hochsee (a)
90. Hörkarsee, Oberer
91. Hörkarsee, Unterer
92. Hoislsee
93. Hollersbacher Badesee (k)
94. Hundsfeldsee (a)
95. Hundsteinsee
96. Ilgsee
97. Jägersee (a)
98. Karnersee
99. Karsee, Bramberg
100. Karsee, Uttendorf
101. Karwassersee
102. Keessee
103. Kehlbachsee
104. Kernsee
105. Kessellacke
106. Kleineisersee, Oberer
107. Kleineisersee, Unterer
108. Kleiner See
109. Knappenbäudlsee
110. Knappenkarsee
111. Königsee
112. Kößllacken

113. Kolmseen
114. Kratzenbergsee
115. Krottensee
116. Krummschnablsee
117. Kühseelein
118. Lacken
119. Lackel
120. Laidalpssee
121. Laitternsee
122. Landawirsee, Oberer
123. Landawirsee, Unterer
124. Landschitzsee, Mittlerer
125. Landschitzsee, Oberer
126. Landschitzsee, Unterer
127. Langsee, Goldegg (v)
128. Langsee, Felbertal
129. Laußnitzsee
130. Lieferinger Badesee (k)
131. Lignitzsee
132. Lindlsee
133. Lugingersee
134. Lungauer Klaffersee
135. Lungötzer Waldbad (k)
136. Mattsee
137. Maurachalpsee
138. Maurachkarseen
139. Mauskarseen
140. Medelzlacke
141. Mitterastensee
142. Mitteregelsee; Mattsee
143. Mittersee
144. Mooshanslsee
145. Moränensee
146. Mühlbachsee
147. Neuer See (v)
148. Neukarsee
149. Niedernsiller Badesee (k)
150. Oberhüttensee
151. Oberhüttenkaarsee
152. Oberloitzensee
153. Obertrumersee
154. Ötzlsee
155. Ofnersee
156. Ottsee
157. Paarsee, Großer
158. Paarsee, Kleiner
159. Palfnersee
160. Palfnersee, Kleiner
161. Pfeilerlacke
162. Pfringersee
163. Piendlsee
164. Pitschenbergersee
165. Plattachsee (a)
166. Prebersee
167. Raggingersee
168. Rainbachsee
169. Rambachsee, Kleiner
170. Rattensee
171. Reedsee
172. Reinkarlacke
173. Reitecksee (k)
174. Riedingsee
175. Rinderkarsee
176. Ritzensee (k)
177. Rosaninsee
178. Rosskarlacke
179. Rotgüldensee, Oberer
180. Rotgüldensee, Unterer (a)
181. Rothenwändersee
182. Rupaninsee, Oberer
183. Rupaninsee, Unterer
184. Salzachsee, Oberer
185. Salzachsee, Unterer
186. Salzachseen, Liefering (k)
187. Salzplattensee (a)
188. Schäferlacke
189. Schafflkogelsee
190. Schafseewl
191. Schatterlacke
192. Scheffauer Kleinseen (k)
193. Schittersee
194. Schlosskarseen
195. Schmiedingersee
196. Schödersee (e)
197. Schönalmsee, Oberer
198. Schuhflickersee
199. Schwarze Lacke, Amertal
200. Schwarze Lacke, Dorfer Ödtal
201. Schwarze Lacke, Filzmoos
202. Schwarze Lacke, Stein. Meer
203. Schwarze Lacke, Stubachtal
204. Schwarze Lacken, Eben
205. Schwarzensee, Forstautal (v)
206. Schwarzensee, Amertal (v)
207. Schwarzkarlsee
208. Schwarzkarlsee, Kleiner (v)
209. Schwarzlacke
210. Schwarzsee
211. Schwarzsee, Oberer
212. Schwarzsee, Unterer
213. Schwebenlacke
214. Schwertingersee (v)
215. See (v)
216. Seebachsee
217. Seebachsee, Kleiner
218. Seehornsee
219. Seekarsee, Krimml
220. Seekarsee, Obertauern
221. Seekarsee, Rauris
222. Seekarsee, Wagrain
223. Seetalersee
224. Seewaldsee
225. Sieben Möser
226. Sprengkogelseen
227. Stanzsee
228. Steinkoglsee (v)
229. Steinsee
230. St. Georgener Badesee (k)
231. St. Martin Seepark (k)
232. Suissensee
233. Sulzsee
234. Talkensee
235. Tamseensee (v)
236. Tappenkarsee
237. Tauernkarsee, Untertauern
238. Tauernkarsee, Weißpriach
239. Tauernmoossee (a)
240. Tauernplattensee, Unterer
241. Tauernsee
242. Tauernsee, Großer
243. Tiefenbachsee
244. Troglacke, Filzmoos
245. Tscheibitschsee
246. Twenger Almsee
247. Unteregelsee
248. Uttendorfer Badesee (k)
249. Viehausener Autobahnsee
250. Vorderschlummsee (e)
251. Wallersee
252. Weißsee (a)
253. Wiednerkarsee
254. Wiegensee
255. Wieslacke
256. Wildalmsee
257. Wildkarsee
258. Wildsee, Obertauern
259. Wildsee, Weißpriachtal
260. Windschnursee
261. Winklersee
262. Wirpitschsee, Oberer
263. Wirpitschsee, Unterer
264. Woiskensee
265. Wolfgangsee
266. Zauchensee
267. Zaunerlacke
268. Zaunersee
269. Zellersee
270. Znachsee
271. Zwerfenbergsee

(a) aufgestaut
(e) episodisch
(k) künstlich
(v) verlandet
N namenloser See

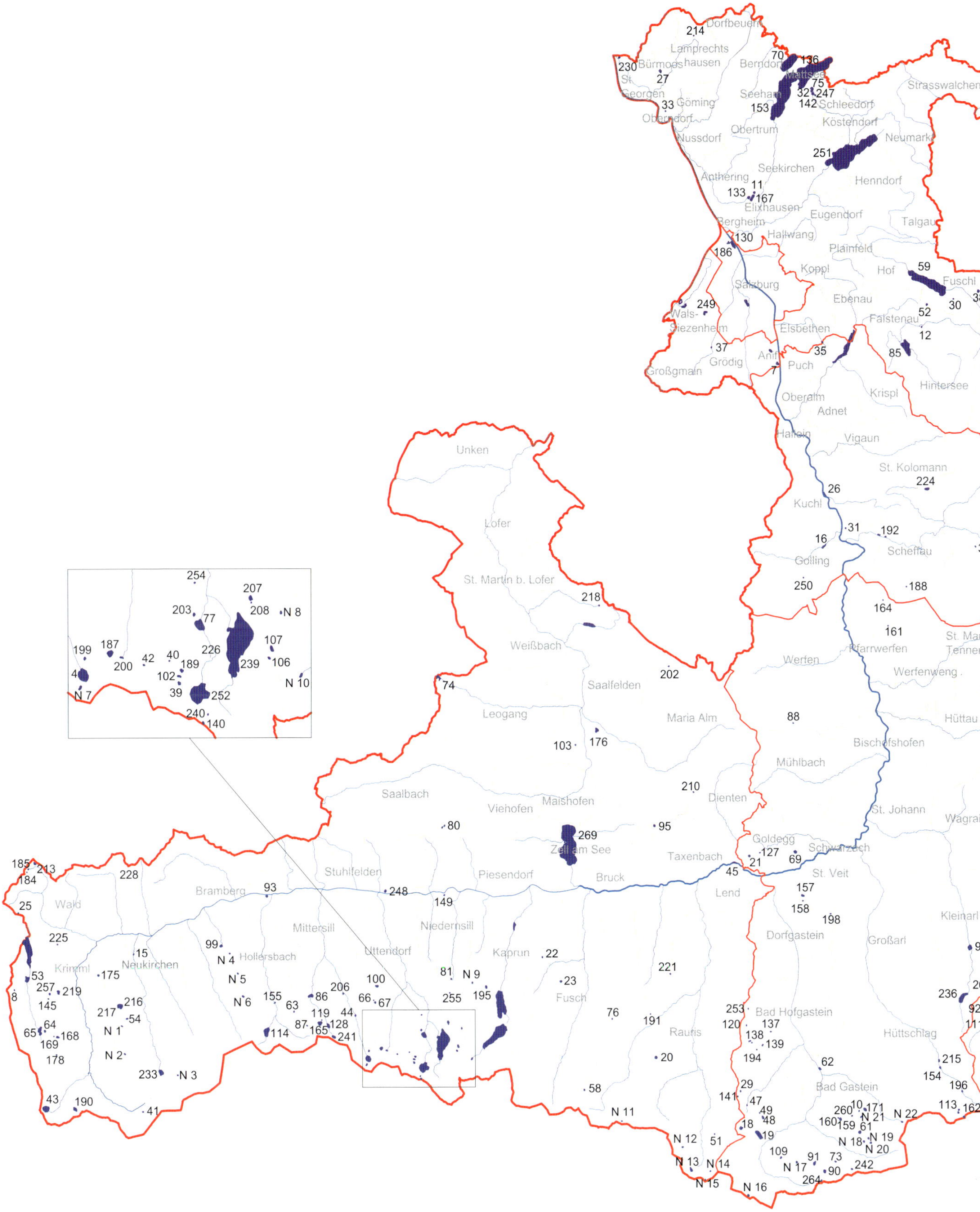

214
Dorfbeuern
Lamprechtshausen
230
Bürmoos
St. Georgen
27
33
Göming
Oberndorf
Nussdorf
70
136
Berndorf
Mattsee
75
32
247
142
Schleedorf
Seeham
153
Obertrum
Köstendorf
Strasswalchen
251
Neumarkt
Seekirchen
Anthering
11
133
167
Elixhausen
Henndorf
Bergheim
Eugendorf
Talgau
130
Hallwang
186
Plainfeld
Koppl
Hof
59
Fuschl
30
38
Salzburg
Ebenau
249
Wals-Siezenheim
52
Faistenau
12
Elsbethen
37
35
Grödig
Anif
Puch
85
Großgmain
7
Hintersee
Oberalm
Krispl
Adnet
Hallein
Vigaun
St. Kolomann
224
26
Kuchl
31
192
16
Scheffau
Golling
Unken
Lofer
St. Martin b. Lofer
250
188
218
164
161
St. Martin
Tennen
Weißbach
Pfarrwerfen
Werfen
Werfenweng
202
Saalfelden
74
Leogang
Maria Alm
88
Hüttau
103
176
Bischofshofen
Mühlbach
210
Saalbach
Dienten
Maishofen
Viehofen
St. Johann
Wagrain
80
269
95
Zell am See
Goldegg
127
69
Schwarzach
Taxenbach
21
45
St. Veit
185
213
184
228
Stuhlfelden
Piesendorf
Bruck
93
Bramberg
248
149
157
Lend
25
Wald
158
198
Mittersill
Niedernsill
Kleinarl
225
Dorfgastein
Großarl
99
Uttendorf
15
N 4
Hollersbach
Kaprun
22
97
Neukirchen
Krimml
175
N 5
81
N 9
53
100
23
221
257
219
206
255
195
Fusch
236
26
8
145
N 6
155
86
66
67
217
216
63
92
54
119
44
76
253
Bad Hofgastein
64
87
128
191
120
137
111
65
168
N 1
114
165
241
Rauris
138
139
Hüttschlag
169
N 2
194
215
178
20
62
154
233
N 3
29
Bad Gastein
196
58
43
190
141
47
41
N 11
49
260
10
171
113
162
48
160
159
N 21
N 22
18
61
19
N 18
N 19
N 12
51
N 20
109
91
73
N 13
N 14
N 17
90
242
264
N 15
N 16
254
207
203
77
208
N 8
107
199
187
42
40
226
200
189
239
106
4
102
N 10
N 7
39
252
240
140

Die 3073 m ü. A. hohe Wildkarspitze und das gleichnamige Kees waren am 16. September 2009 bereits leicht verschneit. Der See befindet sich in der unteren Hälfte des Bildes, leicht rechts von der Bildmitte. Der Gletscher hat sich seit Fuggers Zeiten gut 200 Höhenmeter zurückgezogen.

Moritzensee siehe **Karwassersee**

Mühlbachsee

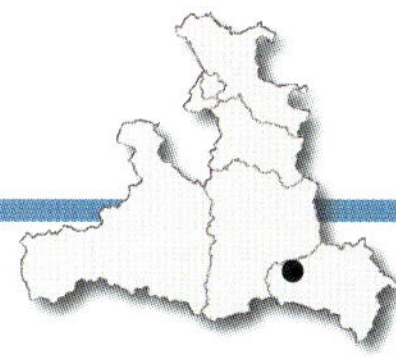

Mühlbachsee, auch Nahendfeldsee[634], Nahetfeldsee[635], Nahntfeldsee[636]

O 13° 24′ 43″
N 47° 09′ 44″

Lungau, Gemeinde Zederhaus, Zederhaustal, Nahendfeldtal

2113 m ü. A., L 245 m, B 120 m, F 20.900 m²

Wie ein Fremdkörper schiebt sich fächerförmig die überwachsene Gesteinsmasse aus dem kleinen Bach in den Mühlbach- vormals Nahendfeldsee. Diese Gesteinseinführung hat erst mit dem gänzlichen Rückzug des Gletschers aus dem Seebecken begonnen.

Warum der Nahendfeldsee auf aktuellen Wanderkarten Mühlbachsee genannt wird, ist nicht nachvollziehbar. In sämtlichen Quellen des 19. und 20. Jahrhunderts wird er als Nahendfeldsee (bzw. Nahentfeldsee) bezeichnet, da in seiner Umgebung auch die Nahendfeldmähder, die Nahendfeldalm und auch der Nahentfeldbach liegen, in den er entwässert. Die Seitenmoräne ist sehr stark ausgebildet und geht nahtlos in eine Endmoräne über, die ein Auslaufen des Sees verhindert.

Nahendfeldsee / Nahetfeldsee / Nahntfeldsee siehe **Mühlbachsee**

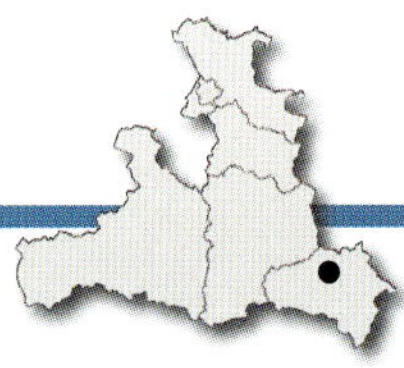

Neuer See

O 13° 39′ 50″
N 47° 12′ 29″

Neuer See, auch Hervorderer See[637], Nollsee[638], Noysee[639], Vorderer See[640]

Lungau, Gemeinde Weißpriach, Weißpriachtal (verlandet)

1139 m ü. A.

Während im Weißpriachtal der so genannte „Alte See"[641] zu Anfang des 17. Jahrhunderts bereits stark verlandet war, dürfte der „Neue See", wenn auch künstlich erhalten, noch etwas länger bestanden haben.
Wie auch beim Alten See ist es Josef Schitter, der in seiner Chronik von Weißpriach etwas Licht um den Bestand der ehemaligen Tal-Seen bringt. Um den Neuen See, der dem Domkapitel als Fischwasser diente, vor der drohenden Verlandung zu retten, musste er im 15. oder 16. Jahrhundert bereits aufgestaut werden. „Und als es trotz bedeutender Aufwendungen damals [im Jahr 1766] nicht mehr recht gelang, den durchgerissenen Damm wieder dicht zu machen, da verzichtete das Domkapitel schließlich auf dieses Fischzuchtgebiet, ließ den See auslaufen und verkaufte den Seegrund an die meistbietenden Bauern."[642]
Das Seekreuz, ein Wegekreuz am Nordostrand des ehemaligen Beckens, erinnert daran, dass „Menschen den Weißpriacher Tauern seit Urzeiten als einzigen Tauernübergang" benutzten[643]. Von der Diktlerhütte, gleich neben dem verlandeten See, führt eine Mautstraße taleinwärts bis zur Abzweigung des Znachtals. Dort lag das Becken des Alten Sees, der heute ebenfalls verlandet ist.

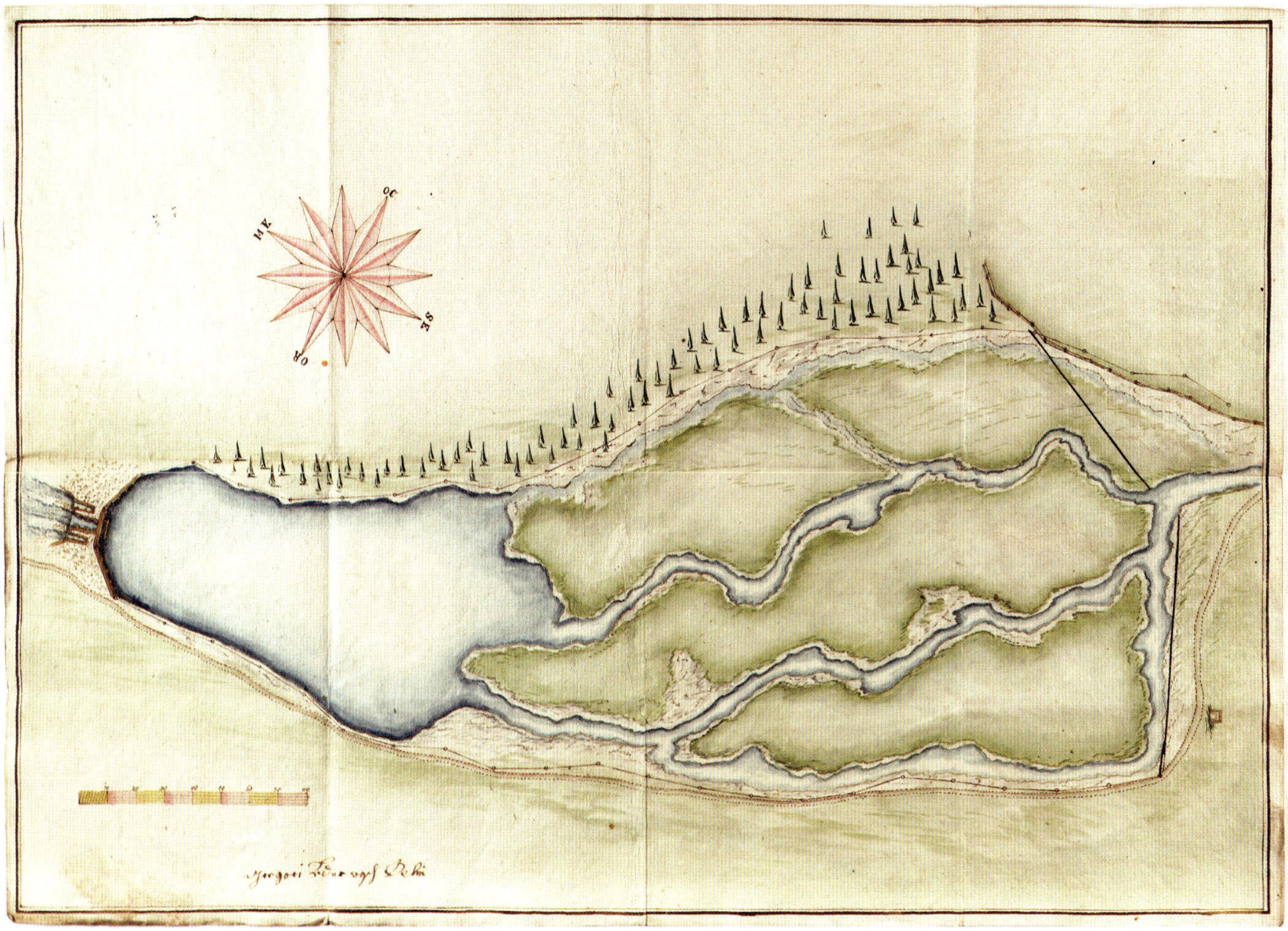

Der Tamsweger Maler Gregor Lederwasch fertigte am 27. Februar 1766 für das Domkapitel diese Bestandsskizze „Weißpriacher See" an. Erkennbar ist neben der Staumauer und dem Wegverlauf ins Tal auch das Seekreuz am rechten Bildrand. Das verästelte Flussbett des Weißpriachbaches ist auch heute noch vorhanden (Salzburger Landesarchiv, Domkapitel Akten 54.M2).

Neukarsee

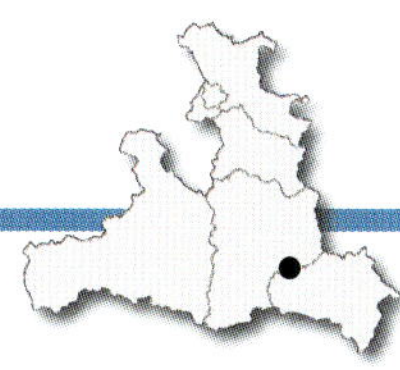

Pongau, Gemeinde Flachau, Ennstal, Pleißlingbachtal, Marbachtal

O 13° 22′ 43″
N 47° 13′ 20″

2113 m ü. A., L 110 m, B 85 m, F 6000 m²

Der Neukarsee dürfte im 19. Jahrhundert, wenn überhaupt, dann nur Einheimischen bekannt gewesen sein. Im Franciszäischen Kataster ist ein „Neukoor" und eine „Gasthofalpe" verzeichnet, aber kein See. Heute ist er über markierte Wege entweder vom Pongauer Marbachtal oder aus dem Lungauer Riedingtal über die Fischerhütte erwanderbar.

So wie manch anderer im Kalkgestein gelegene See hat auch der Neukarsee eine türkisgrüne Färbung.

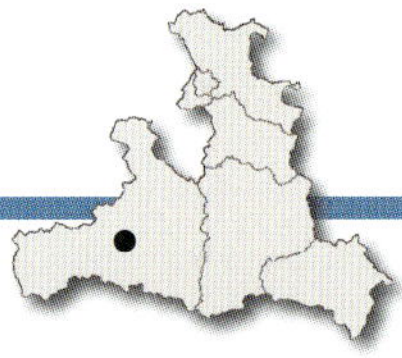

Niedernsiller Badesee

O 12° 38′ 13″
N 47° 16′ 10″

Pinzgau, Gemeinde Niedernsill, Salzachtal (künstlich)

766 m ü. A., L 220 m, B 110 m, T 4,9 m, F 19.000 m² [644]

Der 1968 künstlich errichtete Niedernsiller Badesee erreicht im Sommer an die 24° C. Morgens und abends darf hier auch gefischt werden.[645]

Niedertrumersee / Niedertrummersee siehe **Mattsee**

Nollsee / Noysee siehe **Neuer See**

Oberegelsee siehe **Egelsee, Kleiner**

Oberegelsee siehe **Unteregelsee**

Oberhüttensee

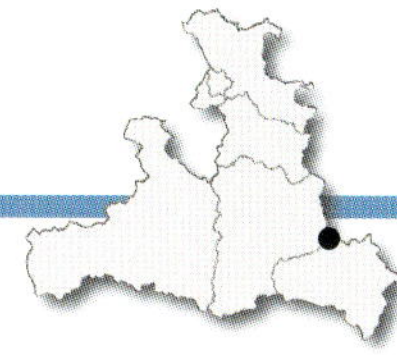

O 13° 36′ 07″
N 47° 16′ 43″

Oberhüttensee, auch Hüttensee[646], vielleicht Odersee[647]

Pongau, Gemeinde Forstau, Forstautal, Oberhüttenbachtal

1863 m ü. A., L 370 m, B 195 m, F 39.200 m²

Bevor im Mittelalter der Obertauern als Tauernpass an Bedeutung gewann, war die Verbindung Forstautal–Weißpriachtal über den 150 m höheren Oberhüttensattel als einziger Tauernübergang in Verwendung[648]. Unweit der Oberhütte liegt direkt auf dem breiten Sattel auf 1863 m ü. A. der Oberhüttensee. Bereits in den ersten bekannten Landkarten von Salzburg sind in dieser Region vier bis sechs Seen verzeichnet und auch teilweise benannt. Neben Noll-, Alt-, Weiß-, Grün-, Lemmer-, und Schwarzsee taucht auch der Name Odersee auf. Von der geographischen Lage meist als nördlichster See dargestellt und aufgrund der Namensähnlichkeit könnte der Oberhüttensee vormals Odersee genannt worden sein.

Auf dem breiten Oberhüttensattel liegt der gleichnamige See. Er entwässert in das bereits im Pongau liegende Forstautal. Im Hintergrund leuchtet die imposante Dachstein-Südwand in Pastelltönen.

Die Lage des Odersees hier auf einer Karte aus dem 18. Jahrhundert von O. Guetrat würde am ehesten dem Oberhüttensee entsprechen. Auch ein Abschreibfehler könnte die Namensähnlichkeit erklären (Guetrat 1716, Lk., Privatbesitz).

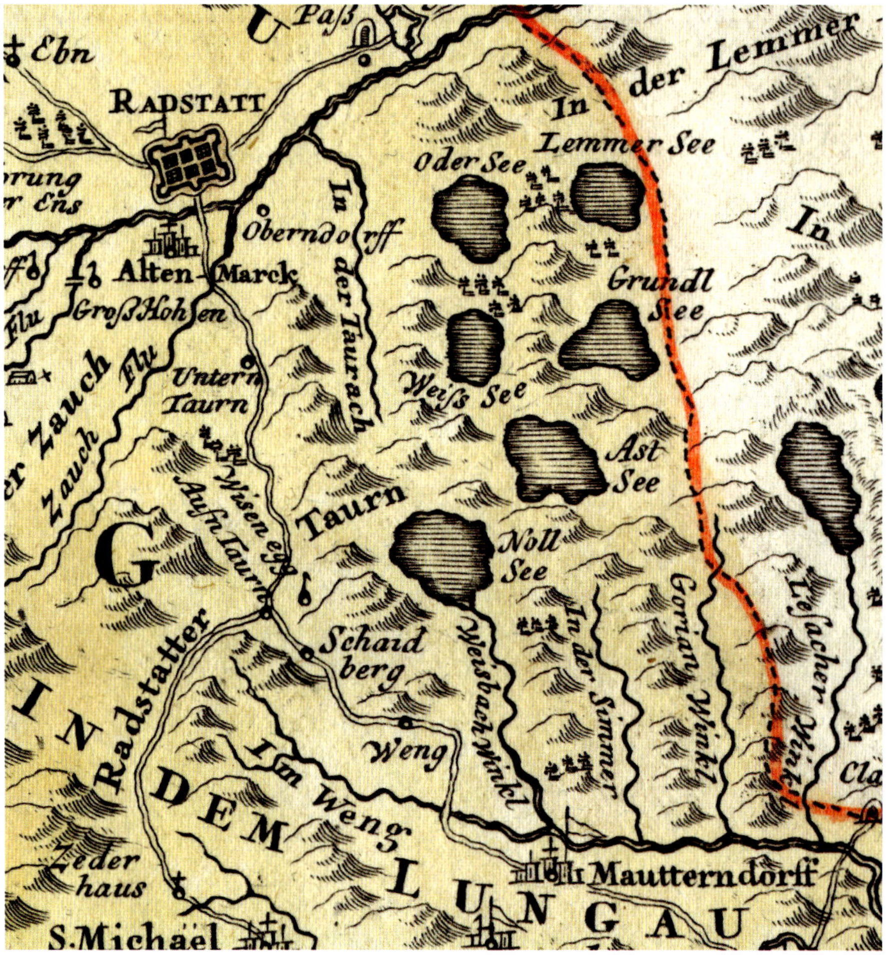

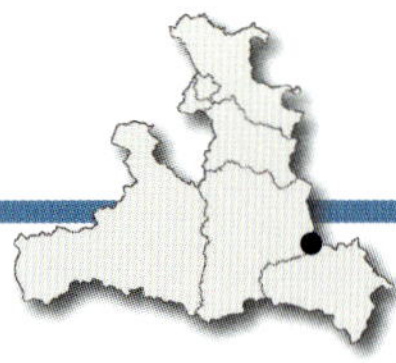

Oberhüttenkaarsee

O 13° 35′ 41″
N 47° 17′ 00″

Pongau, Gemeinde Forstau, Weißpriachbachtal

1851 m ü. A., L 120 m, B 100 m, F 5500 m^2

Einzige bekannte Quelle für die Existenz des Oberhüttenkaarsees ist Hans Freudlspergers Liste, in der er dem im Pongau gelegenen See eine Länge von 130 m, eine Breite von 120 m und eine Fläche von 13.000 m^2 zuordnet[649]. Ca. 600 m südwestlich des Oberhüttensees, auf gleicher Höhe, ist in heutigen Karten eine Wasserfläche verzeichnet, die von den Dimensionen entspricht, aber nicht benannt ist. Im Franciszäischen Kataster fehlt jegliche Spur dieses stehenden Gewässers.

Oberloitzensee

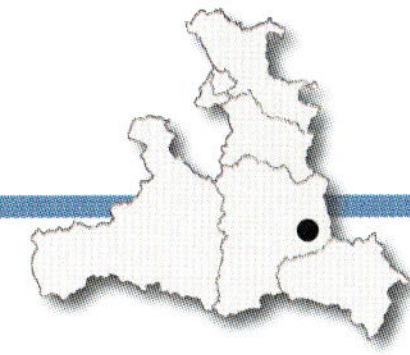

O 13° 30′ 37″
N 47° 19′ 17″

Pongau, Gemeinde Untertauern, Taurachtal

938 m ü. A., L 45 m, B 20 m, F 750 m^2

Der Bauernhof Loitzen liegt, von Radstadt kommend, ca. 2 km vor Untertauern. Vermutlich ist der 300 m südwestlich über die Bundesstraße liegende Teich jener, den Freudlsperger in seiner Liste der Salzburger Seen als Oberloitzensee[650] bezeichnete.

Obersee siehe **Landschitzsee, Oberer**

Obersee siehe **Seebachsee, Kleiner**

Obersee siehe **Tauernsee**

Obersulzbachsee siehe **Sulzsee**

Obertrumersee

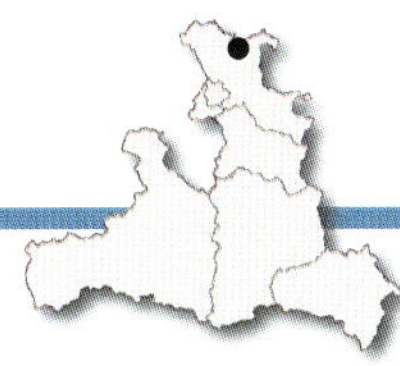

O 13° 05′ 15″
N 47° 57′ 53″

Obertrumersee[651] auch Oberer Mattsee[652], Obertrummersee[653], Obersee[654], Obertrumsee[655], Traunersee[656], Trümmersee[657], Trumersee[658], Trumsee[659]

Flachgau, Gemeinde Mattsee, Mattigtal

1869 von Josef Sigl vermessen:
500 m ü. A., L 5055 m, B 1350 m, T 35 m, F 4.910.000 m^2 [660]
503 m ü. A., L 4900 m, B 1300 m, T 36,3 m, F 4.800.000 m^2 [661]

Die drei Alpenvorlandseen Graben-, Matt- und Obertrumersee haben eine gemeinsame Entstehungsgeschichte, die in engem Zusammenhang mit den vier großen Eiszeiten der letzten 600.000 Jahre steht (siehe dazu auch Graben- und Mattsee).
Die Region um diese drei Seen ist heute auch durch den Tourismus sehr stark geprägt. In der Mitte des vorigen Jahrhunderts drohte „durch übermäßigen Nährstoffeintrag aus ungereinigten häuslichen und gewerblichen Abwässern"[662] vor allem der Obertrumersee zu „kippen". Erst der Bau einer Kanalisation in den 1970er Jahren führte zu einer langsamen Verbesserung der Situation. „Korrespondierend mit dem Rückgang der Algenbiomasse nahm im Obertrumer See die durchschnittliche Sichttiefe von 1,4 m im Jahr 1981 auf gegenwärtig 4,1 m zu." Inzwischen gelten die drei Seen durch diese Maßnahmen als saniert und befinden sich in einem „sehr guten Gewässerzustand". Der Besitzer der Seen, das Land Salzburg, führt vier Mal im Jahr Kontrollmessungen durch[663].

Neben der Landwirtschaft stellte über Jahrhunderte der Fischfang eine zusätzliche Einnahmequelle dar. Die drei Seen gehören zu den Erbrechtsseen und sind, auch heute noch, in 14 so genannte „Seegen" eingeteilt. Diese bezeichneten einerseits mit dem Fischrecht ausgestattete Güter mit bestimmten Ufer- und Seeabschnitten, andererseits „ein großes Zugnetz, das nur durch drei oder vier Fischer zusammen bedient werden konnte." Aus diesem Grund waren die Seegen in Viertel- oder Drittelseegen geteilt. Die Fischerinnung der „Trumerseen" dürfte bereits im Hochmittelalter gegründet worden sein. Sie besitzt als Innungszeichen ein 70 cm langes Holzschiff[664] mit den Aposteln als Fischer, vermutlich aus dem 17. Jahrhundert und eine Innungslade aus dem Jahr 1701[665], in der der Schriftverkehr, Dokumente und wohl auch die Barschaft der Innung aufbewahrt wurden. Heute sind nur mehr zehn „Nebenerwerbs-Berufsfischer" am Obertrumersee im Einsatz[666].

Eine weitere, für die Region bedeutsame, wirtschaftliche Entwicklung leitete bereits Erzbischof Wolf Dietrich am 22. Dezember 1601 ein, als er Michael Stockhamer in Obertrum die Braugerechtsame mit der Erlaubnis, Bier in allen Orten des Erzstiftes zu verkaufen, verlieh. Seit 1775 befindet sich diese Brauerei im Besitz der Familie Sigl und einer dieser Nachfahren vermaß im Jahre 1869 neben dem Obertrumersee auch den Graben- und Mattsee[667].

Georg Pezolt hielt auf dieser Grafik den Obertrumersee in Richtung Seekirchen, Untersberg, Watzmann und Hohen Göll fest. Der Fischer mit seinem Netz, die Kühe und Ziegen sowie die Zillen auf dem See dienen als romantische Staffage („Trummer-See gegen Süden", Lithographie von J. Stießberger nach G. Pezolt, 1839 Salzburg bei J. Oberer, Sammlung Peter Matern).

Gewitterstimmung über dem Obertrumersee.

Die für den Personen- und Gütertransport sowie Fischfang verwendeten Boote werden „Zillen" genannt. Der Fund eines aus einem Eichenstamm gefertigten Einbaums im Jahre 1986 an der tiefsten Stelle des Obertumersees, etwa 200 m vom Ufer des Wartsteines entfernt, beweist eine sehr frühe Verwendung von Wasserfahrzeugen auf den drei Seen. Nach einer ersten Bergung mit Begutachtung und Probenentnahme wurde der Fund, um ein Austrocknen zu verhindern, in 15 m Wassertiefe deponiert, um ihn 14 Tage später erneut zu bergen, zu restaurieren und an das Haus der Natur zu übergeben, wo er auch heute noch zu sehen ist. Während die ersten Proben durch eine C14-Datierung auf einen Herstellungszeitraum zwischen 684 und 888 n. Chr. datiert wurden, ergaben die Proben nach der zweiten, endgültigen Hebung ein Entstehungsdatum zwischen 1285 und 1415[668].

Da die Zille eines der wichtigsten und häufig eingesetzten Transportmittel der letzten Jahrhunderte war, ereigneten sich natürlich auch viele Unfälle. Ein folgenschweres Unglück geschah in der Nacht des 2. April 1866 auf der Überfahrt mit sechs Männern von Mattsee nach Seeham. In der Nähe des Ufers „kamen sie in Streit, standen auf, die Zille kippte um und alle lagen im Wasser. Der Stefl-Hans war der beste Schwimmer. Aber er schwamm in der Dunkelheit in falscher Richtung. Als die Kirchuhr 10 schlug, konnte er sich orientieren und das Ufer erreichen". Zwei weitere Männer konnten sich retten, berichten Josef Holzinger und Josef Lahnsteiner 1936[669]. Eine weitere Unglücksursache ergab sich aus der Tatsache, dass die Seen durch die niedrigeren Temperaturen der vergangenen Jahrhunderte, in den Wintern viel länger zugefroren waren als heute und des Öfteren der direkte Weg über die Seen ein viel kürzerer, aber auch ein gefährlicher war. Eine „Vereisungsstatistik" für den Zeitraum von 1895 bis 1950 ergab für die vollständige Schließung der Eisdecke einen Minimalzeitraum von sechs Tagen, während der See im Winter 1941 mit 91 Tagen am längsten zugefroren war[670].

Das Zunftschiff der Fischer aus dem 17. Jahrhundert hängt in der Gaststube des Schlosshotels Iglhauser in Mattsee. Es wird bei Festveranstaltungen mit Blumenschmuck verziert.

Obersee / Obertrummersee / Obertrumsee siehe **Obertrumersee**

Odersee siehe **Oberhüttensee**

Oedsee siehe **Salzplattensee**

Ödenkarsee siehe **Knappenbäudlsee**

Ödsee siehe **Amertalersee**

Ödsee siehe **Salzplattensee**

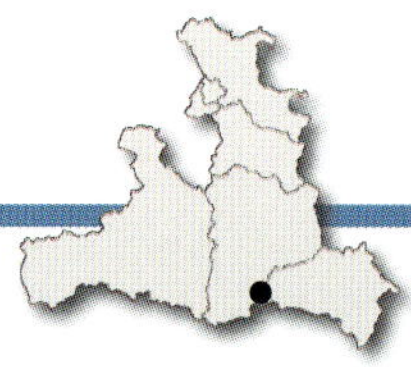

Ötzlsee

O 13° 17′ 31″
N 47° 07′ 56″

Pongau, Gemeinde Hüttschlag, Großarltalbach (künstlich)

1061 m ü. A., L 140 m, B 60 m, F 6500 m²

Mitte der 1980er Jahre wurde die Gemeindestraße Hüttschlag-See gebaut. Für die Schüttung dieser Straße wurde im Bereich des heutigen „Ötzlsees" Schotter entnommen. Der so künstlich entstandene See dient heute als beliebtes Naherholungsgebiet für Urlauber und Einheimische[671].

Ofnerbodensee siehe **Ofnersee**

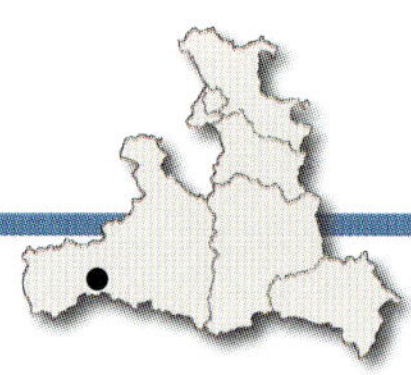

Ofnersee

O 12° 25′ 45″
N 47° 11′ 10″

Ofnersee, auch Ofnerbodensee[672]

Pinzgau, Gemeinde Hollersbach, Hollersbachtal (episodisch)

1462 m ü. A.

Der Ofnersee verdankt seine Entstehung einem Bergsturz aus der Säullahnrinne, der im Juli 1933 das hintere Hollersbachtal abriegelte[673]. Der Almhüter Anton Scharler wurde Zeuge dieses Naturereignisses, als er gerade seine Kühe an dieser Rinne vorbeigetrieben hatte. Wie bei einem Erdbeben erzitterte der Boden und das ganze Tal war in eine dichte, undurchdringliche Staubwolke gehüllt. Lahnsteiner berichtet 1960 etwas theatralisch weiter: „Der Toni bekam keinen Atem mehr und glaubte, jetzt gehe die Welt zugrunde, das letzte Stündlein sei gekommen. […] Felsblöcke von Heustadelgröße liegen heute noch umher, das Bachbett ist verlegt und auf dem Ofnerboden hat sich ein kleiner See gebildet."[674] Nun, mehr als 80 Jahre später, bildet sich das temporäre Gewässer nur mehr im Frühjahr oder bei länger andauernden Regenfällen. Bei einer solchen Seebildung entwässert dieser östlich, direkt unter dem Güterweg in den Berg.

Der Blick aus dem Hollersbachtal zeigt die Talverengung beim Ofnerboden. Eine kleine Wasserfläche im Schatten und der mäandrierende Bach zeugen von einem Seeboden.

Ottsee

O 13° 41′ 46″
N 47° 00′ 37″

Ottsee, auch Weißsee[675]

Lungau, Gemeinde Thomatal, Bundschuhtal, Weißbachtal (2 Seen)

2087 m ü. A., L 70 m, B 50 m, F 2300 m²
2087 m ü. A., L 40 m, B 25 m, F 600 m²

Der, oder besser die Ottseen, werden durch einen Weidezaun von einander getrennt. Das langgezogene Schneefeld am Kamm der Schwarzwand markierte im Juni 2010 auch die Grenze zu Kärnten.

Nicht nur ein Weidezaun, sondern auch eine kleine Barriere teilt den Ottsee in zwei Becken. Der im Franciszäischen Kataster verwendete Name Weißsee wurde von dem westlich an der Grenze zu Kärnten gelegenen Weißeck (2214 m ü. A.) abgeleitet, das heute interessanterweise Schwarzwand genannt wird. Die Region unterhalb der Otthütte wurde früher auch „in der Weiß" genannt[676].

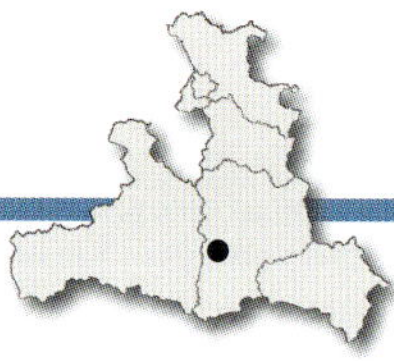

Paarsee, Großer

O 13° 06′ 48″
N 47° 16′ 47″

Großer Paarsee, auch Großhaßekersee[677], Haasecksee[678], Großer Hasseckersee[679], Unterer Hassecksee[680]

Pongau, Gemeinde St. Veit, Salzachtal

Am 10. August 1907 von Eberhard Fugger und dessen Sohn Eberhard Fugger sowie Georg Vogel vermessen:
1836 m ü. A., L 270 m, B 150 m, T 9,4 m, F 29.000 m² [681]
1856 m ü. A., L 285 m, B 160 m, F 31.500 m² (nach SAGIS)

Lorenz Hübner erklärte in seiner Beschreibung des Erzstiftes, „der See auf dem Hassecker Gebirge [...] enthält die köstlichsten Salmlinge, welche in die Pflege zu Goldeck, wohin der See gehört, gebracht werden müssen[682]". Den zweiten Paarsee erwähnte Hübner nicht, er ist aber ca. 20 Jahre später im Franciszäischen Kataster bereits neben dem „Groß Haßeker See" namentlich als „Klein Haßeker See" verzeichnet. Von diesem, weiter oben liegenden Paarsee, aber auch vom namensgebenden Haßeck (2119 m ü. A.) kommen die Zuflüsse, während der See nach ein paar Metern unterirdisch durch eine 20 m hohe Barriere, eine Endmoräne, in den Mursangergraben und danach in die Salzach abfließt[683].

Der Große Paarsee im Pongau entwässert unterirdisch ins Salzachtal. Im Hintergrund liegt links der Hochkönig mit seinen 2941 m ü. A., während rechts das Tennengebirge im Dunst zu erahnen ist.

Paarsee, Kleiner

Kleiner Paarsee, auch Kleinhaßeckersee[684], Haasecksee[685], Kleiner Hasseckersee[686], Oberer Hasseckssee[687]

O 13° 06′ 49″
N 47° 16′ 33″

Pongau, Gemeinde St. Veit, Salzachtal
Am 10. August 1907 von Eberhard Fugger, dessen Sohn Eberhard Fugger und Georg Vogel vermessen:
1950 m ü. A., L 90 m, B 84 m, T 2,1 m, F 5000 m² [688]
1948 m ü. A., L 90 m, B 85 m, F 5300 m² (nach SAGIS)

Eberhard Fugger sichtete bei seinem Besuch im Jahre 1908 auch im „Oberen Haßecksee", wie er den Kleinen Paarsee nannte, Saiblinge[689]. Der im Franciszäischen Kataster als Kleinhaßeckersee bezeichnete See entwässert in den Großen Paarsee und bildet mit diesem eine Seenkette.

Vom oberen Paarsee wirkt das Hochkönigmassiv auf der gegenüber liegenden Salzachtalseite besonders imposant.

Palfensee siehe **Palfnersee**

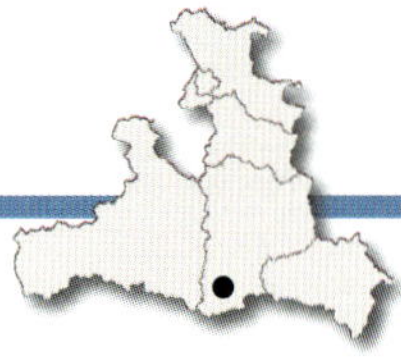

Palfnersee

O 13° 09′ 54″
N 47° 05′ 20″

Palfnersee, auch Palfensee[690], Großer Palfnersee[691]

Pongau, Gemeinde Bad Gastein, Gasteinertal, Palfnerbachtal

Am 28. Juli 1910 von Eberhard Fugger, Gustav Zinke und Josef Gruber vermessen:
2070 m ü. A., L 300 m, B 218 m, T 10 m [692]
2070 m ü. A., L 370 m, B 210 m, F 48.500 m² (nach SAGIS)

1834 hielt Albert von Muchar in der Beschreibung einer Wanderung fest, dass er von Bad Gastein über den Graukogel (2492 m ü. A.) „bis zum gefrorenen Palfensee" hinabstieg[693]. Die „kleine Eiszeit" hatte um 1850 ihre kälteste Periode erreicht und die Gletscher waren zu diesem Zeitpunkt bis auf 2200 m vorgestoßen. Während Eberhard Fugger eine Maximaltiefe von 10 m vermaß, geben 1996 die Autoren des Aufsatzes „Die Fischfauna in zwei Seen des Nationalparks Hohe Tauern" für den Palfnersee eine Tiefe von 12 m an[694].

Auf dem Anfang Oktober aufgenommenen Foto vom Graukogel bei Bad Gastein ist das Größenverhältnis zwischen dem Palfner- und dem von Eberhard Fugger als Kleinen Palfnersee bezeichneten See zu sehen. Im Hintergrund die bereits leicht verschneiten Berge des Nationalparks Hohe Tauern.

Palfnersee, Großer, siehe **Palfnersee**

Palfnersee, Kleiner

Pongau, Gemeinde Bad Gastein, Gasteinertal, Palfnerbachtal

O 13° 09′ 44″
N 47° 05′ 25″

Am 28. Juli 1910 von Eberhard Fugger, Gustav Zinke und Josef Gruber vermessen:
2066 m ü. A., L 56 m, B 24 m, T 3 m[695]
2067 m ü. A., L 65 m, B 30 m, F 1300 m² (nach SAGIS)

Der Kleine Palfnersee hat seinen Namen Eberhard Fugger zu verdanken[696]. Nach der wissenschaftlichen Definition eines Sees darf der tägliche Temperaturgang den Gewässerboden nicht erreichen. Durch die hohe Lage (2067 m) und die entscheidende Tiefe von 3 m ist es also durchaus berechtigt, von einem See zu sprechen, obwohl die Fläche mit 1300 m² gering ist. Das Sportbecken des Leopoldskroner Schwimmbades in der Stadt Salzburg hat vergleichsweise eine Fläche von 800 m². Im Franciszäischen Kataster ist eine kleine Wasserfläche verzeichnet, aber nicht benannt.

Patzensee siehe **Krottensee**

Pfeilerlacke

Pongau, Gemeinde Pfarrwerfen, Salzachtal

O 13° 13′ 10″
N 47° 30′ 40″

2076 m ü. A., L 30 m, B 20 m, F 400 m²

Die Pfeilerlacke liegt im Tennengebirge in unwegsamem Gelände in der Nähe des Leopold-Happisch-Hauses. Sie ist im Franciszäischen Kataster nicht verzeichnet und sieht auf aktuellen Orthofotos nicht sehr tief aus.

Wer die Pfeilerlacke auf dem Hochplateau des Tennengebirges besuchen möchte, muss sich auf eine Klettertour in felsigem Gelände einstellen (© BEV, BMFLUW und SAGIS).

Pfringerlacke siehe **Pfringersee**

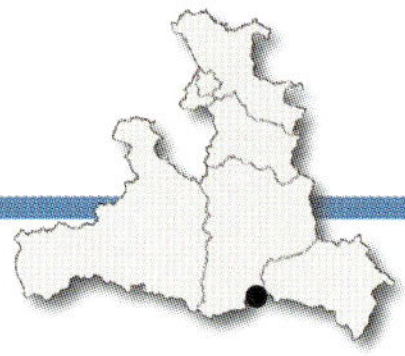

Pfringersee

O 13° 19′ 16″
N 47° 05′ 31″

Pfringersee, auch Arlsee[697], Pfringerlacke[698]

Pongau, Gemeinde Hüttschlag, Großarltal, Kolmbachtal

2228 m ü. A., L 180 m, B 75 m, F 8100 m²

Der Pfringer- oder Arlsee liegt nur knapp 20 m unter der Arlscharte. Der Fund römischer Münzen direkt auf dem Übergang belegt die Existenz eines Saumpfades bereits im Altertum.

Der zuflusslose See und das vergleichsweise kleine Einzugsgebiet auf dem Pass regten schon früh zu phantasievollen Entstehungserklärungen an. Weit vor dieser Zeit, als noch ein „gewaltiger Gletscher durch das Großarltal" strömte, sollen auf den eisfreien Gipfeln angeblich riesige Gestalten aus Eis, die Arlgeister, gelebt haben, die mit großen blauen Eisaugen „weit über ihr eisiges Reich blickten". Ihr eisiger Atem hätte die Gletscher anwachsen lassen. Als die Gletscher dann zu schmelzen begannen, weil das Klima wär-

Der 20 m unter der Arlscharte gelegene, zuflusslose Pfringersee wurde schon im Altertum von Säumern frequentiert.

mer wurde, mussten auch die Arlgeister die schöne Gegend um die Arlscharte verlassen. „Beim Abschied weinten sie bitterlich und aus ihren eisigen Tränen entstanden Wasserfälle und Gletscherbäche. Die wertvollsten Eistränen aber sammelten sich und bildeten drei wunderschöne Seen, deren tiefblaues Wasser Himmel und Ewigkeit spiegeln. Der schönste und größte von ihnen ist der Arlsee unmittelbar am Übergang zu den Elendtälern."[699] Einmal jährlich zur Zeit der Schneeschmelze, so die Sage, sollen die Arlgeister auf die Arlscharte zurückkehren. Von Heimweh und Sehnsucht erfüllt, vergießen sie viele Tränen, die den Arlsee jährlich neu befüllen.
Der See wird nicht nur in aktuellen Karten, sondern bereits im Franciszäischen Kataster als Pfringersee bezeichnet.

Pibersee siehe **Bibersee**

Piendlsee

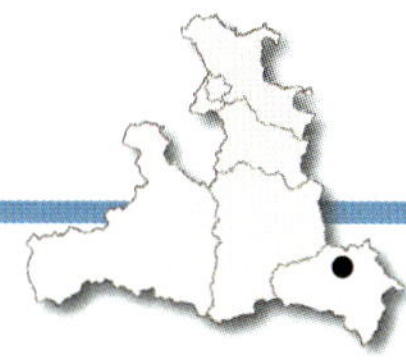

O 13° 45' 50"
N 47° 13' 42"

Piendlsee, auch Böndlsee[700], Briendlsee[701], Peindlsee[702], Prindlsee[703]

Lungau, Gemeinde Göriach, Göriachtal

2032 m ü. A., L 235 m, B 90 m, F 15.100 m²

Der markierte Weg aus dem Göriachtal herauf endet direkt am Piendlsee. Den Talschluss bildet das Kühkar.

An der östlichen Talflanke des Göriachtales liegt südlich des Kaserecks (2740 m ü. A.) der über einen markierten Wanderweg gut erreichbare Piendlsee. Der ca. 10 m hohe natürliche Endmoränenwall lässt den unterirdischen Abfluss des Sees erst 100 m südlich wieder aus dem Berg quellen.

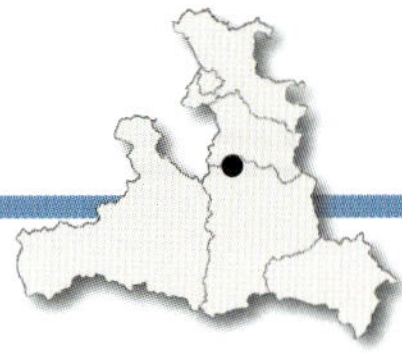

Pitschenbergersee

O 13° 12′ 34″
N 47° 32′ 00″

Pongau, Gemeinde Pfarrwerfen, Salzachtal

1715 m ü. A., L 60 m, B 40 m, F 1700 m^2

Den kleinen See auf der bereits verfallenen Pitschenbergalm am Tennengebirge nennt nur Hans Freudlsperger in seinem Verzeichnis der Salzburger Seen[704]. Ein markierter Weg führt vom Pass Lueg am See vorbei auf das Leopold-Happisch-Haus.

Die verfallene, romantisch pittoreske Alm- oder Jägerhütte am Pitschenbergersee ist im Franciszäischen Kataster nicht verzeichnet. Der See ist kaum einen halben Meter tief und wohl auch nicht als solcher zu bezeichnen.

Planitzersee siehe **Dürrenecksee**

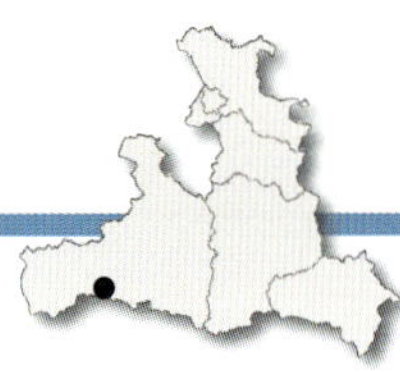

Plattachsee

O 12° 29′ 10″
N 47° 10′ 07″

Plattachsee, auch Klebersee[705], Plattsee[706], Plattensee[707]

Pinzgau, Gemeinde Mittersill, Felberbachtal (natürlicher See, aufgestaut)

Am 26. August 1902 von Eberhard Fugger, dessen Sohn Eberhard Fugger, Carl Kastner und den Trägern Josef und Michel Ißlitzer vermessen:
2195 m ü. A., L 350 m, B 170 m, T 39,1 m[708]
2199 m ü. A., L 420 m, B 305 m, F 85.600 m^2 (nach SAGIS)

Als Plattachsee wird dieses stehende Gewässer nur in der Österreichischen Karte bezeichnet. In anderen Kartenwerken und auch in der Literatur ab der Mitte des 19. Jahrhunderts nennt man ihn Plattsee. In frühen Reisebeschreibungen heißt das Gewässer

Klebersee, in der Karte des Herzogtums Salzburg von Kilian Ponheimer aus dem Jahre 1810 wird die Gegend um den See die untere Kleber genannt[709]. „Das Messen der Seetiefe hatte große Unannehmlichkeiten" berichtete Eberhard Fugger am 26. August 1903, denn seine Helfer und er „hatten viel von dem eisigkalten Tauernwind zu leiden"[710]. Sie froren wohl den ganzen Vormittag, aber das Ergebnis mit einer Höchsttiefe von 39,1 m konnte sich sehen lassen. Von den bisher bekannten Tiefen der Gebirgsseen des Landes Salzburg steht der Plattsee nach dem Schwarz- (Lungau), Tappenkar-, Amertaler-, Bockhart-, Gerlos- und Weißsee an siebenter Stelle.

Trotz des herrlichen Wetters sieht der Platt- oder Plattachsee durch seine Nähe zum Bergkamm sehr düster und geheimnisvoll aus. Die Gletscher der Eiszeiten wirkten sich nicht nur auf die Seetiefe von 39,1 m aus, auch die Felsen um den See sind durch ihre abgeschliffenen und runden Formen gezeichnet.

Plattensee siehe **Plattachsee**

Plattensee siehe **Sieben Möser**

Plattsee siehe **Plattachsee**

Pleisnitzsee / Pleisnitzersee / Pleißnitzsee / Pleysnitzersee siehe **Rothenwändersee**

Pochartsee Oberer und Unterer / Pochhartsee Oberer und Unterer / Pockhartsee Oberer und Unterer siehe **Bockhartsee, Oberer und Unterer**

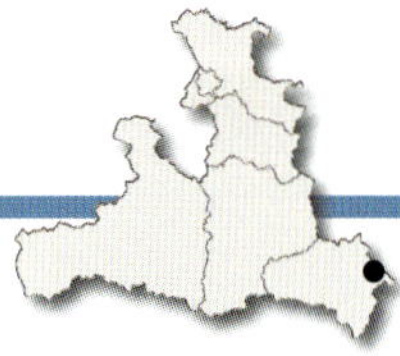

Prebersee

O 13° 51′ 25″
N 47° 11′ 06″

Prebersee, auch Probersee[711]

Lungau, Gemeinde Tamsweg, Preberbachtal

1940 von Hans Freudlsperger[712] vermessen:
1432 m ü. A., L 350 m, B 195 m, T 10 m, F 55.000 m^2 [713]
1514 m ü. A., L 360 m, B 190 m, F 54.500 m^2 (nach SAGIS)

Ignatz von Kürsinger beschrieb 1845 zum ersten Mal ein Preberschießen am gleichnamigen See im Lungau, das er selbst miterlebt hatte. Die Besonderheit dieses Zielschießens besteht darin, die vom Wasser abprallende Kugel am gegenüberliegenden Ufer ins Schwarze zu treffen. Vermutlich ist dieser Brauch aus einem Zufall bei der Jagd auf Enten entstanden. Die Inschrift der ältesten erhaltenen Scheibe lautet: „Zum Andenken an das merkwürdige Wasser Scheiben Schüssen welches Herr Franz Anton Winkler, bürgl. Handelsmann in Tamsweg, den 4. November 1834 wegen der selten schönen Jahreszeit gegeben hat in Prebersee“[714].

Glaubt man einer Sage, so soll am Boden des moorigen Prebersees eine goldene Egge liegen. Eines Tages werde der See ausbrechen und unglaublichen Schaden anrichten. Der Wert der Egge sei aber so groß, dass damit Tamsweg und alle umliegenden Ortschaften wieder aufgebaut werden können[715].

Das als „dystropher Braunwassersee“ zu bezeichnende Gewässer beheimatet neben Forellen und Saiblingen auch eine Edelkrebspopulation[716]. Der im Landschaftsschutzgebiet gelegene See befindet sich heute im Besitz der Österreichischen Bundesforste.

Die älteste Schützenscheibe vom Prebersee-Schießen stammt aus dem Jahre 1834 und befindet sich im Heimatmuseum Tamsweg (Foto Peter Klammer, Lungauer Heimatmuseum Tamsweg).

Der Prebersee ist ein beliebtes Ausflugs- und Familienwanderziel, an schönen Tagen sind Parkplätze Mangelware.

Probersee siehe **Prebersee**

Radsee siehe **Reedsee**

Raitbachersee siehe **Lugingersee**

Raggingersee

O 13° 02′ 44″
N 47° 52′ 32″

Raggingersee, auch Mittersee[717]

Flachgau, Gemeinde Elixhausen, Salzachtal, Bruckbachtal

551 m ü. A., L 635 m, B 190 m, F 96.300 m²

Die künstliche Errichtung der „Teiche von Ursprung", die vom Salzburger Domkapitel für Fischzucht bewirtschaftet wurden, geht in das 16. Jahrhundert zurück. Bei einer Exkursion der Gesellschaft der Salzburger Landeskunde am 24. September 1890 fand man den größten der damals noch drei Teiche, den Mitter- oder Raggingersee, abgelassen und versumpft vor[718]. Im Sommer werden Luginger- und Raggingersee heute wieder fischereiwirtschaftlich genutzt und im Winter wird bei vermindertem Wasserstand Eisstockschießen betrieben. Weitere Informationen siehe auch Berlingersee und Lugingersee.

Vom Raggingersee Richtung Südwest bietet sich ein herrlicher Ausblick auf den Windinghof, überragt vom 1771 m ü. A. großen Hochstauffen (Foto Karl Witzmann).

Ragoelersee / Ragolensee siehe **Rotgüldensee, Unterer**

Rainbachkaarsee / Rainbachkarsee siehe **Rainbachsee**

Rainbachsee

Rainbachsee, auch Rainbachkaarsee[719], Rainbachkarsee[720], Rambachkarsee[721], Rambachsee[722]

O 12° 09' 07"
N 47° 09' 07"

Pinzgau, Gemeinde Krimml, Krimmlertal, Rainbachtal

Am 25. August 1895 von Eberhard Fugger, dessen Sohn Eberhard, Carl Kastner und dessen Sohn Otto, sowie dem Träger Georg Lechner vermessen:
2385 m ü. A., L 255 m, B 135 m, T 6,8 m, F 15.000 m² [723]
2404 m ü. A., L 270 m, B 135 m, F 24.000 m² (nach SAGIS)

Der in der nördlichen Flanke des Rainbachtales gelegene Rainbachsee ist eigentlich nicht als Karsee zu bezeichnen, da er nicht in der Vertiefung des Seekars, einem Seitental des Rainbachtales, liegt. Vermutlich konnte sich die Seeterrasse bilden, weil der unterhalb liegende Fels den Gletschern der Eiszeiten Widerstand geleistet hatte. Eine weitere Besonderheit ist seine Lage an einer südlichen Bergflanke. Die meisten Salzburger Seen der Hohen Tauern entwässern, geographisch bedingt, nach Norden, Osten oder Westen. Im Franciszäischen Kataster ist der See noch nicht registriert.

Auf einer vom Gletscher geformten Terrasse liegt der 6 m tiefe Rainbachsee und bietet einen traumhaften Blick nach Süden auf das Krimmlertal und seine höchste Erhebung, die 3499 m ü. A. hohe Dreiherrenspitze, an der Grenze zwischen Italien, Osttirol und Salzburg.

Rambachsee / Rambachkarsee siehe **Rainbachsee**

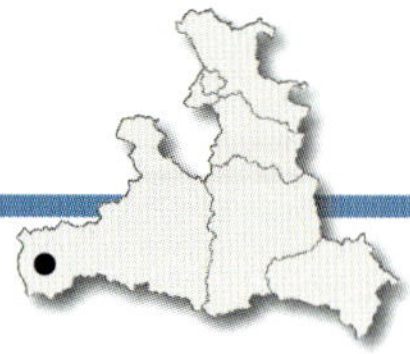

Rambachsee, Kleiner

O 12° 08′ 42″
N 47° 09′ 09″

Pinzgau, Gemeinde Krimml, Krimmlertal, Rainbachtal

Am 25. August 1895 von Eberhard Fugger und Sohn Eberhard, Carl Kastner und Sohn Otto sowie dem Träger Georg Lechner vermessen:
2414 m ü. A., L 60 m, B 37 m, T 1,8 m, F 2200 m^2 [724]
2423 m ü. A., L 65 m, B 35 m, F 2000 m^2 (nach SAGIS)

Ebenso wie der Rambachsee wurde am 25. August 1895 bei herrlichem Wetter der „Kleine Rambachsee" vermessen. Der von Fugger so getaufte See ist in keiner Landkarte benannt.

Der „kleine Rambachsee", wie Eberhard Fugger ihn nannte, in einem Seitental des Krimmlertales gelegen, ist in ein Meer von Granitblöcken gebettet.

Rasbergsee / Rasbergersee / Rasenbergersee siehe **Kratzenbergsee**

Rattensee

Rattensee, wahrscheinlich auch Krottensee

In seinem „Reise-Handbuch für Kranke oder Naturfreunde, welche das Thal und Wildbad Gastein in naturhistorischer, archäologischer und pittoresker Hinsicht zu besuchen wünschen", schreibt Emil 1832: „In der Morgenkühle wandelt man bequem auf einem angenehmen Nebenwege durch Wiesengründe und Laubholz zur

Die Karte von Wilhelm Buna zeigt im Detail, dass hier der Krottensee auch als Rattensee bezeichnet wurde (Buna 1745, Lk., Sammlung Peter Matern).

Glashütte (Hüttenstein). Der Aber-, Kröten- und Rattensee, die man vorbey wandert, gewähren einen heiteren Anblick. Nach 1½ St. erreicht man Scherfling am Mond-See."[725] Nach dieser Wegbeschreibung von St. Gilgen zum Mondsee wäre der genannte Rattensee der Egelsee bei Scharfling. Andererseits könnte die Ähnlichkeit der Namen Krotten und Ratten in schlampigen Schreibweisen zur Namensänderung geführt haben. Diese Annahme wird durch die Landkarte von Wilhelm Buna aus dem Jahre 1745 untermauert, in der er den Krotten- auch Rattensee nennt[726].

Rainkarsee siehe **Reinkarlacke**

Redsee siehe **Reedsee**

Reedsee

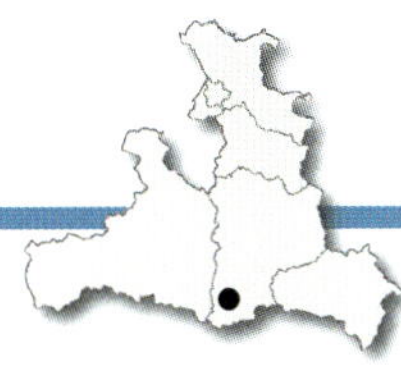

Reedsee, auch Radsee[727], Redsee[728], Reetsee[729], Rettsee[730], Rödsee[731]

O 13° 11′ 40″
N 47° 05′ 50″

Pongau, Gemeinde Bad Gastein, Kötschachtal

T 22 m[732]
1825 m ü. A., L 340 m, B 185 m, F 44.500 m² (nach SAGIS)

Der See liegt an der Baumgrenze in einem südlichen Seitental des Kötschachtales auf 1825 m ü. A. In der Gasteiner Chronik von 1540 wird von einem Unwetter berichtet, das sich 1403 ereignete: „Ist durch ein Wolkenpruch in der Seealben [gemeint ist der Reedsee – ‚in der Alben Kötscha ain See'] der See außprochen vnd hat darauß ain grozzen Lindtwurmb auff Hundsdorff tragen, vnd alß daz

Wasser von Ime gerunen, den wurmb auff ain Feldt vndter Hundtsdorff liegen lassen, wie es noch das Wurmbfeldt genent wirdet. Der Wurmb ist verdorben. Er ist so groß wie ain ungarischer Ochs gewesen vnd habe ain so greulich Gestank von sich geben, daz man ihn hat schleunig auf daz Hochwasser geschlept vnd durch daz Wasser hat hinrinnen lassen."[733] Ob es sich um einen Bären, eine Kuh, einen, bis zur Unkenntlichkeit zerfetzten Stier, oder ein anderes großes Tier handelte, das von den Fluten fortgerissen wurde, wird nicht mehr zu eruieren sein. In jedem Fall ist die Erwähnung des Lindwurms in der Chronik erstaunlich. In der Nähe des Weitmoserschlösschen, 11 km vom Reedsee entfernt, existiert auch heute noch das Wurmfeld. Wahr dürfte jedenfalls das Unwetter mit nachfolgenden verheerenden Überschwemmungen sein.

Der Reedsee ist auch im Franciszäischen Kataster unter diesem Namen verzeichnet und ein markierter Wanderweg führt vom Kötschachtal zum See.

Der Lärchen- und Zirbenwald gibt den Blick auf den Reedsee, die Reedseehütte und die angeschneite Bergkulisse des Tischlerkares im Kötschachtal bei Badgastein frei.

Reetsee siehe **Reedsee**

Regilysee siehe **Rotgüldensee, Oberer**

Reinkaarsee siehe **Reinkarlacke**

Reinkarlacke

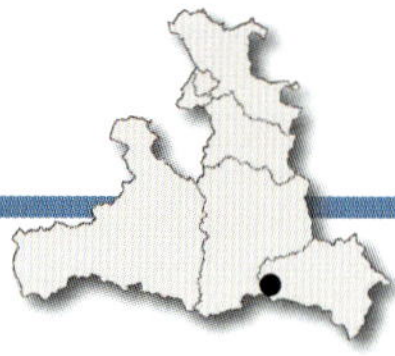

O 13° 21′ 19″
N 47° 08′ 55″

Reinkarlacke, auch Rainkarsee[734], Reinkaarsee[735], Reinkarsee[736], Reinkohrlacken[737]

Lungau, Gemeinde Muhr, Murtal

2231 m ü. A., L 105 m, B 85 m, F 6000 m²

In Wander- und Skikarten gegen Ende des vorigen Jahrhunderts wird die Reinkarlacke noch Reinkarsee genannt und es gibt sicherlich kleinere stehende Gewässer im Land Salzburg, die als Seen bezeichnet werden. Die Reinkarlacke ist über freies Almgelände erreichbar, allerdings ohne markierten Weg.

Die Reinkarlacke über dem Mur-Ursprung sollte auf Grund einer optischen „Sichttiefenprüfung" eigentlich Reinkarsee genannt werden.

Reinkarsee / Reinkohrlacken siehe **Reinkarlacke**

Reitecksee

Pongau, Gemeinde Flachau, Ennstal (künstlich)

O 13° 23′ 13″
N 47° 22′ 10″

884 m ü. A., L 115 m, B 85 m, T ca. 2 m, F 3100 m² [738]

Das kleine, künstlich errichtete Gewässer liegt in Flachau, Ortsteil Reitdorf, und dient als Naherholungsgebiet. Die zeitweilig auftretende Algenentwicklung zeugt von starkem Nährstoffreichtum und trübt das Wasser[739].

Rettsee siehe **Reedsee**

Riedersee siehe **Riedingsee**

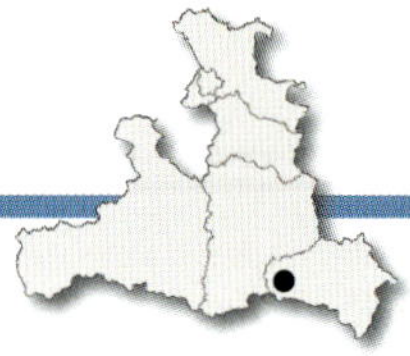

Riedingsee

O 13° 22′ 33″
N 47° 09′ 44″

Riedingsee, auch Riedersee[740]

Lungau, Gemeinde Zederhaus, Vorderes Riedingtal

2169 m ü. A., L 170 m, B 90 m, F 12.200 m²

Die mächtige Wand des Weißeck dominiert den Riedingsee und ist wohl auch für dessen Existenz verantwortlich. Eine dominante Seitenmoräne des Gletschers vom Weißeck (2711 m ü. A.) hat den See gegen Ende der Eiszeit abgedämmt.

Östlich des Weißeck (2711 m ü. A.) liegt der Riedingsee im gleichnamigen Tal. Eine Sage um den See erzählt von grausamen Begebenheiten auf der Alm. Ein Schafhirte, „schier noch ein Knabe, doch böse waren sein Herz und sein Sinn", stürzte manchmal aus Langeweile eines seiner Schafe in den Abgrund. Eines Tages packte er wieder eines der unschuldigen Tiere, doch dieses wehrte sich nicht, „aber im Augenblicke, als sein Mörder es faßte und vom Boden heben wollte, machte es einen Sprung über den schwindelnden Abgrund, und begraben lagen Schaf und Hirt unten im tiefen See"[741]. Durch eine Seitenmoräne entstanden, könnte der See in die Kategorie „Abdämmungsseen" einzuordnen sein.

Rinderkarlsee siehe **Rinderkarsee**

Rinderkarsee

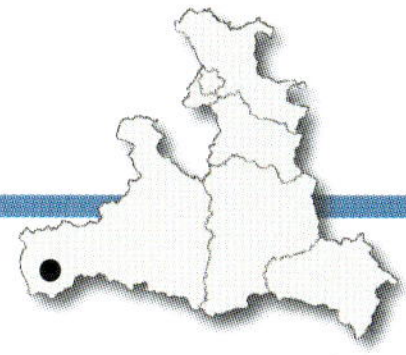

Rinderkarsee, auch Rinderkarlsee[742], Rindersee[743]

O 12° 12′ 18″
N 47° 12′ 06″

Pinzgau, Gemeinde Krimml, Tiefenbachtal
Am 28. August 1892 von Eberhard Fugger und dessen Sohn Eberhard, Carl Kastner und Anna Pehersdorfer vermessen:
2294 m ü. A., L 130 m, B 110 m, T 8,7 m, F 14.000 m² [744]
2291 m ü. A., L 160 m, B 80 m, F 13.500 m² (nach SAGIS)

Mühsam und sehr steil, aber lohnend, ist der markierte Weg zum Rinderkarsee. Dass sich der Weg nicht auszahle, dachten sich einer Sage nach zwei Senner „vor etlichen hundert Jahren". Sie hatten während des Sommers so viel Heu geerntet, dass sie auf der Alm überwintern konnten. In der Christnacht beschlossen die beiden, „ihren Hund zur Mette zu schicken, während sie sich die Zeit mit Kartenspielen vertreiben wollten". Nach dessen Rückkehr erhob sich aber ein mächtiger Sturm mit Blitz und Donner und mit furchtbarem Getöse stürzten Felsmassen auf Almhütte und Weiden. „Seitdem ist im Rinderkar nur mehr Kahlgebirge zu sehen und dort, wo die Hütten standen, ist heute ein kleiner, aber sehr tiefer See."[745]
Eberhard Fugger schätzte bei seinem Besuch 1892 die Zunge des damals noch existierenden Hütteltalkees, südlich des Sees, auf 2600 m ü. A. herabreichend, der Hütteltalkopf (2962 m ü. A.) ist heute eisfrei[746].

Der tief grünblaue Rinderkarsee liegt in einem kleinen Kar über dem Salzachtal bei Krimml. Gegenüber in den Kitzbühler Alpen ragt der Große Rettenstein (2366 m ü. A.) zwischen zwei Bergen hervor.

Rindersee siehe **Rinderkarsee**

Ritzensee

O 12° 50′ 18″
N 47° 25′ 06″

Pinzgau, Gemeinde Saalfelden, Urslautal (künstlich)

765 m ü. A., L 360 m, B 250 m, T 6,4 m, F 51.600 m² [747]

Möglicherweise hat dieses Aquarell von Oswald Putzer 1953 die Gemeinde von Saalfelden überzeugt, den „Traum von Ritzensee", so der Titel, zu realisieren (Oswald Putzer, Der Traum vom Ritzensee, Aquarell, 1953, Museum Schloss Ritzen).

Der Ritzensee wurde zwischen 1953 und 1955 künstlich angelegt. Während nach einer Quelle 1955 die amerikanischen Besatzungstruppen den See ausgebaggert haben sollen[748], war es nach einer anderen 1954 die Gemeinde Saalfelden, um der heimischen Bevölkerung die Möglichkeit zu geben, das Schwimmen zu erlernen[749]. In der Ortschronik von Saalfelden ist nachzulesen, dass zu Beginn der 50er Jahre die Marktgemeinde an die Besatzungsmacht mit der Bitte herantrat, Gerät zur Errichtung eines Dammes zur Verfügung zu stellen, um die „saure Wiese" beim Schloss Ritzen in einen See umzuwandeln[750]. Es war eine voraussehende Investition, denn heute ist der über der Stadt Saalfelden gelegene See sowohl im Sommer für Badegäste und Fischer als auch im Winter für Eisläufer und Eisstockschützen ein herrliches Naherholungsgebiet. Bereits 1957 und 1958 war der See Kulisse für die Heimatfilme „Wilderer im Silberwald" und „Das Vaterland". Am Ufer steht das gleichnamige Schloss, in dem sich heute ein Heimatmuseum befindet. Es wurde nach Haimeram von Ritzen benannt, der 1603 das Gebäude erwarb.

Der in den 1950er Jahren künstlich errichtete Ritzensee ist Sommer wie Winter Naherholungsgebiet für Mensch und Tier. Das namengebende Schloss Ritzen, hinter der Wasserfontaine, beherbergt das Heimatmuseum von Saalfelden (Foto Friedrich Falk).

Bis zu 27° C erreicht der Moorsee im Sommer, während sich im Winter durch seine geringe Tiefe von 5–6 m schnell eine tragfähige Eisdecke bildet. Ende 1988 wurde der See abgelassen, um einerseits einen „Mönch" einzubauen[751], eine Vorrichtung zur Regulierung des Wasserspiegels, andererseits um den See auszubaggern. Dabei wurde ein Fischbestand von 1140 kg Karpfen, 80 kg Zander, 770 kg Güster und Brachsen, 30 kg Hechte, 20 kg Schleien und 40 kg Aale ausgefischt und in einem nahegelegenen Teich „gehältert"[752].

Rödsee siehe **Reedsee**

Rogelersee / Roggolersee / Rogolersee siehe **Rotgüldensee, Unterer**

Rosaninsee

Lungau, Gemeinde Thomatal, Kremstal

O 13° 46′ 53″
N 46° 57′ 03″

2057 m ü. A., L 250 m, B 70 m, F 6500 m²

Auf dem markierten Weg zum Königstuhl (2336 m ü. A.) liegt im Kremstal der südlichste See Salzburgs. Der Rosaninsee ist auch der einzige, der ins Bundesland Kärnten entwässert. Der von mehreren verlandeten Becken umgebene See ist mit 250 m sehr lang gezogen, aber auch bereits stark verwachsen. Schon im Franciszäischen Kataster sind um den namentlich genannten „Rosanin See" mehrere Sumpfflächen verzeichnet.

Der Rosaninsee ist der südlichste See am Fuße des südlichsten Zweitausenders des Landes Salzburg, dem 2336 m ü. A. hohen Königstuhl. Im Vordergrund ist ein weiteres, bereits verlandetes Seebecken zu erkennen.

Rossbergsee siehe **Kratzenbergsee**

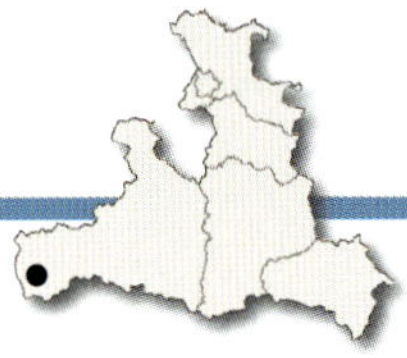

Rosskarlacke

O 12° 08′ 36″
N 47° 08′ 24″

Pinzgau, Gemeinde Krimml, Krimmlerachental, Rainbachtal

2291 m ü. A., L 50 m, B 30 m, F 1000 m^2

Bei einer Hüttenwanderung von der Zittauerhütte im Wildgerlostal zur Richterhütte im Rainbachtal, einem Seitental des Krimmler Achentales, kommt man auf markiertem Weg direkt an der Rosskarlacke vorbei. Das Gewässer ist im Franciszäischen Kataster nicht verzeichnet.

Rothengüldensee / Rothgildensee / Rothgilgensee siehe **Rotgüldensee, Unterer**

Rotgüldensee, Oberer

O 13° 24′ 08″
N 47° 05′ 12″

Oberer Rotgüldensee, auch Haderlindsee[753], Haderlingsee[754], Haderlinsee[755], Herlindensee[756], Regilysee[757], Oberer Rothgüldensee[758]

Lungau, Gemeinde Muhr, Murtal, Rotgüldenbachtal

1995 m ü. A., L 250 m, B 240 m, T ca. 4,5 m, F 40.850 m^2 [759]

Während ein kleiner Bach stetig sein Delta in die Seemitte treibt, verfrachtet ein zweiter an der Westseite Feststoffe und Gletschersedimente vom Rotgüldenkees in den Oberen Rotgüldensee (© BEV, LFRZ und SAGIS).

Der gewaltige Karabschluss des Rotgüldentales wird überragt vom Großen Hafner (3076 m ü. A.), an dessen Nordflanke eines der beiden noch rezenten Keese des Lungaus, das Rotgüldenkees[760], liegt. Dieser Gletscher gibt dem oberen Rotgüldensee, vormals Haderling- oder Herlindensee genannt, seine milchige Färbung und sorgt auch durch die Sedimenteinführung für eine beschleunigte Verlandung. Im Franciszäischen Kataster wird er noch als Oberer Regilysee geführt, aber in der Seenliste von Freudlsperger trägt er bereits seinen heutigen Namen.

Rothgüldensee, Oberer, siehe **Rotgüldensee, Oberer**

Rotgüldensee, Unterer

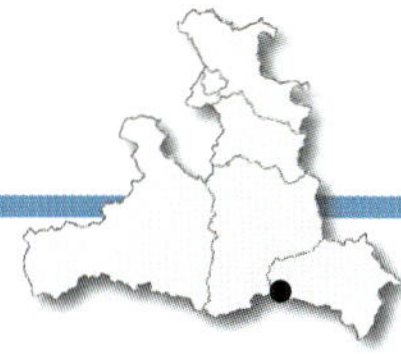

Unterer Rotgüldensee, auch Ragoelersee[761], Ragolensee[762], Regilysee[763], Rogelersee[764], Roggolersee[765], Rogolersee[766], Rothengüldensee[767], Rothgildensee[768], Rothgilgensee[769]

O 13° 24′ 32″
N 47° 05′ 44″

Lungau, Gemeinde Muhr, Murtal, Rotgüldenbachtal (natürlicher See, aufgestaut)

1732 m ü. A., L 1250 m, B 460 m, T ca. 75 m, F 400.000 m²

Für den Unteren Rotgüldensee existieren fast so viele Theorien über die Namensentstehung[770] wie es verschiedene Namensvarianten gibt. Der Abbau von Arsenik, unterhalb des Sees, ist schon für das 14. Jahrhundert nachweisbar, wobei ursprünglich nach Gold gesucht wurde. Erzbischof Ortolf verlieh 1354 den Gewerken das Recht zum Bergbaubetrieb[771]. Urkundliche Erwähnungen des Namens sind 1463 „in der Gragöll", 1543 „in der Gragol", im 18. Jahrhundert heißt es dann „Ragoller Tal; Ragolen See" [772].

„Das Rothgildental im Lungau mit dem Hafnereck", titelte C. Crede (auch Conrad Grefe) 1864 seine Farblithographie vom Unteren Rotgüldensee. Durch den Staudamm steht ein Großteil dieser Landschaft um den Abfluss heute unter Wasser (Salzburg Museum, Inv.-Nr. 5162-49).

Nachdem im Jahr 1884 der Arsenbergbau eingestellt worden war, gab es bis in die Gegenwart Bestrebungen, erneut nach Erzen zu suchen.
Das Thema Gold spielt auch in einer überlieferten Sage um einen Gewerken, der seinen Reichtum bereits mit Arsenik gemacht hatte, eine tragende Rolle. Er wurde immer unzufriedener, weil seine Suche nach den Goldschätzen, die nach alten Schriften im hintersten Murtal zu finden seien, nicht erfolgreich war. Die junge, hübsche Tochter des Gewerken, von ihrem Vater behütet wie ein Augapfel, verliebte sich eines Tages in einen armen jungen Knappen. „Eifersüchtig untersagte ihr der Vater jedes weitere Treffen. Über diesen Kummer wurde das Mädchen sterbenskrank und nach wenigen Wochen trug man sie auf den Friedhof hinaus."[773] Der plötzliche Fund des so lange gesuchten und ersehnten Goldes konnte den Gewerken nach dem Tod seiner Tochter nicht mehr glücklich machen und „von Gram erfüllt stürzte er seinen ganzen Reichtum in die dunklen Fluten des Sees, der seither Rotgüldensee heißt."[774] Auch soll „durch kräftige Exorcimen, die arme Seele des Schörgen=Toni vom Speyereck=Kopfe weg in den See des Roggillenthales gebannt" worden sein[775]. Dieser drangsalierte angeblich als Gerichtsdiener im Gasteinertal des 18. Jahrhunderts seine Mitmenschen, ohne je dafür zur Rechenschaft gezogen worden zu sein. Als Strafe soll er im Rotgüldensee sein Unwesen treiben[776].
Seit 1956/57 wird der Rotgüldensee energiewirtschaftlich genutzt und der natürliche Steinschüttdamm hat mittlerweile eine Sperrenhöhe von 18 m bei einer Kronenlänge von 112 m. Beide Rotgüldenseen wurden zu Landschaftsschutzgebieten erklärt.

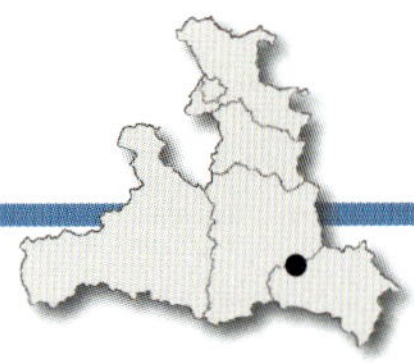

Rothenwändersee

O 13° 25' 23"
N 47° 11' 56"

Rothenwändersee, auch Pleisnitzersee[777], Pleisnitzsee[778], Pleißnitzsee[779], Pleysnitzersee[780]

Lungau, Gemeinde Zederhaus, Riedingtal

2008 m ü. A., L 140 m, B 100 m, F 8000 m²

Viele Namen mit Rothen- und Pleißnitz- finden sich zwar in der Region des Zederhaustales, in nächster Umgebung des direkt über dem Tauerntunnel-Südportal gelegenen kleinen Sees sind aber keine „Namensgeber" zu finden. Der Name Pleißnitz ist auf die slawische Besiedlung im Frühmittelalter zurückzuführen. Das wärmere Klima erlaubte es, Hochgebirgsregionen für die Viehwirtschaft zu nutzen[781]. Schnell verstummt der Lärm der Tauernautobahn, wenn man auf markiertem Weg zum See aufsteigt.

Der Rothenwändersee, mit Blick auf das Zederhaustal. Der Sattel zwischen den beiden Bergen rechts im Hintergrund, 4 km Luftlinie entfernt, wird Rothenkarscharte genannt.

Rupaninsee, Oberer

Lungau, Gemeinde Weißpriach, Weißpriachtal

O 13° 37′ 46″
N 47° 12′ 48″

2187 m ü. A., L 100 m, B 85 m, F 5500 m²

Im kleinen Rupanintal, einem Seitental des Weißpriachtales, liegt eine Seenkette von vier stehenden Gewässern, von denen zwei auf heutigen Karten Oberer und Unterer Rupaninsee genannt werden, während die zwei obersten für eine Benennung zu klein sind. Auch dieser Name ist, wie viele Flur- und Ortsnamen des Lungaus, slawischen Ursprungs. Das Wort „Rupa" bedeutet Loch oder Erdhöhle. Der Ortschronist Josef Schitter vermutet: „Sinngemäß können wir diesen alten Flurnamen übersetzen mit ‚tiefes Felsen-Kar', denn das trifft hier bei der Rupanie wirklich zu".[782]

Bei einem Besuch am 26. Juni 2010 war der Obere Rupaninsee (2187 m ü. A.) noch teilweise von Schnee und Eis bedeckt (Foto Sandrina Schwarz).

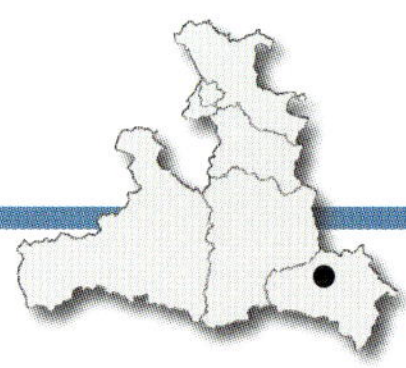

Rupaninsee, Unterer

O 13° 37′ 42″
N 47° 13′ 02″

Unterer Rupaninsee, auch Rupeniersee[783], Rupenirsee[784], Rupenersee[785]

Lungau, Gemeinde Weißpriach, Weißpriachtal

1986 m ü. A., L 175 m, B 125 m, F 16.500 m²

Während der Obere Rupaninsee in älteren Quellen nicht genannt ist, sind für den untersten See dieser aus vier Gewässern bestehenden Kette Informationen zu finden, wie jene von Franz Carl Weidmann aus dem Jahre 1845: „Auch dieser Teil des Gebirges [Weißpriachthal] trägt mehrere Seen: den Friebitschsee, Weißbachsee und Rupeniersee sowie die Alpen Schon und Buren."[786] Im etwa 25 Jahre zuvor entstandenen Franciszäischen Kataster[787] wurde noch keiner der Rupaninseen verzeichnet. Siehe auch Rupaninsee, Oberer.

Vielleicht hat das slawische Wort „Rupa“ für Loch oder Erdhöhle doch seine Berechtigung, wenn man die Lage des einsam über dem Weißpriachtal gelegenen Unteren Rupaninsee betrachtet.

Rupeniersee / Rupenirsee / Rupenersee siehe **Rupaninsee, Unterer**

Salzachsee, Oberer

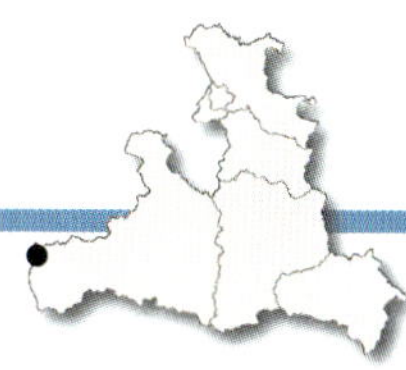

Pinzgau, Gemeinde Wald, Salzachtal

O 12° 06′ 22″
N 47° 17′ 42″

Am 15. August 1893 von Eberhard Fugger und einer „großen Gesellschaft“ vermessen:
2320 m ü. A., L 42 m, B 33 m, T 3,2 m, F 1230 m² [788]
2322 m ü. A., L 50 m, B 40 m, F 1300 m² (nach SAGIS)

Der Obere Salzachsee spielt weniger wegen seiner Größe als vielmehr in historischer Hinsicht im Streit um den Ursprung der Salzach im 19. Jahrhundert eine Rolle. Franz Michael Vierthaler fügte seiner Beschreibung der Wanderung zum Salzachursprung eine Zeichnung seines Reisebegleiters Andreas Nesselthaler bei[789]. Als nun 77 Jahre später Eberhard Fugger das Tal besuchte, fand er, auch auf Grund eines herannahenden Gewitters, seinen Weg nur bis zum unteren See[790]. Etwas enttäuscht schrieb er über die Zeichnung Nesselthalers: „Sie ist im Ganzen den Verhältnissen entsprechend, nur ist gegenwärtig von den kolossalen, im See liegenden Felstrümmern nichts zu sehen."[791] Erst ein weiterer Besuch zwei Jahre später ließ ihn den Irrtum aufklären: „Und ich gestehe nun gerne ein, daß ich damit etwas voreilig war. [...] nach etwa 10 Minuten leichten Steigens betraten wir abermals eine Talstufe, von der Salzachalpe gezählt, die fünfte, und siehe da, wir hatten wieder einen See vor uns, den oberen Salzachsee, 2023 m."[792] Der Name „Salzachsee" findet erst mit Fugger Eingang in die Literatur, während aktuelle Kartenwerke auf eine Namensgebung verzichten. Ein markierter Weg führt nur auf den Östlichen Salzachgeier, von dem man einen schönen Ausblick auf den Salzachursprung und seine stehenden Gewässer hat.

Die „kolossalen Felsen" hat Eberhard Fugger bei seinem Besuch des vermeintlich Oberen Salzachsees vermisst. Zwei Jahre später konnte er seinen Irrtum aufklären und den richtigen oberen See vermessen („Ursprung der Salzach", Lithographie von Rattensberger, um 1835, Sammlung Peter Matern).

Salzachsee, Unterer

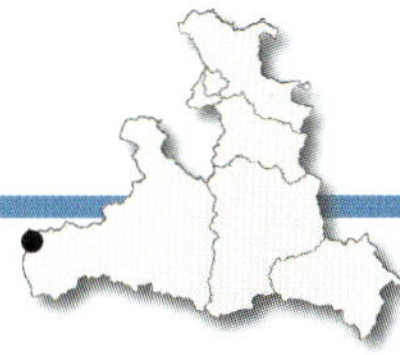

Pinzgau, Gemeinde Wald, Salzachursprung

O 12° 06′ 30″
N 47° 17′ 52″

Am 25. August 1892 von Eberhard Fugger, Carl Kastner und Anna Pehersdorfer vermessen:
2280 m ü. A., L 50 m, B 50 m, T 3 m, F 2500 m^2 [793]
2261 m ü. A., L 80 m, B 60 m, F 2800 m^2 (nach SAGIS)

Bei seinem ersten Besuch des Salzachursprungs hielt Fugger diesen unteren Salzachsee für den oberen. Da Vierthaler in seiner Wanderbeschreibung von zwei Seen gesprochen hatte[794], vermutete er, dass einer der beiden Seen bereits verlandet war: „Man erreicht einen dritten alten Seeboden, 2120 m, offenbar jenen See, den Vierthaler noch gesehen und als den unteren bezeichnet hat."[795] Zwei Jahre später konnte er seinen Irrtum selbst aufklären und fand den richtigen, oberen Salzachsee direkt unter dem Salzachgeier (siehe auch Salzachsee, Oberer).

Vom Salzachgeier eröffnet sich der Blick auf die Seen des Salzachursprungs, erst der Obere Salzachsee mit den „kolossalen Felstrümmern", versteckt links unten und in der Bildmitte der Untere Salzachsee. Darüber rechts am Horizont neben der Aleitenspitze (2449 m ü. A.) liegt die Kalkkette des Wilden Kaisers zwischen Kufstein und St. Johann in Tirol.

Salzachseen in Liefering

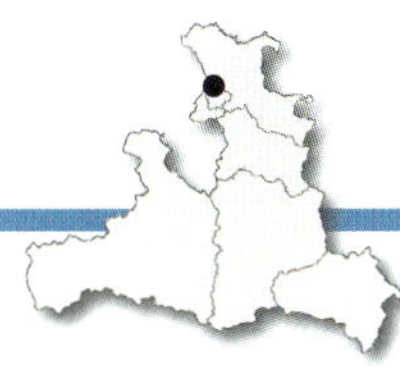

Salzburg, Gemeinde Salzburg, Salzachtal (künstlich)

O 13° 01′ 01″
N 47° 50′ 08″

407 m ü. A.

Die „Salzachseen" bei Liefering haben eine kurze, aber bewegte Geschichte. Ab 1938 entstanden sie durch Ausbaggerung, um die erhöhte Böschung der Reichsautobahn zu errichten[796]. „In der ausgedehnten Grube drang aber allmählich das Grundwasser der

1975 fand im Haus der Natur eine Sonderschau über die „Renaturierung" der Salzachseen bei Liefering statt. Das Cover zeigt eine Luftaufnahme des „Lieferinger Spitz" aus dieser Zeit (Von der Schotterwüste zur Erholungslandschaft 1975).

Salzach ein [...] und heute sehen wir mit großem Staunen ein natürliches Wasserbecken, das bei seinem Umfange sich berechtigt einen See nennen darf." Weiters führt die Salzburger Zeitung 1944 aus: „Man muß kein großer Prophet sein, um dem Salzachsee eine große Zukunft vorauszusagen, wenn der Friede es gestatten wird [...]."[797] Neben den badelustigen Salzburgerinnen und Salzburgern der Nachkriegszeit wurde der Salzachsee aber auch von den US-Soldaten zum Kraftwagen-Reinigen benutzt[798]. 1952 verhinderte der Stadtsenat erfolgreich einen Panzerübungsplatz der Besatzungstruppen auf dem Gelände. Nach schweren Zerstörungen durch Überschwemmungen 1959 wurden die Schottergruben teilweise erst als wilde, später nach Ankauf des Areales 1962 durch die Stadt Salzburg, als offizielle Mülldeponien angefüllt, andere wurden für weitere Schottergewinnung genutzt. Mit der Erklärung zum Landschaftsschutzgebiet am 19. Juni 1967 begann eine langwierige, aber schlussendlich erfolgreiche Renaturierung und Umwandlung in ein Freizeit- und Erholungsgebiet. Siehe auch Lieferinger Badesee.

Salzsee siehe **Sulzsee**

Salzburger See

Während der Eiszeiten war das ganze Salzburger Becken vom Salzachgletscher und seinen Zuflüssen ausgefüllt. Dabei konnte durch diverse Seitenablagerungen im Bereich der Stadt Salzburg eine Eismächtigkeit bis 700 m Höhe nachgewiesen werden. Vor ca. 19.000 Jahren zog er sich durch Klimaerwärmung in die Gebirgstäler zurück und die Haupttäler der Salzach und Saalach wurden eisfrei. Die Würm-Endmoränen dieses Gletscherstromes bildeten auch den natürlichen Damm für den größten See des Bundeslandes, den „Salzburger See". Dieser hatte schon in den Zwischeneiszeiten Bestand, wurde jedoch jedes Mal neu verfüllt. Der jüngste Salzburger See war ein Eisrandsee ohne Lebewesen mit einer Wasserspiegelhöhe von 460–465 m ü. A. Das Salzburger Kapuzinerkloster liegt vergleichsweise auf 475 m ü. A. Sein Becken reichte von Golling im Süden bis weit über die Salzburger Landesgrenzen bei Hucking, Holzöster und Oichten im Norden hinaus. Die West-Ostausdehnung reichte vom Surtal/ Wagingersee in Bayern bis zu den Ausläufern des Gaisbergs. Das Seebecken hatte ungefähr 55 km Länge und ca. 20 km Breite. Die tiefsten

„Das Salzachtal zur Eiszeit" betitelte Eberhard Fugger die Zeichnung von Julius Czerny von 1887. Links ist der Untersberg, in der Mitte der Hohe Göll und rechts das Tennengebirge zu sehen. Die Latschenvegetation und die Hirsche am Eisrandsee sind Ausdruck der „künstlerischen Freiheit" des Zeichners, denn diese Phase war fast „flora- und faunafrei" (Fugger 1887, Zeichnung von Julius Czerny).

Stellen des Sees dürften 200 bis 250 m[799] erreicht haben, während die Größe ohne weiteres mit der des Gardasees vergleichbar ist. Da sich die Salzach rasch einen oder gar mehrere Durchbrüche durch den Moränenwall schuf und vom Gebirge gleichzeitig ein Gemisch aus gewaltigen Gesteinsmassen und feinsten Gletschersedimenten (Seetone) in das Becken eingebracht wurde, „war dem See – geologisch gesehen – keine lange Lebensdauer beschieden."[800] In einem unvorstellbar kurzen Zeitraum von nur 1000 Jahren sank der Wasserspiegel in mehreren Phasen auf 425 m[801] ab und der See zerfiel in mehrere Teilbecken. Bereits vor 17.000 Jahren war der Salzburger See verlandet[802] und Flora wie Fauna eroberten sich die Landschaft um das Salzburger Becken wieder zurück. Deutlich sichtbare Spuren und Reste dieses „Seebodens" sind aber noch heute die Torflager und Sumpfwiesen, wie das Leopoldskroner Moos, die Moore bei Gois und Viehhausen oder die Torfwiesen bei Schallmoos oder Söllheim. Die angesprochenen Seetone sind dafür verantwortlich, dass das Salzburger Becken für Großbauwerke „als Baugrund gefürchtet" ist[803].
Die Bevölkerung erfand ihre eigenen Interpretationen um die ehemalige Existenz des Sees und brachte diese in Form einer Sage um den See unter dem Dom zum Ausdruck. Die Domkirche zu Salzburg stehe auf ungeheuren Gewölben, Mauern und Pfeilern, die tief in den Erdboden hinabreichen. Darunter liege „ein großer See, der nie von der Sonne beschienen wurde und dessen dunkles Gewässer nur bewegt wird, wenn ein Erdbeben vorfällt. Daher kann auch die Domkirche und die Stadt durch kein Erdbeben verschüttet werden, weil sich dessen Gewalt im Wasser bricht."[804]
Der Volksmund erklärte in einer zweiten Sage das vermeintlich Unerklärliche mit entwaffnender Logik: „Das ganze Salzburger Gebiet soll in uralten Zeiten ein großer See gewesen sein [...]. Noch heute sieht man im Paß Lueg eine Höhle, in der sich das Wasser staute. Die vielen Tausende von kleinen Tierchen aber, die beim Abfluß in die Felsspalten gezwängt wurden, versteinerten daselbst."[805]

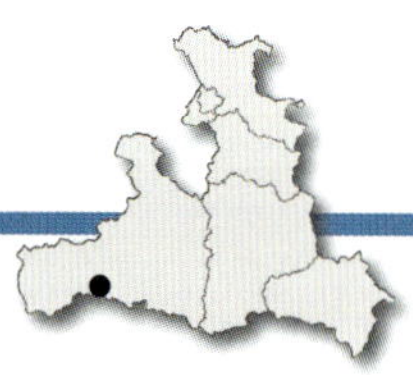

Salzplattensee

O 12° 33′ 54″
N 47° 08′ 51″

Salzplattensee, auch Oberer Dorfer Ödsee[806], Edsee[807], Oedsee[808], Ödsee[809]

Pinzgau, Gemeinde Uttendorf, Stubachtal, Ödbachtal (natürlicher See, aufgestaut)

Am 21. August 1904 von Carl Kastner, dem Steinarbeiter Georg Vogel und einem Wurzelgräber aus dem Stubachtal vermessen:
2285 m ü. A., L 220 m, B 163 m, T 30,1 m, F 26.200 m^2 [810]
2297 m ü. A., L 310 m, B 230 m, F 48.900 m^2 (nach SAGIS)

Der im Dorfer Ödtal gelegene Salzplattensee ist auf markierten Wegen nicht erreichbar. „Nur Kundige können noch zu den in Höhen über 2000 m versteckt liegenden zwei kleinen Ödseen führerlos aufsteigen", berichtet Jaro Podhorski in seinem Führer durch den Naturschutzpark in den Hohen Tauern Salzburgs von 1930[811] – und daran hat sich nichts geändert. Der Salzplattensee, wie der Obere Dorfer Ödsee heute genannt wird, liegt allerdings nicht im Nationalpark Hohe Tauern, da er mit einer Sperrenhöhe von 16,5 m und einer Kronenlänge von 88 m aufgestaut wurde. Über einen 4,5 km langen Stollen wird Wasser des Sees zur Elektrizitätsgewinnung der ÖBB in den Weißsee umgeleitet. Der Untere Dorfer Ödsee wird in aktuellen Landkarten Grüne Lacke genannt.

Der Dorfer Ödsee, heute Salzplattensee genannt, ist auf drei Seiten von Felsen eingekesselt, während an der Nordseite der See aufgestaut wurde. Dahinter liegt das einsame Dorfer Ödtal.

Saubergsee siehe **Knappenkarsee**

Schäferlacke

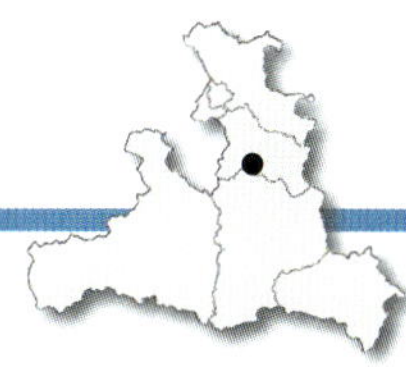

Tennengau, Gemeinde Scheffau, Lammertal

O 13° 14′ 52″
N 47° 32′ 15″

2015 m ü. A., L 40 m, B 20 m, F 600 m²

Die Schäferlacke liegt in der „dunklen Grube" auf dem Hochplateau des Tennengebirges. Ein Besuch der Lacke ist in diesem unwegsamen Gelände nicht ratsam und sollte wirklich nur Ortskundigen vorbehalten bleiben.

Schaffelkogelsee / Schafflerkogllack siehe **Schafflkogelsee**

Schafflkogelsee

O 12° 36′ 29″
N 47° 08′ 26″

Schafflkogelsee, auch Fürlegsee[812], Schaffelkogelsee[813], Schafflerkogllack[814], Schafflkopfsee[815]

Pinzgau, Gemeinde Uttendorf, Stubachtal

Am 26. August 1998 von Peter Geissler, Martin Kiskemper und Gabriel Seitlinger vermessen:
2572 m ü. A., L 296 m, B 189 m, T 15,2 m, F 30.600 m^2 [816]

Der Schafflkogelsee ist einer jener Seen, die vermutlich erst am Beginn des letzten Jahrhunderts durch Rückzug der Gletscher entstanden sind. Gabriel Seitlinger vermaß ihn 1998 im Zuge seiner Diplomarbeit „Neu entstandene natürliche Seen im Nationalpark Hohe Tauern – Salzburger Anteil". In der digitalen Alpenvereinskarte wird der immerhin 15 m tiefe See nur als Schafflerkogllack bezeichnet[817].

Der Schafflkogelsee am 24. September 2010 bei starkem Wind gegen Süden fotografiert. Im Hintergrund von links der Hocheiser (3206 m ü. A.), die weiße Spitze ist das Große Wiesbachhorn (3564 m ü. A.) und am rechten Bildrand befindet sich die Hohe Riffl (3398 m ü. A.).

Schafflkopfsee siehe **Schafflkogelsee**

Schafseebl siehe **Schafseewl**

Schafseewl

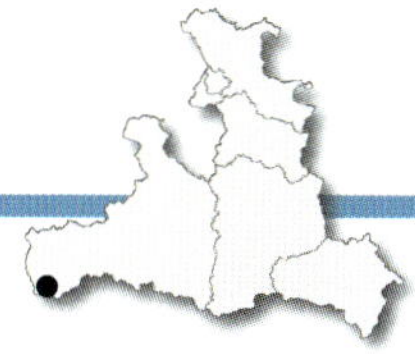

Schafseewl, auch Schafseebl[818]

O 12° 10′ 14″
N 47° 05′ 40″

Pinzgau, Gemeinde Krimml, Krimmlertal, Windbachtal (2 Seen)

2610 m ü. A., L 270 m, B 130 m, F 23.000 m²
2609 m ü. A., L 135 m, B 85 m, F 5500 m²

Mit einer Höhe von 2610 m ü. A. ist der Schafseewl nach dem Oberen Kleineisersee (2612 m ü. A.) der zweithöchst gelegene Bergsee in Salzburg, der auch in heutigen Kartenwerken benannt ist. Der Fürlegsee im Dorfer Ödtal läge zwar auf 2900 m ü. A., Heinz Slupetzky bestätigt aber, dass sich dieser episodische Eissee durch Gletscherrückgang nicht mehr bilden kann. Der Schafseewl, wie er in der Österreichischen Karte genannt wird, besteht eigentlich aus zwei Becken mit einem Höhenunterschied von ca. 75 cm, die durch einen Granitsteinwall voneinander getrennt werden. Da sich südlich des Sees unter dem Gipfel des Tauernkogels (2872 m ü. A.) noch der kleine Rest eines Gletschers hält, beträgt die Sichttiefe dieses Gewässers aufgrund der eingeführten Sedimente nur ca. 30 cm. Das in der Alpenvereinskarte Schafseebl[819] genannte stehende Gewässer ist wie der ebenfalls im Windbachtal an dessen Westflanke gelegene Eissee erst in den letzten 70–100 Jahren entstanden. Während Guido Müller 1971 noch eine Größe von 5000 m² nennt[820], ist für Gabriel Seitlinger bereits aus der Karte von 1985 die heutige Größe ersichtlich[821].

Vom Glockenkarkopf (2911 m ü. A.) an der Grenze zu Italien blickt man über das Schafseewl mit seinen zwei Becken ins Windbachtal. Gegenüber liegen der Eissee und die Berge an der Grenze zu Tirol (Foto Peter Innerbichler).

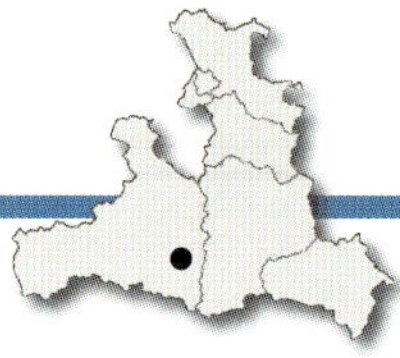

Schatterlacke

O 12° 54′ 28″
N 47° 10′ 43″

Pinzgau, Gemeinde Rauris, Rauriser Achental, Seidlwinklachental

1950 m ü. A., L 20 m, B 10 m, F 150 m²

Die an der Nordwestseite am Anfang des Seidlwinkltales gelegene Schatterlacke macht auf aktuellen Orthofotos einen „erbarmungswürdigen" Eindruck. Die ausgetrocknete Fläche erreicht nicht einmal Volleyballfeldgröße und ist wohl die kleinste Salzburger Lacke, die in der Österreichischen Karte benannt ist.

Scheiblingsee siehe **Böndlsee**

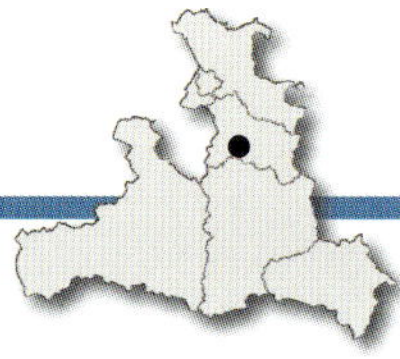

Scheffauer Kleinseen

O 13° 13′ 39″
N 47° 35′ 10″

Tennengau, Gemeinde Scheffau, Lammertal (4 Seen, künstlich)

488 m ü. A.

Die im Lammertal bei Unterscheffau gelegenen vier künstlich entstandenen Baggerseen werden Balke-Teich I, Balke-Teich II, Harrbergsee und Vorspannteich genannt. Sie dienen zur Naherholung und werden auch fischereiwirtschaftlich genutzt[822].

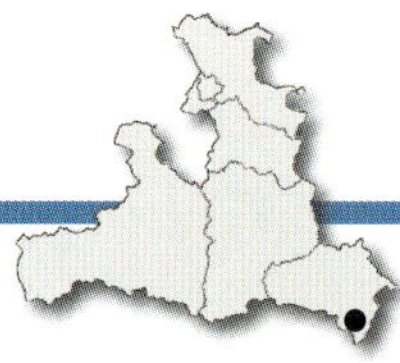

Schittersee

O 13° 44′ 59″
N 46° 59′ 48″

Lungau, Gemeinde Thomatal, Bundschuhtal, Feldbachtal (2 Seen)

2056 m ü. A., L 150 m, B 80 m, F 3200 m²

Auf dem Foto ist die starke Verlandung des ursprünglich ca. 180 m x 120 m großen Beckens des Schittersees erkennbar. Knappe 200 Höhenmeter unter dem Abfluss liegt die Wirnsberger- vormals Schitteralm.

Freudlspergers Liste der Salzburger Seen ist die vermeintlich einzige Quelle, in welcher der Schittersee[823] genannt wird. Die Wirnsberger-alm im Bundschuhtal heißt im Franciszäischen Kataster Schitteralm und 700 m westlich liegt ein stark verlandeter See auf einer Seehöhe von 2056 m. Ob die Definition als See eine Berechtigung hat, könnte nur eine Tiefenlotung klären. Weder im Franciszäischen Kataster[824] noch in aktuellen Kartenwerken ist das Gewässer benannt.

Schlosskarseen

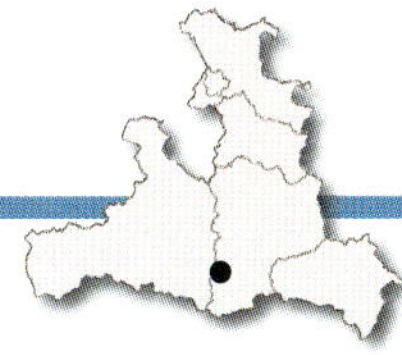

Pongau, Gemeinde Bad Hofgastein, Gasteinertal, Ödbachtal

O 13° 03′ 30″
N 47° 09′ 23″

2050 m ü. A.

In Freudlspergers Liste der Salzburger Seen finden sich nach dem Goldeggersee und den vier Mauskarseen die drei „Schlosskarseen"[825]. Eberhard Fugger schreibt über diese „kleinstgewässerreiche" Westflanke bei Hofgastein: „In diesen fünf Karen sah ich mindestens vierzig kleine Seen, von denen allerdings nur drei den Namen eines Sees verdienen und auch von den Einheimischen als solche bezeichnet werden, während sie die übrigen kurzweg ‚Lacken´ nennen." [826] Die drei Schlosskarseen sind eindeutig zu den Lacken zu zählen.

Schlungsee siehe **Vorderschlummsee**

Schmiedingersee

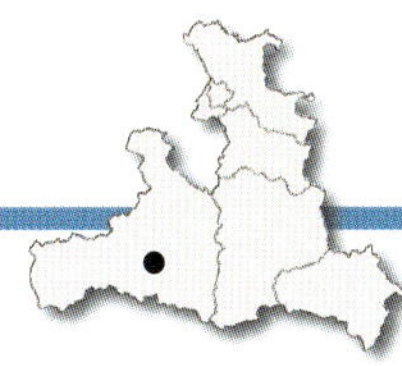

Pinzgau, Gemeinde Kaprun, Kaprunertal

O 12° 41′ 32″
N 47° 12′ 16″

2372 m ü. A., L 225 m, B 130 m, F 20.200 m²

Dem dramatischen Rückgang des nördlichsten Gletschers der Zentralalpen, dem Schmiedingerkees, hat der Schmiedingersee seine Entstehung zu verdanken. Der Gletscher auf dem Kitzsteinhorn „zog sich seit der Mitte des vorigen Jahrhunderts von einem Talgletscher mit ca. 3 km², der bis in den Zeferetgraben reichte, zu einem Kargletscher (1,63km²) zurück, [wodurch] seit frühestens 1943 (Kartenvergleich mit AV-Karte Granatspitzgruppe), eher spät, im Vorfeld der Gletscherzunge der Schmiedinger See entstehen konnte", berichtete Gabriel Seitlinger 1999 in seiner Diplomarbeit über die neu entstandenen Seen im Salzburger Anteil des Nationalparks Hohe Tauern[827]. 1971 betrug die Fläche des Sees laut

Am 17. Juli 1928 um 9.30 Uhr vormittags wurde von Josef Kettenhuemer diese Fotografie mit dem Titel „Kitzsteinhorn, Magnetköpfl, Schmiedingerkees" auf Glasplatte erstellt. Seither hat sich der Gletscher um ca. 800 m Luftlinie zurückgezogen und zwischen 1940 und 1970 den Schmiedingersee freigegeben (Stadtarchiv Salzburg, Fotosammlung).

Guido Müller bereits 20.000 m², was sich mit der heutigen Größe deckt[828]. Bei einer biologischen Untersuchung wurde das Gewässer als planktonarmer, oligotropher See bezeichnet und seinem Wasser die beste Gütestufe zugesprochen[829].

In der weitgehend vegetationslosen Steinlandschaft nördlich des 3023 m ü. A. hohen Kitzsteinhorns sticht die grüne Wasserfläche des Schmiedingersees heraus (Foto Michael Tichy, bluefox.at).

Schnabelsee / Schnablsee siehe **Krummschnabelsee**

Schöderlacke siehe **Schödersee**

Schödersee

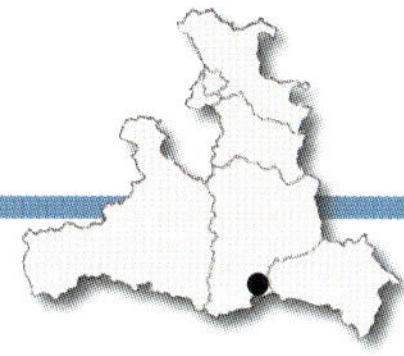

Schödersee, auch Gschödersee[830], Schöderlacke[831]

O 13° 19′ 13″
N 47° 06′ 46″

Pongau, Gemeinde Hüttschlag, Großarltal, Kolmtal (episodisch)

1430 m ü. A.

Der Schödersee ist ein vom mäandrierenden Kolmbach durchzogenes, episodisches Gewässer. Im Norden aufgestaut von Bergstürzen, entwässert der See unterirdisch, schwillt aber im Frühjahr zur Schneeschmelze und nach ausgiebigen Regenfällen stark an.

Im Hochsommer läuft und trocknet der Schödersee aus und verwandelt sich in eine Gras- und Weidefläche, dient aber zugleich bei Wolkenbrüchen als Überlaufbecken und lindert damit Überflutungen. Aus einem östlichen Seitental wurde das Becken vor Längerem aufgestaut, es wird aber auch weiterhin Geröll vom Berg transportiert, wie die hellen Gesteinsrinnen verraten.

Dieses Naturphänomen regte früher die Phantasie der Einheimischen zur Erzählung von Sagen an. So sollen im See angeblich die bösartigen Schödermännchen, ekelerregende, gnomhafte Berg- und Wassergeister, leben, die durch Zauberei den Wasserspiegel des Sees beeinflussen können. „Eines Tages zogen wieder einmal Säumer mit Wein aus Italien über die Tauern und rasteten am Schödersee, der zu dieser Zeit gerade ausgetrocknet war." Mit Krachen,

Brausen und Gurgeln soll sich das Becken in Windeseile mit Wasser gefüllt haben und Mensch und Tier konnten sich gerade noch in Sicherheit bringen. „Und plötzlich tauchten aus dem See die Schödermännchen auf und zogen mit ihren spinndürren Armen die Weinfässer in die Tiefe. Das Wasser verschwand dann, so schnell es gekommen war. Den Säumern blieb nur das höhnische Gelächter, das aus der Tiefe zu ihnen emporhallte."[832]
Die Männchen sollen auch einmal des Nachts die Kühe des Seebauern am Taleingang „leer gemolken" haben. Sie „schütteten die Milch in den Bach, so dass dieser sich ganz weiß färbte."[833] Hier hat der Volksmund offenbar eine verblüffende und phantasievolle Erklärung für das Verfärben des Wassers durch Gletschersedimente erfunden. Ein letzter dieser Gletscher im Großarltal existiert noch, das Gstößkees nördlich des Keeskogels (2886 m ü. A.). Seine Größe entspricht heute in etwa der Parkplatzfläche vor dem Salzburger Ausstellungszentrum.

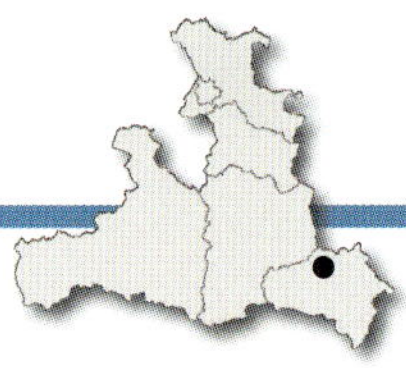

Schönalmsee, Oberer

O 13° 36′ 03″
N 47° 13′ 30″

Oberer Schönalmsee, auch Oberer Schönalpensee[834], Oberer Schönalpsee[835]

Lungau, Gemeinde Weißpriach, Weißpriachtal, Schönalmtal

2111 m ü. A., L 365 m, B 230 m, F 52.200 m²

Der Obere Schönalmsee ist der größte der zahlreichen Seen des Weißpriachtales. Eine Langzeittemperaturmessung an 45 Bergseen der Niederen Tauern ergab, dass er aber auch einer der wärmsten ist[836]. Im Volksmund heißt es, er stehe unterirdisch mit dem Twengeralmsee auf der Südseite des trennenden Kammes in Verbindung. „So soll einmal ein Rindvieh auf der einen Seite ins Wasser gefallen und auf der anderen wieder hervorgekommen sein."[837] Die Sage gibt allerdings weder Auskunft, in welchen der beiden Seen das Tier gefallen sein soll, noch ob es überlebt hat. Gesichert ist nur, dass der Twengeralmsee um 7 m höher liegt als der Obere Schönalmsee.

Schönalpsee, Oberer / Schönalpensee, Oberer siehe **Schönalmsee, Oberer**

Schönalmsee, Unterer / Schönalpsee, Unterer / Schönalpensee, Unterer siehe **Lacken**

Der größte See des Weißpriachtales ist der Obere Schönalmsee, hier gegen Ende Juni noch von vielen kleinen Schneefeldern umgeben. Die Aussicht auf den Lungau ist vom Großen Gurpitscheck mit 2526 m ü. A. verdeckt.

Schuhflickersee

Pongau, Gemeinde St. Veit, Thurngraben

O 13° 08′ 54″
N 47° 15′ 51″

2041 m ü. A., L 115 m, B 80 m, F 5800 m²

In den Mitteilungen des Landes-Fischereiverbandes „Salzburgs Fischerei" findet man im Jahre 1973 folgende Annonce: „Fischereirecht für den Schuhflickersee zu verkaufen!". In der Anzeige wird der See auf 1090 m² verkleinert und die Rechte werden um 5000.- Schilling zum Verkauf angeboten[838].
Zwei markante um den See liegende Bergspitzen tragen den Beinamen Schuhflicker. Damit hat es folgende „sagenhafte" Bewandtnis: Zwei Großarler Schustergesellen sollen ein liederliches, sündhaftes Leben geführt und ihre Zeit lieber in den Wirtshäusern

Die Fläche des kleinen abflusslosen Schuhflickersees entspricht vergleichsweise der Bodenfläche des Salzburger Domes.

als im Gotteshaus verbracht haben. An einem kirchlichen Feiertag vertrieben sie sich die Zeit auf der Alm anstatt die Messe zu besuchen. „Plötzlich erfüllte ein gewaltiger Donner das schmale Gebirgstal, Blitze fuhren grell über das Firmament, der Himmel verfinsterte sich mit einer dunklen Wolke, die beiden Frevler wurden zur Bergeshöhe geschleudert und erstarrten dort zu Stein. Ihre Geister sind dazu verdammt, für immer und ewig den armen Sündern auf ihrem Weg zur Ewigkeit die höllisch brennenden Schuhe zu nageln und zu flicken. [...] Auch in dem kleinen Bergsee, der zu Füßen des einen versteinerten Gesellen liegt, [...] soll man noch heute das wehklagende Brüllen der beiden Burschen hören, wenn Gewitter, Sturm und Hagel über den Berg hinwegbrausen"[839].
Der kleine, schon im Franciszäischen Kataster[840] benannte Schuhflickersee hat einen unterirdischen Abfluss, ohne aber großen Wasserspiegelschwankungen zu unterliegen.

Schwarze Lack siehe **Schwarze Lacke im Dorfer Ödtal**

Schwarze Lacke im Amertal

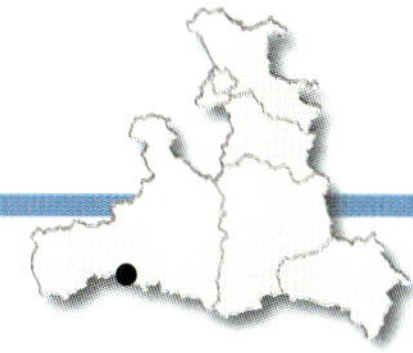

O 12° 33′ 00″
N 47° 08′ 41″

Pinzgau, Gemeinde Mittersill, Felbertal

Am 15. August 1904 von Eberhard Fugger jun., Carl Kastner und dem Steinarbeiter Georg Vogel vermessen:
2270 m ü. A., L 150 m, B 100 m, T 9,5 m, F 8000 m² [841]
2227 m ü. A., L 145 m, B 100 m, F 8600 m² (nach SAGIS)

Über dem Nordportal des Felbertauerntunnels liegt nordöstlich des Amertalersees eine „Schwarze Lacke", abgedämmt von einer Endmoräne, entstanden nach der letzten Eiszeit. Die Vermessungsarbeiten vor mehr als 100 Jahren konnten nur unter Zeitdruck vorgenommen werden, denn die kleine Mannschaft wurde „durch ein herannahendes Gewitter zu eiligem Rückzug gezwungen"[842]. Im Franciszäischen Kataster ist diese „Lacke", die auf Grund ihrer Tiefe eigentlich Schwarzsee zu nennen wäre, nicht verzeichnet.

Über dem Amertal liegt eine der drei Salzburger Schwarzen Lacken. Zaghaft blau schimmert die Wasserfläche des künstlich errichteten, neben der Felbertauernstraße gelegenen, Elisabethsees herauf.

Schwarze Lacke im Dorfer Ödtal

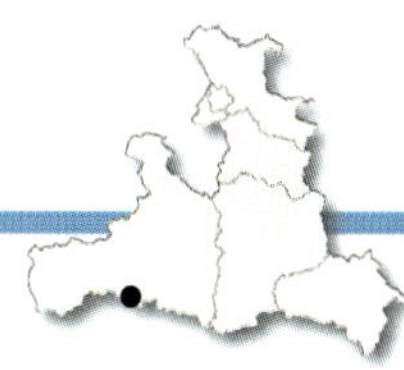

O 12° 33′ 54″
N 47° 08′ 51″

Schwarze Lacke, auch Unterer Dorfer Ödsee[843], Schwarze Lack[844]

Pinzgau, Gemeinde Uttendorf, Stubachtal, Ödbachtal

Am 21. August 1904 von Carl Kastner, dem Steinarbeiter Georg Vogel und einem Wurzelgräber aus dem Stubachtal vermessen:
2210 m ü. A., L 150 m, B 60 m, T 8,8 m, F 7000 m² [845]
2230 m ü. A., L 130 m, B 70 m, F 6600 m² (nach SAGIS)

Die Schwarze Lacke im einsamen Dorfer Ödtal gegen den Morgendunst fotografiert. Schön zu sehen am östlichen Ufer ist der vom Gletscher in den Eiszeiten abgeschliffene Granitfels.

Zu den beiden im einsamen, gleichnamigen Tal gelegenen „Dorfer Ödseen" führt kein markierter Wanderweg. Der obere, größere wird heute Salzplattensee genannt, während der untere in aktuellen Karten als Schwarze Lacke bezeichnet wird. Weder im Franciszäischen Kataster noch in der Spezialkarte von Österreich-Ungarn aus dem ausgehenden 19. Jahrhundert scheint dieser See auf.

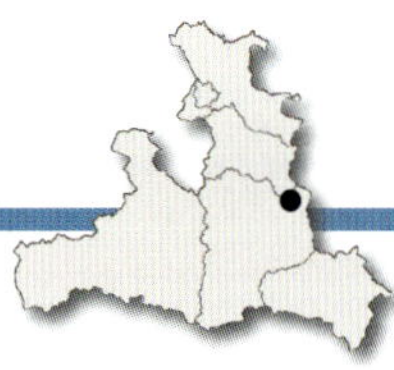

Schwarze Lacke bei Filzmoos

O 13° 30′ 13″
N 47° 27′ 00″

Schwarze Lacke, auch Schwarzelacken[846], Schwarzenlacken[847]

Pongau, Gemeinde Filzmoos, Fritzbachtal

1328 m ü. A., L 45 m, B 25 m, F 630 m²

Eine der vielen „Schwarzen Lacken" liegt nordöstlich von Filzmoos im Wurmeggwald an einem markierten Wanderweg. Die Lacke ist

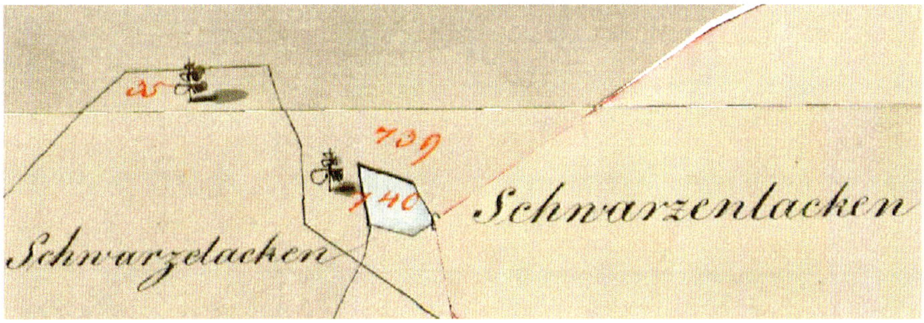

Sowohl als Schwarzelacken und als Schwarzenlacken ist das kleine Gewässer bei Filzmoos bereits im Franciszäischer Kataster verzeichnet (© Salzburger Landesarchiv, SAGIS).

auch im Franciszäischen Kataster mit den beiden Namen Schwarzelacken[848] und Schwarzenlacken[849] benannt.

Schwarze Lacke am Steinernen Meer

O 12° 56′ 16″
N 47° 28′ 28″

Pinzgau, Gemeinde Maria Alm, Königsseeachental, Stuhlgrabental

1987 m ü. A., L 20 m, B 20 m, F 200 m²

Die angeblich älteste Gebirgswallfahrt, die Bartholomä- oder Almer Wallfahrt führt seit 1635 jedes Jahr am Bartholomäustag (24. August) mit bis zu 2000 Teilnehmern von Maria Alm kommend über das Riemannhaus an der Schwarzen Lacke vorbei nach St. Bartholomä am Königssee. Bei einer anschließenden Floßüberfahrt nach Königssee sind 1688 bei einem furchtbaren Unglück über 70 „Bartlmä-Geher" ertrunken[850].

Schwarze Lacke im Stubachtal

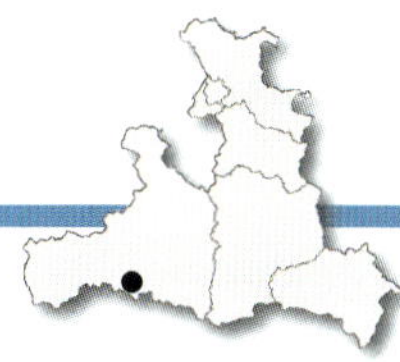

O 12° 37′ 01″
N 47° 09′ 52″

Schwarze Lacke, auch Schwarzsee[851]

Pinzgau, Gemeinde Uttendorf, Stubachtal, Enzingerboden

Am 13. August 1895 von Eberhard Fugger, Carl Kastner und Marie Gast vermessen:
1713 m ü. A., L 120 m, B 45 m, T 7 m[852]
1729 m ü. A., L 125 m, B 60 m, F 5400 m² (nach SAGIS)

Einer Beschreibung des Stubachtales aus dem Jahre 1620/21, als die Wälder durch Salinen- und Bergbaubetriebe im Fürsterzbistum Salzburg regelrecht kahl geschlagen wurden, ist zu entnehmen: „[…] hinauf in die hech und nach dem selbig Ridl Biß nachendt zu dem Ersten See [Schwarze Lacke], alda Vor jahren Holz gestanden, ist nicht ands [anders] als Kögl Parzach und wildts gestreis [vermutlich Krummholzkiefern, Latschen] zu finden oder was nuzpares wegen der scharpfen Költen und Tauerwinten [scharfe Kälte und die Tauernwinde] wider Verderben thurt."[853] Wie aus dieser Quelle

Die Seilbahngondel hinauf zum Weißsee gibt den Blick auf den tiefblauen Grünsee und dahinter auf die Schwarze Lacke frei. Vor dem Jahr 1600 soll hier noch ein Wald gestanden haben, der für Bergbau und den Salinenbetrieb in Hallein abgeholzt und die Salzach hinunter gedriftet wurde.

hervorgeht, war das Gebiet um die Schwarze Lacke auf über 1700 m vor der Abholzung bewaldet. Somit lag in der mittelalterlichen Wärmeperiode die Baumgrenze eindeutig höher. Obwohl sich die klimatischen Verhältnisse dem Mittelalter wieder nähern, ist von einer Wiederbewaldung um die Schwarze Lacke noch nichts zu bemerken. Im Franciszäischen Kataster ist der See noch nicht verzeichnet, aber Lahnsteiner nennt ihn 1980, angesichts seiner von Fugger vermessenen Tiefe von 7 m, zu Recht, „Schwarzsee"[854].

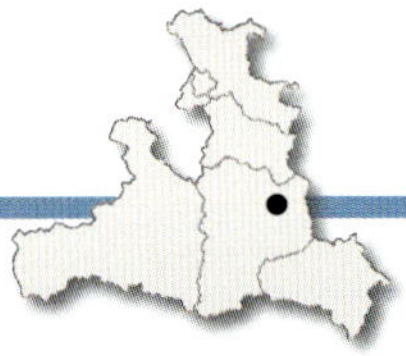

Schwarze Lacken bei Eben im Pongau

O 13° 26′ 03″
N 47° 27′ 31″

Pongau, Gemeinde Eben, Fritzbachtal, Schattbachtal

1675 m ü. A., L 70 m, B 25 m, F 850 m²

Wenn man auf markiertem Weg den 1728 m ü. A. hohen Gerzkopf besteigt, kommt man knapp südöstlich unter dem Gipfel an der Schwarzen Lacken vorbei. Der kleine Moorsee ist teilweise bereits durch Wasserpflanzen verwachsen. Im Franciszäischen Kataster ist er noch nicht verzeichnet.

Schwarzelacken / Schwarzenlacken siehe **Schwarze Lacke bei Filzmoos**

Schwarzenkahrlsee siehe **Schwarzkarlsee**

Schwarzensee im Forstautal

Schwarzensee, vielleicht Schwarzlackensee[855]

Lorenz Hübner berichtet über das „Pfleg-, Stadt- und Landgericht Radstadt" Folgendes: „Seen sind hier 8, nämlich der Wildensee, Tauernkarr-See, Grünwald-See, Schwarzlacken-See, Krummschnabellacken-See, Hundsfeld-See, Kerr-See, und Zauchen-See."[856] Ob der Schwarzlackensee Hübners ident mit dem im Forstautal gelegenen Schwarzensee in Freudlspergers Liste[857] ist, konnte aufgrund fehlender weiterer Quellen nicht eruiert werden. Weder der Franciszäische Kataster noch heutige Landkarten verzeichnen im Forstautal neben dem Laittern- und Oberhüttensee einen weiteren See oder ehemaligen Seeboden.

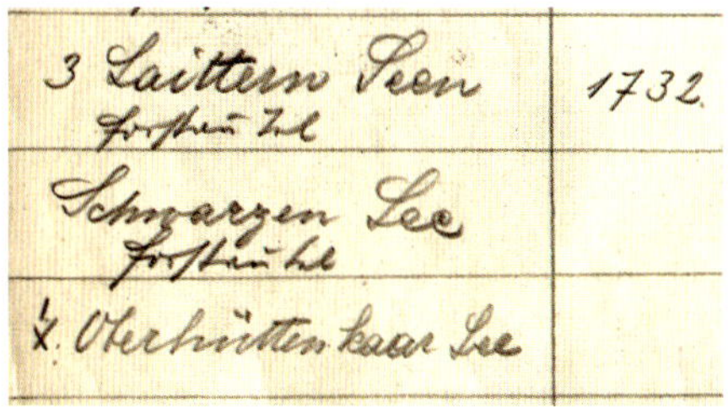

Der nicht erruierbare Schwarzensee ist in der handgeschriebenen Liste von Hans Freudlsperger zwischen Laitternsee und Oberhüttenkaarsee (heute Oberhüttensee), beide im Forstautal liegend, angeführt (AStS, PA 1237,7 Seenliste Freudlsperger).

Schwarzensee im Amertal

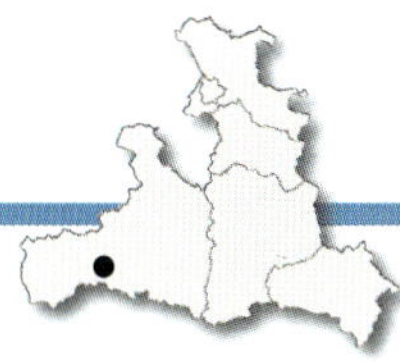

Pinzgau, Gemeinde Mittersill, Felbertal, Amertal (abgelassen)

O 12° 30′ 56″
N 47° 11′ 44″

1324 m ü. A.

In einer Beschreibung des Amertales berichtet Carl von Sonklar 1866: „Die Ammerthaler-Oed hingegen steigt zuerst, gleich oberhalb ihrer Vereinigung mit dem Velberthale, ziemlich steil um einige Hundert Fuss zur schönen grünen Fläche der Ammerthaler-Alpe auf, oberhalb welcher das schmale Becken des künstlich abgelassenen, und wahrscheinlich ebenfalls im Jahre 1495 entstandenen Schwarzensees 4117 F. ü. M. [Fuß über Meer] liegt."[858] In diesem Jahr ereignete sich in der Region ein starkes Erdbeben, das zahlreiche Bergstürze verursachte. So soll auch der im benachbarten Felbertal gelegene Hintersee auf diese Weise entstanden sein[859].

Vermutlich die Reste des von Carl von Sonklar erwähnten Schwarzensees im Amertal in der Nähe der Taimeralm.

Schwarzensee siehe **Schwebenlacke**

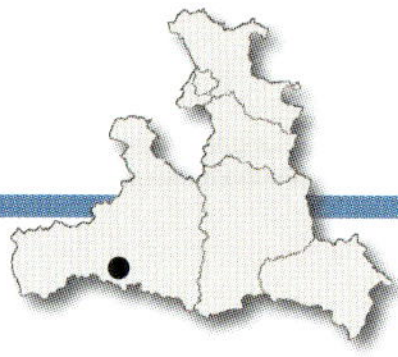

Schwarzkarlsee

O 12° 39′ 08″
N 47° 10′ 16″

Schwarzkarlsee, auch Schwarzenkahrlsee[860]

Pinzgau, Gemeinde Uttendorf, Stubachtal

Am 28. August 1898 von Eberhard Fugger und Sohn Eberhard, Carl Kastner, Marie Gast und „Frl. A. Tlusty" vermessen:
2175 m ü. A., L 200 m, B 140 m, T 5,6 m[861]
2191 m ü. A., L 205 m, B 130 m, F 18.600 m^2 (nach SAGIS)

Der Schwarzkarlsee befindet sich heute im Besitz der Österreichischen Bundesforste, wird aber nicht fischereiwirtschaftlich genutzt. Eine chemisch-physikalische Untersuchung erbrachte einen ungewöhnlich hohen Phosphorgehalt, der sich auch in einer leichten Wassertrübung niederschlägt. Somit ist der Schwarzkarlsee, der auch schon im Franciszäischen Kataster[862] benannt ist, als mesotrophes Gewässer einzustufen[863].

Wie ein grünes Herz liegt der Schwarzkarlsee im gleichnamigen Kar. Er entwässert über den bereits verlandeten Kleinen Schwarzkarlsee in den Tauernmoosstausee.

Schwarzkarlsee, Kleiner

Pinzgau, Gemeinde Uttendorf, Stubachtal (verlandet)

O 12° 39′ 12″
N 47° 10′ 09″

Am 28. August 1898 von Eberhard Fugger und Carl Kastner vermessen:
2175 m ü. A., L 110 m, B 76 m, T 2 m[864]

Im Franciszäischen Kataster ist neben dem „Schwarzenkahrlsee"[865] eine kleine Wasserfläche verzeichnet, und auch Eberhard Fugger findet noch einen vermessbaren kleinen See, allerdings mit einer geringen Tiefe von nur 2 m vor. Durch die Wassereinführung einer Überleitung aus dem nördlichen Wurfbachtal für die ÖBB-Kraftwerke dürfte der See in den letzten Jahren verlandet sein.

Die Dimensionen des Kleinen Schwarzkarlsees sind nur mehr als Sand-Wasserfläche erkennbar. Am linken Bildrand sieht man die künstliche Kanalführung aus dem Wurfbachtal. Der Hocheiser überragt mit 3206 m ü. A. das Schwarzkarl.

Schwarzlacke

Lungau, Gemeinde Ramingstein, Murtal, Mislitzbachtal

O 13° 48′ 30″
N 47° 01′ 35″

1856 m ü. A., L 60 m, B 10 m, F 600 m²

Auf den Orthobildern von SAGIS ist die kleine langgezogene Schwarzlacke im Mislitzbachtal zwischen den Bäumen nur sehr schwer ausfindig zu machen. In der Österreichischen Karte benannt, findet sich im Franciszäischen Kataster allerdings keine Wasserfläche verzeichnet.

Schwarzlackensee siehe **Schwarzensee**

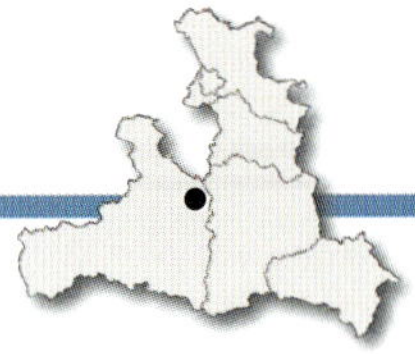

Schwarzsee

O 12° 58′ 13″
N 47° 22′ 05″

Pinzgau, Gemeinde Maria Alm, Urslautal, Reiterbach

1661 m ü. A., L 45 m, B 15 m, F 450 m²

In der Österreichischen Karte ist zwischen Dienten und Maria Alm westlich des 1707 m ü. A. hohen Grinnköpfl neben vielen kleinen Lacken ein Schwarzsee verzeichnet und benannt. Im Franciszäischen Kataster heißt die Gegend „Schwarzer See", es fehlt aber das stehende Gewässer dazu. Bei einem Lokalaugenschein im Jahr 2013 wurde der Schwarzsee als bereits stark verwachsenes Gewässer vorgefunden. Der Name „Schwarze Lacke" wäre hier angebracht, auch wenn es damit bereits das sechste Gewässer dieses Namens im Land Salzburg wäre.

Für den Schwarzsee bei Maria Alm wäre der Name „Schwarze Lacke" passender.

Schwarzsee siehe **Grünsee im Stubachtal**

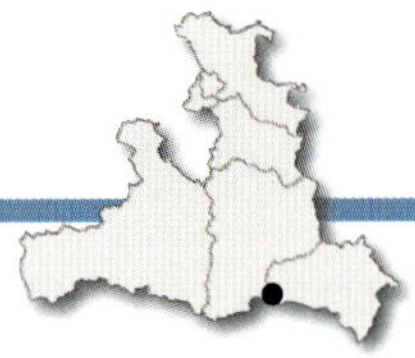

Schwarzsee, Oberer

O 13° 21′ 14″
N 47° 06′ 21″

Oberer Schwarzsee, auch Grünsee[866], Oberer Schwarzwassersee[867]

Lungau, Gemeinde Muhr, Murtal

Am 11. August 1971 von Guido Müller vermessen:
2339 m ü. A., L 340 m, B 210 m, T 22,8 m, F 42.000 m² [868]

Ignatz Kürsinger schreibt 1853 in seinem Buch über den Lungau: „Das Moritzenthal […] birgt drei Seen, wovon der eine grasgrün schillernd, der zweite schwarzlich wie blasse Tinte, und der dritte der Kaswassersee wie gewässerte saure Milch aussieht."[869] Die beiden anderen erwähnten Seen sind die beiden Schwarzseen, wobei der obere auch Grünsee genannt wurde. Guido Müller vermutet, dass die damals noch ausgedehnteren Gletscher die Seen durch Gletschermilch, also Gesteinssedimente, verfärbten und „die Farbe des heute dunklen Oberen Schwarzsees damals heller (‚grasgrün schillernd') als heute gewesen" sei[870]. Der Salzburger Geograph vermaß den See, der auch bereits im Franciszäischen Kataster benannt ist, 1971 mit einem Schlauchboot und lotete dabei eine Tiefe von bis zu 22,8 m. Mit 2339 m ü. A. ist der Obere Schwarzsee der höchstgelegene See des Lungaus.

Der Name Schwarzsee wird dem See heute gerecht, da keine Gletschersedimente das Gewässer hell verfärben.

Schwarzsee, Unterer

O 13° 21' 23"
N 47° 06' 40"

Unterer Schwarzsee, auch Unterer Schwarzwassersee[871]

Lungau, Gemeinde Muhr, Murtal

Am 18. Juli 1971 von Guido Müller vermessen:
2221 m ü. A., L 575 m, B 530 m, T 56,8 m, F 207.000 m² [872]

Guido Müller führte in den 1970er Jahren die von Eberhard Fugger begonnenen Vermessungen der Salzburger Bergseen fort, beginnend mit dem Unteren Schwarzsee. Mit dem Schlauchboot wurde in aufwändiger Feldarbeit mit dem Lot eine Höchsttiefe von 56,8 m erreicht. „Der Untere Schwarzsee zählt – wie unsere Messungen erstmals zeigten – zu den tiefsten Hochgebirgsseen Österreichs"[873] stellte Müller in den Mitteilungen der Gesellschaft für Salzburger Landeskunde 1972/73 fest. Nach dem Tappenkarsee (Kleinarltal), dem Kratzenbergersee (Hollersbachtal) und dem Eissee (Windbachtal, Krimmlertal) ist der Untere Schwarzsee flächenmäßig auch der viertgrößte Bergsee über 1000 m ü. A. im Land Salzburg.

Mit dem Unteren und Oberen Schwarzsee bietet sich dem Betrachter ein atemberaubendes Bild, wenn er auf markiertem Weg wandernd, vom Murursprung über die Schmalzscharte (2444 m ü. A.) ins Muritzental blickt.

Schwarzwassersee, Oberer und Unterer, siehe **Schwarzsee, Oberer und Unterer**

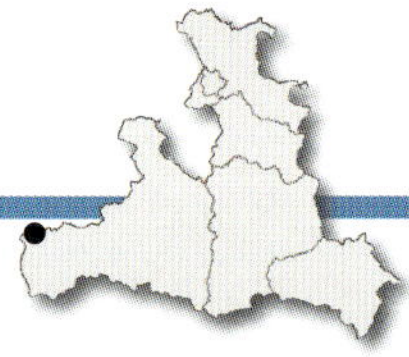

Schwebenlacke

O 12° 06′ 56″
N 47° 18′ 13″

Schwebenlacke, auch Schwarzensee[874], Stöcklasee[875], Stöcklsee[876]

Pinzgau, Gemeinde Wald, Salzachursprung

Am 20. August 1893 von Eberhard Fugger, Carl Kastner und einem Träger vermessen:
2193 m ü. A., L 100 m, B 85 m, T 2,2 m, F 5800 m² [877]
2228 m ü. A., L 135 m, B 90 m, F 8300 m² (nach SAGIS)

Franz Valentin Zillner stellte 1882 in seinem Buch über das Wasser in salzburgischen Flur- und Ortsnamen eine weitere Theorie über den Ursprung der Salzach zur Diskussion. Er war der Meinung, dass die beiden Salzachseen nicht als Seen zu bezeichnen seien, denn südlich des Schwebenkopfes liege „der eigentliche See, aus dem die Salzach entspringt, von den Älplern der ‚Stöcklasee' genannt"[878]. Eberhard Fugger vermaß alle drei und geht man nach der Fläche, wäre die Schwebenlacke der größte See. Die beiden Salzachseen sind allerdings mit 3 m um einen Meter tiefer – und entscheidend für einen See ist wissenschaftlich gesehen die Tiefe.

Salzachursprung? Ist es die Schwebenlacke, vormals auch Stöcklsee genannt, oder ist es doch der Obere Salzachsee unter dem Salzachgeier (2469 m ü. A.) in der Bildmitte, aus dem die Salzach entspringt? Am linken Horizont ragen Reichenspitze (3302 m ü. A.) und Wildgerlosspitze (3288 m ü. A.) in den Zillertaler Alpen hervor.

Schwertingersee

Flachgau, Gemeinde Lamprechtshausen, Schwerting (verlandet)

O 12° 56′
N 48° 00′

ca. 430 m ü. A.

1957 schreibt Ludwig Weinberger über die Vergletscherung des Alpenvorlandes, dass nach dem Rückzug der Gletscher nur wenige kleine Seebecken, wie der „Heratinger-, Leithen- und der verschwindende Schwertinger-See" erhalten blieben[879]. Während der Heratinger- oder Ibmersee und der Seeleitensee im Innviertel noch existieren, ist der Schwertingersee bereits verlandet.

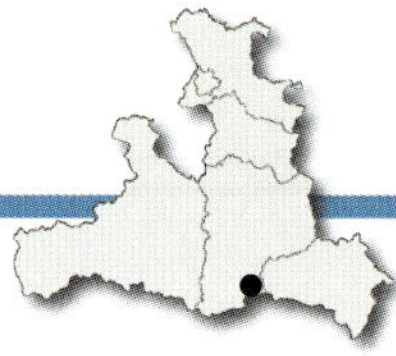

See

O 13° 17′ 24″
N 47° 08′ 13″

See, auch Keersee[880], Kerrsee[881], Krähalpensee[882]

Pongau, Gemeinde Hüttschlag, Großarltal, Kolmtal (verlandet)

1063 m ü. A.

Das Seegut im Ortsteil See wird bereits 1200 als Bauernlehen „ Apud lacum" erwähnt.

Am Übergang des Großarltales in das sich verengende Schödertal befindet sich das Seegut, das laut einer vor Ort angebrachten Tafel bereits im Jahre 1200 als Bauernlehen „Apud lacum", also „beim See" gelegen, aufscheint. In Landkarten des 19. Jahrhunderts ist die Seefläche eingezeichnet, aber nirgends benannt. Freudlsperger nennt einen Krähalpensee in seiner Seenliste[883]. Nach Hüttschlag weist erst der Ortsteil „Kree", danach 1,5 km talaufwärts der Ortsteil „See" darauf hin, dass hier mindestens ein Gewässer existierte. Konkreter verortete Carl von Sonklar 1866 in einer Beschreibung des Großarltales das Gewässer „einen kleinen etwa 400 Schritte langen und 30–80 Schritte breiten See" in die oben genannte Talverengung.

Am Ende des Großarltales weitet sich der Talboden noch einmal zu einem bereits versumpften Becken, durch das sich der glasklare Großarlbach schlängelt.

See auf der Ruastatt siehe **Göriachsee**

Seealmsee siehe **Vorderschlummsee**

Seebachsee

Seebachsee, auch Langeksee[884]

O 12° 13′ 38″
N 47° 10′ 56″

Pinzgau, Gemeinde Neukirchen am Großvenediger, Obersulzbachtal

Am 27. August 1894 von Eberhard Fugger und dessen Sohn Eberhard, Carl Kastner, Käthi Seibt, Marie Gast und dem Träger Georg Lechner vermessen:
2076 m ü. A., L 490 m, B 340 m, T 14 m, F 83.300 m² [885]
2081 m ü. A., L 540 m, B 340 m, F 115.000 m² [886]

Nur fünf Seen des Nationalparks Hohe Tauern – der Kratzenbergersee im Hollersbachtal, der Untere Schwarzsee im Murtal, der Untere Gerlossee im Wildgerlostal, der Eissee im Windbachtal und der Seebachsee im Obersulzbachtal – sind größer als 100.000 m² [887]. Eberhard Fuggers erster Versuch am 25. August 1893 den See zu vermessen, wurde durch schlechtes Wetter vereitelt: „[...] dicke Wolken hingen in dem Trichter tief herein, so daß auch nicht ein Fleckchen blauen Himmels sichtbar war. Infolgedessen war die Kälte sehr bedeutend. Unter solchen Verhältnissen saßen Prof. Kastner an dem einen, ich und der Träger an dem anderen Ende der zu messenden Linie, stets die nasse Schnur in der Hand, durch volle drei Stunden."[888] Nach der Rückkehr und Übernachtung in der nahegelegenen Seebachalm sorgte der Neuschnee am nächsten Morgen für den endgültigen Abbruch dieses Versuches, den See zu vermessen. Nur in einer Landkarte von Franz Keil aus dem Jahre

Der Seebachsee im Obersulzbachtal ist der drittgrößte See im Salzburger Anteil des Nationalparks Hohe Tauern, während der Kleine Seebachsee mit seiner Tiefe von 12 m nur um 2 m seichter ist als sein ungleich größerer Nachbar.

1865 ist der Seebachsee nach dem nahe gelegenen Berg, dessen Name heute abgekommen ist, Langeksee benannt[889], während er im Franciszäischen Kataster Seebachsee heißt. Bei einer Probenentnahme zur Prüfung der Wasserqualität im Winter 1983 musste erst ein Loch durch die 1,5 m dicke Eisdecke gebohrt werden, bei der dem oligotrophen Gewässer beste Wasserqualität und Sauerstoffdurchmischung bis in die Tiefe nachgewiesen werden konnte[890].

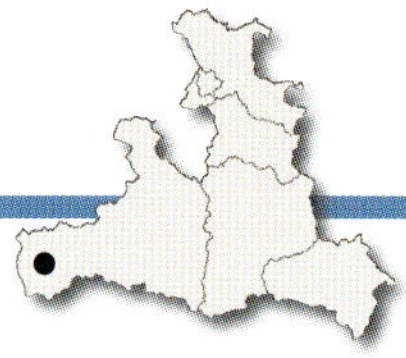

Seebachsee, Kleiner

O 12° 13′ 34″
N 47° 10′ 48″

Kleiner Seebachsee, auch Oberer Seebachsee[891], Obersee[892]

Pinzgau, Gemeinde Neukirchen am Großvenediger, Obersulzbachtal

Am 28. August 1894 von Eberhard Fugger und dessen Sohn Eberhard, Carl Kastner, Käthi Seibt, Marie Gast und dem Träger Georg Lechner vermessen:
2081 m ü. A., L 90 m, B 56 m, T 12,2 m[893]
2086 m ü. A., L 105 m, B 60 m, F 4800 m² (nach SAGIS)

Der Kleine oder auch Obere Seebachsee wird – zu Unrecht – in heutigen Kartenwerken nicht benannt und ist im Franciszäischen Kataster auch nicht verzeichnet. Der von Fugger mit 12,2 m Tiefe vermessene See dürfte aber nicht, wie er schreibt, durch eine oder mehrere Grundlawinen entstanden sein[894].
Wahrscheinlicher erscheint die Theorie von einem Toteiskörper, der sich hartnäckig über einen langen Zeitraum an der Nordostflanke des bereits existierenden Seebachsees hielt. Das Gesteins- und Fels-

Wie einen künstlich angelegten Staudamm aus Schutt und Gestein hat die Natur eine Barriere zwischen Kleinem oder Oberen und dem 5 m tiefer liegenden Großen oder Unteren Seebachsee errichtet.

material, das schlussendlich den Damm für den kleinen See entstehen ließ, wurde vom höher liegenden Gletscher antransportiert. Der abschmelzende Toteiskörper gab schließlich den 5 m über dem Seebachsee liegenden kleinen See frei[895].

Seebachsee Oberer, siehe **Seebachsee, Kleiner**

Seehornsee

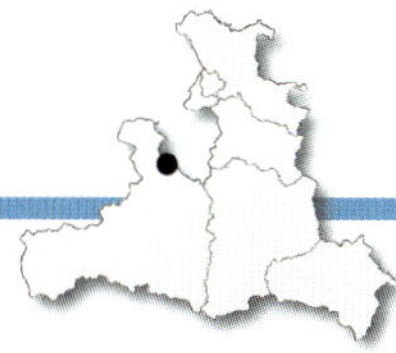

Seehornsee, auch Diesbachsee[896], Diessbachsee[897], Dießbachsee[898]

O 12° 50′ 18″
N 47° 30′ 55″

Pinzgau, Gemeinde Weißbach, Saalachtal, Brechlbach

Am 20. Juli 1972 von Guido Müller, M. Müller und H.-K. Müllner vermessen:
1779 m ü. A., L 93,5 m, B 84 m, T 8,5 m, F 6000 m² [899]

Guido Müller, der den „Seehorn- oder Dießbachsee" am 20. Juli 1972 vermaß, führt über die beiden Namen aus: „Während in Karten und Literatur – soweit überhaupt ein Name aufscheint – die Bezeichnung Dießbachsee deutlich überwiegt, ist der See bei der einheimischen Bevölkerung als Seehornsee bekannt"[900]. Inzwischen wurde der renommierte Salzburger Geograph wohl erhört, denn in aktuellen Kartenwerken dominiert wieder der Name Seehornsee. Die Lage in den Kalkalpen lässt dem kleinen kreisrunden See im Land Salzburg auch eine Sonderstellung zukommen, denn „Tektonik, Karsterosion und glaziale Tätigkeit"[901] dürften hier zusammengewirkt haben, um den 8,5 m tiefen See entstehen zu lassen. Unter den Einheimischen hielt sich, herausgefordert durch die kreisrunde Form und den unterirdischen Abfluss des Sees, das Gerücht, dass man beim Baden von einem Strudel in die Tiefe gerissen werden könne[902].

Die kreisrunde Form lässt darauf schließen, dass der in den Kalkalpen an der Grenze zu Deutschland gelegene Seehornsee im Saalachtal tektonischen Ursprungs ist. Der mindestens 10 m hohe Felswall, der den See staut, gibt den Blick auf das 2634 m ü. A. hohe Birnhorn in den Leoganger Steinbergen frei.

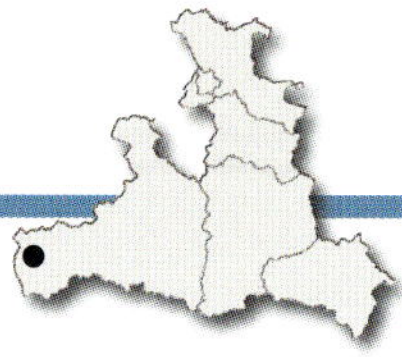

Seekarsee bei Krimml

O 12° 08′ 56″
N 47° 11′ 35″

Seekarsee, auch Karsee[903], Seekohrsee[904]

Pinzgau, Gemeinde Krimml, Krimmlertal, Seebachtal (natürlicher See, aufgestaut)

Am 17. August 1890 von Eberhard Fugger und Sohn Eberhard, Carl Kastner sowie Anna Pehersdorfer vermessen:
2234 m ü. A., L 310 m, B 175 m, T 21,7 m, F 37.000 m² [905]
2230 m ü. A., L 350 m, B 235 m, F 42.000 m² (nach SAGIS)

Der Seekarsee im Krimmlertal liegt in einem durch Gletscher ausgeschliffenen Becken. Eberhard Fugger bekam am 17. August 1890 vom Senner der Seekaralpe auf die Frage, wie groß und wie tief der See denn sei, folgende Antwort: „Na dö Hütt'n geht halt a paar Mal nei' und 200 Klafta wird a g'wiß tiaf sein". Die Fläche der Hütte betrug höchstens 15 m², während Fugger für den See eine Fläche von 37.000 m² errechnete, was der Fläche von 2500 Hütten entspricht. Die 200 Klafter Tiefenschätzung entsprechen heute etwa 380 m. Des Viehhüters Enttäuschung war sicherlich groß, als er nach getaner Vermessung die Höchsttiefe von 21,7 m erfuhr. Vermutlich erst im letzten Jahrhundert wurde der See ohne ersichtlichen Grund ungefähr 1 m aufgestaut. Vielleicht war der Erbauer jener enttäuschte Viehhüter, der sich eine viel größere Tiefe erwartet hatte?

Von der Seekarscharte öffnet sich der Blick auf das Seekar, den Seekarsee und das noch junge Salzachtal.

Seekarsee bei Obertauern

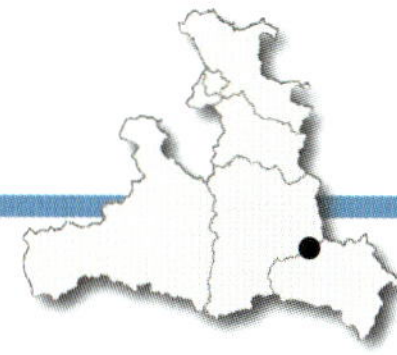

O 13° 29′ 19″
N 47° 14′ 15″

Seekarsee, auch Seekohrsee[906]

Pongau, Gemeinde Untertauern, Taurachtal

1948 m ü. A.

In der handschriftlichen Seenliste von Hans Freudlsperger aus dem frühen 20. Jahrhundert ist ein „Seekarsee bei Obertauern“ aufgelistet[907]. Eine Quelle für diesen See findet sich im Franciszäischen Kataster südlich der Gnadenalm als „Seekohrsee“ verzeichnet[908]. Das Becken kann heute als verlandet bezeichnet werden, wie auch das Orthofoto zeigt.

Im verlandeten Becken des ehemaligen Seekarsees im Pleißlingkessel grasen im Sommer die Kühe (© BEV, LFRZ und SAGIS).

Seekarsee bei Rauris

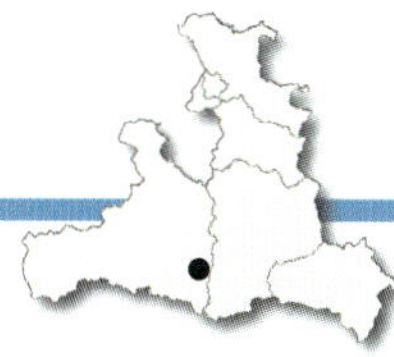

O 12° 56′ 25″
N 47° 12′ 48″

Pinzgau, Gemeinde Rauris, Raurisertal, Abdeckergrabental

2050 m ü. A., L 70 m, B 45 m, F 2200 m²

Der Seekarsee, der im Schigebiet von Rauris östlich der Schwarzwand liegt, konnte nur in einem Regionalmagazin als Foto mit Bildunterschrift gefunden werden[909]. In aktuellen Kartenwerken ist er nicht benannt und im Franciszäischen Kataster gar nicht verzeichnet.

Dem ohnehin nicht sehr attraktiven kleinen Seekarsee bei Rauris wurde, im Zuge der Skilifterrichtung, auch noch eine Strassenverbauung vorgesetzt. Der kleine Damm beim Abfluss des Sees, über den die Kühe auf ihre Weide gelangen, könnte künstlichen Ursprungs sein.

Seekarsee bei Wagrain

Freudlspergers Liste der Salzburger Seen verzeichnet neben dem Seekarsee bei Obertauern einen zweiten „Seekaarsee" im Fürbachtal bei Wagrain[910].
Neben dem als Wasserreservoir für die Beschneiungsanlage errichteten künstlichen Rupertisee kann auf den Orthofotos von SAGIS nur eine feuchte Wiese östlich neben dem Wagrainerhaus gefunden werden.

Seekirchnersee siehe **Wallersee**

Seekohrsee siehe **Seekarsee bei Krimml**

Seekohrsee siehe **Seekarsee bei Obertauern**

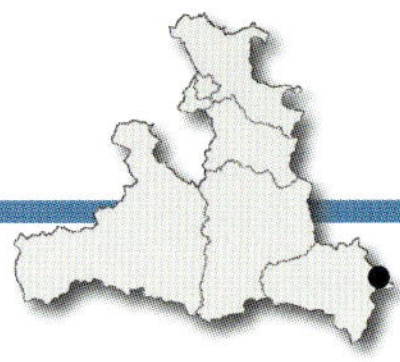

Seetalersee

O 13° 56′ 38″
N 47° 09′ 02″

Lungau, Gemeinde Tamsweg, Seetal

1220 m ü. A., L 250 m, B 50 m, T 8,9 m, F 8000 m^2 [911]
1220 m ü. A., L 290 m, B 80 m, F 12.400 m^2 (nach SAGIS)

An der Grenze zur Steiermark zwischen Tamsweg und Krakaudorf findet man um den Seetalersee (1220 m ü. A.) ein sehr seltenes Naturphänomen, den Schwingrasen. „Der See ist wohl 15 ha groß, aber nur ein Zehntel seiner Ausdehnung ist als Wasserfläche sichtbar"[912]. Anhand einer Bohrung in die Sedimentschichten am Boden des Sees für eine pollenanalytische Untersuchung und C14-Datierung[913] konnte die spät- und postglaziale Vegetations- und auch die Entstehungsgeschichte rekonstruiert werden. Die Pflanzendecke ist um 500 v. Chr. auf dem Grund eines ehemaligen Sees entstanden, der in einer vorangegangenen Wärmeperiode ausgetrocknet ist[914]. „Durch den nachfolgenden Wiederanstieg des Wassers könnte die Vegetationsdecke von der Unterlage gelöst worden sein"[915] und schwimmt nun mit einer Stärke von bis zu 2,5 m auf der Wasseroberfläche.
Während der Zeitraum nach der Eiszeit „eine sehr geringe Sedimentationsrate von 0,2 mm/ Jahr aufweist", ist ein starker Anstieg auf das Zehnfache den „großen Rodungsaktivitäten und Waldverwüstungen" des 15. und 16. Jahrhunderts anzulasten[916]. Der dystrophe See mit einer Tiefe von 8,9 m[917] hat das größte Schwingrasenmoor Österreichs und ist 1975 zum Naturdenkmal erklärt worden. Nur ein zweiter See im Lungau, der 6 km entfernte Dürrenecksee, besitzt die gleichen Natureigenschaften.

Schwimmende Inseln bedecken neun Zehntel der Wasserfläche des Seetalersees im Lungau. Auch kleine Fichten wachsen auf der bis 2,5 m starken Vegetationsdecke.

Seewaldsee

Tennengau, Gemeinde St. Koloman, Lammertal, Kehrbachtal

O 13° 16′ 22″
N 47° 37′ 37″

Am 4. Juni 1892 von Eberhard Fugger und dessen Sohn Eberhard, sowie Fuggers Schülern Oskar Blobel, Rudolf Tschallener, Karl Welser und Georg Wolfbauer vermessen:
1078 m ü. A., L 420 m, B 136 m, T 11 m, F 40.700 m² [918]
1072 m ü. A., L 425 m, B 160 m, F 51.400 m² (nach SAGIS)

Der Seewaldsee bei St. Koloman ist aus mehreren Gründen ein vielbesuchtes touristisches Ausflugsziel. Der See wird wegen seiner landschaftlichen Schönheit geschätzt, ist verkehrstechnisch leicht erreichbar und zählt wegen der hohen Wassertemperatur auch zu den beliebten Badeseen der Region. An Spitzentagen wurden bis zu 400 Badegäste gezählt[919]. Der dystrophe Braunwassersee ist von

Noch in den 1970er Jahren wurde, wie Josef Rehrl aus Scheffau berichtet, Schülerinnen und Schülern bei Wandertagen an den Seewaldsee erklärt, dieser sei 70 m tief.

Mooren umgeben, wobei sich im südlichen Teil Schwingrasen gebildet hat, der den See immer mehr einengt[920]. „Während die durchmischte warme Oberflächenschicht gut mit Sauerstoff versorgt ist, erfolgt wegen des Eintrages Sauerstoff-zehrender Huminstoffe aus den umgebenden Moorflächen im Laufe der Sommer eine Sauerstoffzehrung bis zur völligen Sauerstofflosigkeit in der Tiefe."[921] Der Seewaldsee ist somit zwar nährstoffarm, hat aber eine gute Wasserqualität aufzuweisen[922]. Das im Landschaftsschutzgebiet liegende stehende Gewässer wird auch fischereiwirtschaftlich genutzt. Zur Fischfauna gehören Hecht, Schleie, Karpfen, Rotauge, Rotfeder und Barsch[923].

Setzlingsweiher siehe **Berlingersee**

Sieben Möser

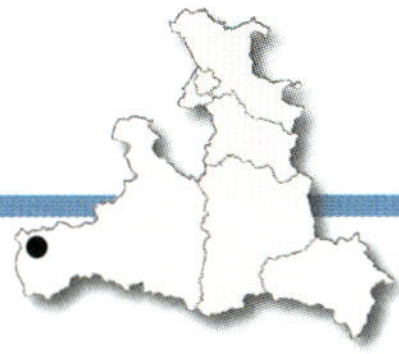

Sieben Möser, auch Plattensee[924], vielleicht Krimmlersee

O 12° 09′ 14″
N 47° 14′ 05″

Pinzgau, Gemeinde Krimml, Krimmler Achental

Am 2. September 1889 von Eberhard Fugger und Sohn und Carl Kastner wurden 5 Plattenseen vermessen:
1660 m ü. A., Dimensionen zw. 4 und 25 m bei einer maximalen T von 2 m[925]

Das auf der Gerlosplatte bei Krimml gelegene Naturschutzgebiet der Sieben Möser mit seinen „zahlreichen Mooraugen (Seen)“, dem Vorkommen der Zwergbirke und der seltenen Moosart „Paludella squarossa“[926] gehört zu den größten und bedeutendsten weitgehend intakten Feuchtgebieten Salzburgs[927]. Auf aktuellen Satellitenfotos können elf Wasserflächen gezählt werden. Von Seen kann in diesem Zusammenhang nicht mehr gesprochen werden, denn die vermoorten Ufer fallen zwar steil ab, „so daß Rand und Mitte gleich tief sind“[928], aber nur eines dieser stehenden Gewässer erreicht eine Höchsttiefe von 2 m.
Fugger und andere Reiseschriftsteller vor ihm berichten immer wieder vom Irrglauben, dass die heimische Bevölkerung speziell

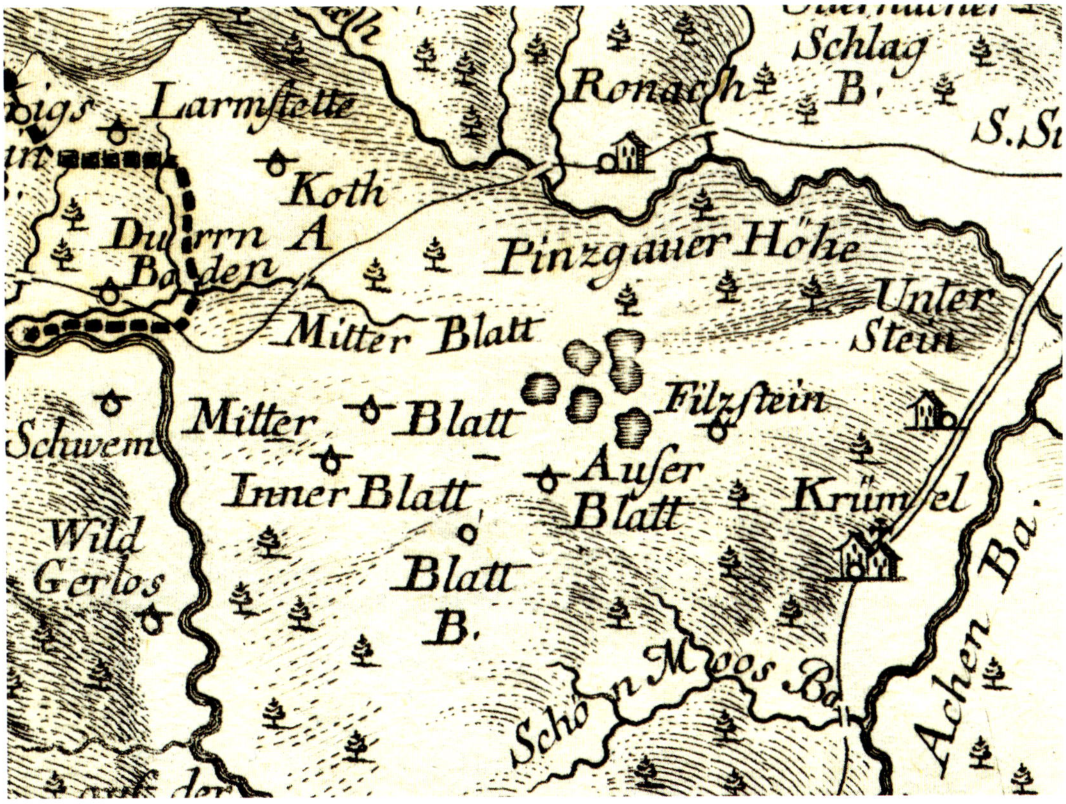

In dem für seine Genauigkeit gerühmten „Atlas Tyrolensis“ von Peter Anich und Blasius Hueber findet man auf der Gerlosplatte bereits fünf kleine anstatt einer großen Wasserfläche verzeichnet (Anich, Hueber 1774, Lk., Universitätsbibliothek Salzburg).

Moorseen für unergründlich tief hielt. Diese Ungewissheit beflügelte natürlich auch die Phantasie, die sich auch in Sagen um den „Plattensee", widerspiegelte. In ihm soll „ein schrecklicher Lindwurm" hausen, „dem in alter Zeit zahlreiche Menschen zum Opfer gefallen sind und der auch manches Vieh verschlungen hat. Gesehen hat ihn noch niemand, denn wer in seine Nähe kommt, ist verloren."[929] Und wenn das Ungetüm sich dann auch noch durch den Berg gefressen hat, werde es eine so große Überschwemmung geben, dass das Wasser dieses Sees das ganze Tal derart ausfülle, „daß es bis zum Groansaftbauer (Grünsaft) am Uttendorfer Sonnberg hinaufreicht und dort sogar die Wäsche auf dem Gang noch naß wird. Aber weiter steigt das Wasser nimmer."[930] In einer Variante dieser Sage berichtet Fugger über den Plattensee, „daß das Wasser in die Kirche von Hollersbach durch die Fenster hineinfließen wird"[931].
Im Franciszäischen Kataster ist neben sechs kleinen auch eine große Wasserfläche verzeichnet, aber nicht benannt. Ob der in Landkarten des 15. und 16. Jahrhunderts benannte „Krimmlersee" mit den Sieben Mösern / Plattensee ident ist, bleibt Vermutung.

Silberpfeningsee / Silberpfenningsee siehe **Ecklgrubensee**

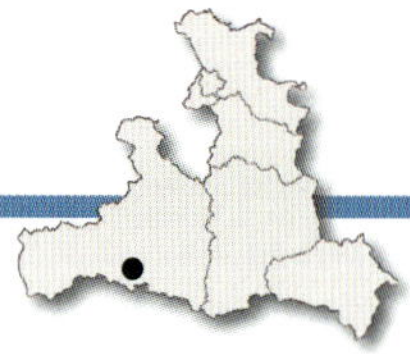

Sprengkogelseen

O 12° 38′ 03″
N 47° 09′ 16″

Pinzgau, Gemeinde Uttendorf, Stubachtal, Tauernmoosbachtal (2 Seen)

Am 12. August 1895 von Eberhard Fugger und Carl Kastner vermessen:
2100 m ü. A., L 32 m, B 16 m, T 1 m
2100 m ü. A., L 20 m, B 16 m, T 0.8 m[932]

Bei den Sprengkogelseen handelt es sich um von Fugger genannte Gewässer, die südlich des Sprengkogels zwischen Grünsee und Tauernmoossee verortet werden können. Sie sind in der Österreichischen Karte nicht verzeichnet, aber auf Orthobildern zu finden.

Stanzsee

Franz Carl Weidmann zählte 1845 für das Gasteinertal unter vielen anderen folgende Seen auf: „[...] die beiden Pockhartseen, der See auf der Erzwiese, die Seen auf der Eckelgrube (im Angerthal), auf der Stanz, auf der Wildalpe, und Widernalpe"[933]. Im Seitental des Angertales, dem Lafental, liegt auf dem Übergang ins benachbarte Raurisertal auf 2102 m ü. A. die Stanzscharte.

Nördlich davon, im Knoblauchtal, findet man zwei Lacken ohne nennenswerte Dimensionen – vielleicht die von Weidmann angesprochenen Stanzseen. Im Franciszäischen Kataster sind auf der „Stanzschartn" keine stehenden Gewässer verzeichnet.

Franz Carl Weidmann hat 1845 in seinem zweibändigen „Touristen-Handbuch" für Salzburg viele wertvolle Hinweise über die Seen des Landes hinterlassen (Margarete Bader Waissnix Stiftung, Reichenau an der Rax).

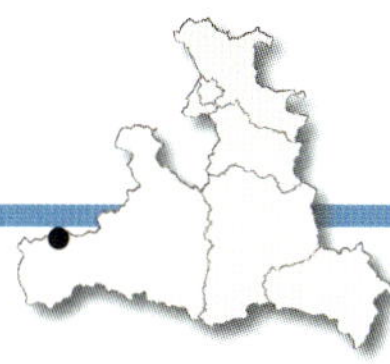

Steinkoglsee

Pinzgau, Gemeinde Neukirchen, Dürnbachtal

O 12° 14' 34"
N 47° 17' 53"

Am 16. August 1890 von Eberhard Fugger, seiner Frau Adele und Sohn Eberhard, Carl Kastner und Anna Pehersdorfer vermessen:
2095 m ü. A., L 28 m, B 12 m, T 0,6 m, F 250 m² [934]

„Binnen weniger Jahrzehnten dürfte von dem See keine Spur mehr vorhanden sein, da ihm sowohl die Versandung als auch die von den umgebenen Höhen herabkommenden Felsblöcke den unaus-

Eberhard Fugger hat in einem seiner Skizzenbücher den Besuch des bereits stark verlandeten Steinkoglsees am 16. August 1890 romantisch verewigt (Eberhard Fugger, Salzburg Museum, Inv.-Nr. 9787-49_37,).

bleiblichen Untergang bereiten."[935] Dieser von Fugger prognostizierte Untergang hat sich 125 Jahre später bewahrheitet. Auf aktuellen Orthofotos ist nur mehr ein von Steintrümmern übersätes Moorfeld ohne Wasserfläche erkennbar. 500 m nordwestlich ist allerdings eine Lacke mit den Dimensionen L 120 m, B 30 m, F 3000 m² erkennbar, die mit der von Fugger publizierten Skizze keine Ähnlichkeit hat und von ihm wahrscheinlich übersehen wurde.

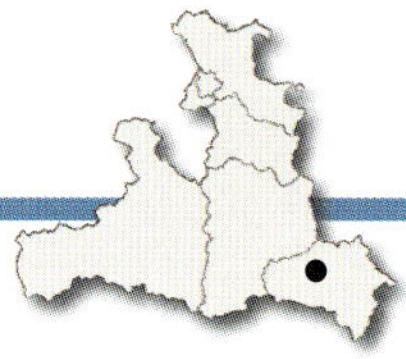

Steinsee

O 13° 34′ 07″
N 47° 10′ 05″

Steinsee, auch Hieslsee[936], Hislsee[937]

Lungau, Gemeinde St. Michael, Zederhaustal, Weißbachtal

2104 m ü. A., L 175 m, B 100 m, F 12.400 m²

Im Zederhaustal befindet sich südlich des Weißenecks im Weißbachtal der Steinsee in der Nähe der Steinbaueralm. Der Name Hi(e)sl, wie der See im Franciszäischen Kataster und in Kartenwerken des 19. und beginnenden 20. Jahrhunderts genannt wurde, ist in der Gegend heute abgekommen.

Plötzlich einfallender Nebel hat ein attraktiveres Foto des Steinsees auf einer Wanderung im Juni 2011 verhindert (Foto Alois Ellmauer).

Steinsee siehe **Suissensee**

St. Georgener Badesee

Flachgau, Gemeinde St. Georgen, Salzachtal (künstlich)

O 12° 52′ 27″
N 47° 59′ 33″

381 m ü. A., L 235 m, B 128 m, T 7,4 m, F 25.400 m^2 [938]

Der See an der Grenze zu Oberösterreich ist nicht nur der nordwestlichste, sondern auch der am niedrigsten gelegene See des Landes Salzburg. Es handelt sich allerdings um einen künstlich errichteten Baggersee, der von Grundwasser aufgefüllt wurde und sowohl als Badesee als auch Anglern zur Verfügung steht[939].

St. Martin Seepark

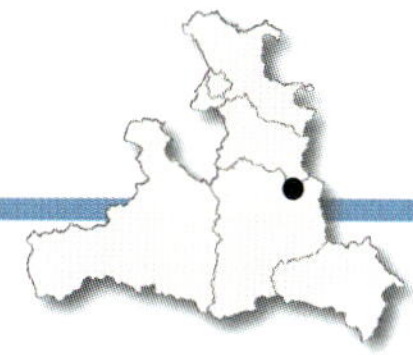

Pongau, Gemeinde St. Martin am Tennengebirge, Lammertal (2 Seen, künstlich)

O 13° 22′ 41″
N 47° 27′ 43″

938 m ü. A., L 100 m, B 75 m, F 4500 m^2
938 m ü. A., L 45 m, B 40 m, F 1200 m^2

1999 wurde der Seepark in St. Martin künstlich angelegt. Die zwei Wasserbecken mit 6700 m^2 Wasserfläche werden von Quellwasser in bester Qualität gespeist und auch sonst bietet die Anlage einige Freizeitattraktionen.

Stodersee siehe **Lindlsee**

Stöcklasee / Stöcklsee siehe **Schwebenlacke**

Suissensee

Suissensee, auch Gröllensee[940], Gröllsee[941], Grünsee[942], Hinterschafbergersee[943], Hintersee[944], Kröllensee[945], Kroitersee[946], Steinsee[947]

O 13° 26′ 20″
N 47° 46′ 33″

Flachgau, Gemeinde St. Gilgen, Burggraben, Ackergraben (2 Seen)

Am 9. November 1902 von Eberhard Fugger, Carl Kastner, Georg Vogel und Josef v. Angermayer vermessen:
1410 m ü. A., L 45 m, B 30 m, T 3 m[948]
1384 m ü. A., L 50 m, B 40 m, F 1300 m^2 (nach SAGIS)
1384 m ü. A., L 40 m, B 30 m, F 600 m^2 (nach SAGIS)

Wenn man von der Anzahl an Namen für den Suissensee ausgeht, könnte man annehmen, es handle sich um einen See mit enormen Dimensionen. In Wahrheit ist der See im wissenschaftlichen Sinn eher als Lacke zu bezeichnen. Der kleine Bergsee an der schattigen Nordostseite des Schafberges dürfte durch einen „dolinenartigen Ein-

„Der Geroelle-See unter dem Gipfel des Schafberges" titelt diese Lithographie. Sie zeigt den Suissensee an der Nordostflanke des Schafberges, der möglicherweise durch das Einbrechen einer Doline entstanden ist (Lithographie von Ignaz Rode nach Josef Hafner, 1834–1837, Sammlung Peter Matern).

sturztrichter"[949] entstanden sein. Damit ist er neben dem Seehornsee einer der wenigen Karst- oder Erdfallseen im Salzburger Land.

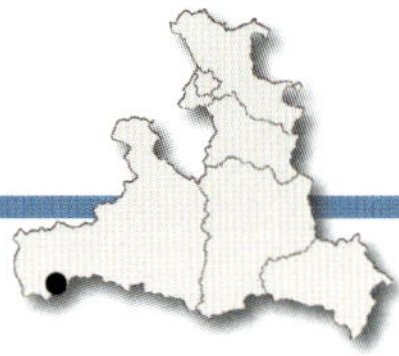

Sulzsee

O 12° 17′ 49″
N 47° 07′ 03″

Sulzsee[950], auch Obersulzbachsee[951], Salzsee[952]

Pinzgau, Gemeinde Neukirchen, Obersulzbachtal

2202 m ü. A., L 460 m, B 295 m, T 42,4 m, F 105.000 m^2 [953]
2203 m ü. A., L 546 m, B 325 m, F 121.700 m^2 (nach SAGIS)

Einer der Ersten, der den alten „Sulzsee" benennt, ist 1716 Odilo Guetrat. Zur Entstehungszeit der Karte könnte das Gewässer aber bereits vom Obersulzbachkees überfahren worden sein (Guetrat 1716, Lk., Privatbesitz).

Wenn man vom Sulzsee im Obersulzbachtal spricht, sind eigentlich zwei Seen gemeint, die möglicherweise denselben Standort innehatten oder -haben. Da ist erst einmal der Sulzsee, der in den Landkarten des 18. Jahrhunderts so genannt wird und – namenlos – bereits in den ersten Karten des Salzburger Landes[954] verzeichnet ist. Dieser Sulzsee ist spätestens im Hochmittelalter entstanden, als die Temperaturen ähnlich wie die gegenwärtigen waren. Erst mit dem Beginn der „kleinen Eiszeit" ab 1600 n. Chr. wurde der See vom vorstoßenden Obersulzbachkees überfahren. Ein Ereignis, welches wohl auf die meisten Seebecken im Land zutrifft, da die Temperaturen zwischen den Eiszeiten schon höher waren als heute. Im Fall des Sulzsees bezeugen die Landkarten auch die Existenz eines Sees, nur wo im Tal er sich befand, kann durch die Ungenauigkeit der Kartenwerke nicht klar nachvollzogen werden. Die Existenz eines Sulzsees ist somit erwiesenermaßen zweimal dokumentiert, das erste Mal in der Neuzeit und heute.

Der neue „Sulzsee", wie ihn die Österreichische Karte auf SAGIS nennt, wird von den beiden Geographen Gerhard Karl Lieb und Heinz Slupetzky in ihrem Führer vom „Gletscherweg Obersulzbachtal" Obersulzbachsee genannt[955]. Seit dem Ende der 1980er Jahre entstand hier ein neues stehendes Gewässer. „Entstand" deshalb, weil seit 2010 das Zungenende nach einem Rückgang von -61,8 m mittlerweile auf „festem Ufer"[956] gelegen hat und auf den aktuellen Satellitenbildern das Ufer inzwischen durchgehend eisfrei ist. Somit hat die „Geburt" dieses mittlerweile 120.000 m^2 großen Sees keine 30 Jahre gedauert. Es ist allerdings zu befürchten, dass seine Lebenserwartung keine sehr hohe sein wird. Das Obersulzbachkees ist zwar inzwischen auf fünf Teillappen zerfallen, hat aber immer noch eine Fläche von über 8 km^2. Der See wirkt nun wie eine Feststofffalle, in die Gletschersedimente und Gesteinsmassen verfrachtet werden.

Die Überquerung eines zugefrorenen Sees ist, wie auch hier per Ski, nur unter fachkundiger Führung empfehlenswert. Im April 2010 waren auf dem Weg zum Großvenediger schon einige Schmelzwasserlacken auf dem „Obersulzbachsee" zu durchqueren (Foto Martin Veits).

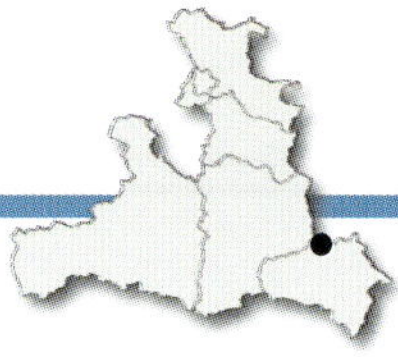

Talkensee

O 13° 41′ 14″
N 47° 15′ 35″

Talkensee, auch Falkensee[957], Traumsee[958]

Lungau, Gemeinde Weißpriach, Znachtal

2058 m ü. A., L 165 m, B 100 m, F 9500 m²

Bereits im Franciszäischen Kataster liegt im Talkenkar der gleichnamige See verzeichnet[959]. Um 1900 wurde, vermutlich aus einem Abschreibfehler resultierend, aus dem Talken- der Falkensee gemacht. Hans Wödl beschreibt 1924 den Übergang von Schladming kommend: „Knapp unterhalb der Scharte [Brettscharte] liegt auf der Lungauer Seite der kleine Brettsee, an dem vorbei man zum Falkensee und rechts abschwenkend in den Znachgraben und durch diesen ins Weißpriachtal absteigen kann."[960] Die im selben Jahr erschienene Alpenvereinskarte trägt zu weiterer Verwirrung bei, indem sie den See in Traumsee umbenennt. In aktuellen Landkarten wird dieses stehende Gewässer wieder Talkensee genannt.

Es ist zwar nachvollziehbar, dass der herrlich tiefgrüne von einer Endmoräne abgedämmte See kurze Zeit als Traumsee bezeichnet wurde, es konnte sich aber der bereits im frühen 19. Jahrhundert gebräuchliche Name Talkensee wieder durchsetzen.

Tamseensee

Ein Eintrag in Freudlspergers Liste der Salzburger Seen zwischen Anderlsee und Ottsee lautet Tamseen See (ober dem Prebersee) mit den Dimensionen Länge 160 m und der Breite 80 m. Der See sollte also in der Nähe dieser beiden Seen im Lungau zu verorten sein. In heutigen digitalen Karten lassen sich keine Namensreste von einem Tamseensee finden, nördlich des Prebersees liegt auf 1734 m ü. A. die Prodingeralm, die auch von einigen feuchten Wiesen umgeben ist.

Tappenkahrsee siehe **Tappenkarsee**

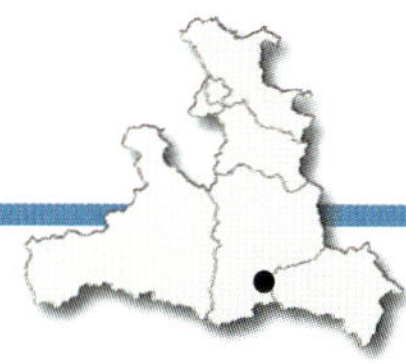

Tappenkarsee

Tappenkarsee, auch Dappenkahrsee[961], Tappenkahrsee[962], Tappenkarrsee[963]

O 13° 19′ 14″
N 47° 11′ 36″

Pongau, Gemeinde Kleinarl, Kleinarltal

Am 4. und 5. August 1907 von Eberhard Fugger, Eberhard Fugger jun., Steinmetz Georg Vogel sowie den „freiherrlich Imhof'schen Jägern" Johann Erlfellner und Bartlmä Vorderegger vermessen:
1762 m ü. A., L 1090 m, B 360 m, T 47,65 m, F 238.000 m² [964]
1762 m ü. A., L 1070 m, B 377 m, F 295.000 m² (nach SAGIS)

„Auf dem hohen Dappenkahr liegt ein See von ungeheurer Tiefe, welcher die Ehre hatte, die Tafel der alten Erzbischöfe mit Fischen zu versehen." Weiters führt Franz Michael Vierthaler in „Meine Wanderungen durch Salzburg" von 1816 aus: „Aus den Tiefen des Wassers ragten uns nämlich Bäume und Holzstämme entgegen, welche auf diesen Höhen seit Jahrhunderten nicht mehr gefunden werden. Sind die Waldungen vielleicht durch Einsenkungen und Einstürze verschwunden? Und haben sich sodann Seen über denselben gebildet?"[965]
Heute ist bekannt, dass die Baumgrenze in wärmeren Klimaperioden vor ca. 7000, 4000, 2000 Jahren und im Hochmittelalter um bis zu 200 bis 300 m weiter hinaufreichte und die Baumstämme entweder durch Rodung oder auf natürliche Weise in den See verfrachtet wurden[966]. Der Tappenkarsee, der flächenmäßig größte Bergsee des Bundeslandes, mit einer Höchsttiefe von 47 m, ist ein nährstoffarmes Gewässer, das bis zum Grund ausreichend mit Sauerstoff versorgt ist. Die Temperaturen liegen ab 20 m Tiefe konstant bei 3,3° C bis 3,9° C[967].
Im schon früh mit Fischen besetzten See leben neben den kleinen Schwarzreutern, einer Kümmerform der Saiblinge, auch Elritzen. Nach neueren Untersuchungen stammt das Erbgut dieser Schwarz-

Der größte Bergsee des Landes Salzburg vor einer imposanten Bergkulisse. Zwischen zahllosen Bergspitzen schauen der Faulkogel (2654 m ü. A.) und das Mosermandl (2680 m ü. A.) hervor.

reuter von der Fischpopulation des Königssees ab[968]. Für dieses Grundnahrungsmittel wurde ein immenser Aufwand betrieben, um die Fische von diesem Hofküchensee in die Pfannen der Landeshauptstadt zu bringen. 5000 bis 6000 Stück Schwarzreuter wurden jährlich in den weiter talabwärts gelegenen Kleinarler-, heute Jägersee, versetzt, um dort besser zu wachsen. 2000 bis 3000 Stück kamen dann jährlich in den Hintersee bei Faistenau und schlussendlich gelangte noch ein Teil in den Hellbrunner Weiher[969]. Es fanden also bereits im 16./17. Jahrhundert ungeahnt häufige Fischtransporte statt, um die Bevölkerung, vor allem aber den erzbischöflichen Hof, mit Fisch zu versorgen. Im Jahr 1575 unter Erzbischof Johann Jakob von Kuen-Belasy beispielsweise waren 260 Personen täglich bei Hof zu verköstigen. An 104 Fasttagen im Jahr wurde dabei ausschließlich Fisch gespeist, aber auch sonst war er wesentlicher Bestandteil der Hofküche[970]. Bis zum Jahr 1650 hatte der Pfleger von Werfen den Jäger- und Tappenkarsee „zum Dienstgenuß" inne, erst ab diesem Jahr wurden sie als Hofküchenseen von einem eigens angestellten Hoffischer bewirtschaftet[971].

Heute erfolgt die Fischereibewirtschaftung durch die Gutsverwaltung Nesselrode-Reichenstein[972].

Mit einer Sage versuchte die Bevölkerung die so gefürchteten Seeausbrüche zu erklären und wohl auch zu verarbeiten. Demnach soll vor vielen Jahren ein Lindwurm im Tappenkarsee sein Unwesen getrieben haben. Ein paar mutige Burschen wollten dem Tier mit ei-

ner List den Garaus machen. Sie füllten eine Kuhhaut mit Stroh und Pulversäcken. „Als es dunkel wurde, stürzte sich das Ungeheuer auf diese Kuh. Doch kaum biss es hinein, entzündete sein feuriger Atem die Pulversäcke und eine gewaltige Explosion erschütterte die umliegenden Berge. Schwer verwundet schleppte sich das Untier zurück ins Wasser und verschwand auf Nimmerwiedersehen. Der Lindwurm soll aber nicht tot sein, denn es heißt, er nage unablässig am Felsen und eines Tages werde der See ausbrechen und das Kleinarltal überschwemmen."[973] Auch der Reedsee im Pongauer Gasteinertal, die Sieben Möser auf der Gerlosplatte bei Krimml und der Rotgüldensee im Lungau standen im Ruf, dergleichen drachenartige Fabelwesen aus mythischer Urzeit zu beherbergen.

Stimmungsvoll hat Franz Kulstrunk den Tappenkarsee bei herannahendem Gewitter eingefangen. Die aus der Bildmitte herausragenden weiß leuchtenden Kalkfelsen bildeten eine unüberwindbare Barriere für die Gletscher der Eiszeiten und lenkten ihn seitlich daran vorbei (Aquarell, weiß gehöht, Franz Kulstrunk 1908, Sammlung Peter Matern).

Tappenkarrsee siehe **Tappenkarsee**

Tauernkarrsee siehe **Tauernkarsee bei Untertauern**

Tauernkarrsee / Tauernkarrsee, Oberer, siehe **Tauernkarsee im Weißpriachtal**

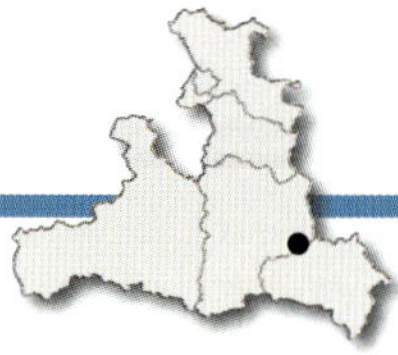

Tauernkarsee bei Untertauern

O 13° 31′ 22″
N 47° 17′ 00″

Tauernkarsee, auch Tauernkarrsee[974], Tauernkohrsee[975]

Pongau, Gemeinde Untertauern, Taurachtal

1595 m ü. A., L 265 m, B 115 m, F 19.900 m²

Bereits Lorenz Hübner zählte 1796 in seiner Beschreibung des Erzstiftes Salzburg zwischen Wildensee und Grünwaldsee den „Tauernkarrsee" als einen von acht Seen im Pfleg-, Stadt- und Landgericht Radstadt auf[976]. Der über einen Güterweg erreichbare kleine Moorsee weist an seiner nordöstlichen Abflussseite einen verdächtig künstlich wirkenden Wall auf, über den diese Straße führt. An der Westseite des Sees wurde ein Bootshaus errichtet.

Der zu einem Hotelbetrieb gehörende Tauernkarsee ist nur von dessen Gästen mit dem Privatauto erreichbar. Der Moorsee ist ein Paradebeispiel für touristische Nutzung und Vermarktung.

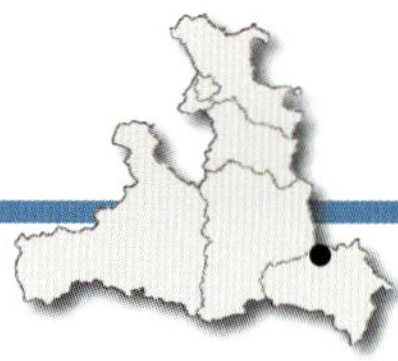

Tauernkarsee im Weißpriachtal

O 13° 35′ 33″
N 47° 14′ 29″

Tauernkarsee, auch Oberer Tauernkarsee[977], Oberer Tauernkarrsee[978], Oberer Tauernkohrsee[979]

Lungau, Gemeinde Weißpriach, Weißpriachtal

2107 m ü. A., L 165 m, B 70 m, F 7000 m²

Warum der Tauernkarsee im Weißpriachtal im Franciszäischen Kataster den Zusatz „Oberer" führt, ist nicht klar, da auch kein „Unterer Tauernkarsee" verzeichnet ist. In aktuellen Landkarten ist er als Tauernkarsee verzeichnet. Es führt kein markierter Weg zu diesem stehenden Gewässer, somit liegt es sehr einsam und unberührt.

Vermeintlich unberührt liegt der Tauernkarsee im Weißpriachtal. Auf der „Halbinsel“ am gegenüberliegenden Ufer steht eine winzige Unterstandshütte.

Tauernkohrsee siehe **Tauernkarsee bei Untertauern**

Tauernkohrsee, oberer, siehe **Tauernkarsee im Weißpriachtal**

Tauernmoossee

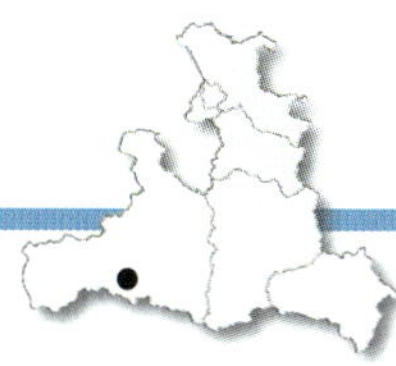

O 12° 38′ 37″
N 47° 09′ 09″

Tauernmoossee, auch Taumoossee[980]

Pinzgau, Gemeinde Uttendorf, Stubachtal, Tauernmoosbachtal (natürlicher See, aufgestaut)

Am 2. September 1897 von Eberhard Fugger und Sohn, Carl Kastner, Marie Gast und „Frl. A. Tlusty“ vermessen:
L 545 m, B 360 m, T 17,2 m[981]
2023 m ü. A., L 2300 m, B 980 m, T 59 m, F 1.450.000 m² [982]

Der Tauernmoossee mit seiner geschwungenen Staumauer ist der flächenmäßig größte Stausee des Landes. Er ist nun zwölfmal größer als der ursprüngliche See.

Dort, wo sich heute die in elegant geschwungenem Bogen, das Tal umspannende Staumauer des Tauernmoossees befindet, führte bei Eberhard Fuggers Besuch des damals noch natürlichen Sees „ein sehr problematischer Steg über den Bach, ein Baum, auf dem man am sichersten reitend das andere Ufer erreicht". Die Vermessung des Sees dauerte an diesem 2. September 1897 bei herrlichem Wetter sieben Stunden und musste wegen der Größe des Sees mit dem Faltboot[983] vorgenommen werden[984]. Der See wurde 1929 das erste Mal und 1973 auf die heutige Dimension von 1.450.000 m² vergrößert. Das mehrfach gekrümmte und bis zu 53 m hohe Bauwerk hat eine Länge von 1190 m und dämmt den größten Stausee des Landes Salzburg. Die markante Färbung dürfte der Tauernmoossee jedenfalls bereits vor seinem Aufstau besessen haben, denn Carl von Sonklar beschreibt ihn 1867 als See, „dessen Wässer lauchgrün herüberblicken"[985]. Diese ist auf Schwebstoffe, „äusserst feine Mineralteilchen, die sich selbst im vollkommen ruhenden Wasser wochenlang schwebend erhalten", zurückzuführen, wie den geologisch-technischen Berichten vom Bau des Stubachwerkes zu entnehmen ist. Es dauerte fünf Wochen, bis sich diese Gletschersedimente in einer Fünf-Liter-Wasserprobe des Sees vollkommen am Boden abgesetzt hatten[986].

Tauernplattensee, Oberer, siehe **Medelzlacke**

Tauernplattensee, Unterer

Pinzgau, Gemeinde Uttendorf, Stubachtal, Weißenbachtal, Schotterbachtal

O 12° 37′ 39″
N 47° 07′ 15″

Am 11. August 1895 von Eberhard Fugger, Carl Kastner und Marie Gast vermessen:
2580 m ü. A., L 60 m, B 27 m, T 2 m[987]
2532 m ü. A., L 60 m, B 25 m, F 1000 m² (nach SAGIS)

Während der Obere Tauernplattensee als Medelzlacke in aktuellen Kartenwerken benannt ist, bleibt der von Eberhard Fugger so genannte „Untere Tauernplattensee" ohne Namen. Siehe auch Medelzlacke.

Vom 2761 m ü. A. hohen Medelzkopf genießt man die Aussicht über das Stubachtal mit den dominanten natürlichen Speicherseen Weiß- und am rechten Bildrand Tauernmoossee. Neben der Medelzlacke am linken unteren Bildrand ist das zweite Gewässer auf diesem Felsplateau der von Eberhard Fugger so genannte „Untere Tauernplattensee".

Tauernsee

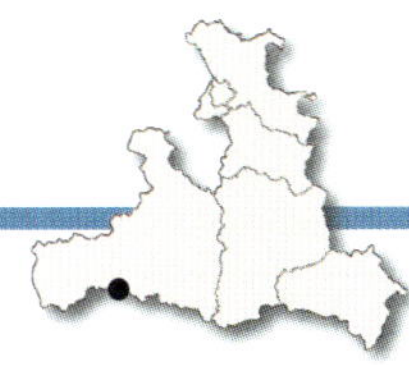

Tauernsee, auch Klebersee[988], Oberer Klebersee[989], Oberer Tauernsee[990], Obersee[991]

O 12° 30′ 14″
N 47° 09′ 26″

Pinzgau, Gemeinde Mittersill, Felbertal, Tauernbachtal

Am 25. August 1902 von Eberhard Fugger und dessen Sohn Eberhard, Carl Kastner und den Trägern Josef und Michel Ißlitzer vermessen:
2358 m ü. A., L 360 m, B 125 m, T 8,6 m[992]
2532 m ü. A., L 360 m, B 140 m, F 40.000 m² (nach SAGIS)

Neben dem Felbertauernpass, an dem auch die St. Pöltener Hütte liegt, wurde von den Säumern bereits vor dem Mittelalter der etwas bequemere Weg über den so genannten „Alten Tauern" nach Kärnten gewählt. Dieser Übergang führte direkt am Tauern- oder

Der Säumerweg über den „Alten Tauern" im Felbertal führte direkt am Tauernsee vorbei. Die finstere Spitze ist der 2988 m ü. A. hohe Tauernkogel und über dem Pass kommen die Ausläufer des Großvenedigers hervor.

Obersee vorbei, dessen Areal zur Rast für Mensch und Tier genutzt werden konnte[993]. Adolf Schaubach schrieb 1850 über den Talschluss des Felbertales, welcher auch die Kleber genannt wurde: „Dieses Felsenkahr ist eine jener Wüsten des Hochgebirges, welche gewiss bei jedem Reisenden einen tiefen Eindruck in der Erinnerung hinterlassen werden."[994] Im Franciszäischen Kataster fand dieser See jedoch keine Verzeichnung.

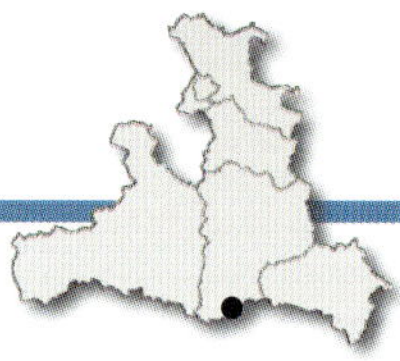

Tauernsee, Großer

O 13° 10′ 35″
N 47° 02′ 49″

Pongau, Gemeinde Bad Gastein, Anlauftal, Tauernbachtal

Am 30. August 1910 von Hans Freudlsperger, Eberhard Fugger, Wolfgang von Paumgartten und Andreas Müller vermessen:
2145 m ü. A., L 117 m, B 70 m, T 6 m[995]
2165 m ü. A., L 135m, B 70 m, F 6600 m² (nach SAGIS)

Von Bad Gastein durch das Anlauftal, vorbei am Großen Tauernsee, über den so genannten Korntauern, führt der Weg ins kärntnerische Stapitzertal und nach Mallnitz. Noch heute sind Reste eines kunstvoll angelegten Saumweges erkennbar, „den man früher der Römerzeit, nun der frühen Neuzeit, möglicherweise den Fuggern" zuschreibt[996].
Dass der Übergang schon weit davor genutzt wurde, beweist der Fund einer Axt, die 1945 in der Nähe des Passes entdeckt wurde. Martin Hell berichtet 1956: „Die Axt konnte als Werkzeug und Waffe Verwendung finden. Äxte dieser Art sind der späteren Jungsteinzeit in Salzburg geläufig, [...] daher kann sie als archäologisches Zeugnis für die Überschreitung des Korntauern in jungneolithischer Zeit aufgefasst werden."[997]
Das Attribut „großer" Tauernsee erhielt der See von bescheidener Größe, weil sein Pendant auf der Kärntner Seite, der Kleine Tauernsee noch geringere Dimensionen aufweist. Der Große Tauernsee ist im Franciszäischen Kataster verzeichnet, aber nicht benannt.

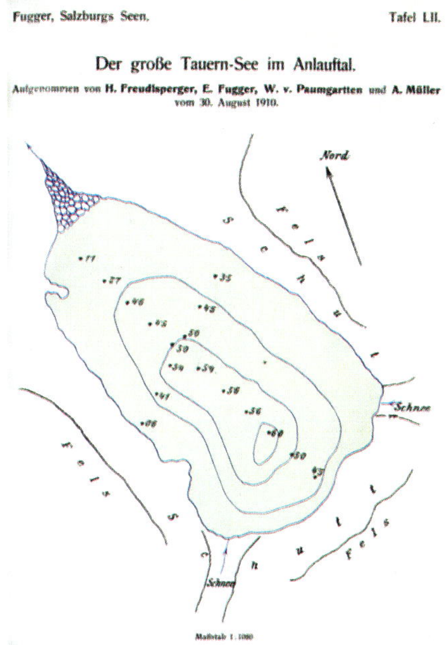

Eberhard Fugger und Hans Freudlsperger, deren Arbeit sich vielfach in dieser Publikation widerspiegelt, konnten den großen Tauernsee am 30. August 1910 gemeinsam vermessen (Fugger 1911).

Tauernsee, Mittlerer siehe **Langsee im Felbertal**

Tauernsee, Oberer siehe **Tauernsee**

Taumoossee siehe **Tauernmoossee**

Tiefenbachsee

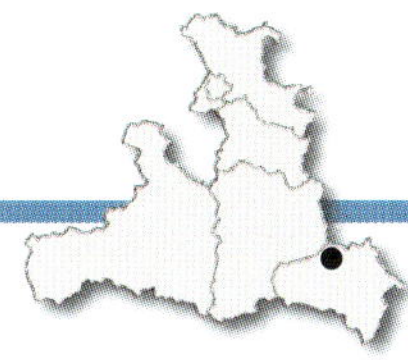

O 13° 36' 19"
N 47° 14' 25"

Tiefenbachsee, vermutlich auch Weispachsee[998], Weißbachkarsee[999], Weißbachsee[1000], Weisspachkorsee[1001]

Lungau, Gemeinde Weißpriach, Weißpriachtal, Wirpitschbachtal

1844 m ü. A., L 355 m, B 150 m, F 34.300 m²

In einer Aufzählung der Seen des Weißpriachtales heißt es bei Franz Carl Weidmann 1845: „Beide Talsäume haben Alpen, und tragen auf ihren Rücken mehrere schöne kleine Gebirgsseen, so der westliche Rücken den Leibitschsee und Weißbachsee, den Schönalpensee und Rupeniersee, der östliche den Wildsee und Graniersee."[1002] Wenn man geographisch talabwärts der Liste folgt, würde nach dem Leibitschsee (heute Tscheibitschsee) mit dem Weißbachsee der heutige Tiefenbachsee gemeint sein. In dem zwischen 1823 und 1830 erstellten Franciszäischen Kataster erhielt der See allerdings bereits den Namen Tiefenbachsee[1003],

Zwischen dem Tiefenbachsee und dem höchsten Berg dieses Westkammes des Weißpriachtales, dem Großen Gurpitscheck (2526 m ü. A.) liegen weitere vier Seen in den Karen versteckt. Während die Seitenmoräne des ehemaligen Gletschers noch sehr markant vorhanden ist, hat der Abfluss des Sees die Endmoräne schon abgegraben.

während ein Weißbachsee in der Region fehlt. Der Wirpitschsee liegt eigentlich zwischen dem Tiefenbachsee und den Schönalmseen, findet bei Weidmann aber keine Erwähnung.

Traumsee siehe **Talkensee**

Traunersee siehe **Obertrumersee**

Trisslkaarsee siehe **Moränensee**

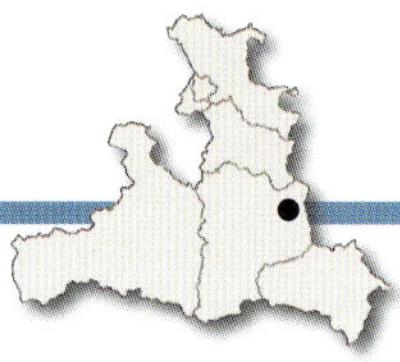

Troglacke bei Filzmoos

O 13° 31′ 14″
N 47° 25′ 01″

Troglacke, auch Troglacken[1004]

Pongau, Gemeinde Filzmoos, Mandlingtal

1576 m ü. A., L 50 m, B 45 m, F 1600 m²

In der Österreichischen Karte sind für die Troglacke zwei Wasserflächen eingezeichnet. Der Blick auf die Orthofotos zeigt, dass das nördliche Becken zu einem künstlich angelegten Reservoir für die Beschneiungsanlage des Skigebietes Filzmoos ausgebaut wurde, während das zweite bereits stark verlandet ist. Im Franciszäischen Kataster ist keine Wasserfläche verzeichnet, aber die Gegend wurde Troglacken genannt[1005].

Trümmersee siehe **Mattsee**

Trümmersee / Trumersee / Trumersee siehe **Obertrumersee**

Tscheibitschsee

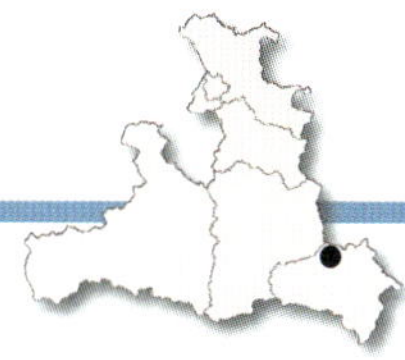

Tscheibitschsee, auch Friebitschsee[1006], Leibitschsee[1007]

O 13° 35′ 57″
N 47° 14′ 58″

Lungau, Gemeinde Weißpriach, Weißpriachtal

1915 m ü. A., L 250 m, B 175 m, F 29.000 m²

Im Franciszäischen Kataster erhielt dieser im Weißpriachtal gelegene See den auch heute gebräuchlichen Namen Tscheibitschsee[1008]. Wie die in der Literatur des 19. Jahrhunderts für den See verwendeten Namen Friebitsch- und Leibitschsee ist auch der aktuelle Name auf slawische Besiedlung im Frühmittelalter zurückzuführen. Josef Schitter berichtet in der Ortschronik von Mariapfarr, „daß diese Slawen, wohl der Viehwirtschaft wegen, auch bereits die Hochgebirgsregionen aufgesucht und bewirtschaftet haben. Das warme Klima erlaubte es eben. […] Die Waldgrenze, die heute bei 2000 m Höhe liegt, war damals um gut 200, ja bis zu 300 Meter höher angestiegen.“[1009]

Über markierte Wege ist der bereits über der Baumgrenze im Weißpriachtal gelegene romantische Tscheibitschsee leider nicht erreichbar.

Twengeraiblsee siehe **Twenger Almsee**

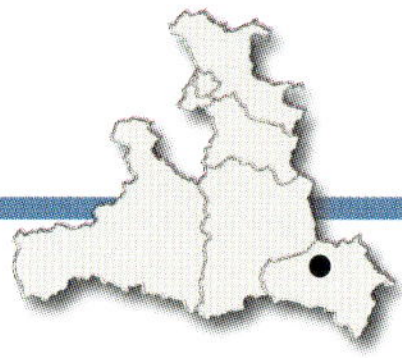

Twenger Almsee

O 13° 36′ 03″
N 47° 13′ 13″

Twenger Almsee, auch Aiblsee[1010], Twengeraiblsee[1011], Wengeraiblsee[1012], Wengeralpensee[1013], Wengeralpssee[1014]

Lungau, Gemeinde Tweng, Taurachtal

2118 m ü. A., L 240 m, B 170 m, F 29.400 m²

Der „Twenger Aiblsee" und der jenseits des Kammes im Weißpriachtal gelegene Schönalmsee „sollen der Meinung des Volkes nach miteinander in unterirdischer Verbindung stehen."[1015] Nach einer Lungauer Sage sollen einmal „zwei Öchslein, die durch ein Joch miteinander verbunden waren, an einem heißen Sommertag in den Schönalpensee gesprungen und dabei ertrunken sein." Das Joch soll nach einiger Zeit aus dem „Aiblsee" wieder aufgetaucht sein[1016]. In einer anderen Version soll gleich ein ganzes „Rindvieh" auf der anderen Seite wieder hervorgekommen sein[1017]. Als gesichert gilt, dass der Twenger Almsee um 7 m höher liegt als der obere Schönalmsee.

Auch wenn es auf diesem im Juni 2014 aufgenommenen Bild nicht so aussieht, gehört der Twenger Almsee, hier in Richtung Lantschfeldtal fotografiert, zu den wärmsten Seen der Niederen Tauern.

Eine Langzeittemperaturmessung an 45 Bergseen der Niederen Tauern hat ergeben, dass beide Seen im Vergleich zu den anderen Seen dieser Studie, neben dem Oberen Landschitzsee „unusually hot lakes“ sind[1018]. „Ungewöhnlich heiß“ ist allerdings eine überspitzte Formulierung, da die Sommerhöchsttemperaturen in diesen beiden Seen selten 12° C überschreiten.

Ulmsee siehe **Bibersee**

Unteregelsee

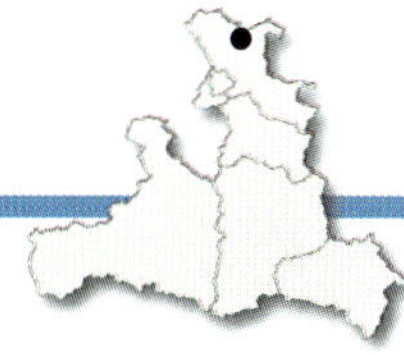

Unteregelsee, auch Oberegelsee[1019]

O 13° 07′ 37″
N 47° 57′ 29″

Flachgau, Gemeinde Mattsee, Tiefsteinbachtal

Am 24. Mai 1890 von Eberhard Fugger und Carl Kastner vermessen:
594 m ü. A., L 145 m, B 95 m, T 9,1 m[1020]
590 m ü. A., L 135 m, B 95 m, T 4,3 m, F 9500 m^2 [1021]

Der Unteregelsee wird im Franciszäischen Kataster Oberegelsee genannt, obwohl er der unterste in der Egelseenkette ist. Informationen siehe Egelseen bei Mattsee.

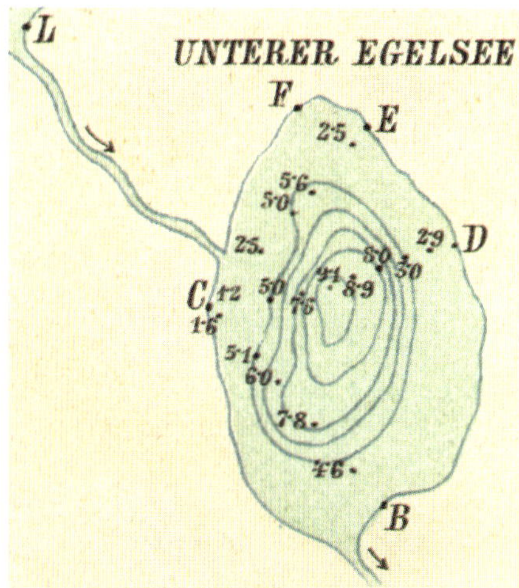

Die Vermessungskarte resultiert aus einer Tiefenlotung des „Unteren Egelsees“, vorgenommen am 24. Mai 1890 von Eberhard Fugger und Carl Kastner (Fugger 1891, Detail).

Untersee siehe **Landschitzsee, Unterer**

Untersee siehe **Mattsee**

Uttendorfer Badesee

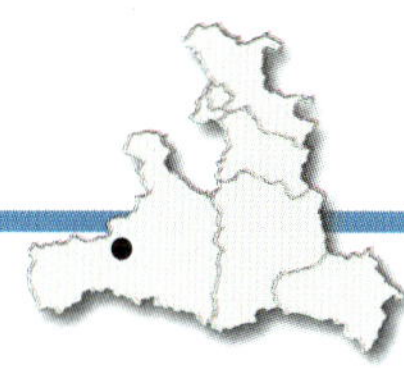

Pinzgau, Gemeinde Uttendorf, Salzachtal (künstlich)

O 12° 34′ 38″
N 47° 17′ 02″

772 m ü. A., L 320 m, B 295 m, T 6,3 m, F 53.300 m^2 [1022]

Der künstlich errichtete See „bietet sowohl Bade- als auch Freizeitvergnügen für Eltern und Kinder auf einer Wasserfläche von 50.000 m^2 und den umliegenden Wiesen.“ Neben bis zu 10 kg schweren Karpfen werden auch Barsche, Rotaugen, Schleien, Hechte und Zander in diesem Badesee gefangen[1023].

Vetternsee siehe **Knappenkarsee**

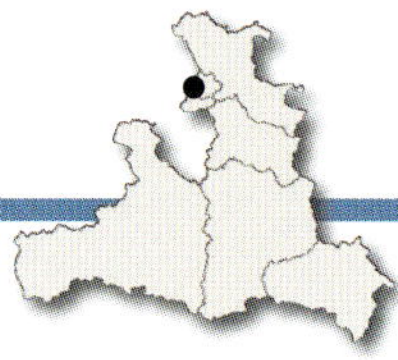

Viehausener Autobahnsee

O 12° 59' 38"
N 47° 46' 02"

Flachgau, Gemeinde Wals-Siezenheim, Salzachtal

431 m ü. A., L 460 m, B 180 m, T 3 m, F 69,500 m² [1024]

Der im Zuge des Autobahnbaus errichtete künstliche Schotterteich befindet sich in Privatbesitz, darf aber zum Baden genutzt werden. Er wird vom Heeressportverein, Sektion Sportfischen, bewirtschaftet. Zu den hier vorkommenden Fischarten zählen Karpfen, Zander, Hecht, Schleie, Amur, Waller, Brachse und Aal[1025].

Vilbinsee / Vilbmsee siehe **Filblingsee**

Vorderer See siehe **Neuer See**

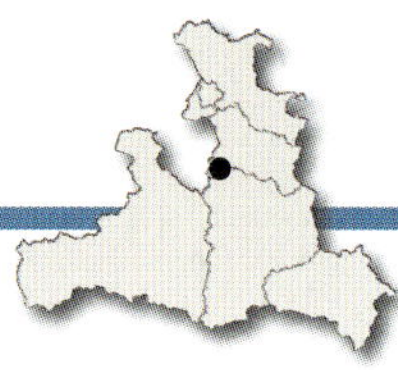

Vorderschlummsee

O 13° 06' 17"
N 47° 33' 03"

Vorderschlummsee, auch Schlungsee[1026], Seealmsee[1027]

Tennengau, Gemeinde Golling, Bluntautal (episodisch)

1100 m ü. A.

Wie der Schödersee im Großarltal ist auch der Vorderschlummsee im Hagengebirge ein episodisches Gewässer. Meist im Frühjahr nach der Schneeschmelze und nach länger andauernden Regenfällen füllt sich das kleine, von Kalkfelsen umgebene Becken mit Wasser. Der kalkalpine Untergrund sorgt aber dafür, dass sich das Karstgewässer schnell wieder über das durchlässige Gestein verflüchtigt[1028].

Im Herbst hat der Vorderschlummsee im Hagengebirge meist, wie auf dem Foto, einen niedrigen Wasserstand (Foto Alois Ellmauer).

Waldbad Anif siehe **Anifer Waldbad**

Wallersee

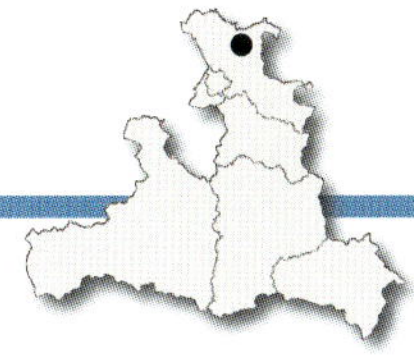

Wallersee, auch Seekirchnersee[1029], Walersee[1030], Wettersee[1031]

O 13° 10′ 25″
N 47° 54′ 39″

Flachgau, Gemeinde Seekirchen, Fischachtal

Am 5. und 7. Jänner 1870 von Josef Sigl vermessen:
504 m ü. A., L 5610 m, B 1905 m, T 23,4 m, F 7.520.000 m² [1032]
505 m ü. A., T 24 m, F 5.900.000 m² [1033]

Die Entstehung des heutigen Wallersees beginnt mit dem Ende der letzten großen Eiszeit, der Würmeiszeit, vor etwa 19.000 Jahren. Zu dieser Zeit war das Seebecken bei einer Spiegelhöhe von 550 m ü. A. mit Toteis verschlossen, was ein frühzeitiges Verfüllen durch Sedimente und Schotter verhinderte. Im Salzburger Becken hatte dieser extrem hohe Feinsedimenteintrag zu einer vollständigen Verlandung innerhalb weniger Jahrtausende geführt (siehe auch Salzburger See). Ursprünglich entwässerte das Wallerseebecken nach Norden Richtung Strasswalchen, erst mit dem Abschmelzen der Toteismassen fand das Wasser bei einer kontinuierlichen Spiegelabsenkung auf 520 m ü. A. seinen auch heutigen Weg durch die Fischach Richtung Südwesten ins Salzburger Becken. Da sich keine weiteren Gletscher im Einzugsgebiet des Sees befanden, haben der Wallersee und der Urmattsee seit ca. 17.000 Jahren klares Wasser. Zudem waren die Vorlandseen bereits für Kälte liebende Fischarten „als potenzieller Lebensraum geeignet"[1034]. Vor 10.000 Jahren pendelte sich der Wasserspiegel konstant bei 507,5 m ü. A. ein und hielt diesen Stand bis zum Jahr 1887/88.
Zu diesem Zeitpunkt wurde der zweitgrößte See des Landes Salzburg künstlich um ca. 1,5 m weiter abgesenkt, um landwirtschaftliche Nutzflächen, aber auch Möglichkeiten zur räumlichen Entwicklung von Seekirchen zu schaffen. Die Genehmigung hierfür kam vom Salzburger Landtag, denn am 19. Juli 1882 erwarb das Land den See vom österreichischen Kaiserstaat[1035], den dieser aus Geldnot verkaufte[1036]. Durch die Errichtung der Bahnlinie Wien–Salz-

Das im Herbst 1959 in der Nähe des Wallerseeufers entdeckte Einbaumfragment wurde mittels C14-Radiokarbontechnologie auf 320–207 v. Chr., also in die Laténezeit, datiert (Salzburg Museum, Inv.-Nr. ARCH 9981).

burg seit 1860 entwickelte sich bald auch ein bescheidener Fremden- und Ausflugsverkehr um den Wallersee, der zu den wärmsten Seen des Landes zählt[1037]. Die Bahnstrecke durch das Zweigbecken des Wallersees hat historische Wurzeln, da „seit urgeschichtlicher Zeit dort eine Art Alpenrandweg vorbeizieht" und dieser „auch als Zugangsweg ins Gebirge" genutzt wurde[1038]. Einen seltenen Beweis für eine frühe Besiedlung stellt der Fund eines zum Teil noch erhaltenen Einbaumes dar, den man 1959 am Ufer des Altbachs, 65 m vom Nordwestufer des Wallersees in 1,6 m Tiefe fand. Das Fragment des aus Nadelholz gefertigten Wasserfahrzeuges hat eine Länge von 2,94 m, eine Breite von 0,56 m und die Bordwände sind teilweise noch 19 cm hoch. Eine C14-Datierung ergab eine latènezeitliche Einordnung zwischen 320 bis 207 v. Chr.[1039]. Zeitlich etwas später sind Gutshöfe der Römer nachweisbar, „meist in etwas erhöhter Lage, mit schöner Aussicht, an landschaftlich reizvollen Plätzen", wie beispielsweise Fischtaging am Wallersee oder Halberstätten bei Seekirchen[1040]. Die „Ruinen des nahen Juvavum",

An diesem herrlichen Sommernachmittag 2015 war schwer vorstellbar, dass sich über das Becken des Wallersees vor 25.000 Jahren noch eine mächtige Gletscherzunge aus dem Gebirge schob.

also auch Reste römischer Besiedlung, sollen den heiligen Rupert dazu bewogen haben, sich nach dem angeblichen Bau einer St. Peterskirche bei Seekirchen, nicht dort niederzulassen, sondern nach Salzburg weiter zu ziehen. Wenn also Heinrich Wallmann 1867 weiter ausführt: „Seekirchen ist also die Geburtsstätte der salzburgischen Kultur"[1041], so konnte dies durch Grabungen in der Stiftskirche Seekirchen insofern bestätigt werden, als hier Reste von vier Kirchenbauten aus dem späten 7. und dem 8. Jahrhundert nachgewiesen werden konnten[1042].

Wie die meisten Alpenvorlandseen musste auch der Wallersee für umgerechnet 14 Mio. Euro in den 1970er bis 1980er Jahren durch Anschluss an ein Kanalsystem vor einer Umweltkatastrophe – erfolgreich – gerettet werden[1043].

Nicht mehr retten konnte man hingegen einen Jüngling in der Sage von der „Nixe von Seekirchen", blumig und erotisch-schwülstig ausformuliert von Karl Adrian. „Am grünen Ufer des Seekirchner Sees" stand er einst und „sang von Liebe und Sehnsuchtsweh so ergreifend und wonnesam", dass plötzlich „ein Frauenbild, wie herrlicher noch keines Menschen Auges es erblickt" ans Seeufer gelockt wurde. „Von Korallenlippen tönte es an sein Ohr: ‚Du holder Knabe von Jugendlust und Liebe, o komm und ruhe an meiner hochklopfenden Brust! Im See ist mein Reich, mein kristallenes

Das Ölbild „Schloss Seeburg bei Seekirchen am Wallersee" wurde um 1780 von einem anonymen Maler angefertigt. Die kleine Burganlage wird 1465 erstmals urkundlich erwähnt, ein viertes Stockwerk erst im 19. Jahrhundert aufgesetzt. Auch der Name Seeburg war damals noch zutreffend, da der Wallersee vor der mehrfachen Tieferlegung im 19. und 20. Jahrhundert sehr nahe an das Gebäude heranreichte (Salzburg Museum, Inv.-Nr. 1112-2006).

Schloß, dahin will ich dich geleiten, o folge mir!'." Es kam, wie es kommen musste, denn es „erfaßte den Jüngling ein heißes Verlangen; seine Augen erglänzten in verzehrendem Feuer; seine Pulse schlugen höher und wie mit Zaubermacht zog's ihn zur Nixe hin. Er sank mit ihr hinab in die grünen Tiefen des Sees und ward nicht mehr gesehen." Von Zeit zu Zeit aber sollen heiße Liebeslieder aus dem See ertönen und Zeugnis geben „von den Wonnen, welche der Jüngling in den Armen der Nixe gefunden"[1044].

Vielleicht waren es die Fischer vom Wallersee, die die Windgeräusche am See als Gesänge missdeuteten und diese Geschichte verbreiteten. Da dem Fischfang vom Mittelalter bis in die Neuzeit eine große Bedeutung zukam, waren auch am Wallersee, dem zweitgrößten See des Landes, viele Menschen an der Beschaffung dieses wichtigen Lebensmittels beteiligt. Während beispielsweise 1571 21 Fischer, 1659 bereits knapp 40 und im Jahr 1784 wiederum 21 Fischer hauptberuflich oder im Nebenerwerb tätig waren, zählte im Jahr 1996 die Fischerinnung nur mehr drei Mitglieder, von denen nur der Fischer von Seekirchen diese Zunft hauptberuflich ausübte. Einen ausführlichen Beitrag über die Entwicklung der Fischerei auf dem Wallersee findet man in der Ortschronik von Seekirchen. Nicht nur die kompliziert gestaltete Entwicklung der erzbischöflichen Seegenrechte[1045] wurde von Heinz Dopsch und Alfred Stefan Weiß detailliert rekonstruiert, es ist auch die älteste erhaltene Fischereiordnung aus dem Jahre 1467 nachzulesen.

Seit seiner Erwerbung durch das Land Salzburg im Jahr 1882 gilt der Wallersee als „öffentliches Gut"[1046].

Wassersee siehe **Karwassersee**

Wastlsee siehe **Essersee**

Weispachsee / Weißbachkarsee / Weißbachsee siehe **Tiefenbachsee**

Weißeneckersee / Weissenecksee / Weisseneggersee siehe **Kratzenbergsee**

Weissensee siehe **Weißsee**

Weisspachkorsee siehe **Tiefenbachsee**

Weißpachsee siehe **Tiefenbachsee**

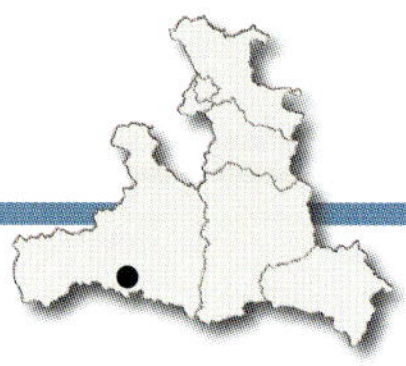

Weißsee

O 12° 37′ 14″
N 47° 07′ 53″

Weißsee, auch Grünsee[1047], Weissensee[1048]

Pinzgau, Gemeinde Uttendorf, Stubachtal, Weißenbachtal, Schotterbachtal (natürlicher See, aufgestaut)

Am 9. und 10. September 1908 von Hans Freudlsperger, Eberhard Fugger und Georg Vogel vermessen:
2218 m ü. A., L 540 m, B 420 m, T 53 m[1049]
2250 m ü. A., L 980 m, B 800 m, F 479.000 m² (nach SAGIS)

Anton Ruthner berichtet 1864 über den Weißsee, den er übrigens Grünsee nannte, „dass er nicht unter die kleinsten Hochseen" gehöre[1050]. Dies musste bereits auch Eberhard Fugger anerkennen, denn er benötigte mit verschiedenen Teams für dessen Vermessung sieben Versuche zwischen 1895 und 1908. Carl von Sonklar schrieb über einen Besuch des Sees 1866: „Dieser See ist im vollen Sinne des Wortes ein Eissee: mit hohen blauen Wänden umgibt ihn auf zwei Seiten der Fuss des gleichnamigen Gletschers, und die abtrümmernden Eismassen schwimmen auf seiner Oberfläche herum."[1051] Während also ca. 1850 zur Spitze der kleinen Eiszeit der Gletscher noch in den See kalbte, hat er sich heute mindestens um 300 Höhenmeter zurückgezogen und mit dem Schafflkogelsee, dem Keessee und dem Unteren Eisbodensee drei weitere Seen frei-

Der heute durch Aufstauung stark vergrößerte Weißsee mit der neuen Rudolfshütte und der Seilbahnbergstation. Die dunkle Spitze rechts ist der Hocheiser (3206 m ü. A.) und in der Bildmitte ist das Kitzsteinhorn von der „Rückseite" (3202 m ü. A.) zu sehen.

gegeben. Die erste Rudolfshütte, die 1875 am Rande des Weißsees als kleiner Alpinstützpunkt während der Erschließungsphase der Alpen eröffnet wurde, musste mit der Errichtung des Speichers Weißsee aufgegeben werden. Ein Alpinzentrum, das heute als Berghotel dient, wurde an höherer Stelle neu erbaut[1052]. 1953 wurde der See mit einer Mauer aufgestaut[1053] und durch einen Stollen mit dem Tauernmoosstausee verbunden, dessen Wasserstand er nach Bedarf ergänzt. Er dient den Österreichischen Bundesbahnen zur Stromversorgung[1054]. Mit seinem künstlich aufgestauten Wasserpegel kommt der Weißsee auf eine Tiefe von ca. 80 m und ist damit heute der zweittiefste See des Landes Salzburg, nur der Wolfgangsee ist mit 114 m tiefer.

Die 239 m lange Staumauer des Weißsees hat eine Kronenhöhe von 30 m und dient den Österreichischen Bundesbahnen zur Stromgewinnung.

Weißsee siehe **Grünsee im Stubachtal**

Wengeraiblsee siehe **Twenger Almsee**

Wengeralpensee / Wengeralpssee siehe **Twenger Almsee**

Wettersee siehe **Wallersee**

Wiapitschsee, Oberer und Unterer, siehe **Wirpitschsee, Oberer und Unterer**

Widerrechthauserkarsee / Widrectshauserkahrsee / Widretshausersee siehe **Karsee bei Uttendorf**

Widernalpensee / Wiednerkaarsee siehe **Wiednerkarsee**

Wiednerkarsee

O 13° 02′ 32″
N 47° 10′ 44″

Wiednerkarsee, auch Widernalpensee[1055], Wiednerkaarsee[1056]

Pongau, Gemeinde Bad Hofgastein, Gasteinertal, Wiedner Almbachtal

Am 28. und 29. August 1907 von Eberhard Fugger und Georg Vogel vermessen:
2080 m ü. A., L 52 m, B 52 m, T 2,5 m, F 2100 m² [1057]
2070 m ü. A., L 65 m, B 45 m, F 2100 m² (nach SAGIS)

Der Wiednerkarsee ist nach Eberhard Fuggers Meinung neben dem Laidalm- und Maurachalpsee der dritte See einer Vielzahl stehender Gewässer an der Westflanke des Gasteinertales um Hofgastein, der den Namen See auch verdient[1058]. Er ist im Franciszäischen Kataster auch eingezeichnet, aber wie in aktuellen Landkarten nicht benannt.

Der Wiednerkarsee liegt mit einer Tiefe von 2,5 m nach wissenschaftlicher Definition an der Grenze zur Lacke. Diese liegt, abhängig von der Höhenlage, bei 2 bis 5 m Tiefe. Aufgestaut wurde er durch Gletschermoränen.

Wiedrechtshausenkarlsee siehe **Karsee bei Uttendorf**

Wiegensee

O 12° 37′ 06″
N 47° 10′ 41″

Pinzgau, Gemeinde Uttendorf, Stubachtal

1724 m ü. A., L 40 m, B 35 m, F 900 m²

Ein Eintrag, in dem der winzige Wiegensee als solcher benannt wird, findet sich in einem Buch über Österreichs Berg- u. Seenwelt aus dem Jahr 1936[1059]. Der zunehmende Bergbau und Salinenbe-

Unberührte Natur – „von der Eiszeit bis heute" – findet man an dem kleinen Moorsee bei den Wiegenköpfen im Stubachtal.

trieb am Beginn der frühen Neuzeit „verursachte bald eine solche Holznot und Waldverwüstung, daß wiederholt die strengsten Vorschriften über Wiederaufforstung, so genannte Waldordnungen, erlassen werden mußten." Bereits in der ersten Waldordnung des Salzburger Erzstiftes von 1537 war „der obere Wiegenwald, also die eigentliche Wiege mit den Wiegenköpfen, von jeder Holznutzung ausgeschlossen." Es handelte sich also um „ungestörte Natur von der Eiszeit bis heute!" stellt Julius Guede 1937, also genau 400 Jahre nach der ersten Waldordnung, fest[1060].

Wieslacke

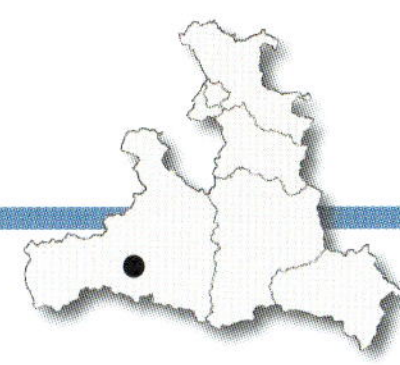

O 12° 39′ 19″
N 47° 11′ 43″

Wieslacke, auch Hackbrettsee[1061]

Pinzgau, Gemeinde Uttendorf, Stubachtal

Am 31. Juli 1905 von Eberhard Fugger und Sohn Eberhard Fugger vermessen:
2295 m ü. A., L 92 m, B 72 m, T 1 m[1062]
2287 m ü. A., L 80 m, B 45 m, F 1100 m² (nach SAGIS)

Wiederum sind es Eberhard Fugger und Hans Freudlsperger, die der Wieslacke bzw. dem Hackbrettsee eine „Daseinsberechtigung als See" verschaffen. Allerdings ist die Benennung als Lacke in Anbetracht der geringen Tiefe von 1 m der Bezeichnung See vorzuziehen. Dies unterstreicht auch Fugger 1908: „Die Wieslacke dürfte in kurzer Zeit ganz verschwunden sein, da das Hackbrett[1063] allzureichliche Schuttmassen in die Seemulde herabsendet, und das Becken immer mehr und mehr ausfüllt."[1064]

Wie Fugger prognostizierte, geht die Wieslacke, hier in Richtung Stubachtal und Großvenediger fotografiert, weiter ihrer Verlandung entgegen.

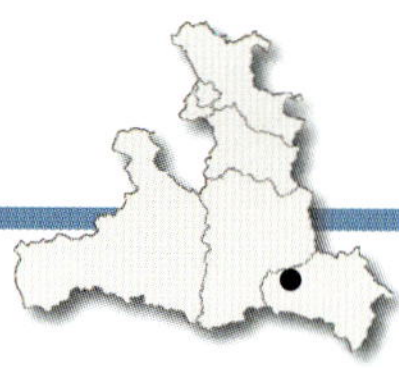

Wildalmsee

O 13° 34′ 00″
N 47° 11′ 20″

Wildalmsee, auch Wildhalmsee[1065]

Lungau, Gemeinde Tweng, Lantschfeldtal

1900 m ü. A., L 125 m, B 85 m, F 6500 m^2

Während aktuelle Landkarten das schon stark verwachsene, an der südlichen Flanke des Lantschfeldtales gelegene, stehende Gewässer Wildalmsee nennen, wird er in Kartenwerken Ende des 19. und zu Beginn des 20. Jahrhunderts als Wildhalmsee bezeichnet[1066].

Auch ohne durch Steinschlag drohende Gesteinsmassen oder Gletschersedimente ist die Verlandung eines Sees, wie hier beim Wildalmsee im Lungauer Lantschfeldtal, nur eine Frage der Zeit. In diesem Fall werden es in erster Linie die Wasserpflanzen sein, die den See zuwachsen lassen werden.

Wildensee siehe **Wildsee bei Obertauern**

Wildgerlossee, Kleiner, Oberer und Großer, Unterer siehe **Gerlossee, Oberer und Unterer**

Wildhalmsee siehe **Wildalmsee**

Wildkarsee

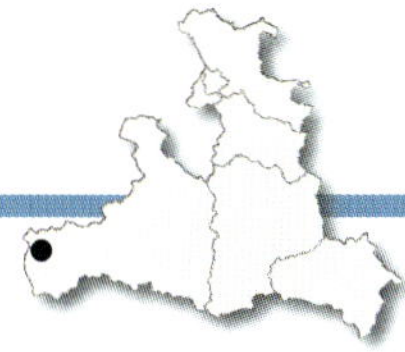

Pinzgau, Gemeinde Krimml, Wildgerlostal

O 12° 08′ 05″
N 47° 11′ 29″

Am 18. August 1890 von Eberhard Fugger und Carl Kastner vermessen:
2490 m ü. A., L 145 m, B 120 m, T 10,6 m, F 13.500 m² [1067]
2490 m ü. A., L 170 m, B 115 m, F 12.000 m² (nach SAGIS)

Nach der Medelzlacke mit 2576 m ü. A. und dem unteren Tauernplattensee mit 2532 m ü. A., beide im Stubachtal gelegen, ist der Wildkarsee der dritthöchste See in Salzburg, den Eberhard Fugger vermaß. Er schrieb 1891 „der See liegt höher als das untere Gletscherende" des Wildkarkees[1068], daher sei der Gletscher westlich an dem See vorbeigeflossen. Bei allen drei oben genannten Seen handelt es sich um Passseen, die nicht im Zungenbecken eines Gletschers lagen.

Auch der Neuschnee kann nicht über den Gletscherrückgang der letzten 115 Jahre hinwegtäuschen, wenn man das Foto vom 30. September 2009 (links) mit dem Aquarell von Eberhard Fugger vom 18. August 1890 (rechts) vergleicht. Das Wildkarkees an der Nordflanke der gleichnamigen Spitze (3073 m ü. A.) hat sich auf ein winziges Eisband reduziert (Salzburg Museum, Inv.-Nr. 9787-49 B138).

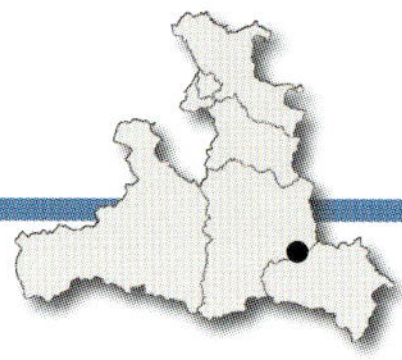

Wildsee bei Obertauern

O 13° 30′ 46″
N 47° 14′ 15″

Wildsee, auch Wildensee[1069]

Pongau, Gemeinde Untertauern, Taurachtal

1924 m ü. A., L 235 m, B 125 m, F 22.500 m²

„Im Wildensee, welcher zu Jakobi noch Eis trägt, fließt von den Gewänden ein Bach, dessen Wellen meergrün sind, vermuthlich weil sein hellreines Wasser die Farbe der hellgrünen Wände widerspiegelt."[1070] Während Lorenz Hübner, Franz Michael Vierthaler und, wie hier zitiert, Ignatz Kürsinger, den See als Wildensee bezeichnen, verwendet deren Zeitgenosse Franz Carl Weidmann den auch heute gebräuchlichen Namen Wildsee, „auf der Tauernkette südlich der Hirschwand"[1071].

Der Zentralalpenweg 02 auf der Etappe von Obertauern zur Südwiener Hütte führt direkt am Wildsee vorbei. Eine gewaltige Seitenmoräne hat dem Tal die kesselartige Form gegeben. Der See liegt im Kalkgestein und hat einen unterirdischen Abfluss. Da der Wasserspiegel 35 m unter dem Wall liegt, der den See zum Taurachtal abgrenzt, überrascht der Blick auf den tiefer liegenden See, wenn man vom Tal herauf die Endmoräne überwindet.

Der große Felsbrocken am Ufer des Wildsees bei Obertauern bildet eine imposante Fotokulisse (Foto Margit Berger).

Wildsee im Weißpriachtal

O 13° 40′ 30″
N 47° 15′ 06″

Wildsee, auch Wildensee[1072]

Lungau, Gemeinde Weißpriach, Weißpriachtal, Znachtal

2063 m ü. A., L 175 m, B 135 m, F 17.600 m²

Der im Znachtal gelegene Wildsee[1073], im Franciszäischen Kataster „Wildensee“ genannt[1074], ist über markierte Wege nicht erreichbar. Er liegt in einem kleinen Talkessel westlich der Blutspitze (2626 m ü. A.) und befindet sich im Eigentum der Österreichischen Bundesforste. Der See mit beeindruckend tiefblauer Färbung hat keinen oberirdischen Abfluss und ist daher leichten Wasserspiegelschwankungen ausgesetzt. 70 m nördlich und etwas höher gelegen befindet sich ein weiteres stehendes Gewässer mit einer geschätzten Sichttiefe von 5 m. Eberhard Fugger hätte ihn wohl den „Kleinen Wildsee“[1075] genannt, wenn er ihn besucht hätte.

Dem tiefblauen Wildsee im Znachtal nördlich vorgelagert liegt ein weiterer kleinerer „See". Auf der nördlichen Seite des Znachtales links im Bild ist die Zinkwand zu sehen, ein ehemaliges Bergbaugebiet für Silber, Kobalt und Nickel.

Wilpitschsee, Oberer und Unterer siehe **Wirpitschsee, Oberer und Unterer**

Wimmeralpenseen siehe **Hörkarsee, Oberer und Unterer**

Windingersee siehe **Lugingersee**

Windschnurrsee siehe **Windschnursee**

Windschnursee

Windschnursee, auch Windschnurrsee[1076]

O 13° 10′ 42″
N 47° 05′ 29″

Pongau, Gemeinde Bad Gastein, Kötschachtal

2215 m ü. A., L 120 m, B 90 m, F 5500 m²

Im Franciszäischen Kataster sind zwei Seeflächen verzeichnet, aber nur eine trägt den Namen Windschnursee. Auch Josef Dürlinger erwähnt 1867 zwei „Windschnurrseen südöstlich vom Graukogel"[1077]. Heute führt der markierte Weg vom Kötschachtal zwischen dem See und einer nördlich gelegenen kleinen Lacke vorbei zur Palfnerscharte (2321 m ü. A.).

Von der Palfnerscharte hat man einen prächtigen Ausblick auf das Kötschachtal, den unter dem Sattel liegenden Windschnursee, den Reedsee links an der Baumgrenze und rechts als Talabschluss das Tischlerkar mit dem gleichnamigen Kees und der höchsten Erhebung, dem herbstlich verschneiten Tischlerkarkopf (3004 m ü. A.).

Winklersee

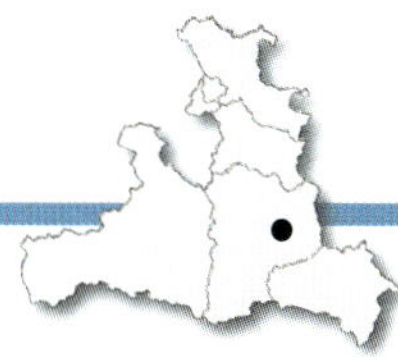

Pongau, Gemeinde Flachau, Ennstal (künstlich)

O 13° 23′ 35″
N 47° 19′ 02″

949 m ü. A., L 160 m, B 95 m, T 4 m, F 9000 m² [1078]

Zwischen 1959 und 1963 entstand der Baggersee im Zuge der Errichtung der Tauernautobahn. Heute ist der nährstoffarme Winklersee ein beliebter Badeteich mit hervorragender Wasserqualität[1079].

Wippitschsee, Oberer und Unterer siehe **Wirpitschsee, Oberer und Unterer**

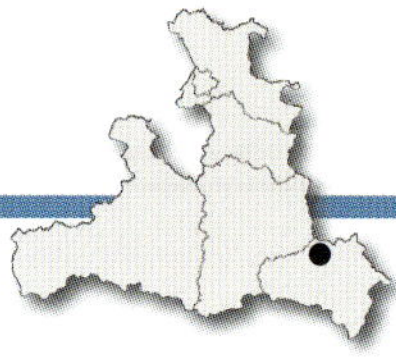

Wirpitschsee, Oberer

O 13° 35′ 59″
N 47° 13′ 57″

Oberer Wirpitschsee, auch Oberer Wiapitschsee[1080], Oberer Wilpitschsee[1081], Oberer Wippitschsee[1082]

Lungau, Gemeinde Weißpriach, Weißpriachtal, Wirpitschbachtal

2084 m ü. A., L 180 m, B 105 m, F 10.100 m²

Der Obere Wirpitschsee in Richtung Gamskarlspitze (2411 m ü. A.) links, während rechts die Steirische und die Lungauer Kalkspitze (2459 und 2471 m ü. A.) zu sehen sind.

Der Name Wirpitschsee hat seine Herkunft, in all seinen Schreibweisen, den slawischen Besiedlern des Frühmittelalters zu verdanken. Siehe auch Wirpitschsee, Unterer. Der Obere Wirpitschsee ist je nach Trockenheit großen Wasserspiegelschwankungen ausgesetzt. Dabei kann seine Wasseroberfläche auf ein Fünftel zusammenschrumpfen[1083].

Der Obere Wirpitschsee kann im Sommer so stark austrocknen, dass nur bergseitig ein Fünftel der Wasserfläche erhalten bleibt (© BEV, LFRZ und SAGIS).

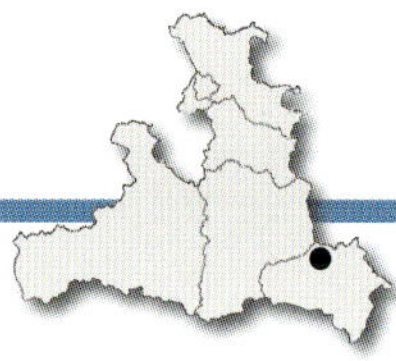

Wirpitschsee, Unterer

O 13° 36′ 36″
N 47° 14′ 05″

Unterer Wirpitschsee, auch Unterer Wiapitschsee[1084], Unterer Wilpitschsee[1085], Unterer Wippitschsee[1086]

Lungau, Gemeinde Weißpriach, Weißpriachtal, Wirpitschbachtal

1700 m ü. A., L 220 m, B 185 m, F 27.400 m²

Der Untere Wirpitschsee befindet sich wie der Obere, im seenreichsten Tal des Landes Salzburg, an der Westflanke des Weißpriachtales. Der Lungau gehörte im Frühmittelalter zum slawischen Siedlungsgebiet. Die slawischen Wortendungen -ice, -iče wurden aber seit dem 14. Jahrhundert in -itz, -itsch eingedeutscht[1087].

Hochgelegene Flur- und Ortsnamen verweisen auf eine frühe Almwirtschaft in den Gebirgsregionen, die durch das damals wärmere Klima möglich war. Auch die heute bei 1800 bis 2000 m ü. A. anzusetzende Waldgrenze lag damals um bis zu 300 m höher[1088]. Eine Langzeittemperaturmessung an 45 Bergseen der Niederen Tauern ergab, dass der Untere Wirpitschsee im Vergleich zu den anderen Seen zu den eher kälteren zählt[1089].

Eine almwirtschaftliche Nutzung der Gegend um den Unteren Wirpitschsee hat bereits im Frühmittelalter durch slawische Siedler stattgefunden.

Woigstensee / Woisgensee siehe **Woiskensee**

Woiskensee

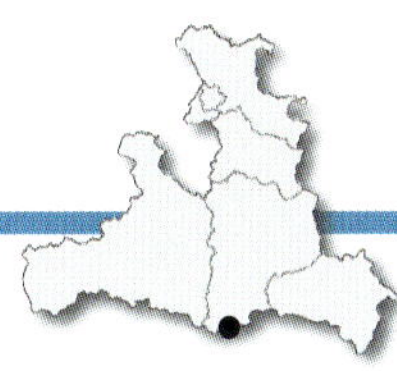

Woiskensee, auch Woigstensee[1090], Woisgensee[1091], Woiskenseelein[1092], Wouiskensee[1093]

O 13° 08′ 02″
N 47° 02′ 19″

Pongau, Gemeinde Bad Gastein, Gasteinertal, Anlauftal, Hörkartal

2401 m ü. A., L 200 m, B 75 m, F 10.400 m²

Da der Woiskensee im Anlauftal bei Gastein in nur schwer erreichbarem Gelände auf 2401 m ü. A. liegt, ist es erstaunlich, dass er im Franciszäischen Kataster bereits verzeichnet wurde. Viele größere und leichter erreichbare Seen wurden in diesem Kartenwerk nicht berücksichtigt. Der See am rechten oberen Bildrand ist der 370 m tiefer liegende Obere Hörkarsee (© BEV, LFRZ und SAGIS).

Eine frühe Quelle für den im Anlauftal im unwegsamen Gelände an der Grenze zu Kärnten gelegenen Woiskensee ist der Franciszäische Kataster[1094]. In der Österreichischen Karte aus dem Jahr 1935[1095] ist er zwar ebenfalls noch namentlich genannt, in der aktuellen Fassung scheint er jedoch nicht mehr auf, obwohl ihn andere gängige Kartenverleger sehr wohl nennen.

Wolfgangersee siehe **Wolfgangsee**

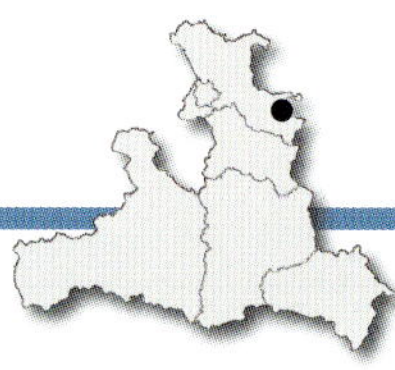

Wolfgangsee

O 13° 25′ 25″
N 47° 44′ 35″

Wolfgangsee, auch Abersee[1096], Illingersee[1097], Wolfgangersee[1098]

Flachgau, Gemeinden St. Gilgen, Strobl und St. Wolfgang (OÖ), Ischltal

1868 von Ludwig Zeller vermessen:
539 m ü. A., L 10500 m, B 1500 m, T 114 m, F 10.490.000 m² [1099]
538 m ü. A., L 10200 m, B 1950 m, F 13.490.000 m² [1100]

Wenn man auf der Homepage der Universitätsbibliothek Salzburg das Schlagwort Wolfgangsee eingibt, werden 131 Buchtitel angezeigt. Es wurden zahlreiche Aufsätze, Beiträge, ja ganze Bücher, über den größten und mit 113 m auch tiefsten See des Landes publiziert.

Durch einen Seitenarm des Traungletschers wurde in den Eiszeiten das Becken ausgeschürft. Der anfängliche Seespiegel des nach der Würmeiszeit entstandenen Eisrandsees von 600 m ü. A. senkte sich vor 18.500 Jahren auf 544 m ü. A. ab (heute 538 m ü. A.)[1101]. Im Laufe der Jahrtausende haben die Deltas des Zinkenbaches und des vom Schafberg bei St. Wolfgang einmündenden Ditlbaches den See in zwei Hauptbecken geteilt. Dabei ist es vor allem der Zinkenbach, der – als Hauptzufluss des Wolfgangsees – für gewaltige Einschübe aus Steinen und Geröll sorgt. 240 m Breite misst der See an dieser Stelle nur mehr, vor 110 Jahren soll sie noch um 60 m breiter gewesen sein[1102].

1479 stellte Michael Pacher auf dem Flügelaltar von St. Wolfgang den Heiligen beim Bau seiner Kirche auf einem Altarbild dar. Der Südtiroler Künstler muss über Ortskenntnisse verfügt haben, denn auf einer der ältesten Abbildungen des Wolfgangsees sind die Felsen des Bürglsteins und die Bucht von Strobl gut erkennbar (Ölgemälde, Michael Pacher-Altar Werktagsseite, Pfarrkirche St. Wolfgang).

Aktuelles Panorama vom Wolfgangsee, von Salzburg kommend.

Hier hat einer Legende nach auch das Leben eines Wilderers sein jähes Ende gefunden. Er schwamm, um sich der Gefangennahme durch einen „Waidmann" zu entziehen, an der so genannten „Enge" über den See und erreichte glücklich das gegenüberliegende Ufer. Von den Verhöhnungen des vermeintlich Geretteten provoziert, machte der Jäger „von seinem Gewehre Gebrauch, und von einer Kugel getroffen, stürzt der Wildschütze leblos zusammen"[1103]. Guido Müller berichtet in den 1970er Jahren von einem Brückenprojekt an dieser „Einschnürung", welches nicht verwirklicht wurde.

Einzig der Fund eines Steinbeils aus der Urnenfelderzeit (vor 3000 Jahren) in St. Gilgen erinnert daran, „dass um diese Zeit ein Jäger bis an das westliche Ufer des Abersees vorgedrungen war". Selbst für die fünf Jahrhunderte römischer Herrschaft hat sich „auf Dauer niemand niedergelassen. [...] Es gab zahlreiche andere, ebenso fischreiche Seen, die wesentlich leichter zu erreichen waren", berichtet Heinz Dopsch[1104]. Er vermutet weiter, dass der Abersee, wie der Wolfgangsee auch genannt wird, von einem freien Mann namens „Aparin"[1105] seinen Namen bekommen hat, der sich vermutlich im 7. Jahrhundert am See niedergelassen hatte.

Eine Besiedlungsgeschichte beginnt erst mit Landschenkungen der Agilolfinger-Herzöge Hucbert und seinem Nachfolger Odilo an das Kloster St. Peter und das Frauenkloster Nonnberg in Salzburg in der

ersten Hälfte des 8. Jahrhunderts. Sie umfassten „den Fuschlsee und zunächst nur einen Teil des Wolfgangsees, dessen Rest dann Odilo zwischen 737 und 748 schenkte"[1106]. Im zweiten Güterverzeichnis von Salzburg, den Breves Notitiae von 798, heißt es von Herzog Odilo: „Es gab in der Wildnis, die an denselben Ort anschließt, einen Ort der Elsenwang [eine Wirtschaftszelle von Mönchen bei Hof am Fuschlsee] heißt, und den Fuschlsee und den Abersee, und an diesen Orten die Jagd und die Fischerei."[1107]

Es war mit Sicherheit eine „Wildnis", die erst durch die Mönche von St. Peter mit Weiden, Wiesen und Wäldern, aber auch durch Jagd und Fischfang erschlossen und besiedelt wurde. Ein Irrtum mit weitreichenden Folgen dürfte Herzog Odilo gegen Ende seines Lebens († 748) unterlaufen sein, als er der von ihm neu gegründeten Abtei Mondsee den Wolfgangsee, den er bereits nach Salzburg vergeben hatte, ein zweites Mal verschenkte. Jahrhunderte andauernde Streitigkeiten über Grenzen und Rechte, die weit in die Neuzeit hinein reichten und Obrigkeiten wie Untertanen beschäftigten, waren die Folge[1108].

1462 tauchte erstmals der Begriff „Seidenfadengrenze" auf. Dafür war ein Faden von der Einmündung des Ditlbaches in den Abersee bis zum Mittelpunkt des Ausflusses der Ischl über den See gespannt worden[1109]. Auch heute verläuft hier wieder die Landesgrenze zwischen Salzburg und Oberösterreich.

Es ist nicht verwunderlich, dass das Panorama des Wolfgangsees in der Zeit der Romantik für eine Vielzahl von Künstlern als Motiv gewählt wurde (Stahlstich von Serz nach Georg Pezolt aus „Album vom Salzburger Alpenlande", um 1850, Sammlung Peter Matern).

Eine der ältesten Angaben zur Aufteilung des Fischfanges am Wolfgangsee findet sich in einer Abschrift des inzwischen verschollenen Traditionsbuches der Abtei St. Emmeram in Regensburg aus dem Jahre 849. Hier wird berichtet „daß vom Bistum Salzburg das ganze Jahr hindurch auf dem genannten See ein Schiff zum Fischfang unterhalten werden sollte, ein anderes vom [Frauenkloster Nonnberg im] oberen Kastell, ein drittes von Mondsee."[1110] Die von Erzbischof Michael von Kuenburg erlassene Fischerordnung aus dem Jahr 1558[1111] zählt elf Seegen[1112] auf. Davon gehörten acht zum erzbischöflichen Hof, je eine den Äbten von St. Peter und Mondsee, sowie eine Seege den Bürgern von St. Wolfgang[1113]. Somit war der Wolfgangsee zu den Erbrechtsseen zu zählen, wobei von den Urbarfischern jährlich 225 kg Fisch an den Hof in Salzburg abzuliefern waren[1114]. Durch diese Abgabe wurde das Überleben der Fischer immer schwieriger und so begann sich, lange bevor das Dampfschiffzeitalter 1873 mit dem Raddampfer „Kaiser Franz Josef I."[1115] einsetzte, der Nebenerwerb der Personen- und Warenschifffahrt zu etablieren[1116]. „Bereits im 15. Jahrhundert wurde der See sowohl für den Pilgerverkehr [nach St. Wolfgang] als auch für den Eisen- und Holztransport gewerblich genutzt."[1117] Die Fährleute, deren Plätten mindestens 45 Leute aufnehmen konnten[1118], warteten in St. Gilgen auf Kundschaften und „der mit der Fahne voraus ging, wurde ins Boot geholt, dann folgten alle anderen gehorsam nach"[1119].

Im 19. Jahrhundert gelangte der Tourismus am Wolfgangsee, nicht zuletzt durch die Sommerresidenz des Kaiserhauses in Bad Ischl, zu seiner Blüte. Georg Pezolt schreibt 1849 über eine abendliche Schifffahrt: „... und wenn das Echo an der Falkensteinwand den gewohnten Ruf der Schiffer: ‚Heiliger Vater Wolfgang, komm ich zurück? Sag ja!´ mit sechs- bis siebenmaligem ‚Ja!´ erwiedert, dann schlägt der rüstige Fährmann mit dem Ruder im lustigen Tacte die sanft anplätschernde Welle."[1120]

Nicht immer gingen Bootsfahrten über den Wolfgangsee so romantisch vor sich, wie ein Beispiel aus einer Sammlung von Unglücken des Bernhard von Mondsee aus dem Jahre 1753 zeigt: „Am 23. Anno 1744 hat Paul Hinderegger Bauer in Gschwendt am Abersee bekennet, daß er mit 5 Personen den 29. November auf dem Abersee gefahren, als ein hefftiger Sturmwind entstanden, und sie in grosse Lebens-Gefahr gesetzet, massen das Schiff 4mal umgekehret worden, und sie ein viertel Stund lang unter denen Wasser-Wellen gewesen. Auf bescheidene Anruffung der Vorbitt Wolfgangi und verlobtes heiliges Meß-Opffer seynd alle beym Leben erhalten und der Gefahr entgangen."[1121]

Der Sage nach errichtete der Hl. Wolfgang nach erfolgreicher Entsagung des Teufels beim Falkenstein eine kleine Kirche. Er warf ein Beil ins Tal und gelobte, an dem Ort, wo er es wieder finden würde, eine Kirche zu errichten. Als gesichert gilt jedoch nur, dass Wolfgang, Bischof von Regensburg, sich um 976 im Kloster Mondsee aufhielt[1122].

Das Hochzeitskreuz am Ufer bei Fürberg erinnert an eine Hochzeitsgesellschaft, die in „frevelhaftem Uebermuthe", auf dem Eise tanzend, eingebrochen und ertrunken sein soll. „Nur das Brautpaar rettete sich durch einen kühnen Sprung an´s Ufer".[1123] Unweit steht spektakulär auf einer kleinen Insel ein gemauerter Bildstock, der aus Dankbarkeit für dessen Rettung vor dem Ertrinken von einem Metzger errichtet wurde. 1667 war er mit seinem Ochsen ins Wasser gefallen und von diesem auf die „Metzgerinsel" gezogen worden[1124].

Der Tourismus ist heute der wichtigste Wirtschaftszweig der Region des Wolfgangsees. Diese Einnahmequelle geriet in den 1970er Jahren in Gefahr zu versiegen, als sich der Qualitätszustand des Wassers durch Abwässer aus den Ufergemeinden drastisch verschlechterte. Durch das Auftreten einer rotbraunen Alge 1974 verringerte

Am 23. Juni 1926 um 9 Uhr vormittags wurde das Ochsenkreuz in Richtung (noch wenig verbautes) St. Gilgen von Josef Kettenhuemer fotografiert (Stadtarchiv Salzburg, Fotosammlung).

sich die Sichttiefe auf 0,5 m. Erst die Ableitung der häuslichen und betrieblichen Abwässer in die Kanal- und Kläranlage, mit einem Investitionsvolumen zwischen 1967–1982 von umgerechnet 8 Mio. Euro[1125], führte zur „raschen Reoligotrophierung des Gewässers". Es werden heute wieder Sichttiefen von bis zu 16 m erreicht[1126]. Die gesamte Wasserfläche des Sees gehört den Österreichischen Bundesforsten[1127], neun Zehntel davon liegen im Bundesland Salzburg.

Woiskenseelein / Wouiskensee siehe **Woiskensee**

Zanersee / Zannersee siehe **Zaunersee**

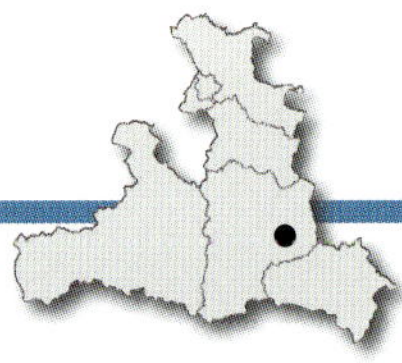

Zauchensee

O 13° 27′ 22″
N 47° 17′ 49″

Zauchensee, auch Zauchsee[1128]

Pongau, Gemeinde Altenmarkt, Zauchenbachtal

1339 m ü. A., L 330 m, B 140 m, T 6,8 m, F 32.000 m² [1129]

Da der Zauchensee in einem touristisch intensiv genutzten Gebiet liegt, das verkehrstechnisch leicht erreichbar ist, werden regelmäßig im Winter und im Sommer, also zu den jeweils für den See „kritischen Terminen", limnologische Untersuchungen vorgenommen[1130]. Seit 1986 dient der See im Winter bei einer Eisdeckenstärke zwischen 30 cm und 180 cm als natürlicher Speicher für

Das Foto lässt qualitätsbedingt nur erahnen, wie idyllisch sich die Almlandschaft am Zauchensee um die Jahrhundertwende dargestellt hat (AStS, PA 1237).

die Beschneiungsanlagen der Skipisten, während er im Sommer für den Wassersport und als Fischwasser genutzt wird[1131]. Bereits im 18. Jahrhundert fand eine fischereiwirtschaftliche Nutzung durch den damaligen Besitzer, „dem Pfleger Grimming zu Mattsee" statt, weiß Hans Freudlsperger in seiner „Kurzen Fischereigeschichte des Erzstiftes Salzburg" von 1936 zu berichten[1132]. Heute befindet sich der See in Privatbesitz[1133].

Das heutige Bild des Zauchenseetales ist von Hotel- und Freizeitanlagen geprägt. Der Blick vom Strimskogel geht über den See, das westliche Skigebiet mit der Steinfeldspitze (2344 m ü. A.) am Ende des Tales, im Hintergrund rechts die Spitze des Mosermandls (2680 m ü. A.) und der freistehende Berg ist der Faulkogel (2654 m ü. A.).

Zauchsee siehe **Zauchensee**

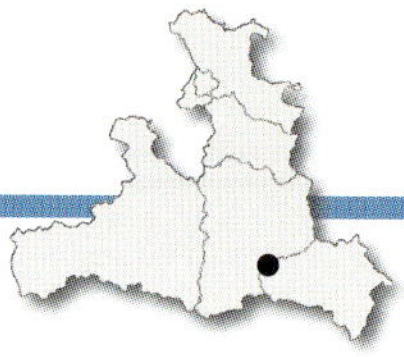

Zaunerlacke

O 13° 22′ 25″
N 47° 12′ 21″

Lungau, Gemeinde Zederhaus, Riedingtal

2179 m ü. A., L 65 m, B 35 m, F 1400 m²

Hans Freudlsperger hat in einer Zeile seiner Seenliste „Zaunerseen" stehen, während im Franciszäischen Kataster nur ein Zaunersee verzeichnet, aber nicht benannt ist. Die Zaunerlacke wird in der Österreichischen Karte benannt.

Vom 2680 m ü. A. hohen Mosermandl kommend hat man durch die schroffen Kalkfelsen hindurch einen herrlichen Blick auf die Zaunerlacke im Vordergrund, den Zaunersee und die Franz-Fischer-Hütte.

Zaunersee

O 13° 21′ 45″
N 47° 12′ 00″

Zaunersee, auch Zanersee[1134], Zannersee[1135]

Lungau, Gemeinde Zederhaus, Riedingtal

1993 m ü. A., L 225 m, B 140 m, F 20.700 m² [1136]

Im Franciszäischen Kataster ist der Zaunersee zwar verzeichnet, aber nicht benannt. Direkt auf einer kleinen Anhöhe über dem See liegt die nach dem Salzburger Lehrer und Botaniker Franz Fischer[1137] benannte Alpenvereinshütte. Nachdem die erste, in den 1950er Jahren errichtete, Hütte 1962 nach mehrmaligen Zerstörungen durch Lawinen an lawinensicherer Stelle neu aufgebaut wurde, musste auch dieser Bau 2013 wegen Baufälligkeit abgerissen und in kleineren Dimensionen neu errichtet werden. Der Abfluss des Zaunersees wurde gefasst und für ein Kleinkraftwerk zur Stromversorgung der Hütte genutzt. Durch Rechtsstreitigkeiten zwischen dem Alpenverein und einem großindustriellen Grundstücksbesitzer geriet der Neubau 2014 in die Schlagzeilen, inzwischen hat man sich wieder angenähert.
Hans Freudlsperger notierte in seiner handschriftlichen Liste der Salzburger Seen zwei „Zaunerseen" und bezieht sich dabei wohl auf die nordöstlich gelegene Zaunerlacke als zweites Becken.

Zaunersee mit der neuen Fischerhütte. Die kleinen Felsinseln im Zaunersee sind vermutlich durch einen Felssturz entstanden, möglicherweise zu einem Zeitpunkt, als der See noch ein Eisrandsee war.

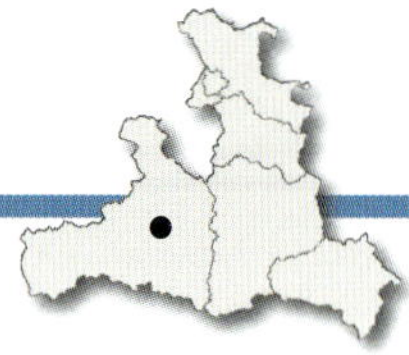

Zellersee

O 12° 48′ 34″
N 47° 19′ 23″

Pinzgau, Gemeinde Zell am See, Salzachtal

1866 von Josef Scheirl vermessen:
748 m ü. A., L 4180 m, B 1650 m, T 77 m, F 4.750.000 m^2 [1138]
749,7 m ü. A., L 3900 m, B 1500 m, T 69,8 m, F 4.550.000 m^2 [1139]

Der Eintrag häuslicher und betrieblicher Abwässer führte bereits in den 40er und 50er Jahren des vorigen Jahrhunderts zu einer raschen und massiven Eutrophierung des Zellersees. Er konnte aber bereits zwischen 1954 und 1982 in einer international vielbeachteten Sanierungsaktion um damals 111 Mio. Schilling (ca. 8 Mio. Euro) durch Kanalisation der umliegenden Gemeinden und andere Maßnahmen saniert werden, daher befindet er sich heute in einem stabil nährstoffarmen, oligotrophen Zustand[1140]. Andere von Menschenhand vorgenommene Eingriffe im 18. und 19. Jahrhundert könnten aber unerwartete Folgen verursacht haben. „Noch vor hundert Jahren wimmelte der Zeller See von Fischen aller Art und war ein kostbares Eigenthum der Erzbischöfe, der Bischöfe von Chiemsee und einiger Ritter." Die von Vierthaler 1816 angesprochenen Fischereirechte des Erbrechtssees verloren aus mehreren Gründen immer mehr an Wert. Während Vierthaler „eine Seuche durch die Cement=Wasser, welche aus den nahen Berg= und Pochwerken dahin geleitet wurden" vermutete[1141], sah Wilhelm Schjerning 1897 den Grund für den massiven Rückgang der Fischpopulation in einem mehrmaligen Absenken des Zellersees, „wodurch den Fischen und Krebsen an den neuen, nackten Ufern jeder Unterstand verloren ging"[1142]. Franz Carl Weidmann berichtete 1845: „Im Süden des Sees breitete sich, bis auf unsere Tage herab, ungewältigt das so genannte Zellermoos, ein Theil der berüchtigten Sümpfe des Pinzgau's aus. Jetzt sind die Sümpfe des Zellermooses zum Theil schon trocken gelegt, und es ist für diese so wichtigen Vorkehrungen zur Entwässerung des Bodens bereits eine Summe von mehr als 200.000 fl. verwendet worden."[1143] Der dritte Grund des Fischrückganges war wohl einfach eine Überfischung.
Dieses Schicksal dürfte den Erbrechtssee[1144] schon um 1500 einmal ereilt haben, wie eine Anekdote berichtet: Die Zeller Bürger baten Erzbischof Leonhard von Keutschach, er möge ihnen Fischer vom Chiemsee schicken, die ihnen beim Fischen helfen sollten, denn sie hätten es verlernt. Der Landesherr aber ließ ihnen alle Netze abnehmen und nach sieben Jahren, siehe da, war der Fischbestand wieder angewachsen[1145]. Für die „Zeller-Krebsen"[1146] war der See Jahrhunderte lang berühmt. Kolportierte 9300 Flusskrebse jährlich[1147] (um 1700 sogar bis zu 14.000 Stück[1148]) wurden von eigens angestellten Krebsträgerinnen an die Hofküche nach Salzburg ge-

liefert und obwohl der private Verkauf strengstens verboten war, gelangten diese begehrten Leckerbissen, zu hohen Preisen, nach Tirol, Augsburg, Regensburg, ja sogar bis Mantua. „Eine Seuche hat 1878 diese Tiere total ausgerottet."[1149]

Über die Besitzrechte des Sees ist Folgendes zu berichten. Bereits im Frühmittelalter, um 740, gründeten Mönche aus Salzburg zum Zweck der Christianisierung die „Cella in Bisontia", bestehend aus einer Mönchszelle und einer kleinen Holzkirche[1150]. Im 14. Jahrhundert wurde dem Namen Cella der Zusatz „am See"[1151] beigefügt. 1438 kaufte Erzbischof Johann von Reisberg das halbe Fischrecht auf dem See vom Geschlecht der Kuchler. Die älteste bekannte Fischordnung stammt aus dem Jahr 1486[1152]. Somit waren die neun Seegen[1153] des Sees aufgeteilt in „6½ hochfürstlich urbarische, welche Anlait gaben, die übrigen dem Domcapitel, dem Stift Chiemsee und ½ den Waltenhofen auf dem alten Ritzenschloß Grub gehörig."[1154] Mit dem letzten Salzburger Erzbischof als weltlichem Regenten ging seltsamerweise auch die Bedeutung der Seen als Nahrungslieferant dem Ende zu. „In den Gewässern war einst die Fischerei berühmt; sie rückte unter Hieronymus [Colloredo] ihrem Verfall entgegen."[1155]

Diese romantische Ansicht „Der Zeller See im Pinzgau" zeigt den Ort Zell am See und die Berge des Steinernen Meeres. Dahinter ragt die Spitze des Watzmanns (2713 m ü. A.) hervor (Umrissradierung von C. Rahl nach C. Viehbeck, um 1821, Sammlung Peter Matern).

Neben Autorennen wurden auch Motorradrennen auf dem gefrorenen Zellersee veranstaltet (Salzburger Landesarchiv, Johann Barth, März 1961).

Die Habsburgermonarchie war ab 1816 neue Besitzerin vieler Salzburger Seen, doch „in seiner Finanznot verkaufte der Staat 1866 sogar die Fischwasser"[1156]. Im Fall des Zellersees erwarb der Markt Zell den See bereits 1864 für 2000 Gulden vom k. k. Ärar[1157], eine Investition, die sich nicht nur angesichts des aufkommenden Tourismus durch den Bau der Giselabahn von 1875 bald bezahlt machte. Die Eisgewinnung war, mangels künstlicher Kühltechniken, bis zur Mitte des 20. Jahrhunderts ein wichtiger Wirtschaftszweig. Der Zellersee gefror seit den ersten Aufzeichnungen ab 1800 nur in den Wintern 1876/77, 1994/95 und 2006/07 nicht vollständig zu. Das oft 60 cm dicke Eis wurde von bis zu 450 Arbeitern aus dem See gesägt und auf einem eigens zur Eisverladung errichteten Gleisanschluss, vor allem in die Eiskeller der Brauereien nach Wien und München transportiert[1158]. 1874 wurde die erste „Bade- und Schwimmanstalt" errichtet[1159] und 1881 nahm das Dampfboot „Stefanie" den Dienst als Liniendampfer auf[1160]. Von 1924 bis 1936 wurde auf dem gefrorenen See eine Fluglandebahn eingerichtet[1161]. Bei winterlichen Sportaktivitäten reicht die Veranstaltungspalette von Eisstockschießen, Eishockeyspielen, Pferdeschlittenrennen, ja sogar bis zu Motorrad- und Autorennen auf der Eisfläche des Sees. Aktuell fand im Sommer 2015 die Weltmeisterschaft im Triathlon – erstmals in Europa – in und um den Zellersee statt.

Aber nicht nur Sportler zieht es in die Region Zell am See–Kaprun. In der vorigen Sommersaison nächtigten über 70.000 Gäste aus dem arabischen Raum in der für sie exotischen Welt aus grünen Wiesen, Seen und Gletschern. Wie lange dieser Alpensee die Touristen noch anziehen kann, davon berichtet Eberhard Fugger 1890. Er errechnet eine jährliche Schotter- und Feststoffeinleitung in den See von ca. 6000 m^3. Bei einem Gesamtvolumen von ca. 142 Mio. m^3 würden dem Zellersee geschätzte 23.000 Jahre bleiben, bis ihn dasselbe Schicksal ereilt wie den „Salzburger See".

Zinkwandsee siehe **Brettsee**

Zlodersee siehe **Lindlsee**

Znachsee

Lungau, Gemeinde Weißpriach, Znachtal

Der Znachsee wird nur bei Franz Carl Weidmann in einer kleinen Seenliste des Lungaus neben dem Wildsee genannt[1162]. Da weder Talken-, Knappenkar- oder Brettsee in seiner Liste aufscheinen, könnte eines dieser Gewässer im Znachtal diesen Namen geführt haben. Im Franciszäischen Kataster ist zwischen „Wildensee“ und „Talkensee“ die „Znachalpe“ genannt[1163].

Zwerfenbergsee, Oberer siehe **Angersee**

Zwerfenbergsee

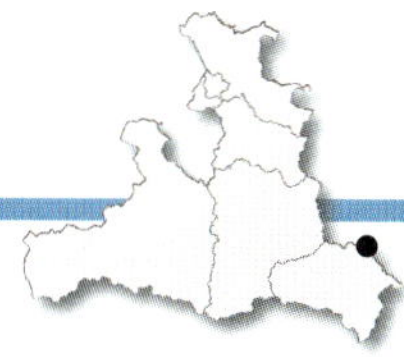

Zwerfenbergsee, auch Zwerfenbergersee[1164], Unterer Zwerfenbergersee[1165], Unterer Zwerfenbergsee[1166]

O 13° 48′ 36″
N 47° 17′ 06″

Lungau, Gemeinde Lessach, Lessachtal

2025 m ü. A., L 415 m, B 340 m, T 35,7 m, F 105.000 m² [1167]

Franz Carl Weidmann beschreibt den Weg „über das wilde Getrift zu den Zwerfenbergseen. Diese beiden kleinen Alpenseen sind die Geburtsstätte der Lessach; sie entsenden diese rauschende Ache in das Thal hinab, dem sie den Namen gibt. Ein dritter See [Lungauer Klaffersee] liegt noch höher oben, westlich auf dem Pöllerkogel, in dem wilden Klofferkessel.“[1168] Während aber der Obere Zwerfenbergsee in aktuellen Landkarten Angersee genannt wird, behält der untere den Namen Zwerfenbergsee. Alle drei Seen befinden sich im Besitz der Österreichischen Bundesforste[1169] mit streng oligotropher, also hervorragender Wasserqualität[1170]. Der Zwerfenbergsee, mit Sichttiefen bis zu 15 m, wird regelmäßig mit Bachforellen und Seesaiblingen besetzt und von verschiedenen Fischereipächtern bewirtschaftet. Im See konnte auch ein wunderschöner Wildfangsaibling mit 46 cm Länge gefangen werden[1171].

Zwerfenbergersee / Zwerfenbergersee, Unterer / Zwerfenbergsee, Unterer siehe **Zwerfenbergsee**

Der Wind verhinderte eine klare Spiegelung des 2701 m ü. A. hohen Waldhorns im Zwerfenbergsee.

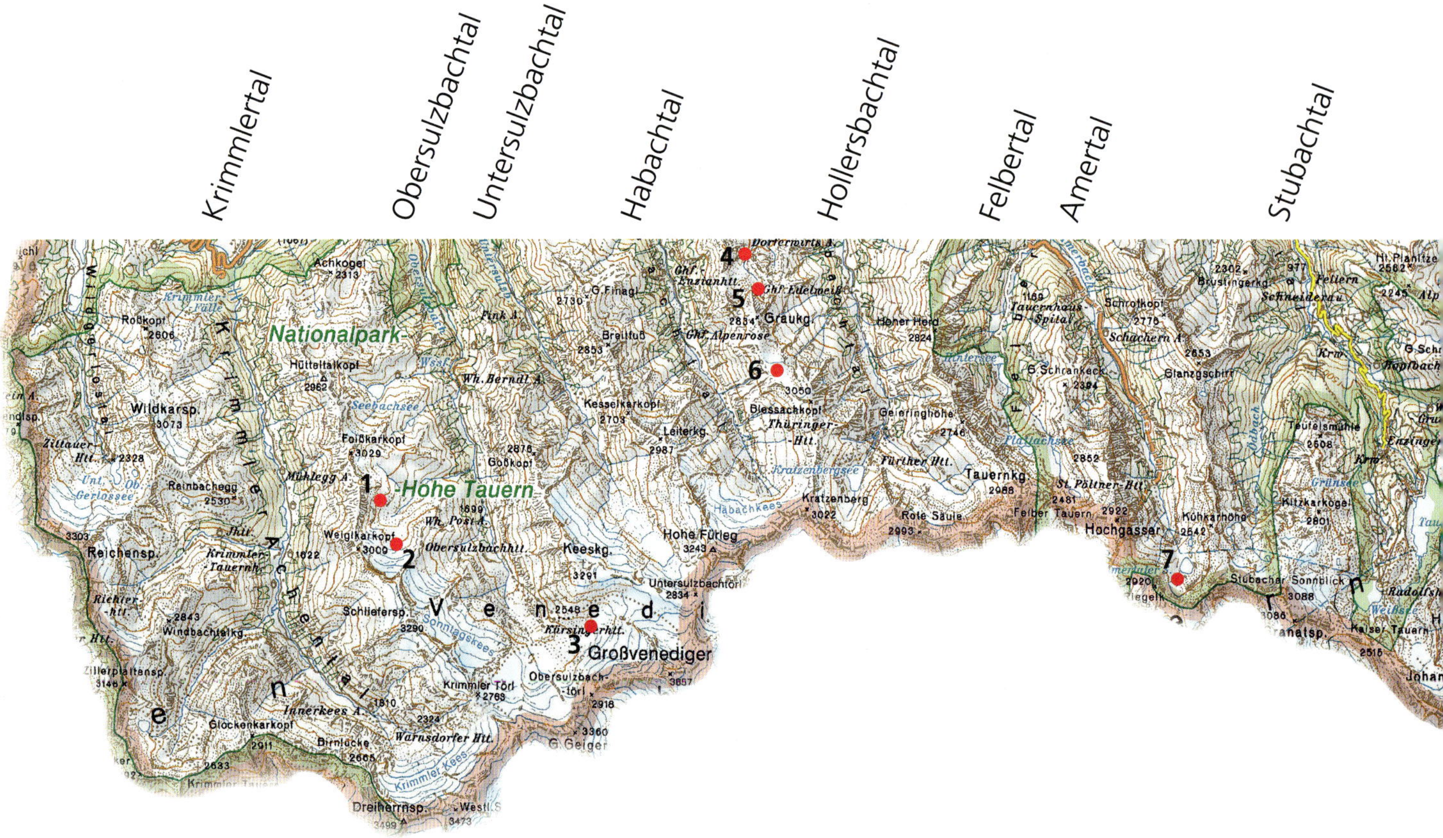

Neu entstandene namenlose Seen

In der folgenden Auflistung werden stehende Gewässer angeführt, die (vorerst) namenlos geblieben sind. Um die Anzahl dieser Wasserflächen einzuschränken, wurden vom Autor nur jene „Seen" aufgeführt, deren größte Länge mindestens 100 m beträgt.

Die Koordinaten, Höhenangaben sowie Länge und Breite wurden allerdings nicht in Feldarbeit vor Ort erhoben, sondern aus den online-Landkarten und Orthofotos des Salzburger Geographischen Informationssystem (SAGIS) entnommen. Als zweite Quelle stand eine Tabelle mit sämtlichen stehenden Gewässern aus dem Jahr 1999 aus Gabriel Seitlingers Diplomarbeit über die neu entstandenen natürlichen Seen im Salzburger Anteil des Nationalparks Hohe Tauern zur Verfügung (diese umfasst 191 Groß-, Klein- und Kleinstgewässer im Nationalpark). Die Namen und Ortsbeschreibungen der Gewässer stammen aus dieser Auflistung.

Da es zu den jeweiligen „Objekten" nur wenige historische Informationen gibt, wurden diese, so vorhanden, in den Fußnoten ver-

merkt. Die Reihung der Auswahl an Gewässern wurde von Westen nach Osten entlang des Alpenhauptkammes vorgenommen. Der See mit der Nummer 16, südöstlich des Schareck – Seitlinger nannte ihn „Sparangerkeessee" –, ist mit 2775 m ü. A. zur Zeit der höchstgelegene „See" des Landes Salzburg, da der bis jetzt als höchster See geltende Eissee am Hohen Fürleg durch Gletscherrückgang zur Zeit nicht mehr entsteht.

1. See östlich des Foiskarkopfs[1172]

Pinzgau, Gemeinde Neukirchen, Obersulzbachtal, Vorderes Jaidbachtal
O 12° 13" 50´
N 47° 09" 56´
2621 m ü. A., L 125 m, B 35 m, F 2800 m²

2. See nördlich des Kleinen Jaidbachkees[1173]

Pinzgau, Gemeinde Neukirchen, Obersulzbachtal, Vorderes Jaidbachtal
O 12° 12″ 14′
N 47° 08″ 35′
2389 m ü. A., L 155 m, B 115 m, F 10.500 m²

3. See westlich des Großvenedigers[1174]

Pinzgau, Gemeinde Neukirchen, Obersulzbachtal
O 12° 18″ 43′
N 47° 06″ 59′
2416 m ü. A., L 125 m, B 35 m, F 3800 m²

4. See westlich der Wirtsalm „Mahdleitengrabensee“[1175]

Pinzgau, Gemeinde Hollersbach, Hollersbachtal, Scharnbachtal, Mahdleitgraben
O 12° 22″ 33′
N 47° 13″ 40′
2062 m ü. A., L 155 m, B 80 m, F 7600 m²

5. See westlich des Gasthauses Edelweiß „Schneegrubensee“[1176]

Pinzgau, Gemeinde Hollersbach, Hollersbachtal, Scharnbachtal, Schneegrube
O 12° 22″ 45′
N 47° 12″ 44′
2238 m ü. A., L 175 m, B 70 m, F 7000 m²

6. See nördlich des Waidsfeldkees[1177]

Pinzgau, Gemeinde Hollersbach, Hollersbachtal, Gamskarl
O 12° 23″ 08′
N 47° 11″ 30′
2615 m ü. A., L 185 m, B 115 m, F 15.000 m²

7. See südlich des Amertalersees[1178]

Pinzgau, Gemeinde Mittersill, Amerbachtal
O 12° 32″ 48′
N 47° 08″ 01′
2411 m ü. A., L 195 m, B 75 m, F 10.600 m²

8. See nördlich des Hocheisers[1179]

Pinzgau, Gemeinde Uttendorf, Stubachtal, Schwarzkarl
O 12° 40″ 30′
N 47° 10″ 08′
2764 m ü. A., L 125 m, B 95 m, F 7000 m²

9. See westlich des Alpincenters Kaprun[1180]

Pinzgau, Gemeinde Kaprun, Kapruner Achental, Grubbachtal
O 12° 40″ 51′
N 47° 12″ 34′
2502 m ü. A., L 120 m, B 55 m, F 4300 m²

10. See südwestlich des Stausees Mooserboden „Wintergassensee“[1181]

Pinzgau, Gemeinde Kaprun, Kapruner Achental
O 12° 40″ 59′
N 47° 08″ 23′
2353 m ü. A., L 280 m, B 75 m, F 16.300 m²

11. See nordwestlich des Hinteren Moderecks „Östlicher Weißenbachkeessee"[1182]

Pinzgau, Gemeinde Rauris, Seidlwinklachental
O 12° 52″ 53′
N 47° 05″ 18′
2353 m ü. A., L 120 m, B 35 m, F 2650 m²

12. See nördlich des Pilatuskeeses „Pilatussee"[1183]

Pinzgau, Gemeinde Rauris, Raurisertal, Hüttwinklachental
O 12° 57′ 31″
N 47° 03′ 49″
2212 m ü. A., L 165 m, B 65 m, F 7000 m²

13. See nordöstlich des Goldbergkeeses[1184]

Pinzgau, Gemeinde Rauris, Raurisertal, Hüttwinklachen-tal
O 12° 57′ 48″
N 47° 02′ 46″
2625 m ü. A., L 355 m, B 125 m, F 22.900 m²

14. See nordwestlich der Wintergasse „Wintergassensee"[1185]

Pinzgau, Gemeinde Rauris, Raurisertal, Hüttwinklachental, Wintergasse
O 12° 59′ 19″
N 47° 02′ 48″
2315 m ü. A., L 120 m, B 30 m, F 2400 m²

15. See nordöstlich des Altecks „Wintergassensee“[1186]

Pinzgau, Gemeinde Rauris, Raurisertal, Hüttwinklachental, Wintergasse
O 12° 59′ 22″
N 47° 02′ 23″
2633 m ü. A., L 125 m, B 40 m, F 2800 m²

16. See südöstlich des Scharecks „Sparangerkeessee“[1187]

Pongau, Gemeinde Bad Gastein, Gasteinerachental, Nassfelderachental, Höllkarbachtal
O 13° 02′ 26″
N 47° 01′ 29″
2775 m ü. A., L 175 m, B 110 m, F 14.300 m²

17. See östlich des Kreuzkogels „Kreuzkogelsee“[1188]

Pongau, Gemeinde Bad Gastein, Gasteinerachental, Anlaufbachtal, Hörkar
O 13° 06′ 26″
N 47° 03′ 16″
2364 m ü. A., L 150 m, B 100 m, F 11.000 m²

18. See westlich vom Hölltorkogel „Oberer Lainkarschartensee, westlich“[1189]

Pongau, Gemeinde Bad Gastein, Kötschachbachtal, Reedgrabental
O 13° 11′ 36″
N 47° 04′ 29″
2415 m ü. A., L 150 m, B 70 m, F 5200 m²

19. See westlich vom Hölltorkogel „Oberer Lainkarschartensee, mittlerer"[1190]

Pongau, Gemeinde Bad Gastein, Kötschachbachtal, Reedgrabental
O 13° 11′ 52″
N 47° 04′ 34″
2443 m ü. A., L 115 m, B 85 m, F 6200 m²

20. See westlich vom Hölltorkogel „Oberer Lainkarschartensee, östlich"[1191]

Pongau, Gemeinde Bad Gastein, Kötschachbachtal, Reedgrabental
O 13° 12′ 07″
N 47° 04′ 24″
2571 m ü. A., L 130 m, B 70 m, F 7200 m²

21. See östlich vom Windschnursee „Kühkarsee"[1192]

Pongau, Gemeinde Bad Gastein, Kötschachbachtal, Reedgrabental
O 13° 11′ 28″
N 47° 05′ 30″
2051 m ü. A., L 150 m, B 35 m, F 2700 m²

22. See westlich des Tischlerkarkogels „Tischlerkarsee"[1193]

Pongau, Gemeinde Bad Gastein, Kötschachbachtal
O 13° 14′ 26″
N 47° 05′ 14″
2451 m ü. A., L 170 m, B 95 m, F 10.900 m²

Seen und Lacken nach Gauen

In der aktuellen Österreichischen Karte des Amtes für Eich- und Vermessungswesen aus dem Jahre 2015 sind im Tennengau 6, im Flachgau 16, im Pongau 35, im Pinzgau 53 und im Lungau 60 (gesamt 170) auf natürliche Weise entstandene Seen und Lacken namentlich genannt. In der folgenden Liste wurden auch künstlich errichtete Seen extra angeführt.

Flachgau

Natürlich entstanden (16)

Egelsee bei Scharfling	Gde. St. Gilgen, St. Lorenz (OÖ), 481 m ü. A.
Eibensee	Gde. St. Gilgen, 980 m ü. A.
Filblingsee	Gde. Fuschl, 1079 m ü. A.
Fuschlsee	Gde. Fuschl, 661 m ü. A.
Grabensee	Gde. Mattsee, 498 m ü. A.
Großegelsee	Gde. Mattsee, 594 m ü. A.
Hintersee	Gde. Faistenau (aufgestaut), 685 m ü. A.
Krottensee	Gde. St. Gilgen, 590 m ü. A.
Mattsee	Gde. Mattsee, 500 m ü. A.
Mitteregelsee	Gde. Mattsee, 594 m ü. A.
Mittersee	Gde. St. Gilgen, St. Wolfgang (OÖ), 1415 m ü. A.
Obertrumersee	Gde. Mattsee, 500 m ü. A.
Suissensee	Gde. St. Gilgen (2 Seen), 1384 m ü. A.
Unteregelsee	Gde. Mattsee, 594 m ü. A.
Wallersee	Gde. Seekirchen, 504 m ü. A.
Wolfgangsee	Gde. St. Gilgen und St. Wolfgang (OÖ), 539 m ü. A.

Künstlich errichtet (3)

Lugingersee	Gde. Bergheim, 547 m ü. A.
Raggingersee	Gde. Elixhausen, 551 m ü. A.
Waldbad Anif	Gde. Anif, 428 m ü. A.

Tennengau

Natürlich entstanden (6)

Ameisensee	Gde. Abtenau (episodisch), 1282 m ü. A.
Egelsee bei Golling	Gde. Golling, 487 m ü. A.
Eglsee bei Abtenau	Gde. Abtenau, 720 m ü. A.
Schäferlacke	Gde. Scheffau, 2015 m ü. A.
Seewaldsee	Gde. St. Koloman, 1078 m ü. A.
Vorderschlummsee	Gde. Golling (episodisch), 1100 m ü. A.

Künstlich errichtet (1)

Bluntauseen	Gde. Golling (2 Seen), 483 m ü. A.

Pinzgau

Natürlich entstanden (53)

Amertalersee	Gde. Mittersill (aufgestaut), 2280 m ü. A.
Bockkarsee	Gde. Rauris, 2560 m ü. A.
Brandlsee	Gde. Fusch, 2207 m ü. A.
Brechelsee	Gde. Fusch, 2135 m ü. A.
Eissee im Krimmlertal	Gde. Krimml, 2365 m ü. A.
Eissee im Ödbachtal	Gde. Uttendorf, 2442 m ü. A.
Eissee im Windbachtal	Gde. Krimml, 2567 m ü. A.
Fiebingersee	Gde. Rauris, 1710 m ü. A.
Foiskarsee	Gde. Neukirchen am Großvenediger, 2154 m ü. A.
Fuscher Lacke	Gde. Rauris, 2260 m ü. A.
Gerlossee, Oberer	Gde. Krimml, 2562 m ü. A.
Gerlossee, Unterer	Gde. Krimml, 2417 m ü. A.
Glanzsee	Gde. Uttendorf, 2325 m ü. A.
Grießensee	Gde. Leogang, 960 m ü. A.
Grüne Lacke	Gde. Fusch, 2455 m ü. A.
Grünsee im Stubachtal	Gde. Uttendorf (aufgestaut), 1699 m ü. A.
Hackelbergerseen	Gde. Saalbach (2 Seen), 1948 m ü. A.
Hacklsee	Gde. Niedernsill, 2150 m ü. A.
Hintersee im Felbertal	Gde. Mittersill, 1303 m ü. A.
Hochbirgsee	Gde. Hollersbach, 2478 m ü. A.
Hundsteinsee	Gde. Taxenbach, 1946 m ü. A.
Karsee bei Bramberg	Gde. Bramberg, 1995 m ü. A.
Karsee bei Uttendorf	Gde. Uttendorf, 2097 m ü. A.
Kleineisersee, Oberer	Gde. Uttendorf, 2612 m ü. A.
Kleineisersee, Unterer	Gde. Uttendorf, 2556 m ü. A.
Kratzenbergsee	Gde. Hollersbach, 2154 m ü. A.
Langsee im Felbertal	Gde. Mittersill, 2219 m ü. A.
Medelzlacke	Gde. Uttendorf, 2625 m ü. A.
Plattachsee	Gde. Mittersill (aufgestaut), 2195 m ü. A.
Rainbachsee	Gde. Krimml, 2385 m ü. A.
Rinderkarsee	Gde. Krimml, 2294 m ü. A.
Rosskarlacke	Gde. Krimml, 2291 m ü. A.
Salzplattensee	Gde. Uttendorf (aufgestaut), 2285 m ü. A.
Schafflkogelsee	Gde. Uttendorf, 2572 m ü. A.
Schafseewl	Gde. Krimml (2 Seen), 2609 m ü. A.
Schatterlacke	Gde. Rauris, 1950 m ü. A.
Schmiedingersee	Gde. Kaprun, 2372 m ü. A.
Schwarze Lacke, Amertal	Gde. Mittersill, 2270 m ü. A.
Schwarze L., Dorfer Ödtal	Gde. Uttendorf, 2210 m ü. A.
Schwarze L., Stein. Meer	Gde. Maria Alm, 1987 m ü. A.
Schwarze L., Stubachtal	Gde. Uttendorf, 1713 m ü. A.
Schwarzkarlsee	Gde. Uttendorf, 2175 m ü. A.
Schwarzsee	Gde. Maria Alm, 1661 m ü. A.
Schwebenlacke	Gde. Wald, 2193 m ü. A.
Seebachsee	Gde. Neukirchen am Großvenediger, 2076 m ü. A.
Seehornsee	Gde. Weißbach, 1779 m ü. A.

Seekarsee bei Krimml	Gde. Krimml, 2234 m ü. A.
Sulzsee	Gde. Neukirchen, 2202 m ü. A.
Tauernmoossee	Gde. Uttendorf (aufgestaut), 2023 m ü. A.
Tauernsee	Gde. Mittersill, 2358 m ü. A.
Weißsee	Gde. Uttendorf (aufgestaut), 2218 m ü. A.
Wildkarsee	Gde. Krimml, 2490 m ü. A.
Zellersee	Gde. Zell am See, 748 m ü. A.

Künstlich errichtet (3)

Blausee	Gde. Neukirchen am Großvenediger, 923 m ü. A.
Elisabethsee	Gde. Mittersill, 1436 m ü. A.
Ritzensee	Gde. Saalfelden, 765 m ü. A.

Pongau

Natürlich entstanden (35)

Blauer See	Gde. Kleinarl, 1903 m ü. A.
Bockhartsee, Oberer	Gde. Bad Gastein, 2070 m ü. A.
Bockhartsee, Unterer	Gde. Bad Gastein (aufgestaut), 1846 m ü. A.
Böndlsee	Gde. Lend, 857 m ü. A.
Ecklgrubensee	Gde. Bad Hofgastein, 2030 m ü. A.
Erzwiessee	Gde. Bad Hofgastein, 2170 m ü. A.
Gamskarlsee	Gde. Bad Gastein, 2244 m ü. A.
Grünwaldsee	Gde. Untertauern (aufgestaut), 1936 m ü. A.
Hakarsee	Gde. Untertauern, 1788 m ü. A.
Hörkarsee, Oberer	Gde. Bad Gastein,2033 m ü. A.
Hörkarsee, Unterer	Gde. Bad Gastein, 1900 m ü. A.
Hundsfeldsee	Gde. Untertauern (aufgestaut), 1786 m ü. A.
Jägersee	Gde. Kleinarl (aufgestaut), 1120 m ü. A.
Knappenbäudlsee	Gde. Bad Gastein, 2238 m ü. A.
Kolmseen	Gde. Hüttschlag (2 Seen), 2061 m ü. A.
Laitternsee	Gde. Forstau (2 Seen), 1737 m ü. A.
Neukarsee	Gde. Flachau, 2113 m ü. A.
Oberhüttensee	Gde. Forstau, 1863 m ü. A.
Paarsee, Großer	Gde. St. Veit, 1836 m ü. A.
Paarsee, Kleiner	Gde. St. Veit, 1950 m ü. A.
Palfnersee	Gde. Bad Gastein, 2070 m ü. A.
Pfeilerlacke	Gde. Pfarrwerfen, 2076 m ü. A.
Pfringersee	Gde. Hüttschlag, 2228 m ü. A.
Reedsee	Gde. Bad Gastein, 1825 m ü. A.
Schödersee	Gde. Hüttschlag (episodisch), 1430 m ü. A.
Schuhflickersee	Gde. St. Veit, 2041 m ü. A.
Schwarze Lacke, Filzmoos	Gde. Filzmoos, 1328 m ü. A.
Schwarze Lacken, Eben	Gde. Eben, 1675 m ü. A.
Tappenkarsee	Gde. Kleinarl, 1762 m ü. A.
Tauernkarsee, Untertauern	Gde. Untertauern, 1595 m ü. A.
Tauernsee, Großer	Gde. Bad Gastein, 2145 m ü. A.
Troglacke bei Filzmoos	Gde. Filzmoos, 1576 m ü. A.

Wildsee bei Obertauern	Gde. Untertauern, 1924 m ü. A.
Windschnursee	Gde. Bad Gastein, 2215 m ü. A.
Zauchensee	Gde. Altenmarkt, 1339 m ü. A.

Künstlich errichtet (4)

Almsee	Gde. Filzmoos, 1302 m ü. A.
Ötzlsee	Gde. Hüttschlag, 1061 m ü. A.
Reitecksee	Gde. Flachau, 884 m ü. A.
Winklersee	Gde. Flachau, 949 m ü. A.

Lungau

Natürlich entstanden (60)

Anderlsee	Gde. Thomatal, 2070 m ü. A.
Angersee	Gde. Lessach, 2095 m ü. A.
Bärenlacke	Gde. Ramingstein, 1699 m ü. A.
Blausee	Gde. Tweng (2 Seen), 2013 m ü. A.
Boarnlacke	Gde. Zederhaus, 2211 m ü. A.
Dürrenecksee	Gde. Tamsweg, 1683 m ü. A.
Ernstlacke	Gde. Tweng, 1923 m ü. A.
Essersee	Gde. Zederhaus (2 Seen), 2087 m ü. A.
Fuchssee	Gde. Tweng (2 Seen), 2085 m ü. A.
Gralatisee	Gde. Lessach, 1806 m ü. A.
Graniersee	Gde. Weißpriach (2 Seen), 2127 m ü. A.
Gstoßlacke	Gde. Ramingstein, 1958 m ü. A.
Hoislsee	Gde. Zederhaus, 2040 m ü. A.
Ilgsee	Gde. Zederhaus, 2096 m ü. A.
Karnersee	Gde. Weißpriach, 1854 m ü. A.
Karwassersee	Gde. Muhr, 1897 m ü. A.
Kernsee	Gde. Tweng, 2073 m ü. A.
Kessellacke	Gde. Thomatal, 2170 m ü. A.
Kleiner See	Gde. Mariapfarr, 1762 m ü. A.
Knappenkarsee	Gde. Weißpriach, 2256 m ü. A.
Kößllacken	Gde. Ramingstein, 2200 m ü. A.
Kühseelein	Gde. Lessach, 1722 m ü. A.
Lacken	Gde. Weißpriach, 1890 m ü. A.
Landawirsee, Oberer	Gde. Göriach, 2046 m ü. A.
Landawirsee, Unterer	Gde. Göriach, 1977 m ü. A.
Landschitzsee, Mittlerer	Gde. Lessach, 1937 m ü. A.
Landschitzsee, Oberer	Gde. Lessach, 2067 m ü. A.
Landschitzsee, Unterer	Gde. Lessach, 1782 m ü. A.
Lignitzsee	Gde. Mariapfarr, 1964 m ü. A.
Lindlsee	Gde. Lessach, 2039 m ü. A.
Lungauer Klaffersee	Gde. Lessach, 2195 m ü. A.
Mühlbachsee	Gde. Zederhaus, 2113 m ü. A.
Ottsee	Gde. Thomatal, 2087 m ü. A.
Piendlsee	Gde. Göriach, 2032 m ü. A.
Prebersee	Gde. Tamsweg, 1432 m ü. A.

Reinkarlacke	Gde. Muhr, 2231 m ü. A.
Riedingsee	Gde. Zederhaus, 2169 m ü. A.
Rosaninsee	Gde. Thomatal, 2057 m ü. A.
Rotgüldensee, Oberer	Gde. Muhr, 1995 m ü. A.
Rotgüldensee, Unterer	Gde. Muhr (aufgestaut), 1732 m ü. A.
Rothenwändersee	Gde. Zederhaus, 2008 m ü. A.
Rupaninsee, Oberer	Gde. Weißpriach, 2187 m ü. A.
Rupaninsee, Unterer	Gde. Weißpriach, 1986 m ü. A.
Schönalmsee	Gde. Weißpriach, 2111 m ü. A.
Schwarzlacke	Gde. Ramingstein, 1856 m ü. A.
Schwarzsee, Oberer	Gde. Muhr, 2339 m ü. A.
Schwarzsee, Unterer	Gde. Muhr, 2221 m ü. A.
Seetalersee	Gde. Tamsweg, 1220 m ü. A.
Steinsee	Gde. St. Michael, 2104 m ü. A.
Talkensee	Gde. Weißpriach, 2058 m ü. A.
Tauernkarsee	Gde. Weißpriach, 2107 m ü. A.
Tiefenbachsee	Gde. Weißpriach, 1844 m ü. A.
Tscheibitschsee	Gde. Weißpriach, 1915 m ü. A.
Twenger Almsee	Gde. Tweng, 2118 m ü. A.
Wildalmsee	Gde. Tweng, 1900 m ü. A.
Wildsee	Gde. Weißpriach, 2063 m ü. A.
Wirpitschsee	Gde. Weißpriach, 1700 m ü. A.
Zaunerlacke	Gde. Zederhaus, 2179 m ü. A.
Zaunersee	Gde. Zederhaus, 1993 m ü. A.
Zwerfenbergsee	Gde. Lessach, 2025 m ü. A.

Anmerkungen

1 Ortelius 1595, Lk.
2 De Jode 1593, Lk.
3 Setznagel, Jordan, Baumann 1640, Lk.
4 Guetrat 1716, Lk.
5 Schitter 1979, S. 43 f.
6 SAGIS, Franciszäischer Kataster.
7 Vgl. Müller 1979, S. 206 f.
8 SAGIS, Franciszäischer Kataster.
9 Osterhuber 1809, Lk.
10 Pillwein 1839, S. 90 f.
11 Fugger 1905, S. 129–131.
12 Zillner 1882, S. 45.
13 AStS, PA 1237,7, Seenliste Freudlsperger.
14 Fugger 1905, S. 129–131.
15 Ebenda.
16 Höller 1985, S. 61.
17 Rabl 1884, S. 150.
18 Dengg 1957, S. 29; vgl. Moosleitner 1983, S. 115.
19 Steiner 1999, S. 153.
20 Weidmann 1845 a, S. 313.
21 Schaber, Jäger, Achleitner 2010, S.134.
22 Weidmann 1845 a, S. 313; vgl. Eckschlager 1900, S. 51.
23 Uhlir 2003, S. 15.
24 Demokratisches Volksblatt, 1. 8. 1953, S. 13.
25 Salzburger Volksblatt, 28. 11. 2013, S. 29.
26 Fugger 1891, S. 246–248.
27 Ebenda.
28 Ebenda.
29 Der Weg auf die Ankenalm und zum kleinen See ist immer noch gut erhalten, auch wenn der Steig nicht markiert ist und der Grundbesitzer auf das Aufstellen von Wegweisern verzichtet hat.
30 Fugger 1891, S. 246–248.
31 Scheminzky, Friedl 1955, S. 46.
32 Ebenda; vgl. auch Hüttig, Kordon 1926, S. 26.
33 Salzburg 1873–1890, Lk.
34 Fugger 1891, S. 256–258.
35 Ebenda.
36 SAGIS, Franciszäischer Kataster.
37 Ebenda.
38 Reissenberger 1951, S. 85.
39 Jirikowski 1995, S. 33.
40 Hübner 1796 a, S. 284.
41 Pillwein 1839, S. 90 f.
42 Weidmann 1841, S. 3.
43 Hübner 1796 a, S. 284.
44 SAGIS, Franciszäischer Kataster.
45 Zillner 1882, S. 44.
46 Jirikowski 1995, S. 33.
47 Reissenberger 1951, S. 85.
48 SAGIS, Franciszäischer Kataster.
49 Vermutung des Autors.
50 http://www.nfi.at/index.php?option=com_content&task=-view&id=165&Itemid=102 (22. 11. 2008).
51 http://www.salzburg.com/wiki/index.php/Blausee_(Pinzgau) (10. 9. 2013).
52 Müller 1979, S. 206 f.; vgl. Müller 1991, S. 18 f.
53 Günther 1991, S. 22.
54 SAGIS, Franciszäischer Kataster.
55 Wallmann 1868, S. 108 f.
56 Pröll 1886, S. 655.
57 Stüber 1964, S. 84.
58 Badgastein 1939, S. 69.
59 Weidmann 1845 b, S. 144.
60 Fugger 1911, S. 6–11.
61 Lindlbauer 2014, S. 43.
62 Vgl. Cech 1996; Gruber 2001.
63 Seefeldner 1929, S. 223 f.
64 Rabl 1887, S. 79 f.
65 Vgl. Kral 1993, S. 203–218.
66 Lindlbauer 2014, S. 43.
67 Pröll 1886, S. 655.
68 Stüber 1964, S. 84.
69 Badgastein 1939, S. 69.
70 Weidmann 1845 b, S. 144.
71 Fugger 1911, S. 6–11.
72 Lindlbauer 2014, S. 43.
73 Vgl. Kral 1993, S. 203–218.
74 Steiner 1995, S. 44 f.
75 Buck 2004, S. 75.
76 Freisauff von Neudegg 1880 b, S. 399 f.
77 Vierthaler 1816 a, S. 264.
78 Freisauff 1914, S. 55.
79 Pröll 1886, S. 655: „Die anschließende Partie zum unteren und oberen Pockhart- oder Giftsee erwähnen wir noch, weil man bei dem ersteren die Reste einer alten Römerstraße entdeckt haben will".
80 Wegweiser durch das Gasteiner-Thal 1846.
81 Wallmann 1868, S. 108 f.
82 Vierthaler 1816 a, S. 264; vgl. Weidmann 1845 b, S. 111 f. und Mitterdorfer 1885, S. 313 f.
83 Lindlbauer 2014, S. 53. Angaben des Gasteiner Fischervereins aus dem Jahr 2014.
84 Fugger 1899, S. 3.
85 Ebenda.
86 Osterhuber 1809, Lk.; vgl. SAGIS, Franciszäischer Kataster und St. Johann 1873–1890, Lk.
87 Fugger 1893, S. 30 f.
88 Lindlbauer 2014, S. 57.

89 Limnologische Untersuchung 1987, S. 123; vgl. Lindlbauer 2014, S. 55.
90 www.goldeggerdeserteure.at (10. 6. 2015); vgl. auch Rolinek, Lehner, Strasser 2009, S. 176 und Hutter 2002, S. 23.
91 Pillwein 1839, S. 90 f.
92 Vierthaler 1816 b, S. 234.
93 Fugger 1893, S. 31 f.
94 Vierthaler 1816 b, S. 234.
95 Fugger 1893, S. 31 f.
96 Fugger 1899, S. 3–6.
97 Weidmann 1845 b, S. 78; vgl. Vierthaler 1816 b, S. 234.
98 Lahnsteiner 1980 c, S. 213 f.
99 Ebenda.
100 Radstädter Tauern 1924, Lk.
101 AStS, PA 1237,7, Seenliste Freudlsperger.
102 Wödl 1924, S. 122.
103 AStS, PA 1237,7, Seenliste Freudlsperger.
104 Lindlbauer 2014, S. 70.
105 Müller 1991, S. 18; vgl. Lindlbauer 2014, S. 70.
106 Lindlbauer 2014, S. 82.
107 Ebenda, S. 81; http://www.salzburg.com/wiki/index.php/B%C3%BCrmoos (1. 7. 2015).
108 Weidmann 1845 a, S. 337 f.; vgl. auch Schusser 1868, Lk.
109 AStS, PA 1237,7, Seenliste Freudlsperger. Westlich liegt die Planitzeralm und die Reihenfolge in der Liste würde mit der Lage übereinstimmen.
110 Thuswaldner, Bluhm 1980, S. 144.
111 Müller 1981, S. 82.
112 Limnologische Untersuchung 1987, S. 232.
113 Hofgastein 1873–1890, Lk.
114 Salzburger Fremdenzeitung 5. 6. 1888, S. 3.
115 Ponheimer 1810, Lk; vgl. Roost 1843, Lk.
116 Schusser 1868, Lk.
117 Fugger 1911, S. 15 f.
118 Ebenda.
119 Ziller 1970, S. 61.
120 Maringer u. a. 2014, S. 25.
121 Ziller 1970, S. 44.
122 Golling 1903, S. 17 f.
123 Rabl 1887, S. 30.
124 Ebenda.
125 Fugger 1891, S. 255; vgl. auch Müller 1991, S. 18, hier Anm. 17: Z. B. 1903 (Salzburger Volksblatt, Nr. 68, 25. 3. 1903, S. 5; Nr. 182, 13. 8. 1903, S. 5), auch am 29. 11. 1918 einstimmiger Beschluss des Gemeinde-Ausschusses, den Eglsee räumen zu lassen.
126 Salzburgs Fischerei 1992, S. 4.
127 Müller 1991, S. 18.
128 Lindlbauer 2014, S. 102.
129 Fugger 1891, S. 241–243.
130 Lindlbauer 2014, S. 102.
131 Fugger 1891, S. 241.
132 Fugger 1895, S. 203.
133 Ebenda.
134 Ponheimer 1810, Lk.; vgl. SAGIS, Franciszäischer Kataster.
135 Müller 1974 c, S. 322.
136 Lindlbauer 2014, S. 119.
137 Loderbauer 1979, S. 76.
138 Müller 1974 c, S. 322.
139 Freudlsperger 1936, S. 113.
140 Lindlbauer 2014, S. 119.
141 Österreichische Karte 1943, Lk.
142 Freudlsperger 1936, S. 116.
143 Fischer 1958, S. 18.
144 Setznagel, 1570–1580, Lk.
145 De Jode 1593, Lk.
146 Apian 1568, Lk.
147 Karl 1994, S. 251.
148 Ebers 1966, S. 8 f.
149 Limnologische Untersuchung 1987, S. 13.
150 Maringer u. a. 2014, S. 25.
151 Notizblatt der wissenschaftlichen Akademie V. 558, 201; VI. 284, 441, zit. nach: Zillner 1877, S. 6.
152 Zillner 1877, S. 17.
153 Wallmann 1871, S. 17 f.
154 Lindlbauer 2014, S. 117.
155 SAGIS, Franciszäischer Kataster.
156 Fugger 1911, S. 1 f.
157 Zillner 1882, S. 44.
158 Ebenda.
159 Ziller 1970, S. 61 f.
160 SAGIS, Franciszäischer Kataster.
161 Fugger 1903, S. 4.
162 Lindlbauer 2014, S. 127.
163 Zillner 1882, S. 44.
164 Ziller 1970, S. 61 f.
165 Freudlsperger 1936, S. 117.
166 St. Gilgen am Abersee 1900, S. 27.
167 http://www.bundesforste.at/uploads/publikationen/Seenfolder.pdf, S. 34 (27. 6. 2011).
168 http://www.ris.bka.gv.at/GeltendeFassung.wxe?Abfrage=LrSbg&Gesetzesnummer=20000303 (27. 6. 2015).
169 Buck 2004, S. 22.
170 Slupetzky 2007, S. 26–28.
171 Seitlinger 1999, S. 39 f.
172 Ebenda, S. 42 f.
173 Slupetzky 1997, S. 165.
174 http://ecards.orf.at/slupetzky/145867.html (18. 10. 2010).
175 Lagler 2003, S. 5–7; vgl. http://www.univie.ac.at/IECB/limno/mari-

laun/pdf/Abstract_Kremser.pdf (26. 10. 2009).
176 Seitlinger 1999, S. 42.
177 Ebenda, S. 42 f.
178 Slupetzky 1997, S. 165.
179 Ebenda.
180 Mündliche Mitteilung von Hans Wiesenegger, Leiter des Hydrographischen Landesdienstes, am 11. 9. 2011.
181 Alpenvereinskarte digital 2009.
182 Seitlinger 1999, S. 62: Mündliche Mitteilung von Heinz Slupetzky und L. Oberwaldner.
183 Ebenda.
184 Ebenda, S. 61.
185 Ebenda.
186 Forcher 1985, S. 43.
187 Burgsteiner 2013, S. 36.
188 Weidmann 1845 b, S. 82 f. Die Embacher Plaike war bereits am 17. August 1598 Schauplatz eines Erdrutsches, bei dem das Loidnerhaus überschoben wurde. Sieben Menschen, darunter fünf Kinder wurden dabei von den Erdmassen erdrückt. Vgl. Rohr 2007, S. 188 f.
189 Hübner 1796 a, S. 572.
190 Weidmann 1845 b, S. 82 f.
191 Buch 1802, S. 231 f.
192 Pfeiffenberger-Scherer 1991, S. 380.
193 Fugger 1911, S. 18.
194 SAGIS, Franciszäischer Kataster.
195 Fugger 1911, S. 17 f.
196 SAGIS, Franciszäischer Kataster.
197 Fugger 1911, S. 20–23.
198 Ebenda.
199 Vierthaler 1816 a, S. 264.
200 Emil 1832, S. 382; vgl. auch Hinterhuber 1855, S. 78 und Fugger 1911, S. 19–23.
201 Fugger 1911, S. 19 f.
202 Ebenda.
203 Weidmann 1845 a, S. 337 f.; vgl. Schusser 1868, Lk.
204 Fugger 1911, S. 28–30.
205 SAGIS, Franciszäischer Kataster.
206 Noé 1867, S. 242.
207 Setznagel 1570–1580, Lk.
208 Mercator 1623, Lk.
209 Fugger 1893, S. 27 f.
210 Hübner 1796 a, S. 244.
211 Brückner 1886, S. 48 f.
212 Freudlsperger 1936, S. 117.
213 Salzburgs Fischerei 1989, S. 27. Die Äsche gehört zur Gattung der Knochenfische aus der Familie Salmonidae; vgl. Burgsteiner 2013, S. 38.
214 Müller 1979, S. 206 f.
215 Fugger 1895, S. 215 f.
216 Weidmann 1845 a, S. 252.
217 Zillner 1882, S. 44.
218 Ponheimer 1810, Lk.; vgl. Schusser 1868, Lk. und Eckschlager 1900, S. 16.
219 Radstadt 1929, Lk.
220 St. Michael 1873–1890, Lk.
221 Eine stichprobenartige Tiefenlotung wurde am 4. 8. 2013 am unteren, großen Seebecken vom Autor mit Angelrute und Bleigewicht in Auswurfnähe des Ufers vorgenommen. Es könnte tiefere Stellen geben.
222 Eine weitere Tiefenlotung wurde am 4. 8. 2013 vom Autor am oberen, kleinen See vorgenommen. Es könnte auch hier tiefere Stellen geben.
223 http://de.wikipedia.org/wiki/Gro%C3%9Fglockner-Hochalpenstra%C3%9Fe (4. 4. 2015). Die Zahlen stammen aus dem Jahre 2007.
224 Ziller 1970, S. 5 f.: „Im 12. Jahrhundert wird die Gegend von Fuschl bereits ‚Fuschilsee' geheißen (Urkunde des Erzbischofs Konrad I. von 1141 betreffend Sägen „ad fuschilsee", die zum Stift St. Peter gehörten)."
225 Hübner 1796 a, S. 244; vgl. Braune 1829, S. 133 f. und Achleitner 1901, S. 28.
226 Le Rouge 1743, Lk.; vgl. Buna 1745, Lk.; Seutter 1740–1760, Lk. und Reilly 1799, Lk.
227 Lazius 1545–1563, Lk.
228 Fugger 1891, S. 243: „Der Fuschlsee wurde am 9. und 10. September 1870 von Herrn Ludwig Zeller, dem damaligen Besitzer des Schlosses Frauenstein am Abersee gemessen und bürgt seine Persönlichkeit für die Richtigkeit der von ihm gefundenen Daten."
229 Jäger, Schaber, Schillinger 2010 a, S. 6 f.
230 Voigt 1996, S. 147 f.
231 Ebenda, S. 27 f.: „Die Bohrkerne aus dem Fuschlsee wurden im September 1987 und Juni 1992 von der Arbeitsgruppe Limnogeologie/Umweltgeologie des Institutes für Geologie und Dynamik der Lithosphäre der Georg-August-Universität Göttingen (Leitung: Prof. Dr. Jürgen Schneider) gezogen. […] Die Kernentnahme erfolgte in Zwei-Meter-Stücken. Dabei wurde versucht, eine Überlappung von 50 cm einzuhalten. [Gesamtlänge Hauptbohrung 1: 9,4 m, in einer Wassertiefe von 6 m; Gesamtlänge

Hauptbohrung 2: 5,59 m, in einer Wassertiefe von 50,5 m]."
232 Vgl. Ziller 1970, S. 5, zit.: Salzburger Urkundenbuch, bearb. von Willibald Hauthaler und Franz Martin, Salzburg 1910, Ind. Arn., I/7.
233 Das Fischerei-Recht für einen bestimmten Wasserbezirk wird Seegen genannt, welches erbrechtlich überlassen werden kann. Sagena, lateinisch Schleppnetz.
234 Ziller 1970, S. 58–61.
235 Pezolt 1847–1849, Der Fuschl-See und die Ruinen von Wartenfels, o. S.
236 Dehio Salzburg 1986, S. 169.
237 Ziller 1970, S. 55 f.
238 Voigt 1996, S. 23 f.
239 Ebenda, S. 27 f.
240 http://fuschlsee.salzkammergut.at/uploads/media/PT_Fuschlsee_Allgemein_Sommer_2015.pdf (27. 5. 2014).
241 Beckel, Stenzel 1975, S. 38.
242 AStS, PA 1237,7, Seenliste Freudlsperger.
243 SAGIS, Franciszäischer Kataster.
244 Weidmann 1845 a, S. 311 f.
245 Hofgastein 1880, Lk.
246 Keil 1874, Lk.
247 Alpenvereinskarte digital, 2009.
248 Lindlbauer 2014, S. 139.
249 Ebenda, S. 148.
250 AStS, PA 1237,7, Seenliste Freudlsperger.
251 Fugger 1890, S. 147–152.
252 Ebenda.
253 SAGIS, Franciszäischer Kataster.
254 Fugger 1890, S. 147–152.
255 Ebenda.
256 Ebenda.
257 Wagner 1925, S. 77 f.
258 Ebenda, S. 83.
259 Fugger 1905, S. 132–134.
260 Ebenda.
261 Podhorsky 1930, S. 32.
262 Fugger 1905, S. 134 f.
263 Brandenstein 1928, S. 47.
264 Tauern Post, 8. 12. 1934.
265 Hübner 1796 a, S. 414; vgl. Zillner 1882, S. 44 und Fugger 1904/1905, S. 44.
266 Fugger 1899, S. 1 f.
267 Lindlbauer 2014, S. 151.
268 Prillinger 1965, S. 3.
269 Fugger 1893, S. 30.
270 Fugger 1904/1905, S. 44
271 Prillinger 1965, S. 3.
272 Penck 1936, S. 93 f.
273 Ebers 1966, S. 78 f.
274 Hörburger 1982, S. 154: Grabensee, der kleinere der „Trumer Seen", wird urkundlich Gransse (1040), dann Grabmse, auch Gratensee genannt.
275 Pillwein 1839, S. 90 f; vgl. Zöhrer 1876, S. 340.
276 Emil 1832, S.144.
277 Pillwein 1839, S. 90 f.
278 Hörburger 1982, S. 154.
279 Apian 1568, Lk.
280 Hörburger 1982, S. 154.
281 Fugger 1890, S. 144.
282 Jäger, Schaber, Schillinger 2010 b, S. 12.
283 Mayregg, Faltner, Hörburger 1927, S. 17 f.
284 Schultze 1988–1989, S. 467 f.
285 Jäger, Schaber, Schillinger 2010 b, S. 6.
286 Schultze 1988–1989, S. 467 f.
287 Jäger, Schaber, Schillinger 2010 b, S. 6.
288 Ebenda.
289 Hörburger 1982, S. 154.
290 Wallmann 1871, S. 17 f.
291 SAGIS, Franciszäischer Kataster; vgl. AStS, PA 1237,7, Seenliste Freudlsperger.
292 Weidmann 1845 a, S. 337 f.
293 St. Michael 1873–1890, Lk.
294 Schusser 1868, Lk.
295 Schitter 1975, S. 20 f.
296 Lahnsteiner 1980 a, S. 321 f.
297 Freudlsperger 1937, S. 113.
298 Schjerning 1897, S. 113.
299 Fugger 1891, S. 241–243.
300 Lindlbauer 2014, S. 102.
301 SAGIS, Franciszäischer Kataster.
302 Keil 1864, Lk.; vgl. Schaubach 1865, S. 64.
303 Ruthner 1864, S. 389 f.
304 Fugger 1899, S. 6–9.
305 Guede 1937, S. 92 f.
306 Ruthner 1864, S. 389 f.
307 Podhorsky 1930, S. 11.
308 Schaber, Jäger, Achleitner 2010, S. 164.
309 Schusser 1868, Lk.
310 Freudlsperger 1936, S. 122.
311 http://www.lungau.travel/de/wanderung-im-lungau-details/items/wanderung-auf-den-kleiner-koenigstuhl-2254-m.html (25. 3. 2014).
312 Fugger 1908, S. 4–6, vgl. AStS, PA 1237,7, Seenliste Freudlsperger.
313 Ebenda.
314 Ebenda.
315 AStS, PA 1237,7, Seenliste Freudlsperger.
316 Radstadt 1873–1890, Lk.; vgl. Radstadt 1929, Lk.
317 SAGIS, Franciszäischer Kataster.

318 AStS, PA 1237,7, Seenliste Freudlsperger.
319 Weidmann 1845 a, S. 337 f.
320 AStS, PA 1237,7, Seenliste Freudlsperger.
321 Stüber 1964, S. 83.
322 Lazius 1545–1563, Lk.; vgl. Zaisberger 1988, Namenregister: „Hindersee; Hintersee; Thalgau; Fl.; Sbg.; Öst".
323 Apian 1568, Lk.
324 Mercator 1623, Lk.; vgl. Mercator 1635, Lk.
325 Fugger 1891, S. 243.
326 Brückner 1886, S. 35.
327 Klaushofer 1995, S. 26 f.
328 Jirikowski 1995, S. 31 f.
329 Pachmann 1925, S. 53.
330 Ebenda.
331 Jäger, Zick 2010, S. 223.
332 Pachmann 1925, S. 53.
333 Mayregg, Faltner, Hörburger 1927, S. 93.
334 Pflugbeil, Kurrent 2010, S. 379 f.
335 Ebenda.
336 Klaushofer 1995, S. 352 f.
337 Guetrat 1716, Lk.; vgl. Pillwein 1839, S. 90 f.
338 Winklhofer 1805, Lk.; vgl. Sauter 1866, S. 180.
339 Lahnsteiner 1980 b, S. 499.
340 Fugger 1903, S. 7–11.
341 Dürlinger 1865, S. 34.
342 Kürsinger 1841, S. 40: „Wunderschön ist der Anblick von der Erdmurre des Hintersees, die durch ihr Hereinwälzen den hinteren Tauernbach zum See (Hintersee) einzwängte, auf den Fuß des Tauern; nach v. Muchars trefflicher Gasturna S. 81 ist dieser Wild-See durch ein im Jahre 1495 geschehenes Erdbeben, das die Tauernkette und ihre Berggäste im ganzen oberen Pinzgau erschütterte, entstanden."
343 Floimair, Retter 1984, S. 103. Es findet sich leider keine Quellenangabe im Text.
344 Fugger 1903, S. 7–11.
345 Seefeldner o. J., S. 113 f.
346 Ebenda, S. 113–120.
347 Ebenda.
348 Der See ist sehr fischreich, allerdings ist seine geringe Sichttiefe von ca. 1 m ungewöhnlich für einen Bergsee in dieser Höhenlage.
349 Keil 1874, Lk.
350 AStS, PA 1237,7, Seenliste Freudlsperger.
351 Schön 1846, Lk.
352 SAGIS, Franciszäischer Kataster.
353 Österreichische Karte 1935, Lk.
354 Winklhofer 1811, Lk.; vgl. Weidmann 1845 b, S. 144.
355 Weidmann 1845 b, S. 144.
356 Winklhofer 1811, Lk.; vgl. Weidmann 1845 b, S. 144.
357 SAGIS, Franciszäischer Kataster.
358 Keil 1874, Lk.
359 AStS, PA 1237,7, Seenliste Freudlsperger.
360 Schön 1846, Lk.
361 SAGIS, Franciszäischer Kataster.
362 Österreichische Karte 1935, Lk.
363 SAGIS, Franciszäischer Kataster.
364 Winklhofer 1811, Lk.
365 Wolf 1940, S. 150.
366 St. Michael 1873–1890, Lk.; vgl. Radstadt 1929, Lk.
367 Lindlbauer 2014, S. 165.
368 Ebenda, S. 174.
369 Freudlsperger 1936, S. 122.
370 Buck 2004, S. 86.
371 Fugger 1911, S. 32–34.
372 Zit. nach: Heim 2014, S. 49; vgl. auch Portenkirchner 1988, S. 258.
373 Vgl. dazu Heim 2014.
374 Lahnsteiner 1980 a, S. 160.
375 Hübner 1796 a, S. 691 f.
376 Fugger 1911, S. 32–34.
377 St. Michael 1873–1890, Lk.; vgl. Radstadt 1929, Lk.
378 AStS, PA 1237,7, Seenliste Freudlsperger.
379 Zillner 1882, S. 44.
380 Osterhuber 1809, Lk.; vgl. Braune 1829, S. 161 und Freudlsperger 1936, S. 92 f.
381 Fugger 1908, S. 7 f.
382 Vierthaler 1816 a, S. 200.
383 Freudlsperger 1936, S. 87.
384 Ebenda.
385 Fugger 1908, S. 7 f.
386 Schaber, Jäger, Achleitner 2010, S. 47.
387 Fugger 1890, S. 145–147.
388 Lahnsteiner 1980 b, S. 327 und 352.
389 Lahnsteiner 1960, S. 39.
390 Fugger 1890, S. 145–147.
391 Keil 1864, Lk.
392 Fugger 1893, S. 32 f.
393 Grossglockner 1873–1890, Lk.
394 Winklhofer 1811, Lk.
395 Eleve 1808, Lk.
396 Osterhuber 1809, Lk.
397 SAGIS, Franciszäischer Kataster.
398 Fugger 1893, S. 32 f.
399 Rabl 1887, S. 111.
400 Großglockner 1873–1890, Lk.
401 Postkarte, ohne weitere Angaben.
402 Zillner 1882, S. 45.
403 Eckschlager 1900, S. 37.
404 Hüttig, Kordon 1926, S. 3; vgl. Postkarte ohne Angaben.

405 Ponheimer 1810, Lk.; vgl. SAGIS, Franciszäischer Kataster.
406 Eckschlager 1900, S. 37; vgl. Hüttig, Kordon 1926, S. 38.
407 Schusser 1868, Lk.
408 Müller 1974 a, S. 567 f.
409 Kürsinger 1853, S. 690.
410 Seitlinger 1999, S. 50.
411 Slupetzky 1997, S. 165–183.
412 Simony 1883, S. 257.
413 SAGIS, Franciszäischer Kataster.
414 Müller 1971, S. 42: „Die Tiefe des Oberen Kleineiser Sees beträgt nach eigenen Messungen zwölf Meter."
415 Slupetzky 1997, S. 181.
416 Seitlinger 1999, S. 72.
417 Loidl 1938, Lk.
418 SAGIS, Franciszäischer Kataster.
419 Emil 1832, S. 255; vgl. Pillwein 1839, S. 90 f.
420 Braune 1829, S. 55.
421 Weidmann 1845 b, S. 144.
422 Emil 1832, S. 255.
423 SAGIS, Franciszäischer Kataster; vgl. Radstadt 1873–1890, Lk.; AStS, PA 1237,7, Seenliste Freudlsperger und Radstadt 1929, Lk.
424 Schaubach 1865, S. 375; vgl. Wödl 1924, S. 120 f.
425 Es führt ein unmarkierter, auf eigene Gefahr begehbarer Weg durch den Stollen der Zinkwand von der Salzburger auf die steirische Seite.
426 Die Informationen stammen von Schautafeln, die auf der Lungauer Seite auf dem alten Knappenweg zum Knappenkarsee aufgestellt wurden. Die Tafeln enthalten keine Quellenangaben.
427 Schaubach 1865, S. 375: „Wer Zeit, Kräfte und einen schwindelfreien Kopf hat, steigt […] von dem unteren Giglachsee südlich hinan zum Vetterschartl, durch eine großartige Wildnis, an einer verlassenen Knappenstube und dem kleinen nur selten aufthauenden Vetternsee vorüber."; vgl. Wödl 1924, S. 120 f: „Der Schichtung folgend führt der Abstieg [vom Holzschartl] rechts haltend in das große Blockkar der Vetternseen, wo in einsamer Wildnis die Ruine der alten Schmelzhütte steht. (hoch oben sieht man im Felsgemäuer der Zinkwand den Ausgang des von der steirischen Seite in den Lungau führenden Stollens)."
428 AStS, PA 1237,7, Seenliste Freudlsperger.
429 SAGIS, Franciszäischer Kataster.
430 Hofgastein 1873–1890, Lk.; vgl. Hüttig, Kordon 1926, S. 117 und Österreichische Karte 1935, Lk.
431 Hochalmspitze-Ankogel 1979 Lk.
432 Pabinger 1996, S. 38.
433 SAGIS, Franciszäischer Kataster; vgl. AStS, PA 1237,7, Seenliste Freudlsperger und Hüttig, Kordon 1926, S. 117.
434 Pabinger, Thorbauer 1993, S. 219 f.
435 Ebenda.
436 Osterhuber 1809, Lk.
437 Hoffer, Lämmermayer 1925, S. 312.
438 Sauter 1857, S. 14; vgl. Wallmann 1868, S. 38; Land Salzburg 1882, S. 62; Rabl 1887, S. 117 und Hoffer, Lämmermayer 1925, S. 312.
439 Woldrich 1870, S. 160.
440 Thuswaldner, Bluhm 1980, S. 184.
441 Schaubach 1865, S. 48.
442 SAGIS, Franciszäischer Kataster.
443 Hoffer, Lämmermayer 1925, S. 312; vgl. Pesta 1929, S. 18; Thuswaldner, Bluhm 1980, S. 184.
444 Stüber 1964, S. 87.
445 Keil 1886, S. 107; vgl. AStS, PA 1237,10, Maria Gassner, Mittersill (Bräurup, Fischrechte im Pinzgau), Liste der Fischereirechte auf Grund der Kaufverträge vom 10. Juli 1866, S. 3.
446 Fugger 1895, S. 204–208.
447 Schaubach 1850, S. 48.
448 Zillner 1882, S. 45.
449 Thuswaldner, Bluhm 1980, S. 184.
450 Pesta 1929, S. 18.
451 Fugger 1895, S. 204–208.
452 Winding 1991.
453 Höller 1985, S. 55.
454 Thuswaldner, Bluhm 1980, S. 184.
455 Faber 1796, Lk.
456 Guetrat 1716, Lk.; Seutter 1740–1760, Lk.; Le Rouge 1743, Lk.; Reilly 1799, Lk.
457 Ebenda.
458 Faber 1796, Lk.
459 Freisauff von Neudegg 1880 b, S. 554.
460 Adrian 1948, S. 140.
461 Steiner 1832, S. 89.
462 Hörburger 1982, S. 155.
463 Lazius 1545–1563, Lk.; vgl. Mercator 1623, Lk. und Osterhuber 1809, Lk.
464 St. Gilgen am Abersee 1900, S. 18.
465 Steiner 1832, S. 89; vgl. Schaubach 1865, S. 519.
466 Lazius 1545–1563, Lk.
467 Steiner 1832, S. 420 f.
468 Buna 1745, Lk.
469 Fugger 1905, S. 137–139.

470 Lindlbauer 2014, S. 182.
471 Hörburger 1982, S. 155.
472 Bildunterschrift einer Fotografie des „Patzerheisl" mit Eisenbahn am Krottensee. Das Bild hängt in der Gastwirtschaft Batzenhäusl.
473 http://www.salzburg.com/wiki/index.php/Schloss_H%C3%BCttenstein (18. 11. 2013).
474 Reissenberger 1951, S. 85.
475 Müller 1974 c, S. 323; vgl. Lindlbauer 2014, S. 204.
476 Lindlbauer 2014, S. 181.
477 Fugger 1905, S. 137–139.
478 Schladminger Tauern 1998, Lk.
479 Kompass, Lungau Radstädter Tauern, Lk. Es dürfte sich um einen Schreibfehler handeln.
480 Hübner 1796 a, S. 428.
481 Ponheimer 1810, Lk.
482 Weidmann 1845 b, S. 252.
483 SAGIS, Franciszäischer Kataster.
484 Schusser 1868, Lk.; vgl. Zillner 1882, S. 45.
485 Schaubach 1865, S. 366.
486 Emmer 1877, S. 38.
487 Weidmann 1845 b, S. 337 f.
488 Zillner 1882, S. 45.
489 Hübner 1796 a, S. 428.
490 Ponheimer 1810, Lk.
491 Freudlsperger 1936, S. 122; vgl. Vareschi 1951, S. 98.
492 Freudlsperger 1936, S. 122.
493 Schladminger Tauern 1998, Lk.
494 AStS, PA 1237,7, Seenliste Freudlsperger.
495 Radstädter Tauern 1924 Lk.; vgl. Vierhapper 1935, S. 12 f. und Schladminger Tauern 1998, Lk.
496 SAGIS, Franciszäischer Kataster; vgl. Wallmann 1868, S. 26 und Radstadt 1929, Lk.
497 Schaubach 1867, S. 214.
498 SAGIS, Franciszäischer Kataster.
499 Ponheimer 1810, Lk.; vgl. Venediger-Gruppe 1883, Lk.
500 Hohe Tauern o. J., Lk.; vgl. Grieben 1927, Lk.
501 Fugger 1903, S. 11 f.
502 Ebenda.
503 Fugger 1908, S. 20.
504 Ebenda.
505 AStS, PA 1237,7, Seenliste Freudlsperger.
506 Eleve 1808, Lk.; vgl. Osterhuber 1809, Lk.
507 AStS, PA 1237,7, Seenliste Freudlsperger.
508 SAGIS, Franciszäischer Kataster.
509 Weidmann 1845 a, S. 337 f.; vgl. Wallmann 1864, S. 95; Rabl 1887, S. 142; Eckschlager 1900, S. 53.
510 Schitter 1983, S. 24.
511 SAGIS, Franciszäischer Kataster; vgl. AStS, PA 1237,7, Seenliste Freudlsperger und Patéra o. J., Lk.
512 Weidmann 1845 a, S. 337 f.; vgl. Wallmann 1864, S. 95; Rabl 1887, S. 142; Eckschlager 1900, S. 53.
513 Schitter 1975, S. 321.
514 Weidmann 1845 a, S. 337 f; vgl. Wallmann 1864, S. 95; Rabl 1887, S. 142; Eckschlager 1900, S. 53.
515 Schitter 1983, S. 24.
516 AStS, PA 1237,7, Seenliste Freudlsperger; vgl. Patéra o. J., Lk.
517 Ebenda.
518 SAGIS, Franciszäischer Kataster.
519 Osterhuber 1809, Lk.
520 Doljan o. J.
521 Schaubach 1865, S. 386.
522 Weidmann 1845 a, S. 311; vgl. ebenda S. 337 f.
523 Ponheimer 1810, Lk.; vgl. Schusser 1868, Lk.
524 Schaber, Jäger, Achleitner 2010, S. 113.
525 Ortner, Sagmeister 1992, S. 265 f.
526 Schaber, Jäger, Achleitner 2010, S. 112 f.
527 Ebenda, S. 114.
528 Ebenda.
529 Jäger, Lahnsteiner, Zick 2010, S. 248.
530 SAGIS, Franciszäischer Kataster.
531 Osterhuber 1809, Lk.
532 Doljan o. J.
533 Schaubach 1865, S. 386.
534 Weidmann 1845 a, S. 311; vgl. ebenda S. 337 f.
535 Ponheimer 1810, Lk.; vgl. Schusser 1868, Lk.
536 Kamenik u. a. 2001.
537 Roth 2006, S. 14.
538 Schmidt, Kamenik, Roth 2014.
539 Jäger, Lahnsteiner, Zick 2010, S. 248.
540 SAGIS, Franciszäischer Kataster.
541 Osterhuber 1809, Lk.
542 Doljan o. J.
543 Schaubach 1865, S. 386.
544 Weidmann 1845 a, S. 311; vgl. ebenda S. 337 f.
545 Ponheimer 1810, Lk.; vgl. Schusser 1868, Lk.
546 Schaber, Jäger, Achleitner 2010, S. 113.
547 Reiffenstein 1983, S. 1808 f.
548 Freudlsperger 1936, S. 121.
549 Weidmann 1841, S. 3; vgl. auch Weidmann 1845 a, S. 8.
550 Hübner 1796 a, S. 414.
551 Fugger 1893, S. 30 f.
552 Freudlsperger 1936, S. 121.
553 Weidmann 1841, S. 3; vgl. Weidmann 1845 a, S. 8.

554 Weidmann 1845 a, S. 8, auf S. 73 schreibt Weidmann dann vom Langsee statt Lugsee.
555 Fugger 1903, S. 14 f.; vgl. AStS, PA 1237,7, Seenliste Freudlsperger und Hoffer, Lämmermayer 1925, S. 306 f.
556 SAGIS, Franciszäischer Kataster; vgl. Venediger-Gruppe 1883, Lk.; Keil 1886, S. 99–114; Salzburg. Stadt und Land 1902 und Stois 1933, S. 3.
557 Fugger 1903, S. 14 f.
558 Schaubach 1850, S. 57.
559 Fugger 1903, S. 14 f.
560 Freudlsperger 1936, S. 122.
561 AStS, PA 1237,7, Seenliste Freudlsperger: Hier ist der Laußnitzsee angeführt.
562 Freudlsperger 1936, S. 122.
563 Lindlbauer 2014, S. 215.
564 Ebenda.
565 AStS, PA 1237,7, Seenliste Freudlsperger.
566 Weidmann 1845 a, S. 321 f.
567 Schleifer 1876, S. 295.
568 AStS, PA 1237,7, Seenliste Freudlsperger; Patéra o. J., Lk.; Wödl 1924, S. 162.
569 SAGIS, Franciszäischer Kataster.
570 Ebenda.
571 Fugger 1891, S. 256–258.
572 Ebenda.
573 Ebenda.
574 Ebenda.
575 Ebenda.
576 Ebenda.
577 SAGIS, Franciszäischer Kataster.
578 Weidmann 1845 a, S. 337 f.
579 Weidmann 1845 a, S. 313; vgl. AStS, PA 1237,7, Seenliste Freudls perger.
580 Schaber, Jäger, Achleitner 2010, S. 134.
581 Ebenda, S. 153.
582 Zillner 1877, S. 12.
583 Fugger 1890, S. 143.
584 Mayregg, Faltner, Hörburger 1927, S. 17 f.; vgl. Holzinger, Lahnsteiner 1936, S. 47; Eckel 1967, S. 54; Müller 1973, S. 61; Schultze 1988–1989, S. 467 f.
585 Hübner 1796 a, 272 f.; Braune 1829, S. 130; Emil 1832, S. 144.
586 Weidmann 1841, S. 3.
587 Fugger 1890, S. 143.
588 Fally 1986.
589 Stüber 1964, S. 80.
590 Maringer u. a. 2014, S. 18.
591 Mayregg, Faltner, Hörburger 1927, S. 17 f.; vgl. Schwanninger 1932, S. 1 f., Holzinger, Lahnsteiner 1936, S. 9 f., Kern, Stocker 1988, S. 37; Schultze 1988–1989, S. 467 f.; Unterweger 1991, S. 7; Maringer u. a. 2014, S. 14–18.
592 Apian 1568, Lk.; vgl. Setznagel 1570–1580, Lk., De Jode 1578 und 1593, Lk., Mercator 1635, Lk. und Buna 1745, Lk.
593 Zillner 1882, S. 45.
594 Vgl. dazu: Verhandlungen des Salzburger Landtags 1860–1880.
595 Vgl. dazu ausführlich Moosleitner 2005, S. 41–50.
596 Maringer u. a. 2014, S. 23.
597 Dopsch 2005, S. 151.
598 Schwanninger 1932, S. 1 f.; Maringer u. a. 2014, S. 14 f.; Unterweger 1991, S. 8; Schultze 1988–1989, S. 467 f.; http://www.geologija-revija.si/dokument.aspx?id=906 (15. 11. 2014).
599 Schwanninger 1932, S. 1 f.
600 Wallmann 1867, S. 17 f.
601 Dürlinger 1865, S. 28; Schwanninger 1932, S. 1 f.
602 Schultze 1988–1989, S. 467 f.; http://www.geologija-revija.si/dokument.aspx?id=906 (15. 11. 2014).
603 Jäger, Schaber, Schillinger 2010 b, S. 6.
604 Salzburgs Fischerei 1972, S. 15.
605 Jäger, Schaber, Schillinger 2010 b, S. 6.
606 Hübner 1796 a, S. 272 f.: „In allen diesen Seen befinden sich Karpfen, Hechten, Brachsen, Rheinanken, Schleien ec. Das Recht, darin zu fischen ist in sogenannte 13 Seegen abgetheilt, welche erbrechtlich überlassen werden. Man zählt hier 50 Fischer, die nach der Salzburgischen Fischordnung ihr Fischrecht ausüben, und die Verbindlichkeit haben, die Fische nach Hofe in die Residenzstadt zu liefern, und das, was bey Hofe nicht angenommen wird, auf dem Fischmarkte zu verkaufen"; vgl. Zillner 1865, S. 80 f.; Wallmann 1868, S. 89; Mitterecker 2005, S. 319–324.
607 Wallmann 1871, S. 17 f.
608 Vgl. dazu ausführlich Mitterecker 2005, S. 319–324.
609 Namensgeber war der Mitbegründer des Seebades, der gebürtige Mattseer Dr. Heinrich Wallmann (1827–1898), österreichischer Militärarzt sowie Autor medizinischer und landeskundlicher Schriften.
610 Holzinger, Lahnsteiner 1936, S. 41 f.
611 Schwanninger 1932, S. 1 f.
612 Fugger 1908, S. 14 f.

613 Ebenda, S. 21 f.
614 Ebenda, S. 16–18.
615 AStS, PA 1237,7, Seenliste Freudlsperger.
616 Ebenda.
617 Fugger 1908, S. 16.
618 Fugger 1899, S. 11.
619 Ebenda.
620 Seitlinger 1999, S. 42.
621 Fugger 1899, S. 11.
622 Fugger 1911, S. 16 f.
623 Ebenda.
624 Fugger 1891, S. 241–243.
625 Lindlbauer 2014, S. 102.
626 Rabl 1887, S. 263; vgl. St. Gilgen am Abersee 1940, Lk.
627 Fugger 1905, S. 140 f.
628 http://www.alpenverein.at/mondsee/Berichte/2002_05_05_208.php (8. 10. 2011).
629 Rabl 1887, S. 263.
630 AStS, PA 1237,7, Seenliste Freudlsperger.
631 Ebenda: Frisslkaar [Trisslkaar] See 3, Gerlostal, so lautet der Eintrag.
632 Fugger 1891, S. 250 f.
633 Ebenda.
634 SAGIS, Franciszäischer Kataster, vgl. AStS, PA 1237,7, Seenliste Freudlsperger (Skizze).
635 Ponheimer 1810, Lk.; Schaubach 1867, S. 211; Schusser 1868, Lk.
636 Weidmann 1845 a, S. 337 f.
637 Schitter 1979, S. 43 f.
638 Guetrat 1716, Lk.
639 Mercator 1623, Lk.
640 Schitter 1979, S. 43 f.
641 Ebenda.
642 Ebenda. Schitter nennt hier die domkapitlischen Akten Mauterndorf Nr. 54 Faszikel 31/32, die sich wohl im Archiv der Erzdiözese Salzburg befinden.
643 Schitter 1975, S. 12.
644 Lindlbauer 2014, S. 218.
645 Ebenda.
646 Emmer 1877, S. 38.
647 Guetrat 1716, Lk.
648 Schitter 1975, S. 12.
649 AStS, PA 1237,7, Seenliste Freudlsperger.
650 Ebenda.
651 Fugger 1890, S. 143.
652 Wallmann 1871, S. 17 f.
653 Hübner 1796 a, S. 272 f.; vgl. SAGIS, Franciszäischer Kataster; Braune 1829, S. 130; Pillwein 1839, S. 90 f.
654 Hübner 1796 a, S. 272 f.: Hübner nennt den See Obertrummer- oder Obersee; vgl. Braune 1829, S. 130 und Wallmann 1871, S. 17 f.
655 Schaubach 1850, S. 285.
656 Emil 1832, S. 144.
657 Weidmann 1841, S. 3.
658 Weidmann 1845 a, S. 8.
659 Schaubach 1850, S. 285.
660 Fugger 1890, S. 142.
661 Fally 1986.
662 Jäger, Schaber, Schillinger 2010 b, S. 6.
663 Ebenda.
664 Dieser so genannte Fischerschild, Zunftzeichen der Fischerinnung hängt in der Schlossstube des Bräugasthofs Iglhauser in Mattsee. Unter dem Schiff ist ein geschnitzter Fisch angebracht, wohl ein ehemaliges Fischlängenmaß.
665 Auch die Fischerlade, von den Fischern auch „d'Loud" genannt, befindet sich im Bräugasthof Iglhauser in Mattsee. Sie besitzt drei Schlösser, deren Schlüssel von drei Personen aufbewahrt werden.
666 Vgl. dazu ausführlich Mitterecker 2005, S. 319–324.
667 Dohle 2000, S. 12; vgl. Schultze 1988–1989, S. 467 f.
668 Pohl 2008, S. 4–6.
669 Holzinger, Lahnsteiner 1936, S. 92.
670 Eckel 1967, S. 54.
671 Schriftliche Anfrage an die Gemeinde Hüttschlag vom 10. 8. 2015.
672 Tauernblicke, Juli 2001, S. 20 f.
673 Kirchner 1939, S. 8.
674 Lahnsteiner 1960, S. 20 f.
675 SAGIS, Franciszäischer Kataster.
676 Ebenda.
677 Ebenda.
678 Führer durch das Thermalbad 1913, S. 81.
679 Schön 1846, Lk.
680 Fugger 1908, S. 11 f.; vgl. Grieben 1927, S. 62 und Stüber 1964, S. 85.
681 Fugger 1908, S. 11 f.
682 Hübner 1796 a, S. 414.
683 Fugger 1908, S. 11 f.
684 SAGIS, Franciszäischer Kataster.
685 Führer durch das Thermalbad 1913, S. 81.
686 Schön 1846, Lk.
687 Fugger 1908, S. 9–11; vgl. Grieben 1927, S. 62 und Stüber 1964, S. 85.
688 Fugger 1908, S. 9–11.
689 Ebenda.
690 Muchar 1834, S. 340; vgl. Weidmann 1845 b, S. 144 und Schaubach 1850, S. 143.
691 Fugger 1911, S. 2–6.
692 Ebenda.
693 Muchar 1834, S. 340.

694 Schabetsberger, Jersabeck, Gassner 1996, S. 127.
695 Fugger 1911, S. 2–6.
696 Ebenda.
697 Hüttig, Kordon 1926, S. 117; vgl. Tauernblicke, Juli 2000, S. 20 f. und Alpenvereinskarte digital 2009.
698 Hüttig, Kordon 1926, S. 117.
699 Pabinger, Thorbauer 1993, S. 219 f.
700 Wödl 1924, S. 139 f.
701 AStS, PA 1237,7, Seenliste Freudlsperger.
702 Vierhapper 1935, S. 12 f.
703 St. Michael 1873–1890, Lk.
704 AStS, PA 1237,7, Seenliste Freudlsperger.
705 Schaubach 1850, S. 57.
706 Simony 1865, S. 16; vgl. Fugger 1903, S. 12 f.; Hoffer, Lämmermayer 1925, S. 306 f.; Pesta 1929, S. 14; Stüber, Winding 1993, S. 26 f.
707 Schaubach 1865, S. 137.
708 Fugger 1903, S. 12 f.
709 Ponheimer 1810, Lk.
710 Fugger 1903, S. 12 f.
711 Kurz 1816, Lk.
712 Stüber 1964, S. 88.
713 Ebenda.
714 Freudlsperger 1940, S. 5 f.
715 Dengg 1957, S. 232 f.
716 Schaber, Jäger, Achleitner 2010, S. 7 f.
717 Fugger 1891, S. 256–258.
718 Ebenda.
719 Hippach und Wilde Gerlosspitze 1873–1890, Lk.; vgl. Krimml o. J., Lk.
720 Schleinzer, Unterwurzacher 1936, S. 21.
721 Venediger-Gruppe 1883, Lk.
722 Fugger 1895, S. 216.
723 Ebenda, S. 216–219.
724 Ebenda.
725 Emil 1832, S. 448.
726 Buna 1745, Lk.
727 Dürlinger 1867, S. 194.
728 Zillner 1882, S. 45.
729 Schön 1846, Lk.
730 Osterhuber 1809, Lk.
731 Emil 1832, S. 255.
732 Schabetsberger, Jersabeck, Gassner 1996, S. 127.
733 Zit. nach: Hinterseer o. J., S. 24 f.
734 AStS, PA 1237,7, Seenliste Freudlsperger.
735 St. Michael 1873–1890, Lk.; vgl. AStS, PA 1237,7, Seenliste Freudlsperger; Radstadt 1929, Lk.
736 Radstadt 1929, Lk.; vgl. Vierhapper 1935, S. 12; Höller 1985, S. 30.
737 SAGIS, Franciszäischer Kataster.
738 Lindlbauer 2014, S. 233.
739 Ebenda.
740 Kurz 1816, Lk.
741 Dengg 1957, S. 209 f.
742 SAGIS, Franciszäischer Kataster.
743 Krimml o. J., Lk.
744 Fugger 1893, S. 33–35.
745 Wagner 1925, S. 67 f.
746 Ebenda.
747 Lindlbauer 2014, S. 242.
748 Limnologische Untersuchung 1987, S. 96.
749 Dullnig 2007, S. 64.
750 Schuster 1992, S. 381 f.
751 Dillinger 2014, S. 20.
752 Lindlbauer 2014, S. 251.
753 Schaubach 1867, S. 209.
754 Eckschlager 1900, S. 38; vgl. Österreichische Karte Nr. 156, o. J., Lk. und Herrmann 1960, S. 38.
755 Rabl 1887, S. 149.
756 Wallmann 1868, S. 25.
757 SAGIS, Franciszäischer Kataster.
758 Österreichische Karte Nr. 156, o. J., Lk.
759 Lindlbauer 2014, S. 255.
760 Müller 1981, S. 80.
761 Weidmann 1845 a, S. 337 f.
762 Hörburger 1982, S. 193.
763 SAGIS, Franciszäischer Kataster.
764 Schaubach 1867, S. 209.
765 Land Salzburg 1882, S. 49.
766 Ponheimer 1810, Lk.; vgl. Schusser 1868, Lk.; Emmer 1877, S. 38; Rabl 1887, S. 149.
767 Pillwein 1839, S. 90 f.
768 Rabl 1887, S. 149.
769 Zillner 1882, S. 45.
770 Kürsinger 1853, S. 718 f.; vgl. Hörburger 1982, S. 170; Eckschlager 1900, S. 37.
771 Hörburger 1982, S. 170.
772 Ebenda, S. 193.
773 Steiner o. J., S. 29.
774 Ebenda; vgl. Buck 2004, S. 85.
775 Kürsinger 1853, S. 718 f.
776 Dengg 1957, S. 104.
777 Radstadt 1929, Lk.
778 Ponheimer 1810, Lk.
779 Weidmann 1845 a, S. 337 f.; vgl. Schaubach 1867, S. 211; Schusser 1868, Lk.; Emmer 1877, S. 38; Zillner 1882, S. 45.
780 SAGIS, Franciszäischer Kataster.
781 Schitter 1975, S. 20 f.
782 Schitter 1983, S. 166.
783 Weidmann 1845 a, S. 238.
784 Schaubach 1867, S. 214; vgl. Wallmann 1868, S. 26; Zillner 1882, S. 45.
785 Schusser 1868, Lk.
786 Weidmann 1845 a, S. 252.
787 SAGIS, Franciszäischer Kataster.

788 Fugger 1895, S. 221–224.
789 Vierthaler 1816 b, S. 203 f.
790 Fugger 1893, S. 35–38.
791 Ebenda.
792 Fugger 1895, S. 221–224.
793 Fugger 1893, S. 35–38.
794 Vierthaler 1816 b, S. 203 f.
795 Fugger 1893, S. 35–38.
796 https://www.salzburg.com/wiki/index.php/Salzachseesiedlung (16. 8. 2014).
797 Salzburger Zeitung, 19. 9. 1944, S. 4.
798 Demokratisches Volksblatt, 2. 6. 1947, S. 4.
799 Del-Negro 1966 a, S. 159 f. Im Oichtental wurden bei einer Bohrung in Nußdorf bis 248,80 m Tone, Sande und Schotter nachgewiesen, ohne auf Felsgrund zu stoßen.
800 Aigner 1928, S. 131.
801 Entspricht der Höhe der Festspielhäuser.
802 Husen 2003, S. 217 f.: Mit welchem Tempo diese Verlandung vor sich geht, ist an einer Bohrung beim Bahnhof Ebensee ablesbar. In dieser Bohrung fand sich in ca. 160 m Tiefe in feinkörnigen Seesedimenten Holz, das ein 14C-Alter von 11.760 ± 300 vor heute ergab.
803 Ibetsberger, Jäger, Häupl 2010; vgl. Aigner 1928; Del-Negro 1966 a, S. 159 f.; Del-Negro 1966 b, S. 170 f.; Ebers 1966 b, S.143 f.; Uhlir 2011, S. 21 f.; Vetters, Uhlir, 2011, S. 62 f.
804 Laber 1878, S. 42.
805 Freisauff von Neudegg 1880 a, S. 302.
806 AStS, PA 1237,7, Seenliste Freudlsperger.
807 Winklhofer 1805, Lk.; vgl. Winklhofer 1811, Lk.
808 Osterhuber 1809, Lk.; vgl. SAGIS, Franciszäischer Kataster.
809 Keil 1865, Lk.
810 Fugger 1905, S. 137.
811 Podhorsky 1930, S. 30 f.
812 Seitlinger 1999, S. 42: Der Schaffelkogelsee, in der Österreichischen Karte 1:50.000, 153 Großglockner; auch als Fürlegsee bezeichnet.
813 Seitlinger 1999, S. 38.
814 Alpenvereinskarte digital 2009.
815 Freytag & Berndt WK 382, Lk.
816 Seitlinger 1999, S. 42–46.
817 Alpenvereinskarte digital 2009.
818 Ebenda; vgl. Freytag & Berndt WK 121, Lk.
819 Alpenvereinskarte digital 2009.
820 Müller 1971, S. 44.
821 Seitlinger 1999, S. 61 f.
822 Lindlbauer 2014, S. 261–273.
823 AStS, PA 1237,7, Seenliste Freudlsperger.
824 SAGIS, Franciszäischer Kataster.
825 AStS, PA 1237,7, Seenliste Freudlsperger.
826 Fugger 1908, S. 14 f.
827 Seitlinger 1999, S. 65.
828 Müller 1971, S. 42.
829 Pasdar 1985, S. 297.
830 Osterhuber 1809, Lk.
831 Laireiter 1987, S. 12.
832 Buck 2004, S. 67.
833 Ebenda.
834 SAGIS, Franciszäischer Kataster; vgl. Weidmann 1845 a, S. 337 f.; Wallmann 1868, S. 26 und Dengg 1957, S. 21.
835 Schaubach 1867, S. 214.
836 Thompson, Kamenik, Schmidt 2005, S. 145.
837 Buck 2004, S. 89.
838 Salzburgs Fischerei 1973, S. 11.
839 Pabinger, Thorbauer 1993, S. 43.
840 SAGIS, Franciszäischer Kataster.
841 Fugger 1905, S. 131 f.
842 Ebenda.
843 Ebenda, S. 135 f.; vgl. AStS, PA 1237,7, Seenliste Freudlsperger.
844 Alpenvereinskarte digital 2009.
845 Fugger 1905, S. 135 f.
846 SAGIS, Franciszäischer Kataster.
847 Ebenda.
848 Ebenda.
849 Ebenda.
850 http://www.salzburg.com/wiki/index.php/Bartholom%C3%A4-Wallfahrt (18. 8. 2013).
851 Lahnsteiner 1980 c, S. 559.
852 Fugger 1899, S. 9.
853 Guede 1937, S. 100.
854 Lahnsteiner 1980 c, S. 559.
855 Hübner 1796 a, S. 428.
856 Ebenda.
857 AStS, PA 1237,7, Seenliste Freudlsperger.
858 Sonklar 1866, S. 76.
859 Dürlinger 1865, S. 34.
860 SAGIS, Franciszäischer Kataster.
861 Fugger 1899, S. 15 f.
862 SAGIS, Franciszäischer Kataster.
863 Schaber, Jäger, Achleitner 2010, S 155 f.
864 Fugger 1899, S. 15 f.
865 SAGIS, Franciszäischer Kataster.
866 Wallmann 1868, S. 25; vgl. Zillner 1882, S. 44.
867 Hubatschek 1950, S. 27.
868 Müller 1974 a, S. 569–573.
869 Kürsinger 1853, S. 690.
870 Müller 1974 a, S. 569–573.

871 Hubatschek 1950, S. 27.
872 Müller 1974 a, S. 573 f.
873 Ebenda.
874 Zillner 1882, S. 45.
875 Ebenda.
876 Fugger 1895, S. 224 f.; vgl. Hoffer, Lämmermayer 1925, S. 331.
877 Fugger 1895, S. 224 f.
878 Zillner 1882, S. 41.
879 Weinberger 1957, S. 239.
880 Pillwein 1839, S. 90 f.
881 Hübner 1796 a, S. 428.
882 Ponheimer 1810, Lk. Auch hier ist ein See südlich der Ortschaft Kree verzeichnet, aber nicht benannt; vgl. AStS, PA 1237,7, Seenliste Freudlsperger.
883 AStS, PA 1237,7, Seenliste Freudlsperger.
884 Keil 1865, Lk.
885 Fugger 1895, S. 208–214.
886 Lindlbauer 2014, S. 289.
887 Seitlinger 1999, S. 55.
888 Fugger 1895, S. 208–214.
889 Keil 1865, Lk.
890 Lindlbauer 2014, S. 287–295.
891 Fugger 1896, S. 644.
892 Ebenda.
893 Fugger 1895, S. 208–214.
894 Ebenda.
895 Theorie des Autors.
896 Berchtesgadener Alpen 1887, Lk.
897 Hallein 1873–1890, Lk.
898 Hoffer, Lämmermayer 1925, S. 344; vgl. Müller 1976, S. 279.
899 Müller 1976, S. 279.
900 Ebenda, S. 279 f.
901 Hoffer, Lämmermayer 1925, S. 344, zit. nach: F. Felix Hahn, Geologie des oberen Saalachgebietes zwischen Lofer und Diesbachtal, in: Jahrbuch der k. k. Geologischen Reichsanstalt, Wien 1913, 63. Bd., S. 1–76.
902 Die Information stammt von einer Bewohnerin aus Weißbach bei Lofer. Ihre Großmutter hat ihr dieses „Badeverbot" auferlegt.
903 Venediger-Gruppe 1883, Lk.
904 SAGIS, Franciszäischer Kataster.
905 Fugger 1891, S. 251–253.
906 SAGIS, Franciszäischer Kataster.
907 AStS, PA 1237,7, Seenliste Freudlsperger.
908 SAGIS, Franciszäischer Kataster.
909 Burgsteiner 2013, S. 38.
910 AStS, PA 1237,7, Seenliste Freudlsperger.
911 Lindlbauer 2014, S. 299.
912 Thuswaldner, Bluhm 1980, S. 141.
913 Krisai 1970, S. 34–45.
914 Thuswaldner, Bluhm 1980, S. 141.
915 Wurm, 1978, S. 13 f.
916 Brosch 1999, S. 106 f.
917 Limnologische Untersuchung 1987, S. 177.
918 Fugger 1893, S. 28 f.
919 Limnologische Untersuchung 1987, S. 148.
920 Ebenda.
921 Schaber, Jäger, Achleitner 2010, S. 7 f.
922 http://www.salzburg.gv.at/themen/nuw/wassererangelegenheiten/gewaesserschutz/guete/see/klseefl.htm (19. 11. 2008).
923 Schaber, Jäger, Achleitner 2010, S. 15.
924 Kürsinger 1841, S. 154; vgl. Schaubach 1850, S. 48 und Fugger 1890, S. 152 f.
925 Fugger 1890, S. 152 f.
926 Schreiber 1913, S. 256.
927 Hinterstoisser 1987, S. 45.
928 Schreiber 1913, S. 172.
929 Wagner 1925, S. 22.
930 Lahnsteiner 1980 b, S. 600.
931 Fugger 1890, S. 153.
932 Fugger 1899, S. 11 f.
933 Weidmann 1845 b, S. 144.
934 Fugger 1891, S. 251 f.
935 Ebenda.
936 SAGIS, Franciszäischer Kataster; vgl. AStS, PA 1237,7, Seenliste Freudlsperger.
937 St. Michael 1873–1890, Lk.; vgl. Radstadt 1929, Lk. und Vierhapper 1935, S. 12.
938 Lindlbauer 2014, S. 274.
939 Ebenda, S. 273–287.
940 Rabl 1887, S. 263.
941 Fugger 1905, S. 139 f.
942 Geuter 1913, S. 83; vgl. Reissenberger 1952, S. 53.
943 SAGIS, Franciszäischer Kataster.
944 Penck, Richter 1895, Lk.; vgl. Müllner 1896, S. 48.
945 Ponheimer 1810, Lk.; vgl. Schaubach 1865, S. 519 und Müllner 1896, S. 48.
946 Schusser 1868, Lk.; vgl. Salzburg und Ischl 1870, Lk.
947 Rabl 1887, S. 263; vgl. http://www.alpenverein.at/mondsee/Berichte/ 2002_05_05_208.php (8. 10. 2011).
948 Fugger 1905, S. 139 f.
949 Reissenberger 1952, S. 53.
950 Guetrat 1716, Lk.; vgl. Le Rouge 1743, Lk.; Anich, Hueber 1774, Lk.; Faber 1796, Lk.; Reilly 1799, Lk.
951 Lieb, Slupetzky 2013, S. 106 f.
952 Seutter 1740–1760, Lk.
953 Lieb, Slupetzky 2013, S. 106 f.
954 Setznagel 1570–1580, Lk.; De Jode

1578 und 1593, Lk.; Mercator 1623, Lk.
955 Lieb, Slupetzky 2013, S. 102.
956 Fischer 2010, S. 38.
957 Radstadt 1873–1890, Lk.; Wödl 1924, S. 122.
958 Radstädter Tauern 1924, Lk.
959 SAGIS, Franciszäischer Kataster.
960 Wödl 1924, S. 122.
961 Vierthaler 1816 b, S. 200.
962 Ponheimer 1810, Lk.
963 SAGIS, Franciszäischer Kataster.
964 Fugger 1908, S. 8 f.
965 Vierthaler 1816 a, S. 200.
966 Vgl. Kral 1993, S. 203–216. Es wurden Bohrkerne aus dem Unteren und Oberen Bockhartsee pollenanalytisch untersucht.
967 Schaber, Jäger, Achleitner 2010, S. 52.
968 Ebenda, S. 48.
969 Jäger, Zick 2010, S. 223.
970 Freudlsperger 1937, S. 145–153.
971 Freudlsperger 1936, S. 92 f.
972 Jäger, Zick 2010, S. 223.
973 Buck 2004, S. 78.
974 Hübner 1796 a, S. 428; vgl. Braune 1829, S. 154.
975 SAGIS, Franciszäischer Kataster.
976 Hübner 1796 a, S. 428.
977 St. Michael 1873–1890, Lk.
978 AStS, PA 1237,7, Seenliste Freudlsperger.
979 SAGIS, Franciszäischer Kataster.
980 Eleve 1808, Lk.
981 Fugger 1899, S. 13 f.
982 Schaber, Jäger, Achleitner 2010, S. 173.
983 Der Alpenverein übernahm die Anschaffungskosten für dieses 25 Kilo schwere Faltboot, welches am 3. 8 1896 bemannt mit Eberhard Fugger und seinem Sohn am Leopoldskroner Weiher in Salzburg erfolgreich seine Jungfernfahrt vollbrachte, vgl. Fugger 1904/1905, S. 43 f.
984 Fugger 1899, S. 13 f.
985 Sonklar 1867, S. 89.
986 Ascher, Powondra 1930, S. 283 f.
987 Fugger 1899, S. 9 f.
988 Sonklar 1866, Lk.; vgl. Salzburg. Stadt und Land 1902.
989 Sonklar 1866, S. 76.
990 Schaubach 1850, S. 57; vgl. Hoffer, Lämmermayer 1925, S. 306 f.
991 Venediger-Gruppe 1883, Lk.; Holdermann, Schmidl 2010, S. 77 f.; Österreichische Karte, digital – 2005: Der Name Obersee ist hier in Klammern gesetzt.
992 Fugger 1903, S. 15.
993 Holdermann, Schmidl 2010, S. 77 f.
994 Schaubach 1850, S. 57.
995 Fugger 1911, S. 23–27.
996 Klein 1950, S. 49.
997 Hell 1956, S. 143.
998 Ponheimer 1810, Lk.
999 Wallmann 1868, S. 26; vgl. Zillner 1882, S. 46.
1000 Weidmann 1845 a, S. 238.
1001 Ponheimer 1810, Lk.; Schaubach 1867, S. 214.
1002 Weidmann 1845 a, S. 238.
1003 SAGIS, Franciszäischer Kataster.
1004 Ebenda.
1005 Ebenda.
1006 Weidmann 1845 a, S. 252.
1007 Ponheimer 1810, Lk.; Weidmann 1845 a, S. 337 f.; Schusser 1868, Lk.; Wallmann 1868, S. 26.
1008 SAGIS, Franciszäischer Kataster.
1009 Schitter 1975, S. 20 f.
1010 Dengg 1957, S. 232.
1011 Ebenda, S. 21.
1012 SAGIS, Franciszäischer Kataster; St. Michael 1873–1890, Lk.; Vierhapper 1935, S. 12 f.
1013 Patéra o. J., Lk.
1014 AStS, PA 1237,7, Seenliste Freudlsperger; vgl. Patéra o. J., Lk.: hier Wengeralpensee.
1015 Dengg 1957, S. 232.
1016 Ebenda.
1017 Buck 2004, S. 89.
1018 Thompson, Kamenik, Schmidt 2005, S. 145.
1019 SAGIS, Franciszäischer Kataster.
1020 Fugger 1891, S. 241–243.
1021 Lindlbauer 2014, S. 102.
1022 Ebenda, S. 311.
1023 Ebenda, S. 320.
1024 Ebenda, S. 322.
1025 Ebenda, S. 331.
1026 Zillner 1882, S. 45: Schlungsee, in den Schlungthälern, alpis slumme in Tharenna, Urbar von 1450, Torren, Golling.
1027 Müller 1991, S. 18, zit. aus: Horst Moosleitner, Das Paradies der Lurche. Frühling am Seealmsee im Hagengebirge, in: Alpenvereinsjahrbuch 1972, München–Innsbruck 1972, S. 36–38.
1028 Müller 1991, S. 18.
1029 Wallmann 1867, S. 11 f.; vgl. Jäger u. a. 2011 a. Hier Seekirchner See in Schmitt'sche Karte von Südwestdeutschland aus 1797, Blatt Salzburg, Section 185.
1030 Apian 1568, Lk.; vgl. De Jode 1578 und 1593, Lk.
1031 Dobel 1835.
1032 Fugger 1890, S. 141 f.
1033 Jäger u. a. 2011 a, S. 8 f.

1034 Vgl. dazu Ibetsberger, Jäger, Häupl 2010, S. 21–26.
1035 Harrer 2002, S. 243 f. Es gibt weitere detaillierte Informationen über einzelne Schiffe.
1036 Haas 1983, S. 794.
1037 Harrer 2002, S. 243 f.
1038 Penninger 1983, S. 14.
1039 Pohl 2008, o. S. Der Einbaum befindet sich im Salzburg Museum. Seine Originallänge wird auf mindestens 9 m geschätzt.
1040 Heger 1983, S. 83 f.
1041 Wallmann 1867, S. 11 f.
1042 Moosleitner 1996, S. 398 f.
1043 Vgl. Sampl 1982, S. 124, mit umfangreicher Information über die limnologische Entwicklung und Sanierungsmaßnahmen.
1044 Adrian 1948, S. 141 f.
1045 Vom lateinischen Wort „sagena" für Schleppnetz abgeleitet. Die Größe dieser Zugnetze betrug 36 x 11 Klafter [ca. 61 x 18,7 m] und wurde von mindestens zwei Schiffen bedient.
1046 Dopsch, Weiss 1996, S. 603–615.
1047 Ruthner 1864, S. 389 f.
1048 Wallmann 1868, S. 25.
1049 Fugger 1911, S. 34–40.
1050 Ruthner 1864.
1051 Sonklar 1866, S. 80.
1052 Slupetzky 1988, S. 120.
1053 Informationstafel der Österreichischen Bundesbahnen, angebracht am Geländer der begehbaren Staumauer. Seeinhalt 16.000.000 m³; Sperrenlänge 239 m; größte Höhe 38 m; größte Breite 30 m; Kronenbreite 3,05 m; Betonkubatur 64.500 m³; Seefläche 0,5 km²; Einzugsgebiet 5,4 km²; Stauziel 2250 m ü. A.
1054 Eberhard Stüber, Die Naturwissenschaftliche Erforschung des Landes Salzburg, Stand 1963, Salzburg 1964, S. 86.
1055 Weidmann 1845 b, S. 144.
1056 AStS, PA 1237,7, Seenliste Freudlsperger.
1057 Fugger 1908, S. 23 f.
1058 Ebenda.
1059 Österreichs Berg- u. Seenwelt 1936, S. 138, Bild 257. Hohe Tauern, Granatspitzgruppe: Der Wiegensee im Stubachtal (Naturschutzpark).
1060 Guede 1937, S. 82 f.
1061 AStS, PA 1237,7, Seenliste Freudlsperger.
1062 Fugger 1908, S. 1–4.
1063 Hackbrettl (2708 m ü. A.).
1064 Fugger 1908, S. 1–4.
1065 St. Michael 1873–1890, Lk.; vgl. Vierhapper 1935, S. 12.
1066 Ebenda.
1067 Fugger 1891, S. 248–250.
1068 Ebenda.
1069 Hübner 1796 a, S. 428; Osterhuber 1809, Lk.; Vierthaler 1816 b, S. 114; Kürsinger 1853, S. 37.
1070 Kürsinger 1853, S. 37.
1071 Weidmann 1845 a, S. 337 f.
1072 SAGIS, Franciszäischer Kataster.
1073 Weidmann 1845 a, S. 337 f.
1074 SAGIS, Franciszäischer Kataster.
1075 Daten nach SAGIS: 2068 m ü. A., L 70 m, B 50 m, F 2000 m².
1076 Dürlinger 1867, S. 194.
1077 Ebenda.
1078 Lindlbauer 2014, S. 333.
1079 Ebenda.
1080 Schitter 1975, S. 20 f.
1081 Radstädter Tauern 1924, Lk.; vgl. Radstadt 1929, Lk. und Lungau 1986/87, Lk.
1082 SAGIS, Franciszäischer Kataster; vgl. St. Michael 1873–1890, Lk., Vierhapper 1935, S. 12 f. und Patéra o. J., Lk.
1083 SAGIS, Franciszäischer Kataster. Auf den Orthofotos von 2015 ist der See mit geschrumpfter Wasserfläche zu sehen.
1084 Schitter 1975, S. 20 f.
1085 Radstädter Tauern 1924, Lk.; vgl. Radstadt 1929, Lk. und Lungau 1986/87 u. a., Lk.
1086 SAGIS, Franciszäischer Kataster; vgl. St. Michael 1873–1890, Lk., Vierhapper 1935, S. 12 f. und Patéra o. J., Lk.
1087 Reiffenstein 1983, S. 1808 f.
1088 Schitter 1975, S. 20 f.
1089 Thompson, Kamenik, Schmidt 2005, S. 145.
1090 Hofgastein 1880, Lk.; vgl. AStS, PA 1237,7, Seenliste Freudlsperger.
1091 Österreichische Karte 1935, Lk.; vgl. Gasteiner Ausflugskarte o. J.
1092 Hüttig, Kordon 1926, S. 110.
1093 SAGIS, Franciszäischer Kataster.
1094 Ebenda, hier Wouiskensee.
1095 Österreichische Karte 1935, Lk.
1096 Ziller 1988, S. 88 f.
1097 Ebenda.
1098 Ebenda.
1099 Fugger 1891, S. 244 f.
1100 Ibetsberger, Jäger, Häupl 2010, S. 82.
1101 Jäger u. a. 2011 b, S. 6 f.
1102 Reissenberger 1951, S. 8.
1103 Zeller 1900, S. 15 f.: „Zur Sühne dieser That wurde von dem Jäger

an der Unglücksstelle jenes „Sühnkreuz" errichtet, die Namen der beiden Männer giengen aber im Laufe der Zeiten verloren."

1104 Dopsch 1998, S. 106.

1105 Ebenda, S. 107: „Der Abersee begegnet im frühen 9. Jh. in der Form Aparinenseo. Diese Form ist von einem freien Mann namens Aparin, vielleicht gleichzusetzen mit Aparwin bzw. Eberwin, abzuleiten"; vgl.: St. Gilgen am Abersee 1900, S. 5: Hier heißt es hingegen: „Abersee: Der Name stammt vom keltischen Worte ‚abria' gleich Flussmündung, also ‚Flussmündungssee'."

1106 Wolfram 1983, S. 135 f.

1107 Dopsch 1998, S. 109, zit.: F. Losek, Notitia Anonis und Breves Notitiae. Die Salzburger Güterverzeichnisse aus der Zeit um 800, in: MGSL 130 (1990) S. 5–192.

1108 Frisch 1910, S. 31 f.; Arnbom 2010, S 15.

1109 Dopsch 1998, S. 114.

1110 Ebenda, S. 114 f., siehe Anmerkung 68.

1111 Frisch 1910, S. 95–102. Komplette Fischordnung.

1112 Vom lateinischen Wort „sagena" für Schleppnetz abgeleitet. Die Größe dieser Zugnetze betrug 36 x 11 Klafter [ca. 61 x 18,7 m], zur Bedienung waren mindestens zwei Schiffe notwendig.

1113 Dopsch 1998, S. 115.

1114 Reissenberger 1951, S. 82 f.: „Der über diese Menge erzielte Fang konnte von den berechtigten Untertanen zu eigenem Nutzen verwertet werden, mußte allerdings auch zuerst dem Hof angeboten werden, welcher diese Fische aber, wie jeder andere Käufer, bezahlte. Am Abersee waren vier Beamte angestellt, die sogenannten ‚Fischkeufl', welche den Fischern die über die Pflichtmenge gemachten Fänge abzukaufen hatten. Die Fischausbeute war allerdings oft so gering, daß die Fischer nicht einmal die vorgeschriebenen 450 Pfund zur Ablieferung aufbringen konnten. Daher kam es oft zu Gesetzesübertretungen, die strenger Ahndung unterlagen."

1115 Senft 2005, S. 88 f.

1116 Reissenberger 1951, S. 21; Müller 1973, S. 71; Gollner 2011, S. 79; Steiner 2013, S. 180 f.

1117 Gollner 2011, S. 91.

1118 Ebenda, S. 79.

1119 Steiner 2013, S. 180 f.

1120 Pezolt 1847–1849, o. S.

1121 Bernhard 1753, S. 142 f.

1122 Dopsch 1998, S. 115.

1123 Freisauff von Neudegg 1882, S. 26.

1124 Brettenthaler 1994, S. 98.

1125 Sampl 1982, S. 124.

1126 Jäger u. a. 2011 b, S. 6 f.

1127 Kainrath 2015, S. 17.

1128 SAGIS, Franciszäischer Kataster; vgl. Weidmann 1845 a, S. 255; Pillwein 1839, S. 90 f., Radstadt 1873–1890, Lk. und Radstadt 1929, Lk.

1129 Schaber, Jäger, Achleitner 2010, S. 64.

1130 Ebenda, S. 8.

1131 Ebenda, S. 68.

1132 Freudlsperger 1936, S. 118.

1133 Schaber, Jäger, Achleitner 2010, S. 64.

1134 Ponheimer 1810, Lk.

1135 Weidmann 1845 a, S. 337 f.

1136 Schaber, Jäger, Achleitner 2010, S. 64.

1137 http://www.salzburg.com/wiki/index.php/Franz_Fischer (1. 6. 2015).

1138 Fugger 1890, S. 144 f.

1139 Jäger, Schaber, Schillinger 2010 c, S. 8.

1140 Müller 1979, S. 206 f.; Jäger, Schaber, Schillinger 2010 c, S. 6.

1141 Vierthaler 1816 b, S. 100.

1142 Schjerning 1897, S. 269 f.

1143 Weidmann 1845 b, S. 161 f.

1144 Pachmann 1925, S. 53.

1145 Ebenda.

1146 Hinterhuber 1855, S. 139.

1147 Schjerning 1897, S. 269 f.

1148 Dullnig 2007, S. 28 f.

1149 Ebenda.

1150 Hölzl 1980, S. 6; Dullnig 2007, S. 31 f.

1151 Hörburger 1982, S. 100.

1152 Zillner 1865, S. 70. Die älteste Fischerordnung auf dem Zellersee vom Jahre 1486 ist enthalten im Notizenblatt der kaiserl. Akademie der Wissenschaften vom Jahre 1858, S. 118–120.

1153 Das Fischerei-Recht für einen bestimmten Wasserbezirk wird Seegen, von sagena, lateinisch Schleppnetz, genannt, welches erbrechtlich überlassen werden kann.

1154 Zillner 1865, S. 80 f.

1155 Pillwein 1839, S. 90 f.

1156 Haas 1983, S. 794.

1157 Ebenda.

1158 Müllner 1900, S. 31; Hoffer, Lämmermayer 1925, S. 271 f.; Pachmann

1925, S. 40; Dullnig 2007, S. 29; Kaindl 2014, S. 6 f.
1159 Dullnig 2007, S. 28.
1160 Hölzl 1980, S. 98.
1161 Kaindl 2014, S. 6 f.
1162 Weidmann 1845 a, S. 337 f.
1163 SAGIS, Franciszäischer Kataster.
1164 Ebenda.
1165 AStS, PA 1237,7, Seenliste Freudlsperger.
1166 Weidmann 1845 a, S. 313.
1167 Schaber, Jäger, Achleitner 2010, S. 134.
1168 Weidmann 1845 a, S. 313.
1169 Schaber, Jäger, Achleitner 2010, S. 134 f.
1170 Ebenda, S. 8.
1171 Jäger, Lahnsteiner, Zick 2010, S. 242.
1172 Seitlinger 1999, S. 77, Tab. 7.3, Nr. 32: „Westlich der Postalm im Vorderjaidbachkar".
1173 Vgl. ebenda. Der See scheint noch nicht in Seitlingers Tabelle von 1999 auf, daher ist dieser See durch Gletscherrückgang in den letzten 15 Jahren neu entstanden.
1174 Wie Anm. 1173.
1175 Seitlinger 1999, S. 77, Tab. 7.3, Nr. 51.
1176 Ebenda, Nr. 50.
1177 Wie Anm. 1173.
1178 Osterhuber 1809, Lk. Hier ist ein See südlich des Amertalersees verzeichnet, dieser liegt nicht im Nationalpark Hohe Tauern. Der Autor nahm am 9. 9. 2012 eine stichprobenartige Tiefenlotung mit Angelrute und Bleigewicht in Auswurfnähe des Ufers vor, die eine Wassertiefe von 21 m ergab. Es könnte tiefere Stellen geben.
1179 Wie Anm. 1173.
1180 Liegt nicht im Nationalpark Hohe Tauern.
1181 Seitlinger 1999, S. 77, Tab. 7.3, Nr. 78: „Zwischen 1943 und 1985 durch Rückzug des Karlingerkeeses entstanden".
1182 Ebenda, Nr. 107: „Zwischen 1964 und 1986 durch Rückzug des Weißenbachkeeses entstanden".
1183 Vgl. Vierthaler 1816 a, S. 252 und Wallmann 1868, S. 339. Nicht nur Franz Michael Vierthaler erwähnt den „hohen Sonnenblick am Pilatussee", auch Heinrich Wallmann widmet diesem See einen ganzen Absatz. Er beschreibt eine „ca. 2 Klafter große Grube, die mit dem klarsten Wasser ausgefüllt, das bläuliche Grün des Bodeneises rein durchscheinen lässt, und den Namen Pilatussee führt". Seitlinger nennt den See 1999 nicht, daher dürfte dieser Eisrandsee durch Gletscherrückgang des Pilatuskees erst in den letzten Jahren wieder neu entstanden sein.
1184 Wie Anm. 1173.
1185 Seitlinger 1999, S. 77, Tab. 7.3, Nr. 110.
1186 Ebenda, Nr. 113.
1187 Ebenda, Nr. 132: „Zwischen 1902 und 1964 durch Rückzug des Sparangerkeeses entstanden", derzeit höchstgelegener See Salzburgs!
1188 Ebenda, Nr. 134: „1902 vergletschert; 1964 weder Gletscher noch See, 1986 erstmals See eingezeichnet".
1189 Ebenda, Nr. 149: „Zwischen 1902 und 1909 durch Rückzug des Höllthorkeeses entstanden".
1190 Ebenda, Nr. 150: Zwischen 1909 und 1986 durch Rückzug des Höllthorkeeses entstanden".
1191 Ebenda, Nr. 151.
1192 Ebenda, Nr. 158.
1193 Ebenda, Nr. 163: „Zwischen 1909 und 1986; eher spät durch Rückzug des Tischlerkarkeeses entstanden".

Anhang

Literatur- und Quellenverzeichnis

ACHLEITNER 1901 = ARTHUR ACHLEITNER, Bayerische und salzburgische Namen. Handbuch zur Namenkunde, München 1901.

ADRIAN 1948 = KARL ADRIAN, Alte Sagen aus dem Salzburger Land, Wien–Zell am See–St. Gallen 1948.

AIGNER 1928 = DAMASUS AIGNER, Der alte Salzburger See und sein Becken, in: MGSL 68 (1928), S. 127–138.

ARNBOM 2010 = MARIE-THERES ARNBOM, Wolfgangsee, Wien 2010.

ASCHER, POWONDRA 1930 = H[ANS] ASCHER und K. POWONDRA, Über geologisch-technische Erfahrungen beim Bau des Stubachwerkes, Wien 1930.

Badgastein, Bad Hofgastein, Mallnitz 1939 = Badgastein, Bad Hofgastein, Mallnitz mit Angaben für Autofahrer (Grieben Reiseführer 153), Berlin 1939.

BECKEL, STENZEL 1975 = LOTHAR BECKEL und GERHARD STENZEL, Im Flug über Salzburg, Salzburg 1975.

BERNHARD 1753 = BERNHARD VON MONDSEE (1729–1773), Geseegnetes Aberseeisches Gebürg. Das ist: Leben und Gutthaten des heiligen Bischoffs und Einsidls Wolfgangi In seiner Einöde und Wallfahrt am Abersee, Augsburg–Innsbruck 1753.

BILLER, STOLTE 1966 = JOSEF H. BILLER und KLAUS STOLTE, Die Seen Österreichs. Vom Bodensee zum Neusiedlersee, München 1966.

BÖHM 1886 = AUGUST BÖHM, Die Hochseen der Ostalpen, in: Mittheilungen der kais[erlich] königl[ichen] Geographischen Gesellschaft in Wien 29 (1886), S. 625–647.

BRANDENSTEIN 1928 = WILHELM BRANDENSTEIN, Führer durch die Granatspitzgruppe, Wien 1928.

BRANDHUBER, KOLL, MCCOY 2010 = CHRISTOPH BRANDHUBER, BEATRIX KOLL und DIANA MCCOY, Kochkunst & Esskultur im barocken Salzburg, Salzburg–Wien 2010.

BRAUNE 1829 = FRANZ ANTON VON BRAUNE, Salzburg und Berchtesgaden. Ein Taschenbuch für Reisende und Naturfreunde, Wien 1829.

BRETTENTHALER 1994 = JOSEF BRETTENTHALER, Das große Salzburger Sagenbuch, Krispl 1994.

BROSCH 1999 = URSULA BROSCH, Pollenanalytische Untersuchungen zur spät- und postglazialen Vegetationsgeschichte am Seetaler See (Österreich; Salzburg, Lungau) und Planner See (Österreich; Steiermark, Niedere Tauern), Dissertation, Graz 1999.

BRÜCKNER 1886 = EDUARD BRÜCKNER, Die Vergletscherung des Salzachgebietes. Nebst Beobachtungen über die Eiszeit in der Schweiz, Wien 1886.

BUCH 1802 = LEOPOLD VON BUCH, Geognostische Beobachtungen auf Reisen durch Deutschland und Italien, Berlin 1802.

BUCK 2004 = DIETER BUCK, Seenwandern im Salzburger Land, Innsbruck–Wien 2004.

Burgsteiner 2013 = Silke Burgsteiner, Das sollten Sie SE[h]EN!, in: Platzhirsch. Das Regionalmagazin für den Pinzgau, September 2013, S. 36–38.

Cech 1996 = Brigitte Cech, Der Edelmetallbergbau des Spätmittelalters und der frühen Neuzeit im Bockhartrevier, in: Albrecht Jockenhövel (Hg.), Bergbau, Verhüttung und Waldnutzung im Mittelalter. Auswirkungen auf Mensch und Umwelt, Stuttgart 1996, S. 140–150.

Chitil 1997 = Friedrich Chitil, Gletschermodell Schmiedinger Kees, Diplomarbeit, Wien 1997.

Da Vinci 1996 = Leonardo Da Vinci, Das Wasserbuch. Schriften und Zeichnungen, ausgewählt und übersetzt von Marianne Schneider, München–Paris–London 1996.

Davis, Day 1961 = Kenneth S. Davis und John Arthur Day, Das Wasser. Der Spiegel der Wissenschaft, Physik und Wasser (Natur und Wissen W 16), München–Wien, Basel 1961.

Dehio Salzburg = Dehio Handbuch. Die Kunstdenkmäler Österreichs. Salzburg, Stadt und Land, Wien 1986.

Del-Negro 1959 = Walter Del-Negro, Überblick über neuere geologische Forschungen im Lande Salzburg, in: Mitteilungen der naturwissenschaftlichen Arbeitsgemeinschaft am Haus der Natur in Salzburg 10 (1959), S. 23–30.

Del-Negro 1966 a = Walter Del-Negro, Der pleistozäne Salzachvorlandgletscher. Kurze Erläuterung zu dem von L. Weinberger bearbeiteten Teil des Salzachvorlandgletschers, in: Edith Ebers, Ludwig Weinberger und Derselbe, Der pleistozäne Salzachvorlandgletscher, München 1966, S. 157–156.

Del-Negro 1966 b = Walter Del-Negro, Der pleistozäne Salzachvorlandgletscher. Das Pleistozän im Salzburger Becken und seinen Ausläufern, in: Edith Ebers, Ludwig Weinberger und Derselbe (Hg.), Der pleistozäne Salzachvorlandgletscher, München 1966, S. 166–211.

Dengg 1957 = Michael Dengg, Lungauer Volkssagen, neu bearb. von Josef Brettenthaler, Salzburg 1957.

Dillinger 2014 = Andrea Dillinger, Der Traum vom Ritzensee, in: Stadt:Blatt, Oktober 2014, S. 20, www.saalfelden.at (5. 9. 2015).

Dobel 1835 = Karl Friedrich Dobel, Kurze Geschichte der Auswanderung der evangelischen Salzburger, Kempten 1835.

Dohle 2005 = Gerda Dohle und Oskar Dohle (Hg.), Mattsee-Chronik, Mattsee 2005.

Dokulil, Hamm, Kohl 2001 a = Martin Dokulil, Alfred Hamm und Johannes-Günter Kohl (Hg.), Ökologie und Schutz von Seen, Wien 2001.

Dokulil, Hamm, Kohl 2001 b = Martin Dokulil, Alfred Hamm und Johannes-Günter Kohl (Hg.), Ökologie und Schutz von Seen. Stehende Gewässer und ihre Einzugsgebiete, Wien 2001.

Doljan, o. J. = E[mil] Doljan, Grundsätze für die Schadensbemessung beziehungsweise Wiedergutmachung bei Errichtung von Großkraftwerken, in: Sonderabdruck aus der Österreichischen Fischerei-Zeitung 18, Nr. 11/12 und 13, o. O. und o. J.

Dopsch 1983 a = Heinz Dopsch, Die Zeit der Karolinger und Ottonen, in: Derselbe und Hans Spatzenegger (Hg.), Geschichte Salzburgs. Stadt und Land, Bd. I/1, Salzburg 1983, S. 157–229.

Dopsch 1983 b = Heinz Dopsch, Die äußere Entwicklung, in: Derselbe und Hans Spatzenegger (Hg.), Geschichte Salzburgs. Stadt und Land, Bd. I/1, Salzburg 1983, S. 229–337.

Dopsch 1983 c = Heinz Dopsch, Die Entstehung des Territoriums, in: Derselbe und Hans Spatzenegger (Hg.), Geschichte Salzburgs. Stadt und Land, Bd. I/1, Salzburg 1983, S. 337–346.

Dopsch 1983 d = Heinz Dopsch, Recht und Verwaltung, in: Derselbe und Hans Spatzenegger (Hg.), Geschichte Salzburgs. Stadt und Land, Bd. I/2, Salzburg 1983, S. 876–939.

Dopsch 1983 e = Heinz Dopsch, Klöster und Stifte, in: Derselbe und Hans Spatzenegger (Hg.), Geschichte Salzburgs. Stadt und Land, Bd. I/2, Salzburg 1983, S. 1002–1054.

Dopsch, Dopsch 1996 = Elisabeth Dopsch und Heinz Dopsch (Hg.), 1300 Jahre Seekirchen. Geschichte und Kultur einer Salzburger Marktgemeinde, Seekirchen am Wallersee 1996.

Dopsch, Weiss 1996 = Heinz Dopsch und Alfred Stefan Weiss, Die Fischerei im See und in der Ache, in: Elisabeth Dopsch und Heinz Dopsch, 1300 Jahre Seekirchen. Geschichte und Kultur einer Salzburger Marktgemeinde, Seekirchen am Wallersee 1996, S. 603–615.

Dopsch 1998 = Heinz Dopsch, Der Abersee und das Gebiet von Strobl im Mittelalter, in: Johann Stehrer (Hg.), Strobl am Wolfgangsee. Naturraum, Geschichte und Kultur einer Gemeinde im Salzkammergut, Strobl am Wolfgangsee 1998, S. 106–138.

Dopsch 2005 = Heinz Dopsch, Die Anfänge des Klosters Mattsee, in: Gerda Dohle und Oskar Dohle (Hg.), Mattsee-Chronik, Mattsee 2005, S. 149–159.

Draxler 2003 = Ilse Draxler, Moore und Seen des Salzkammerguts – Archive für 17.000 Jahre Vegetationsgeschichte, in: Johannes T. Weidinger, Harald Lobitzer und Ingrid Spitzbart (Hg.), Erde–Mensch–Kultur–Umwelt: Beiträge zur Geologie des Salzkammerguts. Begleitband zur Tagung, 28.–31. August 2003, Gmunden Österreich, Gmunden 2003.

Drescher-Schneider 2010 = Ruth Drescher-Schneider, Gletscherstände und bronzezeitliche Almnutzung in den Hohen Tauern und am Dachstein (Österreich). Ergebnisse palynologischer Untersuchungen, in: Franz Mandl und Harald Stadler (Hg.), Archäologie in den Alpen – Alltag und Kult (Forschungsberichte der ANISA 3), Haus im Ennstal 2010, S. 15–23.

Dürlinger 1865 = Joseph Dürlinger, Chronologische Tabelle der Geschichte des salzb[urgischen] Erzstiftes und Alphabetisches Register zu J. Th. Zauners Chronik und G. A. Pichlers Landesgeschichte von Salzburg, Salzburg 1865.

Dürlinger 1867 = Joseph Dürlinger, Historisch-statistisches Handbuch von Pongau. Zunächst für die Geschichtsfreunde vom Gaue, Salzburg 1867.

Dullnig 2007 = Antonia Dullnig, Über den Pinzgau. Von Saalbach/ Hinterglemm über Zell am See bis nach Unken, Saalfelden 2007.

Ebers 1966 = Edith Ebers, Der pleistozäne Salzachvorlandgletscher. Allgemeiner Teil, in: Dieselbe, Ludwig Weinberger und Walter Del-Negro, Der pleistozäne Salzachvorlandgletscher (Veröffentlichungen der Gesellschaft für Bayerische Landeskunde 19/22), München 1966, S. 7–27.

Ebner, Weigl 2014 = Romana Ebner und Herbert Weigl, Das Salzburger Wasser. Geschichte der Wasserversorgung der Stadt Salzburg (Schriftenreihe des Archivs der Stadt Salzburg 30), Salzburg 2014.

Eckel 1967 = Othmar Eckel, Statistisches zur Vereisung der Ostalpenseen, in: Wetter und Leben 7 (1967), H. 3–4, S. 50–56.

Eckschlager 1900 = Karl Eckschlager, Kleiner Führer durch Lungau und seine Zugänge, Wien–Pest–Leipzig 1900.

Emil 1832 = Emil [Josef Franz Trimmel], Reise-Handbuch für Kranke oder Naturfreunde, welche das Thal und Wildbad Gastein in naturhistorischer, archäologischer und pittoresker Hinsicht zu besuchen wünschen, Wien 1832.

Fally 1986 = Wolfhart Fally, Projekt Vorlandseen, Wallersee, Obertrumersee, Mattsee, Grabensee (Raumbezogene Forschung und Planung im Land Salzburg 1), Salzburg 1986.

Fischer 1958 = Franz Fischer, Ein floristischer Streifzug zum Egelsee-Moor in der Klaus, in: Festschrift der naturwissenschaftlichen Arbeitsgemeinschaft am Haus der Natur in Salzburg zum 70. Geburtstag von Prof. Dr. Eduard Paul Tratz, Salzburg 1958, S. 18–23.

Fischer 2010 = Andrea Fischer, Gletscherbericht 2009/2010. Sammelbericht über die Gletschermessungen des Oesterreichischen Alpenvereins im Jahre 2010, in: Bergauf. Das Magazin des Österreichischen Alpenvereins 136 (2011), H. 2, S. 34–40.

Floimair, Retter 1984 = Roland Floimair und Wolfgang Retter, Nationalpark Hohe Tauern. Der Salzburger Anteil, Salzburg 1984.

Forcher 1985 = Michael Forcher, Mittersill in Geschichte und Gegenwart, Mittersill 1985.

Forel 1901 = Francois Alphonse Forel, Handbuch der Seenkunde. Allgemeine Limnologie, Stuttgart 1901.

Freisauff von Neudegg 1880 a = Rudolf von Freisauff von Neudegg, Salzburger Volkssagen, Bd. 1, Wien–Pest –Leipzig 1880.

Freisauff von Neudegg 1880 b = Rudolf von Freisauff von Neudegg, Salzburger Volkssagen, Bd. 2, Wien–Pest –Leipzig 1880.

Freisauff von Neudegg 1882 = Rudolf von Freisauff von Neudegg, Das Salzkammergut, Salzburg und Tirol. Praktisches Handbuch für Reisende, Berlin 1882.

Freisauff 1914 = Rudolf von Freisauff von Neudegg, Aus Salzburgs Sagenschatz, Salzburg [1914].

Freudlsperger 1936 = Hans Freudlsperger, Kurze Fischereigeschichte des Erzstiftes Salzburg, in: MGSL 76 (1936), S. 83–128.

Freudlsperger 1937 = Hans Freudlsperger, Kurze Fischereigeschichte des Erzstiftes Salzburg, in: MGSL 77 (1937), S. 145–176.

Freudlsperger 1940 = Hans Freudlsperger, Der Preber, der Prebersee und das Preberschießen, in: MGSL 80 (1940), S. 13–32.

Frisch 1910 = Ernst von Frisch, Kulturgeschichtliche Bilder vom Abersee, Wien–Leipzig 1910.

Führer durch das Thermalbad 1913 = Führer durch das Thermalbad Hofgastein, hg. von der Kurkommision, Salzburg 1913.

Fugger 1887 = Eberhard Fugger, Das Salzachthal zur Eiszeit, in: Jahres-Bericht der K. K. Ober-Realschule in Salzburg 20 (1887), S. 15–23.

Fugger 1890 = Eberhard Fugger, Salzburgs Seen I, in: MGSL 30 (1890), S. 135–153.

Fugger 1891 = Eberhard Fugger, Salzburgs Seen II, in: MGSL 31 (1891), S. 241–258.

Fugger 1893 = Eberhard Fugger, Salzburgs Seen III, in: MGSL 33 (1893), S. 27–38.

Fugger 1895 = Eberhard Fugger, Salzburgs Seen IV, in: MGSL 35 (1895), S. 203–225.

Fugger 1896 = Eberhard Fugger, Die Hochseen, in: Mittheilungen der k. k. Geographischen Gesellschaft (1896), H. 8–9, S. 638–672.

Fugger 1899 = Eberhard Fugger, Salzburgs Seen V, in: MGSL 39 (1899), S. 1–16.

Fugger 1903 = Eberhard Fugger, Salzburgs Seen VI, in: MGSL 43 (1903), S. 1–15.

Fugger 1904/1905 = Eberhard Fugger d. J., Über das Seemessen, in: 35. Jahresbericht der k. k. Staats-Oberrealschule in Marburg (1904/1905), S. 43–56.

Fugger 1905 = Eberhard Fugger, Salzburgs Seen VII, in: MGSL 45 (1905), S. 129–141.

Fugger 1908 = Eberhard Fugger, Salzburgs Seen VIII, in: MGSL 48 (1908), S. 1–24.

Fugger 1911 = Eberhard Fugger, Salzburgs Seen IX, in: MGSL 51 (1911), S. 1–40.

Geuter 1913 = Karl P. Geuter, Salzkammergut und Salzburg mit Umgebung, Leipzig 1913.

Gisler 2009 = Monika Gisler, Die Katastrophe als darstellerisch-ästhetisches Ereignis. Der Bergsturz von Goldau 1806, in: Lars Kreye, Carsten Stühring und Tanja Zwingelberg (Hg.), Natur als Grenzerfahrung. Europäische Perspektiven der Mensch–Natur–Beziehung in Mittelalter und Neuzeit: Ressourcen, Entdeckungen, Katastrophen, Göttingen 2009, S. 271–287.

Golling 1903 = Golling und seine schöne Umgebung für Sommergäste und Touristen, Golling 1903.

Gollner, Gollner 2011 = Irmgard und Arthur Gollner, Zwischen Salzburg und Bad Ischl. Eine nostalgische Reise mit der Salzkammergut-Lokalbahn, Bad Goisern 2011.

Grieben 1927 = Hohe Tauern mit Ost-Tirol und West-Kärnten (Griebens Reiseführer 152), 3. Aufl., Berlin 1927.

Gruber 2001 = Fritz Gruber, Die Entstehungsgeschichte der Reviere im Bockharttal, Gastein, in: Gerhard Ammerer und Alfred Stefan Weiss (Hg.), Das Tauerngold im europäischen Vergleich. Archäologische und historische Beiträge des internationalen Kongresses in Rauris vom 7. bis 9. Oktober 2000, Salzburg 2001, S. 113–130.

Guede 1937 = Julius Guede, Vom Salzburger Naturschutzgebiet in den Hohen Tauern. Eine historisch-kritische Studie, in: Oesterr[eichische] Vierteljahresschrift für Forstwesen (1937), H. 2, Sonderabdruck o. S.

Günther 1991 = Wilhelm Günther, Natur- und Landschaftsschutz, in: Robert Hoffmann und Erich Urbanek (Hg.), Golling. Geschichte einer Salzburger Marktgemeinde, Golling 1991, S. 21–28.

Haas 1983 = Hanns Haas, Das liberale Zeitalter, in: Heinz Dopsch und Hans Spatzenegger (Hg.), Geschichte Salzburgs. Stadt und Land, Bd. II/2, Salzburg 1983, S. 718–833.

Haas 1995 = Hanns Haas, Die Sommerfrische – eine verlorene touristische Kulturform, in: Hanns Haas, Robert Hoffmann und Kurt Luger (Hg.), Weltbühne und Naturkulisse. Zwei Jahrhunderte Salzburg-Tourismus, Salzburg 1994, S. 67–75.

Harrer 2002 = Heinrich Harrer, Dampf- und Motorschifffahrt auf dem Wallersee, in: MGSL 142 (2002), S. 243–250.

Heger 1983 = Norbert Heger, Die Römerzeit, in: Heinz Dopsch und Hans Spatzenegger (Hg.), Geschichte Salzburgs. Stadt und Land, Bd. I/1, Salzburg 1983, S. 75–93.

Heim 2014 = Günther Heim, Hundstoa Ranggeln. Mythos – Kult – Tradition, Neukirchen am Großvenediger 2014.

Hell 1956 = Martin Hell, Zwei Steinäxte vom Kamme der Ostalpen, in: Germania 34 (1956), H. 1–2, S. 143.

Hellmuth 1994 = Thomas Hellmuth, Wirtshäuser und Palasthotels. Die Entwicklung des Salzburger Gastgewerbes im 19. und beginnenden 20. Jahrhundert, in: Hanns Haas, Robert Hoffmann und Kurt Luger (Hg.), Weltbühne und Naturkulisse. Zwei Jahrhunderte Salzburg-Tourismus, Salzburg 1994, S. 60–66.

Herrmann 1960 = Ernst Herrmann, Tauernhöhenwegführer. Vom Ennstal zum Grossvenediger, Wien 1960.

Hinterhuber 1855 = Rudolph Hinterhuber, Der Tourist im Hochgebirge. Ein Handbuch zur Bereisung der Hochlande Salzburgs, Salzburg 1855.

Hinterseer o. J. = Sebastian Hinterseer, Gasteiner Sagenschatz, Salzburg o. J. [1984].

Hinterstoisser 1987 = Hermann Hinterstoisser, Salzburger Landschaftsinventar, Salzburg 1987.

Höller 1985 = Brigitte Höller, Hydrogeographie des Salzburger Anteils am Nationalpark Hohe Tauern, Salzburg 1985.

Hölzl 1980 = Ferdinand Hölzl, So war's in Zell am See, Zell am See 1980.

Hörburger 1982 = Franz Hörburger, Salzburger Ortsnamenbuch, bearb. von Ingo Reiffenstein und Leopold Ziller (MGSL Ergänzungsband 9), Salzburg 1982.

Hoffer, Lämmermayer 1925 = Max Hoffer und Ludwig Lämmermayer, Salzburg (Junk's Natur-Führer), Berlin 1925.

Holdermann, Schmidl 2010 = Claus-Stephan Holdermann und Waltraud Schmidl, Hochgebirgsarchäologie im Nationalpark Hohe Tauern, Der Felber Tauern (Osttirol/Salzburg). Ein Raum – alle Zeiten – alle Funktionen, in: Franz Mandl und Harald Stadler (Hg.), Archäologie in den Alpen – Alltag und Kult (Forschungsberichte der ANISA 3), Haus im Ennstal 2010, S. 75–88.

Holzinger, Lahnsteiner 1936 = Josef Holzinger und Josef Lahnsteiner, Das Drei-Seen-Gebiet von Salzburg, Mattsee-Obertrum-Seeham. Geographie, Geschichte, Ausflüge, Salzburg 1936.

Hubatschek 1950 = Erika Hubatschek, Almen und Bergmähder im Oberen Lungau, Salzburg 1950.

Hübner, 1794 = Lorenz Hübner, Beschreibung der hochfürstlich-erzbischöflichen Haupt- und Residenzstadt Salzburg und ihre Gegenden vorzüglich für Ausländer und Reisende, Salzburg 1794.

Hübner 1796 a = Lorenz Hübner, Beschreibung des Erzstiftes und Reichsfürstenthums Salzburg in Hinsicht auf Topographie und Statistik, Bd. 1: Das flache Land, Salzburg 1796.

Hübner 1796 b = Lorenz Hübner, Beschreibung des Erzstiftes und Reichsfürstenthums Salzburg in Hinsicht auf Topographie und Statistik, Bd. 2: Das Salzburgische Gebirgsland. Pongau, Lungau, Pinzgau, Salzburg 1796.

Hüttig, Kordon 1926 = Robert Hüttig und Frido Kordon, Führer durch die Ankogelgruppe einschließlich Hochalmspitz, Hafner- und Reißeckgruppe, Wien 1926.

Husen 2003 = Dirk van Husen, Als unsere Seen Gletscher waren. Die eiszeitliche Entwicklung im Salzkammergut, in: Johannes T. Weidinger, Harald Lobitzer und Ingrid Spitzbart (Hg.), Beiträge zur Geologie des Salzkammerguts. Begleitband zur Tagung Erde – Mensch – Kultur – Umwelt, 28.–31. August 2003, Gmunden Österreich, Gmunden 2003.

Hutter 1985 = Clemens M. Hutter, Nationalpark Hohe Tauern im Salzburger Land, Elsbethen 1985.

Hutter 2002 = Clemens M. Hutter, Der Hochkönig, in: Berg. Alpenvereinsjahrbuch 126 (2002), S. 10–24.

Ibetsberger, Jäger, Häupl 2010 = Horst Ibetsberger, Paul Jäger und Markus Häupl, Der Zerfall des Salzachgletschers und die nacheiszeitliche Entwicklung des Salzburger Gewässersystems aus der Sicht der Wiederbesiedlung der Salzburger Gewässer mit Fischen, in: Peter Schaber (Hg.), Nacheiszeitliche Entwicklung des Salzburger Gewässernetzes. Wiederbesiedlung der Salzburger Gewässer mit Fischen nach der letzten Eiszeit (Reihe Gewässerschutz 14), Salzburg 2010, S. 7–54.

Jäger, Lahnsteiner, Zick 2010 = Paul Jäger, Franz Lahnsteiner und Daniela Zick, Woher stammen die Saiblingspopulationen der Salzburger Hochgebirgsseen? Phänotypische und genotypische Untersuchungen autochthoner Saiblingspopulationen, in: Peter Schaber, Paul Jäger und Daniela Achleitner (Hg.), Limnologie ausgewählter Bergseen. Limnologische Kenndaten. Archive der Klimaentwicklung. Fische (Reihe Gewässerschutz 7), Salzburg 2010, S. 241–269.

Jäger, Schaber, Schillinger 2010 a = Paul Jäger, Peter Schaber und Ingrid Schillinger, Fuschlsee. Hydromorphologische Seenaufnahme mit Uferzonierung, Schilf und Makrophyten 2003/2008 (Kartensammlung Gewässerschutz: Thema 7,4), Salzburg 2010.

Jäger, Schaber, Schillinger 2010 b = Paul Jäger, Peter Schaber und Ingrid Schillinger, Trumerseen. Hydromorphologische Seenaufnahme mit Uferzonierung, Schilf und Makrophyten 2000/2009 (Kartensammlung Gewässerschutz: Thema 7,2), Salzburg 2010.

Jäger, Schaber, Schillinger 2010 c = Paul Jäger, Peter Schaber und Ingrid Schillinger, Zellersee. Hydromorphologische Seenaufnahme mit Uferzonierung, Schilf und Makrophyten 2001/2009 (Kartensammlung Gewässerschutz: Thema 7,3), Salzburg 2010.

Jäger, Schaber, Schillinger, Dumfarth, Schwap 2011 a = Paul Jäger, Peter Schaber, Ingrid Schillinger, Erich Dumfarth und Alexander Schwap, Wallersee. Hydromorphologische Seenaufnahme mit Uferzonierung, Schilf und Makrophyten (Kartensammlung Gewässerschutz: Thema 7,1), Salzburg 2011.

Jäger, Schaber, Schillinger, Dumfarth, Schwap 2011 b = Paul Jäger, Peter Schaber, Ingrid Schillinger, Erich Dumfarth und Alexander Schwap, Wolfgangsee. Hydromorphologische Seenaufnahme mit Uferzonierung, Schilf und Makrophyten 2003 (Kartensammlung Gewässerschutz: Thema 7,5), Salzburg 2011.

Jäger, Zick 2010 = Paul Jäger und Daniela Zick, Fischereibiologische Untersuchungen an vier Bergseen im Bundesland Salzburg, in: Peter Schaber, Paul Jäger und Daniela Achleitner (Hg.), Limnologie ausgewählter Bergseen. Limnologische Kenndaten. Archive der Klimaentwicklung. Fische (Reihe Gewässerschutz 7), Salzburg 2010, S. 193–230.

Jirikowski 1995 = Eva Jirikowski, Vor- und Frühgeschichte des Faistenauer Tales, in: Eva Maria Schalk (Red.), Chronik Faistenau. Das Erholungsdorf im Salzburger Flachgau. Kultur und Geschichte, Faistenau 1995, S. 31–38.

Kaindl 2014 = Anton Kaindl, Warmer Winter hält den Zeller See eisfrei, in: Salzburger Nachrichten, Salzburg aktuell, 4. 3. 2014, S. 6 f.

Kainrath 2015 = Verena Kainrath, Geschäfte nah am Wasser gebaut, in: Der Standard, 14./15./16. 8. 2015, S. 17.

Kamenik u. a. 2001 = Christian Kamenik, Roland Schmidt, Georg Kum und Roland Psenner, The Influence of Catchment Characteristics on the Water Chemistry of Mountain Lakes, in: Arctic, Antarctic, and Alpine Research 33 (2001), Nr. 4, S. 404–409.

Karl 1994 = Robert Karl (Hg.), Elsbethen. Ein Ort im Wandel der Zeiten, Elsbethen–Salzburg 1994.

Keil 1886 = Franz Keil, Ein Beitrag zur Kenntniss der Venedigergruppe, in: Jahrbuch des Österreichischen Alpenvereins 2 (1866), S. 99–114.

Kirchner 1939 = Franz Kirchner, Im Banne der Alpenwelt, Hollersbach 1939.

Klaushofer 1995 = Hartmann Klaushofer, Elektrifizierung, in: Eva Maria Schalk (Red.), Chronik Faistenau. Das Erholungsdorf im Salzburger Flachgau. Kultur und Geschichte, Faistenau 1995, S. 352 f.

Klein 1950 = Herbert Klein, Der Saumhandel über die Tauern, in: MGSL 90 (1950), S. 37–114.

Kral 1985 = Friedrich Kral, Zur natürlichen und anthropogenen Waldentwicklung im Gasteiner Raum. Pollenanalyse und Radiokarbondatierung, in: Herbert Franz (Hg.), Beiträge zu den Wechselbeziehungen zwischen den Hochgebirgsökosystemen und dem Menschen, Innsbruck 1985, S. 207–220.

Kral 1993 = Friedrich Kral, Ein pollenanalytischer Beitrag zu archäologischen Fragen im Gasteiner Raum, in: Andreas Lippert (Hg.), Hochalpine Altstraßen im Raum Badgastein–Mallnitz. Ein interdisziplinäres Forschungsprojekt (Böcksteiner Montana 10), Wien 1993, S. 203–218.

Krisai 1970 = Robert Krisai, Pollenanalytische Notizen aus dem Lungau, in: Mitteilungen der Ostalpin-Dinarischen Pflanzensoziologischen Arbeitsgemeinschaft 10 (1970), S. 34–45.

Kürsinger 1841 = Ignatz von Kürsinger, Ober-Pinzgau, oder: der Bezirk Mittersill. Eine geschichtlich, topographisch, statistisch, naturhistorische Skizze, Salzburg 1841.

Laber 1878 = M. Laber, Salzburger Sagen. Für die Jugend und das Volk ausgewählt, Wien 1878.

Lagler 2003 = Claudia Lagler, Aus Gletschern geboren. Stille Bergseen, in: Tauernblicke, Juli 2003, S. 5–7.

Lahnsteiner 1960 = Josef Lahnsteiner, Führer durch Hollersbach/Bramberg und Umgebung, Salzburg 1960.

Lahnsteiner 1980 a = Josef Lahnsteiner, Mitterpinzgau, Saalbach, Saalfelden, Lofer, Salzburgisches Saaletal, 3. Aufl., Hollersbach 1980.

Lahnsteiner 1980 b = Josef Lahnsteiner, Oberpinzgau von Krimml bis Kaprun, 3. Aufl., Hollersbach 1980.

Lahnsteiner 1980 c = Josef Lahnsteiner, Unterpinzgau. Zell am See, Taxenbach, Rauris, 3. Aufl., Hollersbach 1980.

Laireiter 1987 = Matthias Laireiter (Hg.), Heimat Großarl, Großarl 1987.

Land Salzburg 1882 = Kurzer Wegweiser durch das Land Salzburg und die angrenzenden Theile von Oberösterreich, Steiermark, Tirol und Bayern, Salzburg 1882.

Leopold, Davis 1968 = Luna B. Leopold und Kenneth S. Davis, Wasser, Amsterdam 1968.

Lieb, Slupetzky 2011 = Gerhard Lieb und Heinz Slupetzky, Die Pasterze. Der Gletscher am Großglockner, Salzburg 2011.

Lieb, Slupetzky 2013 = Gerhard Lieb und Heinz Slupetzky, Gletscherweg Obersulzbachtal (Naturkundlicher Führer zum Nationalpark Hohe Tauern 4), 3. erweiterte Aufl., Innsbruck–Graz–Neukirchen 2013.

Limnologische Untersuchung 1987 = Limnologische Untersuchung von Kleinseen im Bundesland Salzburg, masch. Projektbericht, Salzburg 1987.

Lindgren 1986 = Uta Lindgren, Alpenübergänge von Bayern nach Italien.1500–1850. Landkarten – Straßen – Verkehr, München 1986.

Lindlbauer 2014 = Mario Lindlbauer, Limnologie ausgewählter Kleinseen in Salzburg, Masterarbeit, Salzburg 2014.

Loderbauer 1970 = Hannes Loderbauer, 76 Salzkammergutseen. Wanderungen und Spaziergänge (Gmundner Buchreihe 19), Linz 1979.

Maringer u. a. 2014 = Hannes Maringer u. a., Über den Buchberg, Mattsee 2014.

Mayregg, Faltner, Hörburger 1927 = Georg Mayregg, Leopold Faltner und Franz Hörburger, Salzburger Heimatkunde, Salzburg 1927.

Moosleitner 1983 = Fritz Moosleitner, Die Merowingerzeit, in: Heinz Dopsch und Hans Spatzenegger (Hg.), Geschichte Salzburgs. Stadt und Land, Bd. I/1, Salzburg 1983, S. 105–116.

Moosleitner 1996 = Fritz Moosleitner, Die Baugeschichte der Pfarr- und Kollegiatsstiftskirche zum heiligen Petrus in Seekirchen, in: Elisabeth Dopsch und Heinz Dopsch (Hg.), 1300 Jahre Seekirchen. Geschichte und Kultur einer Salzburger Marktgemeinde, Seekirchen am Wallersee 1996, S. 397–404.

Moosleitner 2005 = Fritz Moosleitner, Das Gebiet von Mattsee in Urgeschichte, Römerzeit und Frühmittelalter, in: Gerda Dohle und Oskar Dohle (Hg.), Mattsee-Chronik, Mattsee 2005, S. 4–50.

Muchar 1834 = Albert von Muchar, Das Thal und Warmbad Gastein, Graz 1834.

Müller 1970–1971 = Guido Müller, Salzburgs Seen. Eberhard Fuggers Anteil an ihrer Erforschung, in: MGSL 110/111 (1970–1971), S. 479–489.

Müller 1971 = Guido Müller, Junge Veränderungen im Seenbild-Salzburg als Beispiel, in: Berichte zur Raumforschung und Raumplanung 15 (1971), H. 3–4, S. 41–47.

Müller 1973 = Guido Müller, Zur Verkehrsgeographie der Seen und Seegebiete. Beispiele aus Österreich, der Schweiz und Süddeutschland, in: Mitteilungen der Österreichischen Geographischen Gesellschaft 115 (1973), H. 1–3, S. 60–74.

Müller 1974 a = Guido Müller, Salzburgs Seen XI. Die Seen des Moritzentales (Lungau): Karwassersee, Oberer und Unterer Schwarzsee, in: MGSL 112/113 (1974), S. 567–574.

Müller 1974 b = Guido Müller, Salzburgs Seen XII. Zur Verkehrsgeographie der Seen Salzburgs und seiner Nachbargebiete unter besonderer Berücksichtigung der historischen Entwicklung, in: MGSL 112/113 (1974), S. 575–588.

Müller 1974 c = Guido Müller, Vergleichende Sommertemperatur- und Eisdickenmessungen in Seen des westlichen Salzkammergutes, in: Egon Lendl (Hg.), Beiträge zur Klimatologie, Meteorologie und Klimamorphologie. Festschrift für Hanns Tollner zum 70. Geburtstag (Arbeiten aus dem Geographischen Institut der Universität Salzburg 3), Salzburg 1974, S. 319–354.

Müller 1976 = Guido Müller, Salzburgs Seen XIII, in: MGSL 116 (1976), S. 277–286.

MÜLLER 1979 = GUIDO MÜLLER, Die Seen, in: GUIDO MÜLLER und HERMANN SUIDA (Hg.), Salzburger Land. Generalinformation, Salzburg 1979, S. 205–211.

MÜLLER 1981 = GUIDO MÜLLER (Hg.), Der Lungau. Mehr als eine Ferienlandschaft, Tamsweg 1981.

MÜLLER 1991 = GUIDO MÜLLER, Naturraum Golling, in: ROBERT HOFFMANN und ERICH URBANEK (Hg.), Golling. Geschichte einer Salzburger Marktgemeinde, Golling 1991, S. 11–21.

MÜLLER 1995 = GUIDO MÜLLER, Die Gewinnung und Verwendung von Natureis. Geografische Aspekte eines beinahe vergessenen Kapitels der Wirtschaftsgeschichte – Salzburg als Beispiel, in: MGSL 135 (1995), S. 773–802.

MÜLLER, STEINER 1996 = GUIDO MÜLLER und PAUL STEINER, Die Entwicklung des Fremdenverkehrs, in: ELISABETH DOPSCH und HEINZ DOPSCH (Hg.), 1300 Jahre Seekirchen. Geschichte und Kultur einer Salzburger Marktgemeinde, Seekirchen am Wallersee 1996, S. 661–673.

MÜLLNER 1896 = JOHANN MÜLLNER, Die Seen des Salzkammergutes und die österreichische Traun. Erläuterungen zur ersten Lieferung des österreichischen Seenatlasses (Geographische Abhandlungen 6,1), Wien 1896.

MÜLLNER 1900 = JOHANN MÜLLNER, Die Seen am Reschen-Scheideck. Eine limnologische Studie (Geographische Abhandlungen 7,1), Wien 1900.

NICOLUSSI 2013 = KURT NICOLUSSI, Zur Geschichte des Vernagtferners – Gletschervorstöße und Seeausbrüche im vergangenen Jahrtausend, S. 69–94, http://www.uibk.ac.at/geographie/forschung/dendro/publikationen-pdf-files/2013-nicolussi-vernagt-afo-reihe-bd3.pdf (10. 10. 2015).

NOÉ 1867 = HEINRICH NOÉ, Österreichisches Seenbuch. Darstellungen aus dem Leben an den Seeufern des Salzkammergutes, München 1867.

ORTNER, SAGMEISTER 1992 = FRANZ ORTNER und RAIMUND SAGMEISTER, Lessach im Lungau. Geschichte und Gegenwart eines Dorfes, Lessach 1992.

PABINGER, THORBAUER 1993 = PETER PABINGER und WERNER THORBAUER, Gletschergoaß und Kupfergeist. Sagenhafte Wege in Großarl und Hüttschlag, Hüttschlag 1993.

PABINGER 1995 = PETER PABINGER, Nationalpark Hohe Tauern – Hüttschlager Anteil. Eine Perle im Großarltal, Hüttschlag 1995.

PACHMANN 1925 = ERNST VON PACHMANN, Aus dem Pinzgau. Historische Wanderung vom Zeller See nach Krimml, Zell am See 1925.

PASDAR 1985 = JAHANGIR PASDAR, Umweltverschmutzung und Umweltsanierung im hochalpinen Bereich (MaB-Untersuchungsgebiet Kitzsteinhorn), in: HERBERT FRANZ (Hg.), Beiträge zu den Wechselbeziehungen zwischen den Hochgebirgsökosystemen und dem Menschen, Innsbruck 1985, S. 283–307.

PENNINGER 1983 = ERNST PENNINGER, Die Vorgeschichte, in: HEINZ DOPSCH und HANS SPATZENEGGER (Hg.), Geschichte Salzburgs. Stadt und Land, Bd. I/1, Salzburg 1983, S. 11–75.

PESTA 1929 = OTTO PESTA, Der Hochgebirgssee der Alpen, Versuch einer limnologischen Charakteristik, Stuttgart 1929.

PEZOLT 1847–1849 = GEORG PEZOLT, Salzburg und seine Angränzungen. Aus dem Bereich der Natur, Kunst u[nd] Volksgebräuche mit Erläuterungen begleitet, Salzburg 1847–1849.

PILLWEIN 1839 = BENEDIKT PILLWEIN, Das Herzogthum Salzburg oder der Salzburger Kreis, Linz 1839.

PILLWEIN 1919 = EUGEN PILLWEIN, Eberhard Fugger. Sein Leben, in: MGSL 49 (1919), S. 65–72.

PFEIFFENBERGER-SCHERER, 1991 = ERIKA PFEIFFENBERGER-SCHERER (Red.), Lend, Embach. Eine Gemeinde im Wandel der Zeit, Lend 1991.

PFLUGBEIL, KURRENT 2010 = ERNST PFLUGBEIL und WALTER KURRENT, Beitrag zur Geschichte der Waldbahnen in den ehemaligen Forstverwaltungen Hintersee und Strobl der Österreichischen Bundesforste, in: MGSL 150 (2010), S. 375–405.

Podhorsky 1930 = Jaro Podhorsky, Führer durch den Naturschutzpark in den Hohen Tauern Salzburgs, Stuttgart [1930].

Pohl 2008 = Henrik Pohl, Einbaumfunde aus dem Salzburger Land, 2008, http://www.academia.edu/4680712/Einbaumfunde_aus_dem_Salzburger_Land (3. 8. 2015).

Portenkirchner 1988 = Franz Portenkirchner, Heimatbuch Dienten am Hochkönig. Unsere Gemeinde in Vergangenheit und Gegenwart, Dienten am Hochkönig 1988.

Prillinger 1965 = Ferdinand Prillinger, Goldegg. Eine Perle des Pongaues, [Salzburg 1965].

Pröll 1886 = Karl Pröll, Im Gasteiner Thale, in: Vom Fels zum Meer, Spermann's illustrirte Zeitschrift für das Deutsche Haus 2 (1886), S. 643–664.

Rabl 1884 = Josef Rabl, Illustrirter Führer durch Kärnten mit besonderer Berücksichtigung der Städte Klagenfurt und Villach sowie der kärntnerischen Seen und ihrer Umgebungen (Hartleben's illustrirter Führer 19), 2. Aufl., Wien 1884.

Rabl 1887 = Josef Rabl, Illustrirter Führer durch Salzburg das Salzkammergut und Berchtesgadner-Land (Hartleben's Illustrirter Führer Nr. 15), 2. Aufl., Wien–Pest–Leipzig 1887.

Rad 1991 = Gerlinde Rad, Von frühen Nachrichten über Gletscher bis zu den ersten gletscherkundlichen Arbeiten in den Hohen Tauern (Glocknergruppe, Venedigergruppe, Goldberggruppe), Diplomarbeit, Salzburg 1991.

Reiffenstein 1983 = Ingo Reiffenstein, Sprachgeschichte: Ortsnamen, Schreibsprachen und Mundarten im Land Salzburg, in: Heinz Dopsch und Hans Spatzenegger (Hg.), Geschichte Salzburgs. Stadt und Land, Bd. II/3, Salzburg 1983, S. 1803–1825.

Reissenberger 1951 = Robert Reissenberger, Der Wolfgangsee und seine Umgebung. St. Gilgen, Strobl, St. Wolfgang. Geschichtliches, Topographie, Kunstgeschichte, Touristik, Salzburg 1951.

Reissenberger 1952 = Robert Reissenberger, Das Mondseeland. Perle der Natur, Stätte der Kultur, Salzburg 1952.

Richter 1883 = Eduard Richter, Der Obersulzbachgletscher 1880–1882, in: Zeitschrift des Deutschen und Österreichischen Alpenvereins 14 (1883), S. 39–92.

Rohr 2007 = Christian Rohr, Extreme Naturereignisse im Ostalpenraum. Naturerfahrung im Spätmittelalter und am Beginn der Neuzeit (Umwelthistorische Forschungen 4), Köln–Weimar–Wien 2007.

Rolinek, Lehner, Strasser 2009 = Susanne Rolinek, Gerald Lehner und Christian Strasser, Im Schatten der Mozartkugel. Reiseführer durch die braune Topographie von Salzburg, Wien 2009.

Roth 2006 = Monika Roth, Rekonstruktion holozäner Umweltveränderungen in einem alpinen See mittels Diatomeen und Chrysophyceen (Oberer Landschitzsee, Niedere Tauern), Diplomarbeit, Mondsee 2006.

Ruthner 1864 = Anton Ruthner, Berg und Gletscher-Reisen in den österreichischen Hochalpen, Wien 1864.

Salzburg. Stadt und Land 1902 = Salzburg. Stadt und Land, hg. vom Landesverband für Fremdenverkehr in Salzburg, Salzburg 1902.

Salzburgs Fischerei 1972 = Salzburgs Fischerei. Mitteilungen des Landes-Fischereiverbandes Salzburg 3 (1972), H. 1.

Salzburgs Fischerei 1973 = Salzburgs Fischerei. Mitteilungen des Landes-Fischereiverbandes Salzburg 4 (1973), H. 1–2.

Salzburgs Fischerei 1989 = Salzburgs Fischerei. Mitteilungen des Landes-Fischereiverbandes Salzburg 20 (1989), H. 1–4.

Salzburgs Fischerei 1992 = Salzburgs Fischerei. Mitteilungen des Landes-Fischereiverbandes Salzburg 23 (1992), H. 1–4.

SAMPL 1982 = HANS SAMPL, Seenreinhaltung in Österreich. Limnologie, Hygiene, Maßnahme, Erfolge (Wasserwirtschaft 6), Wien 1982.

SAUTER 1857 = ANTON SAUTER, Die Vegetationsverhältnisse des Kronlandes Salzburg, in: FRANZ STORCH (Hg.), Skizzen zu einer naturhistorischen Topographie des Herzogthumes Salzburg, Bd. 1: Flora von Salzburg, Salzburg 1857, S. 129–243.

SAUTER 1866 = A[NTON] E. SAUTER, Flora des Herzogthums Salzburg, in: MGSL 6 (1866), S. 169–234.

SCHABER, JÄGER, ACHLEITNER 2010 = PETER SCHABER, PAUL JÄGER und DANIELA ACHLEITNER (Hg.), Limnologie ausgewählter Bergseen. Limnologische Kenndaten. Archive der Klimaentwicklung. Fische (Reihe Gewässerschutz 7), Salzburg 2010.

SCHABETSBERGER, JERSABEK, GASSNER 1996 = ROBERT SCHABETSBERGER, CHRISTIAN D. JERSABEK und HUBERT GASSNER, Die Fischfauna in zwei Seen des Nationalparks Hohe Tauern: Reedsee (1824 m) und Palfnersee (2067 m), in: Wissenschaftliche Mitteilungen aus dem Nationalpark Hohe Tauern 2 (1996), S. 123–138.

SCHABETSBERGER, JERSABEK, MOOSLECHNER 1997 = ROBERT SCHABETSBERGER, CHRISTIAN D. JERSABEK und BRIGITTE MOOSLECHNER, Die Fischereiwirtschaft in der Nationalparkregion zwischen 1966 und 1994, in: Wissenschaftliche Mitteilungen aus dem Nationalpark Hohe Tauern 3 (1997), S. 165–181.

SCHAUBACH 1850 = ADOLF SCHAUBACH, Handbuch für Reisende durch die Länder Salzburg, Obersteyermark, das Oesterreichische Gebirgsland und Salzkammergut, Jena 1850.

SCHAUBACH 1865 = ADOLF SCHAUBACH, Salzburg, Obersteiermark, das oesterreichische Gebirge und das Salzkammergut für Einheimische und Fremde (Deutsche Alpen 3), Jena 1865.

SCHAUBACH 1867 = ADOLF SCHAUBACH, Das südöstliche Tirol und Steiermark, Lungau, Kärnten, Krain, Görz und das Küstenland (Deutsche Alpen 5), Jena 1867.

SCHEMINZKY, FRIEDL 1955 = F[ERDINAND] SCHEMINZKY und WOLFGANG FRIEDL, Führer durch Bad Gastein, Hofgastein und Dorfgastein, 18. Aufl., Bad Gastein 1955.

SCHITTER 1975 = JOSEF SCHITTER, Mariapfarr. Eine umfassende Darstellung über Geschichte und Kultur dieses ehrwürdigen Ortes im Lungau, Salzburg 1975.

SCHITTER 1979 = JOSEF SCHITTER, Heimat Weißpriach, Salzburg 1979.

SCHITTER 1983 = JOSEF SCHITTER, Heimat St. Andrä, Heimat Göriach, Salzburg 1983.

SCHJERNING 1897 = WILHELM SCHJERNING, Der Pinzgau. Physikalisches Bild eines Alpengaues (Forschungen zur deutschen Landes- und Volkskunde 10/2), Stuttgart 1897, S. 57–296.

SCHLEIFER 1876 = MORITZ SCHLEIFER, Eine Wanderung durch den Lungau, in: Der Alpenfreund 9 (1876), S. 283–340.

SCHLEINZER, UNTERWURZACHER 1936 = HANS SCHLEINZER und KAI UNTERWURZACHER, Illustrierter Führer durch Krimml im Lande Salzburg und seine nähere und weitere Umgebung, Krimml 1936.

SCHMIDT 1974 = EBERHARD SCHMIDT, Ökosystem See. Der Uferbereich des Sees (Biologische Arbeitsbücher 12/1), 5. Aufl., Wiesbaden 1974.

SCHMIDT, KAMENIK 2010 = ROLAND SCHMIDT und CHRISTIAN KAMENIK, Paleolimnologische Untersuchungen an Salzburger Bergseen, in: PETER SCHABER, PAUL JÄGER und DANIELA ACHLEITNER (Hg.), Limnologie ausgewählter Bergseen. Limnologische Kenndaten. Archive der Klimaentwicklung. Fische (Reihe Gewässerschutz 7), Salzburg 2010, S. 233–239.

SCHMIDT, KAMENIK, ROTH 2014 = ROLAND SCHMIDT, CHRISTIAN KAMENIK und M. ROTH, Der Einfluss des Klimas auf die Hochlagennutzung in den südlichen Niederen Tauern (Lungau) während der letzten 4000 Jahre. http://www.uibk.ac.at/alpinerraum/publications/vol6/schmidt_anthropogen.pdf (3. 9. 2014).

SCHREIBER 1913 = HANS SCHREIBER (Hg.), Die Moore Salzburgs in naturwissenschaftlicher, geschichtlicher, landwirtschaftlicher und technischer Beziehung (Moorerhebungen des Deutsch-Österreichischen Moorvereines 2), Staab 1913.

Schönborn 2003 = Wilfried Schönborn, Lehrbuch der Limnologie, Stuttgart 2003.

Schultze 1988–1989 = Ekkehard Schultze, Fallstudien zur Paläolimnologie, in: Geologija 31, 32, Lubljana 1988/89, S. 437–516, http://www.geologija-revija.si/dokument.aspx?id=906 (15. 11. 2014).

Schuster 1992 = Eduard Schuster, Die Zweite Republik – ein Neubeginn, in: Alois Eder (Red.), Chronik Saalfelden, Bd. 1, Saalfelden 1992, S. 378–396.

Schwanninger 1932 = Ferdinand Schwanninger, An den Gestaden der Trummerseen und des Mattsees. Beilage zum Prospekt Kuranstalt Moorbad, Mattsee 1932.

Schwarz 1992 = Angela Schwarz, Salzburger Bürgertum um 1900 am Beispiel Eberhard Fuggers, Diplomarbeit, Salzburg 1992.

Schwoerbel, Brendelberger 2005 = Jürgen Schwoerbel und Heinz Brendelberger, Einführung in die Limnologie, 10. Aufl., Berlin 2005.

Seefeldner 1929 = Erich Seefeldner, Geographischer Führer durch Salzburg. Alpen und Vorland (Sammlung geographischer Führer 3), Berlin 1929.

Seefeldner o. J. = Erich Seefeldner, Der verschwundene Gletschersee auf dem Hochkönig, in: Mitteilungen der Geographischen Gesellschaft Wien 78 (1935), S. 113–120.

Seitlinger 1999 = Gabriel Seitlinger, Neu entstandene natürliche Seen im Nationalpark Hohe Tauern – Salzburger Anteil, Diplomarbeit, Salzburg 1999.

Senft, Senft 2005 = Willi Senft und Hilde Senft, Die schönsten Seen Österreichs. Entdecken, erleben und entspannen, Graz 2005.

Simony 1865 = Friedrich Simony, Aus der Venedigergruppe, in: Jahrbuch des österreichischen Alpenvereins 1 (1865), S. 1–33.

Simony 1883 = Friedrich Simony, Das Schlatenkees, in: Zeitschrift des Deutschen und Oesterreichischen Alpenvereins 14 (1883), S. 257 f.

Slupetzky 1988 = Heinz Slupetzky, Hohe Tauern – Oberes Stubachtal – Rudolfshütte, in: Guido Müller, Wolfgang Sitte und Hermann Suida (Hg.), Salzburg, mittlere Ostalpen, Wien. Exkursionsführer zum 21. Deutschen Schulgeographentag in Salzburg vom 3. bis 8. Oktober 1988, Salzburg 1988, S. 119–128.

Slupetzky 1997 = Heinz Slupetzky, Der „Keessee" beim Stubacher Sonnblickkees in der Granatspitzgruppe (Hohe Tauern), in: Wolfgang Sitte und Herrman Suida (Hg.), Festschrift Guido Müller, Geograph und Landesforscher (Salzburger geographische Arbeiten 31), Salzburg 1997, S. 165–183.

Slupetzky 2007 = Heinz Slupetzky, Wasser statt Eis. Der Gletscher vergeht, ein See entsteht, in: Bergauf. Das Magazin des Österreichischen Alpenvereins (2007), H. 2, S. 26–28.

Slupetzky, Puruckherr 1989 = Heinz Slupetzky und R. Puruckherr, Begleitworte zur Karte „Gletschergebiet Kitzsteinhorn 1982" 1:5.000, in: Zeitschrift für Gletscherkunde und Glazialgeologie 25 (1989), H. 1, S. 97–110.

Sonklar 1866 = Carl von Sonklar, Die Gebirgsgruppe der Hohen-Tauern. Mit besonderer Rücksicht auf Orographie, Gletscherkunde, Geologie und Meteorologie, Wien 1866.

Sonklar 1867 = Carl von Sonklar, Von Kaprun nach Stubach, in: Jahrbuch des Österreichischen Alpenvereins 4 (1867), S. 77–99.

Steiner 1995 = Gertraud Steiner, Sagenhaft wandern. 33 Wege in eine versunkene Welt, St. Pölten 1995.

Steiner 1999 = Gertraud Steiner, Winkelwelt. Sagen aus dem Lungau, Tamsweg 1999.

Steiner 2013 = Gertraud Steiner, Mythos Wolfgangsee, in: Servus, Juli 2013, S. 180 f.

Steiner 1832 = Johann Steiner, Der Reise-Gefährte durch die Oesterreichische Schweiz oder das obderennsische Salzkammergut, Linz 1832.

St. Gilgen am Abersee 1900 = St. Gilgen am Abersee mit dem Schafberg, Salzburg [1900].

Stüber 1964 = Eberhard Stüber, Die naturwissenschaftliche Erforschung des Landes Salzburg. Stand 1963, Salzburg 1964.

Stüber, Winding 1993 = Eberhard Stüber und Norbert Winding, Naturführer Felber- und Amertal, Hintersee, Neukirchen am Großvenediger 1993.

Stummer 1936 = Eduard Stummer, Die interglazialen Seen von Salzburg, in: Verhandlungen der Geologischen Bundesanstalt (1936), Nr. 4, S. 101–107.

Stumpf 1548 = Johannes Stumpf, Gemeiner loblicher Eydgnoschafft Stett, Landen und Völckern Chronick wirdiger thaaten beschreybung, Zürich 1548.

Thompson, Kamenik, Schmidt 2005 = Roy Thompson, Christian Kamenik und Roland Schmidt, Ultra-sensitive Alpine lakes and climate change, in: Journal of Limnologie 64 (2005), Nr. 2, S. 139–152, http://scholar.google.at/scholar_url?hl=de&q=http://www.jlimnol.it/index.php/jlimnol/article/download/jlimnol.2005.139/253&sa=X&scisig=AAGBfm1-OXe32F-KxU_phafbxlirxCbXXGQ&oi=scholarr&ei=PtxXVKXYE5HtaOntgYgH&ved=0CBwQgAMoADAA (14. 9. 2014).

Thuswaldner, Bluhm 1980 = Werner Thuswaldner und Gerhard Bluhm, Naturdenkmäler im Land Salzburg, Salzburg 1980.

Uhlir 2003 = Christian Uhlir, Die Entwicklung der Landschaft, in: Heinz Dopsch und Ewald Hiebl (Hg.), Anif. Kultur, Geschichte und Wirtschaft von Anif, Niederalm und Neu-Anif, Anif 2003, S. 10–17.

Uhlir 2011 = Christian F. Uhlir (Hg.), Entstehung der Stadtberge und verfügbare Rohstoffe, in: Derselbe, Salzburger Stadtberge. Mönchsberg, Kapuzinerberg, Festungsberg, Nonnberg und Rainberg, Borsdorf 2011, S. 13–31.

Unterweger 1991 = Andreas Thomas Unterweger, Ökologie der Trumer Seen mit besonderer Berücksichtigung der planktischen Cladoceren des Mattsees und des Grabensees, Dissertation, Salzburg 1991.

Vareschi 1951 = Volkmar Vareschi, Stadt am Tauern. Ein Führer durch Radstadt und die Tauern für Touristen, Wintersportler, Bergsteiger und Kraftfahrer, Radstadt 1951.

Veits 2013 = Michael Veits, Salzburgs Seen-Vermesser, in: Salzburger Alpenvereinsnachrichten 59/60, H. 232, Dezember 2013/Jänner, Februar 2014, S. 6–10.

Vetters, Uhlir, 2011 = Wolfgang Vetters und Christian F. Uhlir, Kulturgeologische Wanderung Mönchsberg, in: Christian F. Uhlir (Hg.), Salzburger Stadtberge. Mönchsberg, Kapuzinerberg, Festungsberg, Nonnberg und Rainberg, Borsdorf 2011, S. 59–79.

Vierhapper 1935 = Friedrich Vierhapper, Vegetation und Flora des Lungau (Salzburg), Wien 1935.

Vierthaler 1816 a = Franz Michael Vierthaler, Meine Wanderungen durch Salzburg, Berchtesgaden und Österreich, Teil 1, Wien 1816.

Vierthaler 1816 b = Franz Michael Vierthaler, Meine Wanderungen durch Salzburg, Berchtesgaden und Österreich, Teil 2, Wien 1816.

Voigt 1996 = Ricarda Voigt, Paläolimnologische und vegetationsgeschichtliche Untersuchungen an Sedimenten aus Fuschlsee und Chiemsee (Salzburg und Bayern) (Dissertationes Botanicle 270), Berlin–Stuttgart 1996.

Von der Schotterwüste zur Erholungslandschaft 1975 = Von der Schotterwüste zur Erholungslandschaft. Gezielte Abfallverwertung im Salzachseegebiet. Zur Ausstellung im Haus der Natur im Jahr 1975, hg. vom Haus der Natur, Salzburg 1975.

Wagner 1925 = Karl O. Wagner, Pinzgauer Sagen, Wien 1925.

Wallmann 1864 = Heinrich Wallmann, Lungau's Land und Leute, in: Mittheilungen des Österreichischen Alpenvereins 2 (1864), S. 62–109.

WALLMANN 1867 = HEINRICH WALLMANN, Wanderungen und kulturhistorische Streifzüge durch den Salzburggau, in: MGSL 7 (1867), S. 1–23.

WALLMANN 1868 = HEINRICH WALLMANN, Die Seen in den Alpen, in: Jahrbuch des Österreichischen Alpenvereins 4 (1868), S. 1–118.

WALLMANN 1871 = HEINRICH WALLMANN, Mattsee und seine Umgebung, Wien 1871.

Wasser 2006 = Wasser – Verstreute Kunstanmerkungen zu einem Element. Katalog anlässlich der gleichnamigen Ausstellung im Kunstraum Galerie Schloss Mondsee, 21. Juli bis 15. September 2006, Mondsee 2006.

WEIDMANN 1841 = FRANZ CARL WEIDMANN, Der Salzburger-Kreis oder das Herzogthum Salzburg (Das pittoreske Oesterreich 16), Wien 1841.

WEIDMANN 1845 a = FRANZ CARL WEIDMANN, Touristen-Handbuch auf Ausflügen und Wanderungen in Salzburg und den Hochtälern Pongau's, Lungau's und Pinzgau's, Bd. 1: Allgemeine Uebersicht, Stadt Salzburg, Umgebung der Stadt, Pongau und Lungau, Wien 1845.

WEIDMANN 1845 b = FRANZ CARL WEIDMANN, Touristen-Handbuch auf Ausflügen und Wanderungen in Salzburg und den Hochtälern Pongau's, Lungau's und Pinzgau's, Bd. 2: Pinzgau, Berchtesgaden, Wien 1845.

WEINBERGER 1957 = LUDWIG WEINBERGER, Bau und Bildung des Ibmer Moos-Beckens, in: Mitteilungen der Geographischen Gesellschaft Wien 99 (1957), H. 2–3, S. 225–244.

Wegweiser durch das Gasteiner-Thal 1846 = Wegweiser durch das Gasteiner-Thal, Salzburg 1846.

WEISS 1992 = ALFRED STEFAN WEISS, „Es wird hier ungeheuer fleißig gearbeitet (...)". Henndorfs Literaten, Mundartdichter und Sänger in Vergangenheit und Gegenwart, in: DERSELBE, KARL EHRENFELLNER und SABINE FALK (Hg.), Henndorf am Wallersee. Kultur und Geschichte einer Salzburger Gemeinde, Henndorf 1992, S. 304–350.

WILHELM 1799 = GOTTLIEB TOBIAS WILHELM, Unterhaltungen aus der Naturgeschichte der Fische, Augsburg 1799.

WINDING 1991 = NORBERT WINDING, „Alpines Urland" im Nationalpark Hohe Tauern (Teil Salzburg): Naturraum, menschliche Nutzung, Planung von Sonderschutzgebieten, Salzburg 1991.

WÖDL 1924 = HANS WÖDL, Führer durch die Schladminger Tauern, Wien 1924.

WOLDRICH 1870 = JOHANN N. WOLDRICH, Ueber die Natureigenthümlichkeiten des salzburgischen Alpenlandes, in: Jahrbuch des Österreichischen Alpenvereins 6 (1870), S. 157–169.

WOLF 1940 = FRANZ WOLF, Aus den südlichen Radstädter Tauern. Das Gebiet der Franz-Fischer-Hütte am Zaunersee, in: Mitteilungen des Deutschen und Österreichischen Alpenvereins (1940), S. 150 f.

WOLFRAM 1983 = HERWIG WOLFRAM, Die Zeit der Agilolfinger – Rupert und Virgil, in: HEINZ DOPSCH und HANS SPATZENEGGER (Hg.), Geschichte Salzburgs. Stadt und Land, Bd. I/1, Salzburg 1983, S. 121–156.

WURM, 1978 = EDELTRAUT WURM, Das Schwingrasenmoor des Seethalersees und seine Desmidiaceenflora, Dissertation, Salzburg 1978.

ZAISBERGER 1988 = FRIEDERIKE ZAISBERGER, Das Landt vnd Ertzstifft Saltzburg. Die erste gedruckte Landkarte Salzburgs. Ein Gemeinschaftswerk von Marx Setznagel, Christoph Jordan und Hans Baumann (MGSL Ergänzungsband 12), Salzburg 1988.

ZELLER 1900 = GUSTAV ZELLER, Alte Wahrzeichen am Abersee, in: MGSL 40 (1900), S. 265–280.

ZILLER 1970 = LEOPOLD ZILLER, Fuschl am See. Heimatbuch einer jungen Fremdenverkehrsgemeinde, Fuschl 1970.

ZILLER 1988 = LEOPOLD ZILLER, Vom Fischerdorf zum Fremdenverkehrsort. Geschichte St. Gilgens und des Aberseelandes, St. Gilgen 1988.

ZILLNER 1865 = FRANZ VALENTIN ZILLNER, Salzburgische Fischer- und See-Ordnungen, in: MGSL 5 (1865), S. 80–104.

ZILLNER 1877 = FRANZ VALENTIN ZILLNER, Matsee, die Schlehdorfer und Matseer. Drei Bruchstücke zur Ortsgeschichte. Eine Festgabe der Gesellschaft für Salzburger Landeskunde zum eilfhundertjährigen Gedächtnisztage des Stiftes Matsee, Salzburg 1877.

ZILLNER 1882 = FRANZ VALENTIN ZILLNER, Das Wasser in salzburgischen Flur- und Ortsnamen, in: MGSL 22 (1882), S. 37–61.

ZÖHRER 1876 = F[ERDINAND] ZÖHRER, Bilder aus Oberösterreich, IX. Der Wolfgangsee und der Schafberg, in: Alpenfreund 9 (1876), S. 339–341.

Landkarten (Lk.)

Alpenvereinskarte digital 2009.

ANICH, HUEBER 1774, Lk. = PETER ANICH und BLASIUS HUEBER, Atlas Tyrolensis, ca. M 1:130.000, Wien 1774.

APIAN 1568, Lk. = PHILIPP APIAN, Übersichtskarte zu den 24 Bairischen Landtafeln, Reproduktion nach koloriertem Holzschnitt von Jakob Lederlein, (Tübingen 1596), M 1:800.000, Ingolstadt 1568.

Berchtesgadener Alpen 1887, Lk. = Karte der Berchtesgadener Alpen, Blatt III, Watzmann, M 1:50.000, in: Zeitschrift des Deutschen und Österreichischen Alpenvereins 18 (1887), Kartenbeilage.

BUNA 1745, Lk. = WILHELM C. BUNA, Oberbayern, Tl. IX, Kupferstichkarte von I. C. Back, [Frankfurt am Main] 1745.

DE JODE 1578 und 1593, Lk. = GERARD DE JODE, Saltzburgensis Episcopatus, Kupferstichkarte, 1578.

ELEVE 1808, Lk. = SÜFFERT ELEVE, Dioecesan Charte vom Herzogthum Salzburg und Fürstentum Berchtesgaden, M 1:611.000, München 1808.

FABER 1796, Lk. = LEOPOLD FABER, Strassenkarte des Erzstifts Salzburg, 1796.

Freytag & Berndt WK 121 = Großvenediger, Oberpinzgau. Wander-, Rad- und Freizeitkarte, Freytag & Berndt WK 121, M 1:50.000.

Freytag & Berndt WK 382 = Zell am See, Kaprun, Saalbach. Wander-, Rad- und Freizeitkarte, Freytag & Berndt WK 382, M 1:50.000.

Grieben 1927, Lk. = Griebens Reiseführer, Bd. 152: Hohe Tauern mit Ost-Tirol und West-Kärnten, Berlin 1927, Kartenbeilage.

GUETRAT 1716, Lk. = ODILO VON GUETRAT, Archiepiscopatus Salisburgensis, Nürnberg [um 1716].

Hallein 1873–1890, Lk. = Hallein, Spezialkarte von Österreich-Ungarn, Zone 15 col. VIII, M 1:75.000, 1873–1890.

Hochalmspitze-Ankogel 1979, Lk. = Hochalmspitze-Ankogel, Alpenvereinskarte Nr. 44, M 1:25.000, 1979.

Hofgastein 1873–1890, Lk. = Hofgastein, Spezialkarte von Österreich-Ungarn, Zone 17 col. VIII, M 1:75.000, 1873–1890.

Hofgastein 1880, Lk. = Hofgastein, Alpenvereinskarte, 1880.

Hohe Tauern o. J., Lk. = Hohe Tauern, Freytag & Berndt Bl. 12, M 1:100.000.

Keil 1864, Lk. = Franz Keil, Topographische Karte des Gross-Glockner und seiner Umgebung, in: Anton Ruthner, Berg und Gletscher-Reisen in den österreichischen Hochalpen, Wien 1864, Kartenbeilage.

Keil 1865, Lk. = Franz Keil, Topographische Karte der Venedigergruppe, in: Friedrich Simony, Aus der Venedigergruppe, in: Jahrbuch des österreichischen Alpenvereins 1 (1865), Kartenbeilage.

Keil 1874, Lk. = Franz Keil, Übersichtskarte von Gastein und Umgebung, Salzburg 1874, in: Emanuel Bunzel, Wildbad Gastein, Salzburg 1874, Kartenbeilage.

Kompass, Lungau Radstädter Tauern, Lk. = Lungau, Radstädter Tauern. Wander-, Bike- und Skitourenkarte, Kompass Nr. 67, M 1:50.000.

Krimml o. J., Lk. = Skikarte für das Gebiet von Krimml, M 1:50.000.

Kurz 1816, Lk. = J. von Kurz, Archiepiscupatus Salisburgensis, revidirt von Herdegen, München 1816.

Lazius 1545–1563, Lk. = Wolfgang Lazius, Karten der österreichischen Lande und des Königreichs Ungarn aus den Jahren 1545–1563, Innsbruck 1906.

Le Rouge 1743, Lk. = Georges Louis Le Rouge, Karte des Erzbistums Salzburg, 1743.

Loidl o. J., Lk. = Karl Loidl, Das Gasteinertal. Ausflugs- und Tourenplan, M 1:25.000, Hofgastein [1938].

Lungau 1986/87, Lk. = Lungau, Zinner Wanderkarte 36, M 1:50.000, Salzburg 1986/87.

Mercator 1623, Lk. = Gerardus Mercator, Saltzburg archiepiscopatus cum ducatu Carinthiae, 1623.

Mercator 1635, Lk. = Gerard Mercator, Saltzburg archiepiscopatus et Carinthiae ducatus, M 1:475.000, Amsterdam 1635.

Moriggl 1925 = Josef Moriggl, Von Hütte zu Hütte. Führer zu den Schutzhütten der Ostalpen, Bd. 3, Leipzig 1925, Kartenbeilage.

Österreichische Karte, digital.

Österreichische Karte Nr. 63, 1943, Lk. = Österreichische Karte Nr. 63, M 1:50.000, 1943.

Österreichische Karte Nr. 155, 1935, Lk. = Österreichische Karte Nr. 155, M 1:50.000, 1935.

Österreichische Karte Nr. 156, o. J., Lk. = Österreichische Karte Nr. 156, M 1:50.000.

Osterhuber 1809, Lk. = D. Osterhuber, Carte von Salzburg und Berchtesgaden, Salzburg 1809.

Ortelius 1595, Lk. = Abraham Ortelius, Salisburgensis Iurisdictionis, nach Markus Setznagel, 1595.

Patéra o. J., Lk. = Lothar Patéra, Kammverlaufskizze 1:75.000 der Schladminger-Alpen.

Penck, Richter 1895, Lk. = Albrecht Penck und Eduard Richter, Atlas der Österreichischen Alpenseen, I. Lieferung: Die Seen des Salzkammergutes, Wien 1895.

Ponheimer 1810, Lk. = Kilian Ponheimer, Carte des Herzogthums Salzburg, 1810.

Radstadt 1873–1890, Lk. = Radstadt, Spezialkarte von Österreich-Ungarn, Zone 16 col. IX, M 1:75.000, 1873–1890.

Radstadt 1929, Lk. = Skikarte von Radstadt und der Radstädter Tauern, M 1:50.000, Wien 1929.

Radstädter Tauern 1924, Lk. = Radstädter Tauern, Alpenvereinskarte, 1924.

Reilly 1799, Lk. = Franz Johann Joseph von Reilly, Das Erzstift Salzburg mit der gefürsteten Probstey Berchtesgaden, Nr. 64, 1799.

Roost 1843, Lk. = I. B. Roost, Karte der gefürsteten Grafschaft Tyrol u. Vorarlberg mit dem souverainen Fürstenthume Lichtenstein, nebst Theilen der angränzenden Länder, worunter das Südbayer'sche u. Salzburger Hochgebirge, München 1843.

SAGIS, Franciszäischer Kataster = Salzburger Geographisches Informationssystem, Franciszäischer Kataster, http://www.salzburg.gv.at/sagisonline.

SAGIS, Österreichische Karte = Salzburger Geographisches Informationssystem, Österreichische Karte.

Salzburg 1873–1890, Lk. = Salzburg, Spezialkarte von Österreich-Ungarn, Zone 14 col. VIII, M 1:75.000, 1873–1890.

Salzburg und Ischl 1870, Lk. = Umgebung von Salzburg und Ischl, Landkarte, Wien 1870.

Schladminger Tauern 1998, Lk. = Schladminger Tauern, Radstadt-Dachstein, Freytag & Berndt, Wanderkarte, M 1:50.000, Wien 1998.

Schusser 1868, Lk. = Vincenz Schusser, Karte der Umgebungen von Salzburg und Ischl, Gastein und Aussee, Wien 1868.

Schön 1846, Lk. = Wegweiser durch das Gasteinerthal, nebst einer Karte, Verlag Schön, Salzburg 1846, Kartenbeilage.

Seutter 1740–1760, Lk. = Matthäus Seutter, Archiepiscopatus Salisburgensis, [1740–1760].

Setznagel 1570–1580, Lk. = Marcus Setznagel, Salisburgensis iurisdictionis locorumque vicinorum vera descriptio, [um 1570/80].

Setznagel, Jordan, Baumann 1640, Lk. = Marx Setznagel, Christoph Jordan und Hans Baumann, Das Landt und Ertzstifft Saltzburg, 1551, Nachdruck 1640.

Sonklar 1866, Lk. = Carl von Sonklar von Innstädten, Karte der Hohen Tauern, Wien 1866.

St. Gilgen am Abersee 1940, Lk. = Karte der Umgebung St. Gilgen am Abersee, Freytag & Berndt, M 1:50.000, Wien 1940.

St. Johann 1873–1890, Lk. = St. Johann, Spezialkarte von Österreich-Ungarn, Zone 16 col. VII, M 1:75.000, 1873–1890.

St. Michael 1873–1890, Lk. = St. Michael, Spezialkarte von Österreich-Ungarn, Zone 17 col. IX, M 1:75.000, 1873–1890.

Stois 1933 = Adolf Stois, Der Felbertauern und seine Geschichte. Alte und neue Straßenbaupläne. Der Weg über den Tauern, in: Osttiroler Heimatblätter 11 (1933), H. 1/5, Kartenbeilage.

Venediger-Gruppe 1883, Lk. = Special-Karte der Venediger-Gruppe, M 1:50.000, in: Zeitschrift des Deutschen und Österreichischen Alpenvereins 14 (1883), Kartenbeilage.

Winklhofer 1805, Lk. = Augustin Winklhofer, Das Kurfürstenthum Salzburg, mit den Fürstenthümern Passau, Eichstaett und Berchtesgaden, ein Theil von Baiern und den angraenzenden Ländern, Nürnberg 1805, Kartenbeilage.

Winklhofer 1811, Lk. = Augustin Winklhofer, Der Salzachkreis, München 1811, Kartenbeilage.

Abkürzungen

Anm.	Anmerkung
AStS	Stadtarchiv Salzburg (früher Archiv der Stadt Salzburg)
Aufl.	Auflage
B	Breite
Bd.	Band
bearb.	bearbeitet
BEV	Bundesamt für Eich- und Vermessungswesen
BMFLUW	Bundesministerium für Land- und Forstwirtschaft, Umwelt und Wasserwirtschaft
BMN	(Österreichisches) Bundesmeldenetz
bzw.	beziehungsweise
ca.	circa
col.	colonne
cm	Zentimeter
d. i.	das ist
etc.	et cetera
F	Fläche
f.	folgende Seite
Frl.	Fräulein
Gde.	Gemeinde
gez. v.	gezeichnet von
H	Höhe
H.	Heft
ha	Hektar
i.	ist
Inv.	Inventar
Inv.-Nr.	Inventarnummer
Jh.	Jahrhundert
kg	Kilogramm
k. k.	kaiserlich-königlich
km	Kilometer
km^2	Quadratkilometer
L	Länge
LFRZ.	Land-, forst- und wasserwirtschaftliches Rechenzentrum GmbH
Lk.	Landkarte
M	Maßstab
m	Meter
m^2	Quadratmeter
m^3	Kubikmeter
masch.	maschinschriftlich

MGSL	Mitteilungen der Gesellschaft für Salzburger Landeskunde
Mio.	Millionen
m ü. A.	Meter über Adria
N	Norden
n. Chr.	nach Christus
NO	Nordost
Nr.	Nummer
NS	Nationalsozialismus, nationalsozialistisch
O	Osten
o. J.	ohne Jahr
OÖ	Oberösterreich
o. S.	ohne Seite
Öst.	Österreich
PA	Privatarchivalien
Prof.	Professor
S	Süden
S.	Seite
SAGIS	Salzburger Geographisches Informationssystem
Sbg.	Salzburg
SLA	Salzburger Landesarchiv
SS	Schutzstaffel
St.	Sankt
SW	Südwest
T	Tiefe
t	Tonne
Tab.	Tabelle
u. a.	und andere
v.	von
v. a.	vor allem
v. Chr.	vor Christus
vgl.	vergleiche
viell.	vielleicht
WK	Wanderkarte
z. B.	zum Beispiel
zit.	zitiert

Der Autor

Michael Veits, Mag. art., geb. 1962, Studium der Bühnengestaltung an der Hochschule Mozarteum, Ausstattungsleiter der Salzburger Festspiele.

Der Autor ist sich bewusst, dass bei aller Sorgfalt der Bearbeitung die Fehlerfreiheit eines solchen Bandes nicht möglich ist. Hinweise, die zur Richtigstellung dienen oder Ergänzungen werden erbeten unter: freunde@salzburger-geschichte.at